Curso de ANATOMIA HUMANA

O livro é a porta que se abre para a realização do homem.
Jair Lot Vieira

Neivo Luiz Zorzetto

Curso de
ANATOMIA HUMANA

9ª edição

CURSO DE ANATOMIA HUMANA
NEIVO LUIZ ZORZETTO

9ª Edição 2014

© desta edição: *Edipro Edições Profissionais Ltda.*
CNPJ nº 47.640.982/0001-40

Todos os direitos reservados. Nenhuma parte deste livro poderá ser reproduzida ou transmitida de qualquer forma ou por quaisquer meios, eletrônicos ou mecânicos, incluindo fotocópia, gravação ou qualquer sistema de armazenamento e recuperação de informações, sem permissão por escrito do Editor.

Editores
Jair Lot Vieira e Maíra Lot Vieira Micales

Coordenação editorial
Fernanda Godoy Tarcinalli

Editoração
Alexandre Rudyard Benevides

Revisão
Beatriz Rodrigues de Lima

Ilustrações
Benedito Vinício Aloise

Diagramação e arte
Karine Moreto Massoca

Dados Internacionais de Catalogação na Publicação (CIP)
(Câmara Brasileira do Livro, SP, Brasil)

Zorzetto, Neivo Luiz
 Curso de anatomia humana / Neivo Luiz Zorzetto ; [ilustrações Benedito Vinício Aloise] – São Paulo : Cienbook, 9. ed., 2014.

 ISBN 978-85-68224-00-7

 1. Anatomia Humana 2. Corpo humano I. Aloise, Benedito Vinício II. Título.

14-06274
CDD-611
NLM-QS 018

Índices para catálogo sistemático:
1. Anatomia humana : Ciências médicas 611
2. Corpo humano : Anatomia 611

São Paulo: Fone (11) 3107-4788 – Fax (11) 3107-0061
Bauru: Fone (14) 3234-4121 – Fax (14) 3234-4122
www.edipro.com.br

Sumário

Índice das figuras e ilustrações 9
Nota à 9ª edição 11

INTRODUÇÃO 13
1. Aspectos gerais do corpo humano 14
2. Princípios da construção corpórea 16
3. Divisão do corpo 17
4. Cavidades do corpo 18
5. Constituição do corpo 18
   5.1. Célula 18
   5.2. Tecidos 20
6. Sistemas 23
Questionário e exercícios de fixação 24

Capítulo 1
SISTEMA ESQUELÉTICO 25
1.1. Ossos 25
1.2. Classificação dos ossos 25
   1.2.1. Ossos longos 26
   1.2.2. Ossos curtos 26
   1.2.3. Ossos planos 26
   1.2.4. Ossos irregulares 26
   1.2.5. Ossos pneumáticos 26
   1.2.6. Ossos sesamoides 26
1.3. Cartilagem 26
1.4. Esqueleto – quadro sinóptico 27
1.5. Esqueleto axial 28
   1.5.1. Ossos do crânio 28
   1.5.2. Ossos da face (ou viscerocrânio) .. 31
   1.5.3. Ossos da coluna vertebral 32
1.6. Esqueleto apendicular 36
   1.6.1. Ossos do membro superior 36
   1.6.2. Ossos do membro inferior 36
1.7. Anatomia microscópica dos ossos 37
1.8. Fisiologia dos ossos 39
1.9. Patologia dos ossos 40
Questionário e exercícios de fixação 40

Capítulo 2
SISTEMA ARTICULAR – ARTICULAÇÕES 41
2.1. Articulações fibrosas 41
2.2. Articulações cartilagíneas 42
2.3. Articulações sinoviais 42
2.4. Patologia das articulações 45
Questionário e exercícios de fixação 46

Capítulo 3
SISTEMA MUSCULAR 47
3.1. Ações musculares 49
3.2. Músculos do corpo humano 51
   3.2.1. Músculos da cabeça e do pescoço .. 51
   3.2.2. Músculos do crânio 54
   3.2.3. Músculos da mastigação 55
      3.2.3.1. Músculos auxiliares da mastigação 55
   3.2.4. Músculos do pescoço 55
   3.2.5. Músculos que movimentam a coluna vertebral 56
      3.2.5.1. Flexão ventral da coluna ... 56
      3.2.5.2. Flexão lateral da coluna ... 56
      3.2.5.3. Extensão da coluna 56
      3.2.5.4. Rotação da coluna 56
   3.2.6. Músculos que movimentam a caixa torácica 58
   3.2.7. Músculos do cíngulo do membro superior 58
      3.2.7.1. Músculos que movimentam a articulação escápulo--umeral (ombro) 60
   3.2.8. Músculos que movimentam a articulação do cotovelo atuando sobre o antebraço 60
   3.2.9. Músculos que movimentam o pulso e os dedos 61
      3.2.9.1. Músculos da mão 61
   3.2.10. Músculos que movimentam o membro inferior 62
      3.2.10.1. Músculos extensores da coxa e flexores da perna 64
      3.2.10.2. Músculos flexores da articulação coxo-femoral e extensores da perna 64
   3.2.11. Músculos abdutores da coxa 64
   3.2.12. Músculos adutores da coxa 64

3.2.13. Músculos rotadores da coxa 65
3.2.14. Músculos que movimentam o tornozelo e o pé 65
3.2.15. Músculos do pé 66
3.3. Anatomia microscópica dos músculos 67
3.4. Fisiologia dos músculos 67
3.5. Patologia dos músculos 68
■ Questionário e exercícios de fixação 69

Capítulo 4
SISTEMA RESPIRATÓRIO
(Aparelho respiratório) 71
1. Nariz 71
2. Faringe 72
3. Laringe 73
4. Traqueia 74
5. Pulmões 76
6. Pleura 76
4.1. Anatomia microscópica do sistema respiratório 76
4.1.1. Nariz 76
4.1.2. Laringe 79
4.1.3. Traqueia 79
4.1.4. Brônquios 79
4.1.5. Bronquíolos 79
4.1.6. Tecido espongiforme do pulmão 79
4.2. Fisiologia do sistema respiratório 80
4.2.1. Ventilação pulmonar 80
4.2.2. Trocas gasosas entre o ar e o sangue 80
4.2.3. Transporte de gases nos líquidos corporais 80
4.3. Patologia do sistema respiratório 81
■ Questionário e exercícios de fixação 82

Capítulo 5
SISTEMA DIGESTÓRIO
(Aparelho digestivo) 83
5.1. Boca 83
5.2. Glândulas salivares 86
5.3. Dentes 86
5.4. Faringe 90
5.5. Esôfago 90
5.6. Estômago 91
5.7. Intestino delgado 92
5.7.1. Duodeno 92
5.7.2. Jejunoíleo 94
5.8. Intestino grosso 94
5.9. Fígado 95
5.10. Vesícula biliar 97
5.11. Pâncreas 97
5.12. Anatomia microscópica e fisiologia do sistema digestório 97
5.12.1. Boca e dentes 97
5.12.2. Glândulas salivares 97
5.12.3. Estômago 98
5.12.4. Intestinos 98
5.12.5. Fígado e pâncreas 99
5.13. Patologia do sistema digestório 100
■ Questionário e exercícios de fixação 101

Capítulo 6
SISTEMA CIRCULATÓRIO
E SISTEMA LINFÁTICO 103
6.1. Sistema circulatório 103
6.1.1. Coração 103
6.1.1.1. Cavidades do coração 103
6.1.1.2. Sistema condutor do coração 108
6.1.2. Artérias 109
6.1.2.1. Pequena circulação ou circulação pulmonar 109
6.1.2.2. Grande circulação ou circulação sistêmica 109
6.1.2.3. Artérias do cérebro (encéfalo) 111
6.1.3. Veias 112
6.1.3.1. Veia cava superior 114
6.1.3.2. Veia cava inferior 116
6.1.3.3. Seio coronário 116
6.1.3.4. Veia porta 116
6.1.4. Circulação no feto 117
6.1.5. Baço 117
5.1.5.1. Artéria folicular 117
6.1.6. Anatomia microscópica do sistema circulatório 118
6.1.6.1. Coração 118
6.1.6.2. Artérias 118
6.1.6.3. Veias 118
6.1.6.4. Capilares 119
6.1.7. O sangue 119
6.1.8. Fisiologia do sistema circulatório ... 120
6.1.8.1. Coração 120
6.1.8.2. Vasos 121
6.1.9. Patologia do sistema circulatório 121
6.1.9.1. Coração 121
6.1.9.2. Vasos 122
6.2. Sistema linfático 123
6.2.1. Linfa – vasos – linfonodos 123
6.2.2. Patologia do sistema linfático 125
■ Questionário e exercícios de fixação 125

Capítulo 7
SISTEMA URINÁRIO 127
7.1. Rins 127
7.2. Ureteres 127
7.3. Bexiga 127
7.4. Uretra 129
7.5. Anatomia microscópica e fisiologia do sistema urinário 131
7.6. Patologia do sistema urinário 133
■ Questionário e exercícios de fixação 134

Capítulo 8
SISTEMA GENITAL OU REPRODUTOR 135
- 8.1. Órgãos genitais masculinos 135
  - 8.1.1. Testículos 135
  - 8.1.2. Próstata 135
  - 8.1.3. Pênis 136
- 8.2. Órgãos genitais femininos 136
  - 8.2.1. Ovários 136
  - 8.2.2. Tubas uterinas 137
  - 8.2.3. Útero 138
  - 8.2.4. Vagina – Vulva 138
- 8.3. Anatomia microscópica e fisiologia do sistema genital 138
  - 8.3.1. Masculino 138
  - 8.3.2. Feminino 139
- 8.4. Patologia do sistema genital 139
  - 8.4.1. Masculino 139
  - 8.4.2. Feminino 140
- 8.5. AIDS 141
- Questionário e exercícios de fixação 141

Capítulo 9
SISTEMA ENDÓCRINO (Glândulas endócrinas) 143
- 9.1. Hipófise 143
- 9.2. Tireoide 143
- 9.3. Paratireoides 145
- 9.4. Suprarrenais (adrenais) 145
- 9.5. Ilhotas pancreáticas 145
- 9.6. Paragânglios 145
- 9.7. Pineal (Corpo pineal) 145
- 9.8. Ovários 146
- 9.9. Testículos 146
- 9.10. Timo 146
- 9.11. Patologia do sistema endócrino 146
- Questionário e exercícios de fixação 147

Capítulo 10
SISTEMA NERVOSO 149
- 10.1. Anatomia microscópica do sistema nervoso 149
  - 10.1.1. Neurônios 149
  - 10.1.2. Neuróglia 151
- 10.2. Divisão do sistema nervoso 151
  - 10.2.1. Sistema nervoso central 151
    - 10.2.1.1. Encéfalo (cérebro) 151
    - 10.2.1.2. Medula espinhal 154
    - 10.2.1.3. Meninges 155
    - 10.2.1.4. Líquor ou líquido cérebro-espinhal 159
  - 10.2.2. Sistema nervoso periférico 160
    - 10.2.2.1. Gânglios 160
    - 10.2.2.2. Nervos 160
- 10.3. Sistema nervoso autônomo 164
  - 10.3.1. Sistema simpático 164
  - 10.3.2. Sistema parassimpático 165
- 10.4. Terminações nervosas 165
  - 10.4.1. Terminações nervosas sensitivas (receptores) 165
  - 10.4.2. Terminações nervosas motoras ... 165
- 10.5. Sinopse dos nervos cranianos 166
- 10.6. Patologia do sistema nervoso 167
- Questionário e exercícios de fixação 167

Capítulo 11
A ORELHA (Ouvido – Órgão da audição) 169
- 11.1. Orelha externa (Ouvido externo) 169
- 11.2. Orelha média (Ouvido médio) 169
- 11.3. Orelha interna (Ouvido interno) 171
- 11.4. Fisiologia da orelha (Audição) 173
- 11.5. Patologia da orelha (Audição) 173
- Questionário e exercícios de fixação 174

Capítulo 12
O OLHO (Órgão da visão) 175
- 12.1. Bulbo ocular 175
- 12.2. Anexos do olho 175
- 12.3. Fisiologia do olho 178
- 12.4. Patologia do olho 178
- Questionário e exercícios de fixação 179

Capítulo 13
SISTEMA TEGUMENTAR (Pele) 181
- 13.1. Epiderme 182
- 13.2. Derme 182
- 13.3. Hipoderme 183
- 13.4. Anexos 183
  - 13.4.1. Pelos 183
  - 13.4.2. Glândulas sebáceas 183
  - 13.4.3. Glândulas sudoríparas 183
  - 13.4.4. Unhas 183
  - 13.4.5. Glândulas mamárias 184
- 13.5. Fisiologia da pele 184
- 13.6. Patologia da pele 185
- Questionário e exercícios de fixação 186

ÍNDICE REMISSIVO 187

ÍNDICE DAS FIGURAS E ILUSTRAÇÕES

1. Aspectos da morfologia externa da mulher e do homem 15
2. Biotipos 15
3. Planos de construção corpórea 16
4. Divisão do corpo 17
5. Cavidades do corpo 18
6. Célula 19
7. Epitélios e músculos 21
8. Tecidos conjuntivos 23
9. Esqueleto – vista anterior 29
10. Vista anterior do crânio 30
11. Vista lateral do crânio 31
12. Coluna vertebral 33
13. Vértebras 34
14. Ossos do tórax 35
15. Ossos do membro superior 36
16. Clavícula e ossos da mão 37
17. Ossos do membro inferior 38
18. Tipos de suturas 41
19. Sindesmose radioulnar 42
20. Corte longitudinal da articulação do joelho 43
21. Articulação aberta do joelho 43
22. Ligamentos da articulação do quadril 43
23. Tipos de articulações sinoviais de acordo com as superfícies dos ossos articulantes 44
24. Tipos de músculos 48
25. Movimentos do braço 49
26. Movimentos do antebraço 49
27. Movimentos da mão e dos dedos 50
28. Movimentos da perna e do pé 50
29. Movimentos da coxa 50
30. Musculatura da face ventral do corpo 52
31. Musculatura da face dorsal do corpo 53
32. Musculatura da face – músculos da mímica ou da expressão facial 54
33. Movimentos da coluna vertebral 57
34. Músculos da parede do abdome 57
35. Músculos deltoide, grande peitoral e reto abdominal 59
36. Músculos trapézio, deltoide e grande dorsal ... 59
37. Músculos da palma da mão 62
38. Músculos da região anterior da coxa 63
39. Músculos das regiões glútea, posterior da coxa e posterior da perna 63
40. Músculos da planta do pé 66
41. Alavancas musculares 68
42. Corte sagital da cabeça e do pescoço 72
43. Vista posterior da laringe 73
44. Cartilagens da laringe – vista anterior 74
45. Cartilagens da laringe – vista posterior 74
46. Corte da laringe 74
47. Traqueia e brônquios 75
48. Pulmões 77
49. Alvéolos pulmonares 78
50. Trato digestivo 84
51. Cavidade bucal 85
52. Língua 86
53. Dente 87
54. Dentição temporária (decídua) 88
55. Dentição permanente 88
56. Estômago 91
57. Duodeno e pâncreas 92
58. Corte transversal do intestino 93
59. Intestino grosso 94
60. Cécum 95
61. Reto 95
62. Fígado 96
63. Esquema da circulação 104
64. Vista anterior do coração 105
65. Vista posterior do coração 105
66. Átrio direito aberto mostrando o septo interatrial 106
67. Vista superior das valvas cardíacas 106
68. Valva aórtica aberta 106
69. Valvas atrioventriculares esquerda e direita 107
70. Circulação do sangue no coração e pulmões ... 108
71. Ramos da artéria aorta 110
72. Artérias do encéfalo 112
73. Artérias e veias do corpo humano 113
74. Formação da veia porta 114
75. Circulação fetal 115
76. Veias superficiais do membro superior 116
77. Células sanguíneas 119
78. Sistema linfático 124

79. Rins, ureteres e bexiga 128
80. Rim seccionado 129
81. Néfron 130
82. Corte sagital da pelve masculina 131
83. Pênis, próstata e vesículas seminais 132
84. Corte sagital da pelve feminina 136
85. Útero, ovários, tubas uterinas e vagina 137
86. Glândulas endócrinas 144
87. Células nervosas (neurônios) – representação esquemática 150
88. Vista lateral do encéfalo 152
89. Vista medial de um hemisfério cerebral ... 153
90. Cerebelo 154
91. Corte transversal da medula espinhal 155
92. Vista posterior da medula espinhal e sua relação com a coluna vertebral 156
93. Dura-máter encefálica e seus principais seios venosos 157
94. Conteúdo do canal vertebral 158
95. Ventrículos encefálicos 160
96. Vista inferior do encéfalo 161
97. Sistema nervoso autônomo – representação esquemática 162
98. A orelha 170
99. Parede labiríntica 170
100. Ossículos da audição 171
101. Corte da cóclea 172
102. Esquema da função do órgão 172
103. Corte longitudinal do bulbo ocular 176
104. Músculos do bulbo ocular 176
105. Anexos do olho 177
106. Aparelho lacrimal 177
107. Corte esquemático da pele 181
108. Mama 184

Nota à 9ª Edição

"Faz mais de dois milênios que os sábios gregos descobriram que conhecer-se a si mesmo é a base de toda a sabedoria."

T. Dobzhansky, 1965

Ao ver-se esgotada a 8ª edição deste livro, foram procedidas alterações atualizadas nesta nova edição, aproveitando-se as informações recebidas de professores e alunos que adotam este texto nos seus programas de ensino de Anatomia Humana em diversos cursos das áreas biológicas, médicas e paramédicas, efetuando-se, assim, os ajustes sugeridos no texto e na terminologia anatômica. Desta forma, atendeu-se à recomendação de manter a estrutura geral do livro, conservando a mesma redação simples e de fácil entendimento, associada a uma redistribuição mais adequada das inúmeras figuras que ilustram o texto. O índice remissivo foi completamente reorganizado, tornando mais fácil a localização dos assuntos e também das figuras.

É recomendável que a utilização deste livro procure conduzir o estudante ao conhecimento dos diferentes órgãos e sistemas orgânicos que constituem o Corpo Humano. E, a partir daí, à descoberta de que este fascinante Corpo Humano é o verdadeiro milagre da criação.

O estudante encontrará motivação maior para estudar a construção normal do corpo humano se for orientado para a leitura das noções básicas das funções de cada sistema orgânico e das doenças mais comuns que agridem seus órgãos, descritas em todos os capítulos. É indispensável e de fundamental importância que o estudante seja estimulado a resolver os exercícios de fixação sugeridos para cada assunto estudado.

O Autor

Introdução

Anatomia é a Ciência que estuda a forma e a estrutura dos seres ou coisas. O termo anatomia deriva do grego, das palavras *ana*, que significa **partes** e *tome*, que significa **cortar**.

A anatomia humana compreende o estudo e descrição do corpo humano na sua morfologia, estrutura e arquitetura.

O estudo do corpo humano deve ser feito tendo-se em conta a imagem de um organismo vivo, funcional e dinâmico, para poder compreender completa e satisfatoriamente tanto a sua estrutura como a sua função. Os órgãos e sistemas são entidades particulares que se analisam para poder alcançar a compreensão do corpo como uma unidade. Quando se observa a superfície externa do corpo, pode-se notar muitos pontos anatômicos. Estes pontos podem ser estudados em si ou como pontos de referência para localizar estruturas subjacentes.

Antes de se iniciar o estudo dos sistemas, será apresentado o corpo como um todo, na expectativa de que o estudante possa inteirar-se melhor da sua própria estrutura. Para alcançar este objetivo, deverá localizar todos os relevos anatômicos possíveis em seu próprio corpo. É convencional que os termos descritivos, que proporcionam informação para a localização de estruturas em relação com as demais, sejam definidos supondo-se que o corpo se encontre em **posição anatômica**.

Posição anatômica é aquela em que o corpo está em pé (posição ortostática) olhando para o horizonte, com os membros superiores pendendo naturalmente, encostados ao tronco, com as palmas voltadas para a frente, os pés em orientação paralela, com os calcanhares juntos.

Com o corpo nessa postura usa-se os seguintes termos de posição para definir ou indicar partes ou estruturas:

1. **Anterior ou ventral:** é a parte dianteira ou do ventre do corpo;
2. **Posterior ou dorsal:** é a parte de trás do corpo;
3. **Superior:** acima, ou algo situado em posição mais alta, no corpo, do que o ponto de referência original;
4. **Inferior:** abaixo, ou algo situado em posição mais baixa, no corpo, do que o ponto de referência original;
5. **Medial:** uma linha imaginária perpendicular, que se estende desde o centro da cabeça até um ponto entre os dois pés e que define o eixo central do corpo. O termo *medial* é usado para indicar movimento em direção a esta linha média do corpo;
6. **Lateral:** é usado para indicar uma estrutura afastada da linha média em direção aos lados;
7. **Externo:** o significado genérico deste termo é o que está *por fora*. Genericamente se usa com referência à superfície externa do corpo no conjunto, ou a posição mais afastada do interior de uma víscera.
8. **Interno:** este termo é usado para indicar estruturas que se encontram dentro do corpo ou mais próximas da parte interior de um órgão oco.
9. **Superficial:** este termo é usado para indicar algo que está mais próximo da superfície externa do corpo. Tem significado similar a *externo*, porém é usado para fazer referência a estruturas que se aproximam da superfície sem, contudo, alcançá-la;
10. **Profundo:** este termo é usado para indicar estruturas que se encontram cobertas por outras estruturas;

11. **Proximal:** significa mais próximo do ponto de união da parte com o corpo ou da linha média. Por exemplo, o ombro é *proximal* ao cotovelo.

12. **Distal:** significa mais afastado do ponto de união da parte com o corpo ou da linha média. Exemplo, o pulso é *distal* do cotovelo.

Os termos **proximal** e **distal** são muito utilizados para indicar extremidades dos ossos.

Na descrição de certas estruturas anatômicas é comum o uso de abreviaturas como:

a. = artéria
aa. = artérias
gl. = glândula
gll. = glândulas
lig. = ligamento
ligs. = ligamentos
m. = músculo
mm. = músculos
n. = nervo
nn. = nervos
r. = ramo
rr. = ramos
v. = veia
vv. = veias

1. ASPECTOS GERAIS DO CORPO HUMANO

O aspecto externo do corpo varia com a **idade**, o **sexo**, o **grupo étnico** e o **estado de nutrição**. É característico nas crianças que nascem prematuramente a ausência de uma espessa camada cutânea de tecido gorduroso como se observa nas crianças nascidas a termo; a pele dos prematuros parece demasiado grande para o corpo. As crianças nascidas a termo são "gordas" devido à presença de depósitos de gordura em toda a superfície do corpo. O acúmulo de gordura nas bochechas é típico de recém-nascido. Com o crescimento, a distribuição da gordura se faz mais uniforme no corpo, sem haver excesso em nenhuma parte. Na adolescência e na puberdade já se nota uma aparente diferença sexual. A mulher acumula tecido adiposo (gordura) em determinadas partes do corpo, incluindo as mamas, a parte superior dos ombros, a região glútea, as faces interna e externa das coxas e a parte mais baixa do abdome. No homem os acúmulos são mais delgados e distribuídos de modo mais regular por todo o corpo, exceto nos obesos. Neste último caso o acúmulo de gordura ocorre principalmente no abdome. Com o avançar da idade a obesidade aumenta, enquanto que na velhice o desaparecimento da gordura e a perda da elasticidade da pele fazem com que esta se torne frouxa, formando rugas. A **Figura 1** mostra os corpos de um homem e de uma mulher adultos. Observe as diferenças.

A figura masculina pode ser descrita como triangular, com ombros largos e quadris estreitos. O corpo é anguloso e diferente do da mulher que apresenta contornos arredondados. O desenvolvimento muscular é maior no homem e por isso sua postura é mais esguia. O corpo da mulher tem forma romboide. Tem ombros estreitos e quadris mais largos. O corpo feminino possui aspecto redondo e mais suave devido ao menor desenvolvimento muscular e possui a camada de tecido adiposo mais espessa sob a pele. A postura da mulher dá impressão de ser menos esguia, devido principalmente à curvatura mais pronunciada da parte inferior do dorso.

Além destas diferenças entre o homem e a mulher, outras existem ligadas à **constituição biotipológica** dos indivíduos. Assim podemos classificar os indivíduos em três grandes categorias segundo sua construção corpórea. O tipo **longilíneo**, indivíduo alto, esguio, caracteriza-se pelo pequeno desenvolvimento do tronco em relação aos membros, que são longos. Os membros inferiores são mais longos que o tronco, e este é achatado no sentido anteroposterior. O tipo **brevilíneo**, indivíduo baixo, atarracado, caracteriza-se pelo grande desenvolvimento do tronco em relação aos membros, que são relativamente curtos. O tronco apresenta forma cilíndrica, com predominância do abdome sobre o tórax. Estes dois tipos constitucionais representam os extremos, por isso mesmo chamados **éctipos**. Entre eles situa-se o **mediolíneo** cuja construção corpórea mostra proporções intermediárias entre os éctipos (**Figura 2**).

Juntamente com esses aspectos citados, também o **grupo étnico** (raça) é um fator que condi-

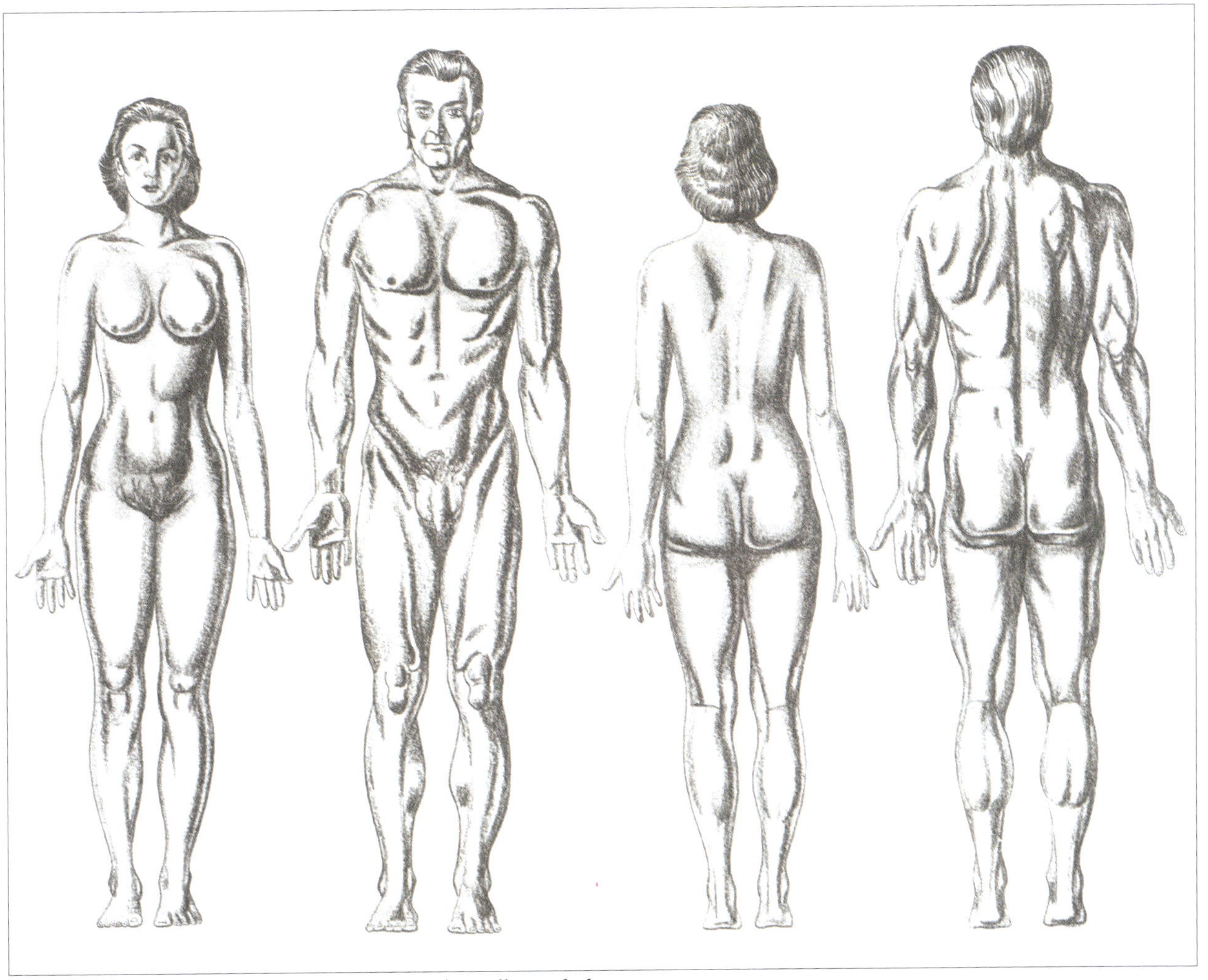

FIGURA 1 – Aspectos da morfologia externa da mulher e do homem

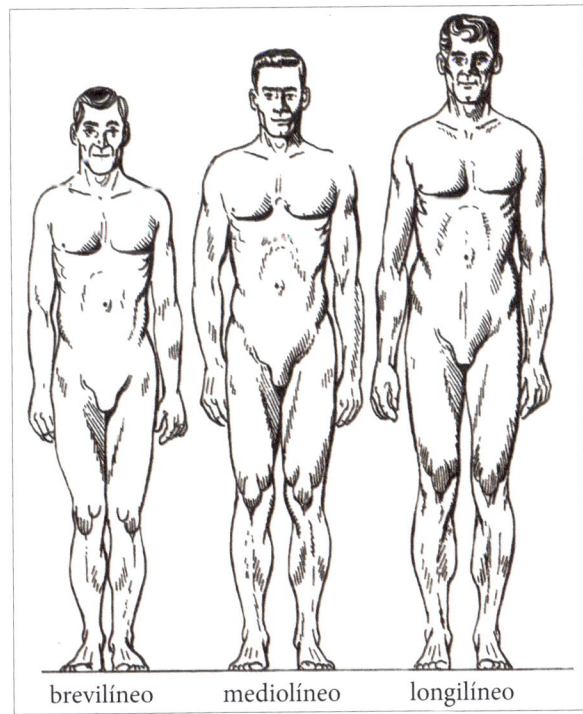

brevilíneo medolíneo longilíneo

FIGURA 2 – Biotipos

ciona o aparecimento de diferenças na construção do corpo humano. Externamente é possível caracterizar indivíduos de grupos raciais distintos e no exame dos órgãos pode-se apreciar notáveis diferenças entre negros, brancos e amarelos.

A **idade**, o **sexo**, o **biotipo** e o **grupo étnico** são chamados *fatores gerais de variação* que atuam na construção do corpo, ocasionando diferenças no *padrão anatômico* dos órgãos e sistemas dos indivíduos de diferentes idades, sexo, biotipo e raça.

Por outro lado, existem as variações anatômicas que ocorrem nos indivíduos independentemente dos fatores citados. Entende-se por **variação** um pequeno desvio do **padrão normal** de construção do corpo que não cause prejuízo no desempenho das suas funções.

O conceito de **normal** em anatomia difere do em medicina. Para a medicina, normal é o indivíduo sadio; para a anatomia, normal é o mais frequente, isto é, aquilo que ocorre no maior número de indivíduos, por isso é um critério estatístico.

Assim, se um determinado músculo apresenta um feixe a mais do que o normal, isto representa uma **variação** que não afeta a função desse músculo. Entretanto, se a **variação** for um desvio grave do normal a ponto de interferir com a forma e com prejuízo da função, é considerada **anomalia**. Desse modo, a ocorrência de um dedo supranumerário é uma **anomalia que altera a forma**; o lábio leporino é uma **anomalia que altera a forma e a função**.

Quando a **anomalia** é de tal gravidade que interfere no desenvolvimento do organismo, caracteriza o que se denomina **monstruosidade**. Geralmente as monstruosidades são incompatíveis com a vida. Crianças que nascem sem encéfalo, ou outras grandes deformações no corpo, geralmente não sobrevivem.

A medicina de hoje, graças ao notável progresso da cirurgia, tem conseguido excelentes resultados na correção de muitas malformações, possibilitando a manutenção da vida e o desenvolvimento de crianças nascidas com graves anomalias e até monstruosidades.

2. PRINCÍPIOS DA CONSTRUÇÃO CORPÓREA

O corpo como um todo está construído segundo o princípio geral de construção dos vertebrados (**Figura 3**), isto é, sua arquitetura obedece a padrões.

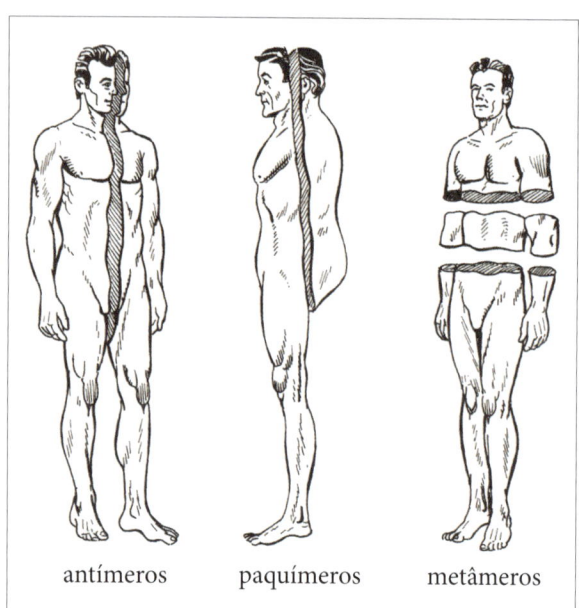

Figura 3 – Planos de construção corpórea

1. Simetria bilateral: o corpo humano é dividido em duas metades semelhantes por um plano imaginário chamado *plano sagital mediano*. As duas metades são chamadas *antímeros*, direito e esquerdo. O corpo obedece, portanto, a um plano de construção antimérica (antimeria). Os dois *antímeros* não são exatamente iguais sob os pontos de vista morfológico e funcional. Existem órgãos ímpares localizados no antímero direito, como o fígado, por exemplo, e outros, como o baço, situados no antímero esquerdo. Os órgãos pares, localizados um em cada antímero, ocupam posição diferente, como os rins, em que um é mais alto do que o outro. Existe, portanto, uma assimetria normal que pode ser observada tanto externa como internamente na construção do corpo. Todavia, o padrão de construção é de simetria bilateral, embora muitos exemplos possam ser observados para demonstrar que não é uma simetria perfeita.

2. Paquimeria: é definida como outro plano fundamental de construção do corpo no qual a parte axial do corpo é formada por dois tubos, um posterior estreito (tubo neural) e um anterior mais largo (tubo visceral). Estes dois tubos são respectivamente o *paquímetro neural*, que contém o crânio e a coluna vertebral, e o *paquímetro visceral*, que contém o conjunto de vísceras dos diversos sistemas.

3. Metameria: o corpo humano também é construído obedecendo a um padrão metamérico, isto é, formado por segmentos semelhantes chamados *metâmeros*, dispostos em série longitudinal, ou seja, de cima para baixo. A metameria se modifica profundamente do embrião, onde é mais perfeita, para o indivíduo definitivamente formado. Porém, pode-se notar a persistência desta disposição na coluna vertebral do adulto, nas costelas, nos nervos espinhais e nos vasos intercostais que estão dispostos de forma segmentar.

4. Estratigrafia: o corpo humano está construído segundo um plano estratigráfico, tanto no seu todo como em suas partes; isto é, as estruturas estão dispostas em estratos ou camadas. Qualquer parte de um órgão ou estrutura obedece a esta construção em camadas que se superpõem e conferem ao órgão e ao corpo essa estratificação.

3. DIVISÃO DO CORPO

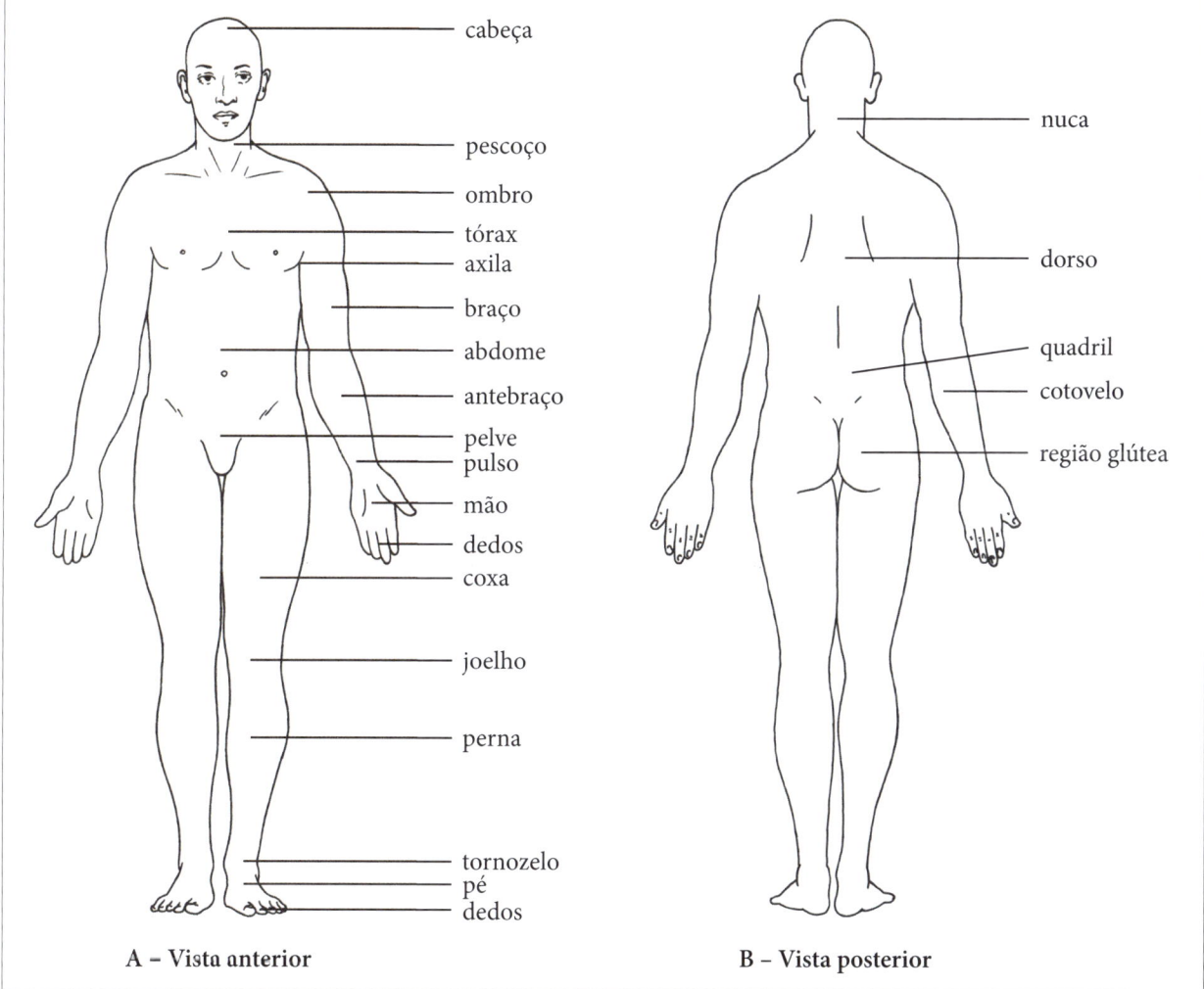

Figura 4 – Divisão do corpo

O corpo humano pode ser dividido nas seguintes partes:

1. **Cabeça**;
2. **Pescoço**;
3. **Tronco**, que se subdivide em:
   a) tórax;
   b) abdome;
   c) pelve; e
   d) dorso, que compreende a nuca, o dorso propriamente dito (torácico) e a região glútea.
4. **Membros**:
   a) **Superiores**, dividido em:
      – ombro;
      – axila;
      – braço;
      – cotovelo;
      – antebraço;
      – pulso;
      – mão; e
      – dedos.
   b) **Inferiores**, dividido em:
      – quadril;
      – coxa;
      – joelho;
      – perna;
      – tornozelo;
      – pé; e
      – dedos.

4. CAVIDADES DO CORPO

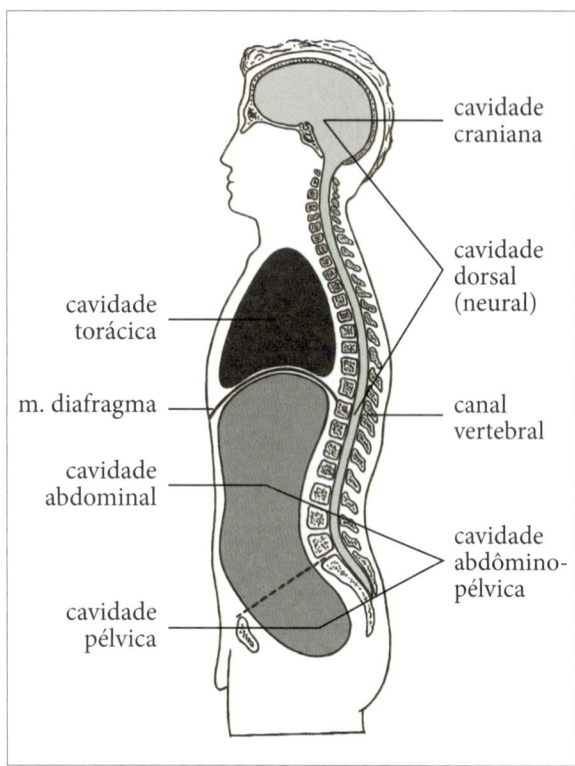

Figura 5 – Cavidades do corpo

O corpo é constituído de tal forma que deixa dentro de si grandes espaços fechados que são as cavidades corpóreas. Preliminarmente pode-se distinguir duas cavidades: uma em cada paquímero. A cavidade do paquímero dorsal divide-se em duas partes, isto é, **cavidade craniana** (que aloja o encéfalo) e a **cavidade** (canal) **vertebral** (que abriga a medula espinhal). Estas duas cavidades são delimitadas quase que exclusivamente por peças ósseas.

A cavidade do paquímero ventral, por sua vez, também chamada cavidade celomática, divide-se em três compartimentos:

1. A **cavidade torácica** contém os pulmões, o coração, grandes artérias e veias, assim como numerosas outras estruturas. As paredes desta cavidade consistem das costelas, das vértebras torácicas, do esterno e da musculatura associada. O esqueleto do tórax é constituído de tal modo que permite movimentos que aumentam e diminuem a cavidade torácica. Essa cavidade comunica-se com o pescoço pela abertura torácica superior que mede 5 cm anteroposteriormente e 10 cm laterolateralmente. Através desta abertura transitam a traqueia, o esôfago e as grandes artérias e veias que nutrem os membros superiores, o pescoço e a cabeça. A cavidade torácica também se comunica com a cavidade abdominal por uma ampla abertura torácica inferior que é fechada pelo **músculo diafragma**, o qual é perfurado por muitas estruturas que passam do tórax para o abdome e vice-versa.

2. A **cavidade abdominal** abriga o estômago, o fígado, o baço, o pâncreas, o intestino delgado e parte do intestino grosso. Esta cavidade é delimitada pelas vértebras lombares e pelos músculos e aponeuroses da parede do abdome. A porção mais alta da cavidade abdominal é delimitada pela parede torácica, pois o músculo diafragma que separa estas cavidades tem forma de cúpula proeminente no interior do tórax. A **cavidade abdominal**, por meio da sua parede músculo-membranosa, não tem apenas função contensora do conteúdo visceral, mas também participa ativamente nos processos de respiração, defecação e micção.

3. A **cavidade pélvica** é contínua com a **cavidade abdominal**; a separação de ambas é arbitrária pois não há parede entre elas. Daí ser usual considerar-se as duas como **cavidade abdômino-pélvica**. A cavidade pélvica é delimitada pelos ossos, músculos e ligamentos da pelve ou bacia e evidentemente também pela parede do abdome. Nesta cavidade encontram-se a bexiga, parte do intestino grosso, o ovário, as tubas uterinas e o útero, na mulher; a próstata e as vesículas seminais, no homem.

5. CONSTITUIÇÃO DO CORPO

5.1. Célula

A célula é a unidade fundamental de que se constituem todos os seres vivos.

Pode-se dizer que a **célula** é a base da vida, pois nos organismos unicelulares uma única unidade realiza todos os complexos processos necessários à sua existência. Apenas uma célula **reage** aos estímulos, **ingere** alimentos, metaboliza-os obtendo energia, **sintetiza** novas substâncias, **elimina** seus próprios detritos e **se reproduz**, independentemente de outras células.

Todavia, nos organismos pluricelulares, se estabelece uma interdependência e uma diversificação na estrutura e na função das suas células. Não obstante todas as células guardarem a capacidade de realizar funções inerentes à sua subsistência, certas células realizam funções específicas com extrema eficiência, como por exemplo as células musculares, que são especializadas em **contrair-se**; todavia, dependendo de outras para receber seus alimentos.

Divide-se a célula de modo simplista, em três partes: 1. **membrana plasmática**, 2. **citoplasma** e 3. **núcleo** (**Figura 6**).

1. Membrana Plasmática: esta membrana é vista ao microscópio eletrônico como uma estrutura trilaminar de cerca de 7 a 10nm (nanômetro) ou 100A° (0,001μ), formada de proteínas e lipídios. Ela delimita a célula, separando-a de outras e do meio ambiente, e tem a capacidade de ser permeável a certas substâncias e impermeável a outras, isto é, seleciona rigorosamente a passagem de substâncias segundo as necessidades orgânicas.

2. Citoplasma: entende-se por citoplasma toda a matéria limitada pela membrana plasmática onde

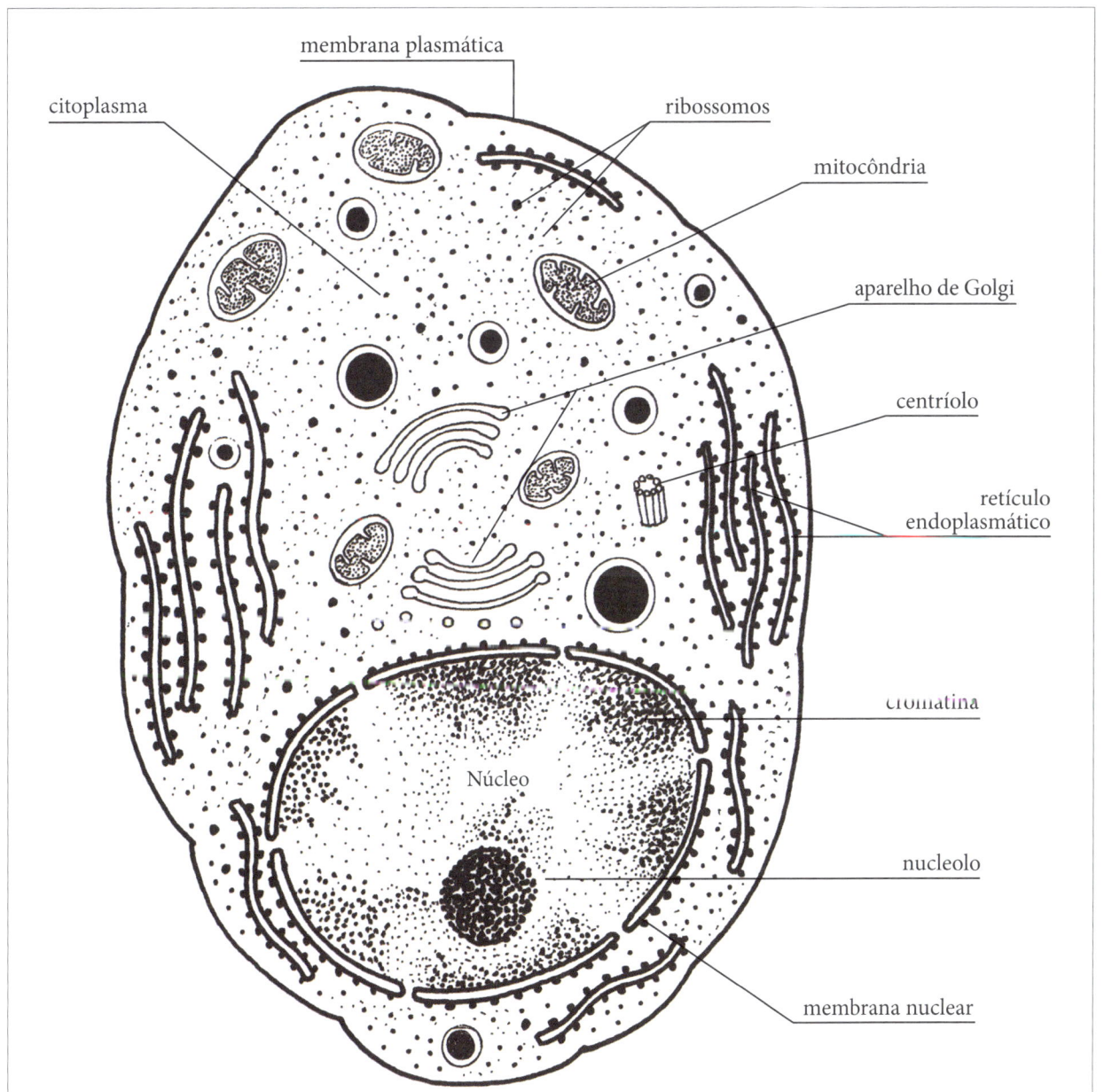

Figura 6 – Célula

se encontra o núcleo. Quimicamente, o citoplasma está constituído de 65 a 70% de água, proteínas (12%), lipídios (7%), glicídios e sais de potássio, sódio, cálcio, magnésio, ferro e cloro.

O citoplasma é a parte "fabril" (metabólica) da célula, cuja substância fundamental é formada de proteínas e soluções coloidais onde se encontram as **organelas** citoplasmáticas que são: **Retículo endoplasmático**, que é um sistema de condutos que atravessam o citoplasma em todas as direções, cuja função precípua é transportar substâncias dentro da própria célula. **Mitocôndrias**, que são organelas ovoides responsáveis pela produção de energia por meio da elaboração de adenosina-trifosfato (ATP), substância energética utilizada pela célula para realizar suas funções. **Centríolos**, que são estruturas constituídas por dois conjuntos de nove pequenos tubos paralelos e perpendiculares entre si. Os centríolos atuam no mecanismo de divisão da célula. **Aparelho de Golgi**, que aparece em forma de retículo e vesículas, geralmente próximo ao núcleo. Este aparelho está relacionado a todo o processo secretório, quer seja enzimático ou de polissacarídeos. É bem desenvolvido nas células do pâncreas e das glândulas salivares. **Ribossomos**, que são pequenos grânulos formados por ácidos nucleicos e proteínas, encontrados livres no citoplasma ou presos ao retículo. Nos **ribossomos** é realizada a síntese de proteínas. **Lisossomos**, que são **inclusões** de enzimas hidrolíticas capazes de destruir a célula. Atuam na metabolização de substâncias estranhas captadas pela célula.

São encontrados ainda, no citoplasma, vacúolos cheios de substâncias de reserva celular e de excreção, gotículas de gordura, cristais de açúcares e fibrilas, que são aglomerados de proteínas.

3. Núcleo: o núcleo é o coordenador das atividades celulares e o responsável pela transmissão da herança. É uma estrutura esférica ou ovoide, de 5 a 25 micrômetros, situada dentro do citoplasma e separada desde por uma *membrana nuclear* de parede dupla, também semipermeável. No interior do núcleo se encontra o suco nuclear no qual flutuam os *nucléolos* compostos de ácido ribonucleico (RNA) e a *cromatina*, composta de ácido desoxirribonucleico (DNA). Durante o processo de divisão celular o DNA se condensa formando os cromossomos.

O organismo humano é composto de células vivas que executam funções próprias e diversificadas, essenciais à manutenção da vida. Também tomam parte na constituição do corpo substâncias intercelulares e os líquidos corporais cuja base é a água, que representa aproximadamente 80% do peso corpóreo.

Assim como todos os indivíduos têm um período de vida média após o qual sobrevém a morte, as células também têm um período de vida mais ou menos característico após o qual morrem. A morte celular resulta do gasto da existência, o qual é geralmente compensado pela substituição por outras células e também o resultado dos mecanismos normais do desenvolvimento do indivíduo. Algumas células, como aquelas do sistema nervoso, não são substituídas; ao nascimento quase todas as células nervosas e também as células musculares do corpo já estão formadas e persistem durante toda a vida do indivíduo. A célula nervosa não se divide e quando destruída não pode ser substituída; o mesmo não ocorre com as células do sangue, por exemplo, que são substituídas constantemente. Acredita-se que 1 a 2% das células do corpo morrem em cada dia, sendo substituídas por outras. Pode-se concluir daí que, se as células não morressem e se a divisão celular ocorresse normalmente, o peso corpóreo dobraria em cada 50 a 100 dias. Visto que o peso do corpo permanece o mesmo, significa que as células que morrem são substituídas por outras novas (isto não ocorre porém com as células nervosas e musculares). Há, pois, locais de substituição ativa em diferentes áreas do organismo.

As áreas mais ativas de substituição celular são: a pele, o sangue e determinados segmentos dos sistemas digestório e genital (reprodutor). Nos outros órgãos a reposição celular é lenta, sendo que algumas células do fígado têm uma vida média de 17 a 18 meses.

Pode-se dizer que a célula viva é um **universo** que tem desafiado os biólogos desde sua descoberta em 1663 por Robert Hooke, e que hoje o estudo da célula, nos mais diferentes aspectos, constitui uma ciência com corpo de matéria e metodologia próprias, que é a **Biologia Celular**.

5.2. Tecidos

A partir do óvulo fertilizado começa a formação de células similares que vão se diferenciando e constituindo os chamados folhetos embrionários: **ectoderma** (mais externo), o **mesoderma** (localizado no centro) e o **endoderma** (mais interno). Estas três camadas, por diferenciação das suas células, formarão os tecidos e órgãos do corpo humano. Desta forma o ectoderma dará origem aos tecidos nervoso e epitelial; o mesoderma dará origem aos tecidos conjuntivo e muscular; enquanto que o endoderma formará grande parte dos sistemas digestório, respiratório, a bexiga, a glândula tireoide e outras estruturas.

São chamados de **tecidos** os agrupamentos de células com a mesma morfologia e as mesmas propriedades funcionais. Na formação dos órgãos participam tecidos diversos, adequando-os à organização morfológica e funcional de cada sistema. Os tecidos fundamentais são:

1. Tecido Epitelial: O epitélio é um tecido que forma as membranas que cobrem as superfícies e forram as cavidades dos órgãos e do corpo. O epitélio executa múltiplas funções segundo o órgão ou sistema ao qual pertence. Existem epitélios de *proteção*, como na pele; de *secreção*, como nas glândulas; de *absorção*, como no intestino; de *percepção*, como o neuro-epitélio do ouvido interno.

Os epitélios são divididos em dois grandes grupos: de **revestimento** e **glandulares**.

Os epitélios de revestimento, de acordo com o número de camadas e da forma das suas células, são classificados em epitélios **simples** ou **estratificados**.

Os epitélios simples podem ser **pavimentosos**, **cúbicos** e **cilíndricos**, conforme a forma das células (**Figura 7**).

Os epitélios estratificados também, de acordo com a forma das suas células, podem ser **pavimentosos**, **prismáticos** (**cilíndricos**) e **de transição**.

Existe um tipo de epitélio, como aquele que reveste a traqueia e os brônquios, chamado de epitélio **pseudoestratificado**, devido à posição peculiar dos núcleos das células.

É também epitelial o tecido que forma as glândulas, isto é, órgãos que produzem determinados produtos, como as glândulas endócrinas (ver Capítulo 9) e exócrinas, como as glândulas sebáceas e sudoríparas da pele.

O **epitélio**, como o tecido conjuntivo que o sustenta no forramento dos sistemas digestório, respi-

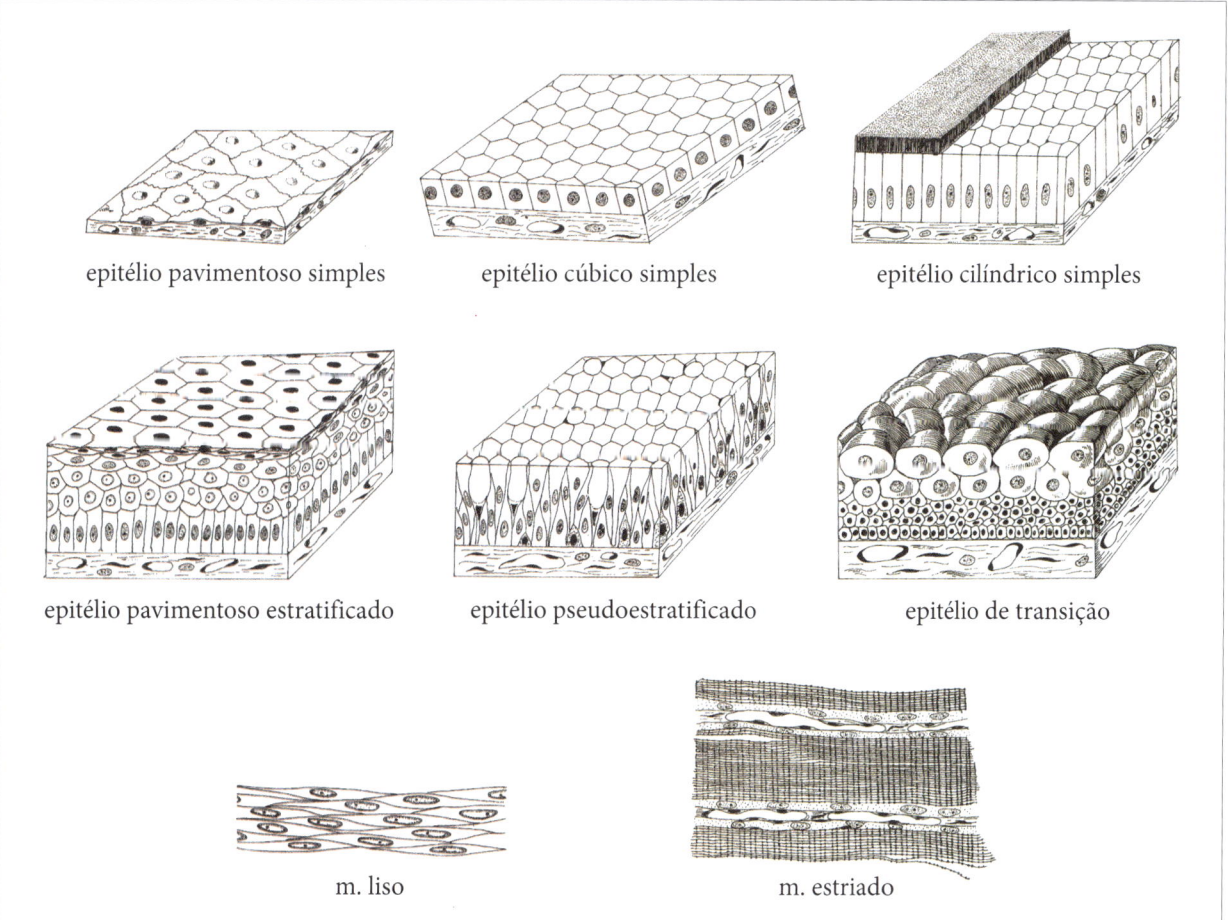

Figura 7 – Epitélios e músculos

ratório e gênito-urinário, recebe o nome de *mucosa*. Do mesmo modo, o epitélio que forra as cavidades torácica e abdominal recebe o nome de *serosa*; é comum chamar o epitélio das serosas de *mesotélio*.

2. Tecido Conjuntivo: este tecido *une, sustenta, protege, nutre* e *defende* os demais tecidos do organismo. O tecido conjuntivo é formado de células e de substâncias intercelulares produzidas pelas próprias células. Estas substâncias intercelulares preenchem todos os espaços dando forma ao organismo. Dois tipos de substâncias intercelulares são descritos:

a) o que se apresenta sob a forma de **fibras**; e

b) outro, que é amorfo, comumente chamado **matriz** ou substância fundamental, formado de glicosaminaglicana (polimerização de um ácido urânico e uma hexose) e proteínas.

As fibras de tecido conjuntivo são de três tipos: **colágenas**, **elásticas** e **reticulares**.

O tecido conjuntivo apresenta muitas variedades conforme o arranjo das suas células e da natureza dos elementos das substâncias intercelulares (**Figura 8**).

a) **Tecido conjuntivo frouxo:** é encontrado em quase todas as partes do corpo. Neste tecido há certa equivalência dos componentes fundamentais do tecido conjuntivo.

b) **Tecido conjuntivo denso modelado (tendíneo):** neste tecido predominam as fibras colágenas modeladas formando os tendões.

c) **Tecido conjuntivo denso não modelado:** neste tecido as fibras colágenas são desordenadas; é encontrado na derme.

d) **Tecido adiposo:** é formado de células adiposas que armazenam as gorduras. Encontra-se principalmente sob a pele, dando a forma modelada do corpo.

e) **Tecido elástico:** neste tecido predominam fibras elásticas; é encontrado na parede da artéria aorta, no ligamento nuca, nos ligamentos amarelos da coluna vertebral e na pele.

f) **Tecido reticular:** formado de redes de fibras reticulares; é encontrado na estrutura de sustentação do fígado, do baço, dos linfonados e órgãos hematopoiéticos.

g) **Tecido cartilaginoso:** apresenta substância intercelular semissólida; forma as cartilagens do corpo (ver item 1.3).

h) **Tecido ósseo:** apresenta substância intercelular dura, devido à presença de sais de cálcio; forma os ossos.

i) **Sangue:** é um tipo especial de tecido conjuntivo cuja substância intercelular líquida (plasma) contém as células sanguíneas, isto é, glóbulos brancos, vermelhos e as plaquetas (ver item 6.1.7).

j) **Tecido hemopoiético:** é também um tecido conjuntivo especializado, localizado na medula dos ossos, responsável pela produção das células do sangue.

3. Tecido muscular (**Figura 7**): é um tecido fundamental cujas células têm a capacidade *de se contrair*, resultando daí os movimentos do corpo. As células musculares, usualmente denominadas *fibras musculares* (o termo *fibra* aqui não tem o mesmo significado das fibras do tecido conjuntivo), se agrupam formando fascículos envoltos por tecido conjuntivo que vão formar os músculos do corpo.

As fibras (células) musculares são de três tipos:

a) **estriadas:** que são fibras cilíndricas longas, com estrias transversais típicas que formam os músculos voluntários do corpo;

b) **lisas:** que são fibras fusiformes encontradas principalmente nas paredes dos vasos sanguíneos e do tubo digestivo; constituem os músculos involuntários do corpo; e

c) **cardíacas:** estas fibras constituem um tipo especial de tecido muscular estriado involuntário que forma o miocárdio, isto é, a musculatura do coração.

4. Tecido nervoso: este tecido é especializado em reagir aos estímulos e transmitir impulsos para todas as partes do corpo, isto é, caracteriza-se por apresentar *irritabilidade* e *condutibilidade*.

As células do tecido nervoso são denominadas **neurônios**. O **neurônio** é a unidade morfológica e funcional do sistema nervoso. Estruturalmente distingue-se no neurônio o **corpo celular** e seus prolongamentos chamados respectivamente de **axônio** e **dendritos** (**Figura 97**).

Os **dendritos** são numerosos prolongamentos que recebem estímulos do meio ambiente e os conduzem ao corpo celular. O axônio é um prolongamento único em cada neurônio, que conduz os impulsos do corpo celular para outras células.

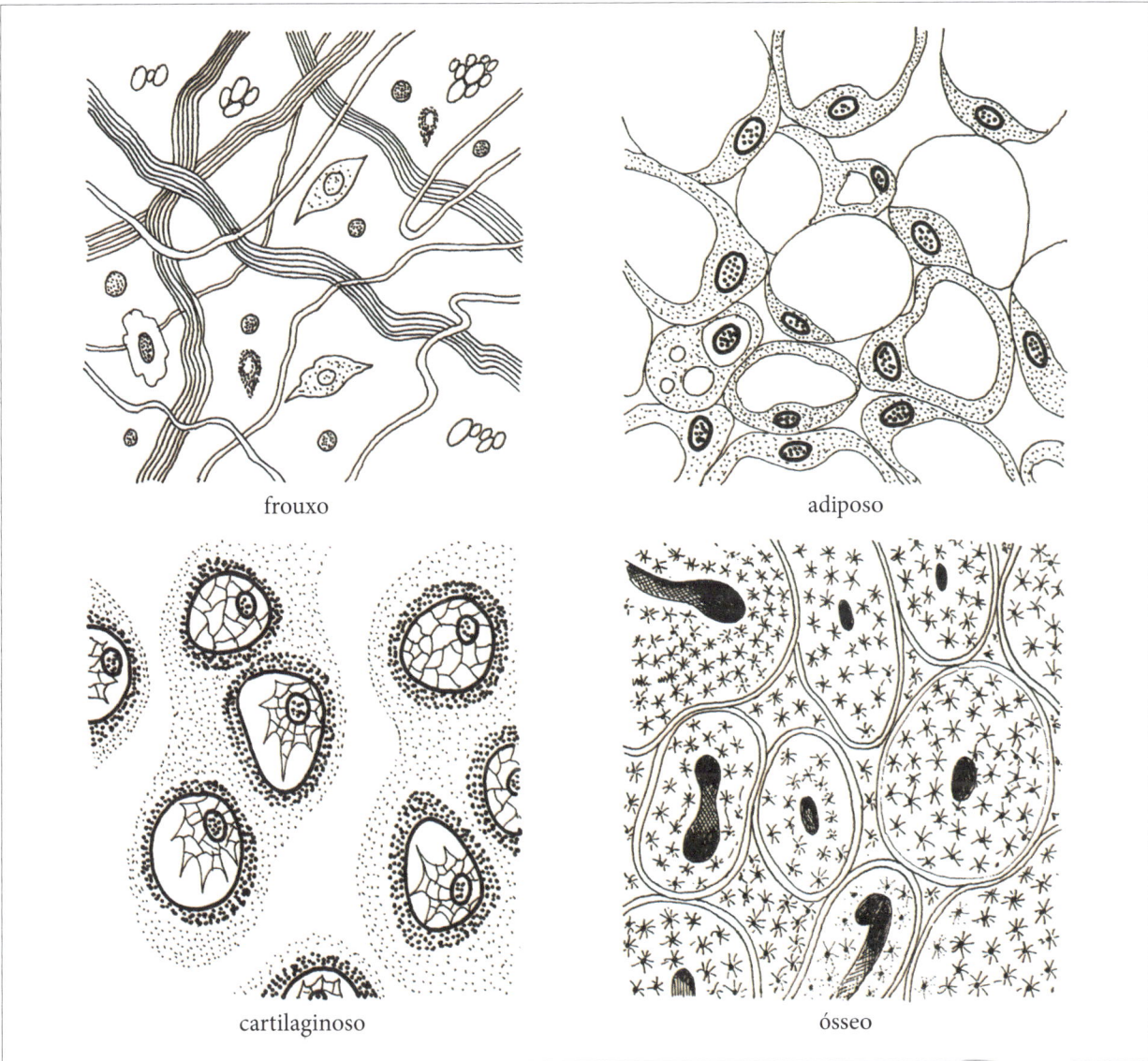

FIGURA 8 – Tecidos conjuntivos

6. SISTEMAS

Os tecidos fundamentais não são encontrados isoladamente, mas reunidos uns aos outros, formando os órgãos do corpo, que são unidades maiores com morfologia típica e com função específica. A quantidade de órgãos que existem no corpo humano é enorme, e se agrupam em **sistemas** segundo suas características morfológicas e funcionais. Entende-se, pois, por **sistema**, um grupo de órgãos semelhantes na forma e função. O conjunto de todos os sistemas orgânicos forma o organismo humano.

Em cada uma das partes em que foi dividido o corpo humano participam diversos sistemas orgânicos, que são os seguintes:

1. **Sistema esquelético:** compreende o estudo dos ossos (osteologia) e articulações (sindesmologia ou artrologia).
2. **Sistema muscular:** compreende o estudo dos músculos (miologia).
3. **Sistema respiratório:** compreende o estudo das vias de condução do ar e dos pulmões.
4. **Sistema digestório:** compreende o estudo dos órgãos da mastigação, ingestão, digestão, absorção e metabolização dos alimentos.
5. **Sistema circulatório ou vascular:** compreende o estudo do coração, veias, artérias, ca-

pilares e também o *sistema linfático* que inclui os vasos linfáticos linfonodos e o baço.

6. **Sistema urinário:** compreende o estudo dos rins e das vias de eliminação da urina.
7. **Sistema reprodutor:** compreende o estudo dos órgãos genitais masculinos e femininos.
8. **Sistema endócrino:** compreende o estudo das glândulas sem ductos excretores como a hipófise, tireoide, paratireoides, suprarrenais, pâncreas, epífise, ovários e testículos.
9. **Sistema nervoso:** compreende o estudo do encéfalo, da medula e dos nervos em geral.
10. **Sistema sensorial (estesiologia):** compreende o estudo dos órgãos dos sentidos.
11. **Sistema tegumentar:** compreende o estudo da pele e seus anexos.

QUESTIONÁRIO E EXERCÍCIOS DE FIXAÇÃO

Após o estudo desta Introdução, o aluno deverá estar apto a responder as questões a seguir.

1. Conceitue anatomia humana.
2. Explique a construção do termo "anatomia".
3. Descreva a posição anatômica.
4. Cite os termos de posição usados para definir ou indicar partes ou estruturas do corpo humano.
5. Explique a diferença entre os termos "distal" e "proximal".
6. Cite as abreviaturas usadas em anatomia para a descrição das estruturas anatômicas gerais.
7. O que se entende por "variação" anatômica?
8. Cite os fatores gerais da variação anatômica.
9. Conceitue "normal" em anatomia e medicina.
10. Dê as características do tipo "longilíneo" e do "brevilíneo".
11. Conceitue "anomalia" e "monstruosidade", e dê exemplos.
12. Defina o plano de simetria bilateral ou antimeria.
13. Defina o plano de paquimeria.
14. Defina o plano de metameria.
15. Defina o plano de estratigrafia.
16. Cite as partes constituintes do corpo humano.
17. Cite as cavidades do corpo humano contidas no paquímero dorsal e o respectivo conteúdo.
18. Cite as divisões da cavidade celomática.
19. Descreva a composição química do citoplasma.
20. Relacione as organelas citoplasmáticas.
21. Cite e conceitue os tecidos fundamentais.
22. Descreva as funções realizadas por um organismo unicelular.
23. Defina mucosa e serosa.
24. Cite os sistemas orgânicos.
25. O que se entende por sistema?

Capítulo 1

Sistema esquelético

Osteologia: Sob este título estudam-se os ossos que juntamente com as cartilagens e articulações constituem o esqueleto do corpo. Os ossos são peças duras e resistentes, situadas em geral entre as partes moles do corpo, as quais sustentam e protegem. Estão unidos entre si, constituindo as junturas ou articulações e representam o elemento passivo do movimento. Servem de alavancas aos músculos que neles se inserem.

O esqueleto do homem, como de outros vertebrados, é vivo, do tipo interno, por isso um endoesqueleto. Ele cresce à medida que o corpo também cresce, se adapta às condições da vida do indivíduo e tem capacidade de recompor-se por si mesmo após sofrer alguma lesão ou enfermidade. É isto que o diferencia do esqueleto externo ou exoesqueleto dos insetos e outros artrópodos, que não é vivo, mas resultado de tecidos vivos subjacentes. Nos artrópodos, para que o organismo possa crescer, devem desfazer-se do exoesqueleto (como as cigarras, por exemplo) e reconstruí-lo depois do crescimento. O exoesqueleto não tem a capacidade de adaptação.

1.1. OSSOS

Os ossos começam a formar-se no segundo mês de vida intrauterina e sofrem metamorfoses contínuas durante mais de vinte anos. Segundo suas origens, podem-se classificar os ossos em dois tipos: os ossos membranáceos ou desmais e ossos de cartilagens ou condrais. Os ossos membranáceos formam-se a partir de um substrato conjuntivo, isto é, de tecido conjuntivo fibroso, sobre o qual aparecem os centros de ossificação que vão transformando o tecido conjuntivo em ósseo. São ossos membranáceos a maioria dos ossos da *calvária* (crânio), partes da clavícula e mandíbula.

Os ossos de cartilagem formam-se a partir de um modelo cartilagíneo do futuro osso. A cartilagem vai dando lugar ao osso pela modificação de suas células a partir de centros de ossificação. São ossos de cartilagem a maioria dos ossos do corpo, exceto os anteriormente citados.

Quimicamente os ossos são constituídos de 70% de substância inorgânica (sais de cálcio), principalmente fosfato de cálcio, e 30% de substância orgânica.

1.2. CLASSIFICAÇÃO DOS OSSOS

Classificam-se os ossos em seis tipos básicos:
- longos;
- curtos;
- planos;
- irregulares;
- sesamoides; e
- pneumáticos.

1.2.1. Ossos longos

São chamados ossos longos aqueles cujo comprimento excede à largura e espessura. Os **ossos longos** apresentam um corpo ou **diáfise** e duas extremidades ou **epífises**.

A diáfise apresenta um canal central, canal medular, onde se encontra a medula óssea formada de tecido hemopoiético, responsável pela formação de glóbulos vermelhos e leucócitos (ou glóbulos brancos) do sangue e também das plaquetas. Nas crianças, a medula apresenta cor vermelha e à medida que vai crescendo é substituída por medula amarela ou adiposa que não mais produz células sanguíneas. No homem adulto a medula vermelha desaparece quase completamente, exceto nos ossos planos do crânio, no coxal, nas vértebras, nas costelas e no esterno. A diáfise de um osso longo é formada por uma camada externa ou compacta e uma camada menos espessa interna ou esponjosa.

Nas epífises a camada compacta é muito delgada, enquanto que a esponjosa é muito espessa. Revestindo as epífises dos ossos vivos encontra-se uma camada de cartilagem hialina, também chamada cartilagem articular (epifisial), pois é por meio dela que os ossos estabelecem contato nas articulações. O crescimento dos ossos em comprimento se faz pelas suas extremidades e em espessura por uma membrana osteogênica, de natureza conjuntiva que os reveste, o **periósteo**.

Entre a **epífise** e a extremidade da **diáfise** das crianças nota-se uma camada de tecido cartilagíneo, a **metáfise**, responsável pelo crescimento do osso em comprimento. São ossos longos: fêmur, tíbia, fíbula, úmero, rádio, cúbito, metatársicos, metacárpicos e as falanges. As costelas são ossos semelhantes aos ossos longos, porém sem canal medular e por isso chamados ossos **alongados**, sendo também considerados ossos planos por alguns autores.

1.2.2. Ossos curtos

Chamam-se ossos curtos aqueles cujas dimensões de comprimento, largura e espessura são equivalentes. Os ossos curtos são formados de osso esponjoso e medula óssea, envolvidos por uma tênue camada de osso compacto. São ossos curtos os ossos do carpo e do tarso.

1.2.3. Ossos planos

Ossos planos são aqueles nos quais duas dimensões, comprimento e largura, predominam sobre a espessura. São formados de duas camadas de osso compacto entre as quais se interpõem osso esponjoso e medula óssea. Esta camada de osso esponjoso nos ossos do crânio chama-se **díploe**. São ossos planos a escápula, os parietais, o occipital e o frontal.

1.2.4. Ossos irregulares

Chamam-se ossos irregulares aqueles cujas características não correspondem aos tipos já descritos. São formados por osso esponjoso envolvido por uma fina camada de osso compacto. São ossos irregulares muitos ossos do crânio, as vértebras e os ossos da pelve.

1.2.5. Ossos pneumáticos

Representam um certo tipo de ossos irregulares encontrados no crânio. Alguns ossos do crânio são pneumatizados, isto é, contêm cavidades cheias de ar. São ossos pneumáticos o **maxilar**, o **etmoide**, o **esfenoide**, o **frontal** e os **temporais**.

1.2.6. Ossos sesamoides

Com este nome estuda-se um tipo especial de osso curto que se encontra geralmente nas mãos e nos pés, situado na intimidade dos tendões. A **patela** (rótula) é um osso sesamoide situado na espessura do tendão do músculo quadríceps femoral.

1.3. CARTILAGEM

A **cartilagem** é um tipo de tecido conjuntivo, resistente, mas não duro, que contribui para a formação do esqueleto do corpo. Segundo a natureza das fibras que se encontram na cartilagem, podemos classificá-la em três tipos:

1. **Cartilagem hialina:** nesta nota-se a presença de poucas fibras colágenas implantadas na matriz cartilagínea. A cartilagem hialina forma o modelo cartilagíneo do futuro osso no feto. As cartilagens articulares, os semianéis cartilagíneos que constituem a traqueia, as cartilagens do nariz e da laringe, são exemplos de cartilagem hialina.
2. **Fibrocartilagem:** as fibras colágenas predominam neste tipo de cartilagem, porém, em uma matriz menos rica do que a hialina. A fibrocartilagem forma os meniscos da articulação do joelho, o disco articular da articulação da mandíbula com o temporal e os discos intervertebrais.
3. **Cartilagem elástica:** é aquela em cuja matriz se encontram fibras elásticas. O pavilhão da orelha é um exemplo de cartilagem elástica.

1.4. ESQUELETO – QUADRO SINÓPTICO

O esqueleto ósseo humano (**Figura 9**) está constituído por 210 ossos, mais ou menos, que formam o arcabouço de sustentação do corpo. Podemos dividir o esqueleto em duas partes: o **esqueleto axial**, que compreende os ossos da cabeça, da coluna vertebral e do tórax (esterno e costelas); e o **esqueleto apendicular**, que compreende os ossos dos membros superior e inferior.

Nos quadros sinóticos a seguir estão representados todos os ossos do esqueleto segundo sua localização:

ESQUELETO AXIAL	

ESQUELETO CEFÁLICO (22 ossos)
Ossos do crânio (8 ossos)
  Frontal
  Parietais (2 ossos)
  Temporais (2 ossos)
    Formados pelos ossículos da audição:
    Martelo
    Bigorna
    Estribo
  Occipital
  Esfenoide
  Etmoide
Ossos da face (14 ossos)
  Maxilas
  Palatinos
  Lacrimais
  Vômer
  Nasais
  Zigomáticos
  Mandíbula
  Conchas nasais inferiores
	OSSO DO PESCOÇO (1 osso)
	  Hioide
	
	OSSOS DA COLUNA VERTEBRAL (33 ossos)
	  Cervicais (7 vértebras)
	  Torácicas (12 vértebras)
	  Lombares (5 vértebras)
	  Sacrais (5 vértebras)
	  Coccígeas (4 vértebras)
	
	OSSOS DO TÓRAX (25 ossos)
	  Costelas (12 pares)
	  Esterno
	    Formado por:
	    Manúbrio esternal
	    Corpo do esterno
	    Processo xifoide

ESQUELETO APENDICULAR	
OSSOS DO MEMBRO SUPERIOR (32 ossos)	**OSSOS DO MEMBRO INFERIOR (33 ossos)**
Cintura escapular ou cíngulo do membro superior (2 ossos) 　Escápula 　Clavícula **Braço (1 osso)** 　Úmero **Antebraço (2 ossos)** 　Ulna (Cúbito) 　Rádio **Carpo (8 ossos)** 　Escafoide 　Semilunar 　Piramidal 　Pisiforme 　Trapézio 　Trapezoide 　Capitato 　Uncinado ou hamato **Metacarpo (5 ossos)** 　Metacárpicos I – II – III – IV – V **Dedos da mão (14 ossos)** 　Falange proximal (5 ossos) 　Falange média (5 ossos) 　Falange distal (4 ossos)	**Cintura pélvica ou cíngulo do membro inferior** 　Osso do quadril (3 ossos) 　　Ílio 　　Ísquio 　　Púbis) **Coxa (2 ossos)** 　Fêmur 　Patela (Rótula) **Perna (2 ossos)** 　Tíbia 　Fíbula (Perôneo) **Tarso (7 ossos)** 　Tálus 　Calcâneo 　Navicular 　Cuneiforme medial 　Cuneiforme intermédio 　Cuneiforme lateral 　Cuboide **Metatarso (5 ossos)** 　Metatársicos I – II – III – IV – V **Dedos do pé (14 ossos)** 　Falange proximal (5 ossos) 　Falange média (5 ossos) 　Falange distal (4 ossos)

1.5. ESQUELETO AXIAL

Como observamos no quadro, o **Esqueleto Cefálico** encerra os ossos do **crânio** e os ossos da **face** (**Figuras 10 e 11**).

1.5.1. Ossos do crânio

Os ossos do crânio (*neurocrânio*) em número de 8 são: o **frontal**, situado anteriormente, corresponde à fronte, apresenta pneumatização interior que constitui os dois seios frontais variavelmente separados por uma parede óssea. Os seios frontais comunicam-se com o meato médio do nariz.

Os dois ossos **parietais**, de cada lado contribuem para a formação da cavidade craniana.

Os **temporais**, situados lateralmente, são formados por uma porção escamosa, uma mastoidea,

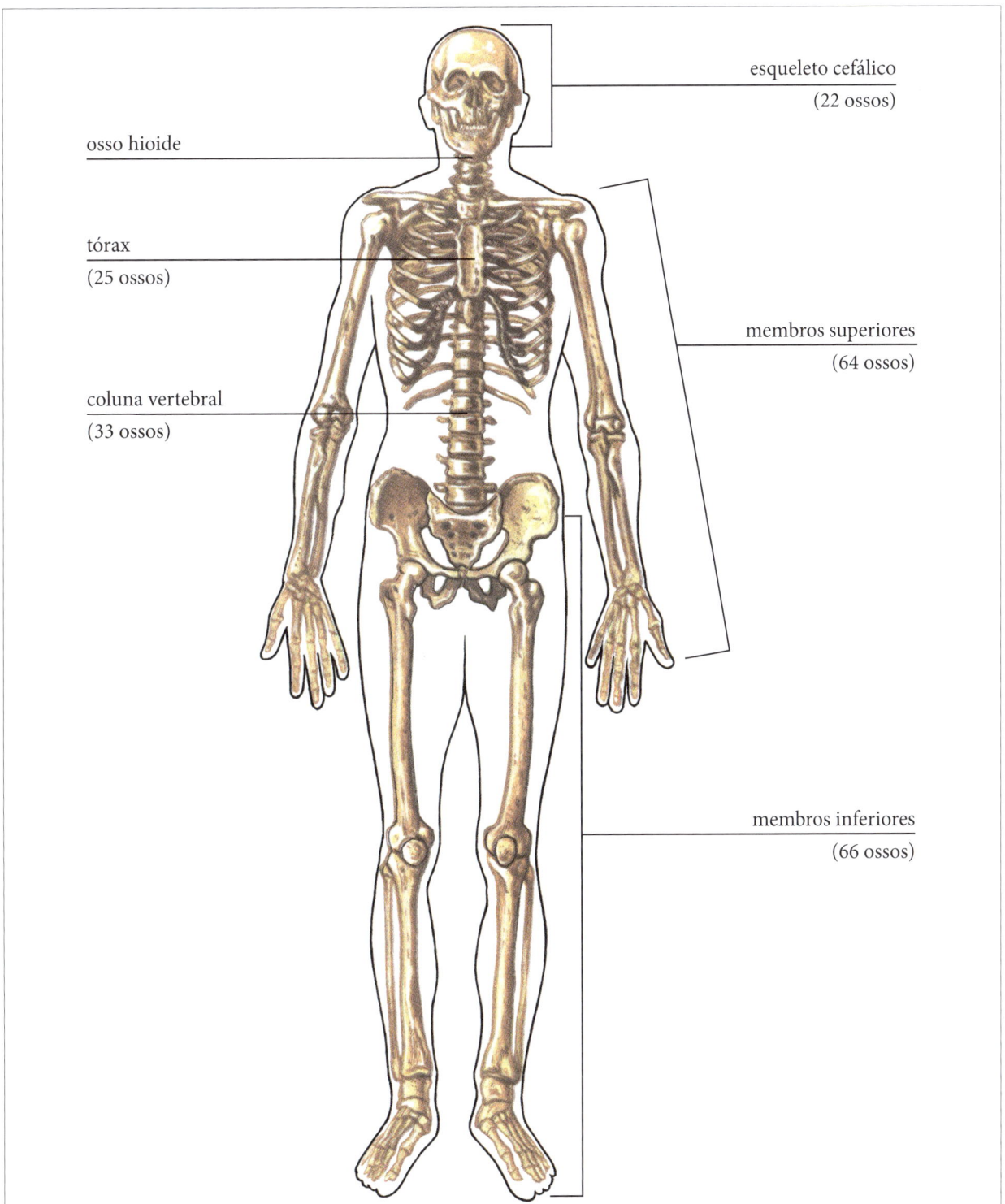

Figura 9 – Esqueleto – vista anterior

uma rochosa e uma timpânica. Na intimidade do osso temporal acha-se o órgão da audição (orelha média e orelha interna), onde se encontram três pequenos ossículos articulados entre si, o **estribo**, a **bigorna** e o **martelo** (**Figura 100**).

O **occipital**: situa-se posterior e inferiormente no crânio. Forma a base do crânio junto com o esfenoide (porção basilar do occipital). Apresenta um orifício de 3,5 cm de diâmetro, o forame magno, por onde passa a continuação caudal do encéfalo, isto é, a medula espinhal. O occipital apresenta duas massas laterais, de cada lado do forame, os côndilos, que se articulam com a primeira vértebra da coluna, o Atlas.

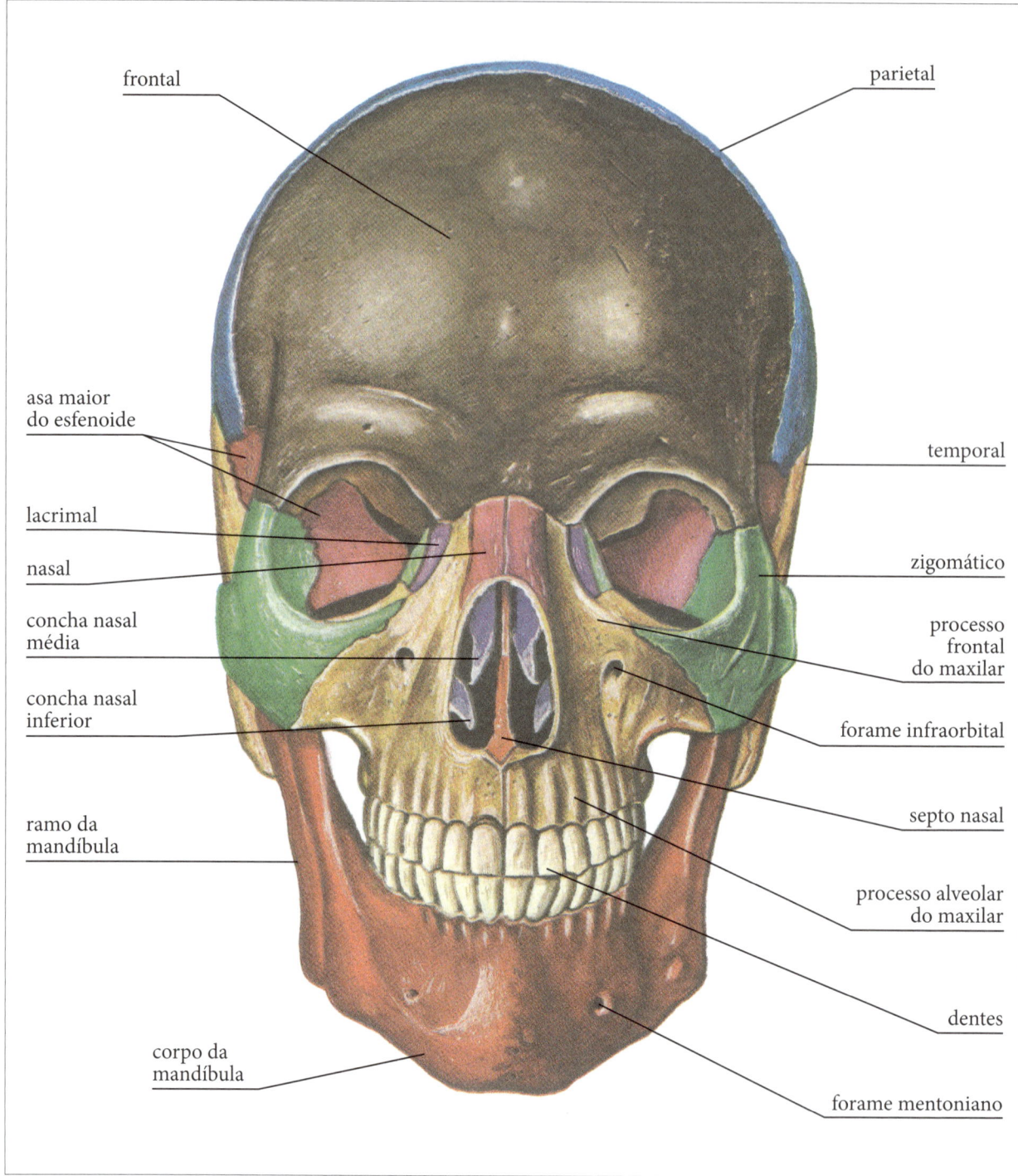

FIGURA 10 – Vista anterior do crânio

O **esfenoide**: é um osso muito irregular, no interior do qual se encontram cavidades aéreas que constituem os seios esfenoidais. O esfenoide apresenta uma escavação em seu corpo (a **sela túrcica**) onde está colocada a **hipófise**. Dilata-se para os lados e para a frente formando as chamadas asas maiores que vão contribuir para a formação das cavidades orbitárias, e as apófises pterigoideas onde se inserem alguns músculos da mastigação.

O **etmoide**: é um osso irregular, pneumático, de consistência laminar, situado na parte anterior do crânio, entre as duas cavidades orbitárias, formando parte do teto do nariz. Suas massas laterais limitam a órbita medialmente e contêm espaços aéreos que formam o seio etmoidal. O etmoide contribui para a formação do septo do nariz, e pertencem ao etmoide as conchas nasais superiores e médias.

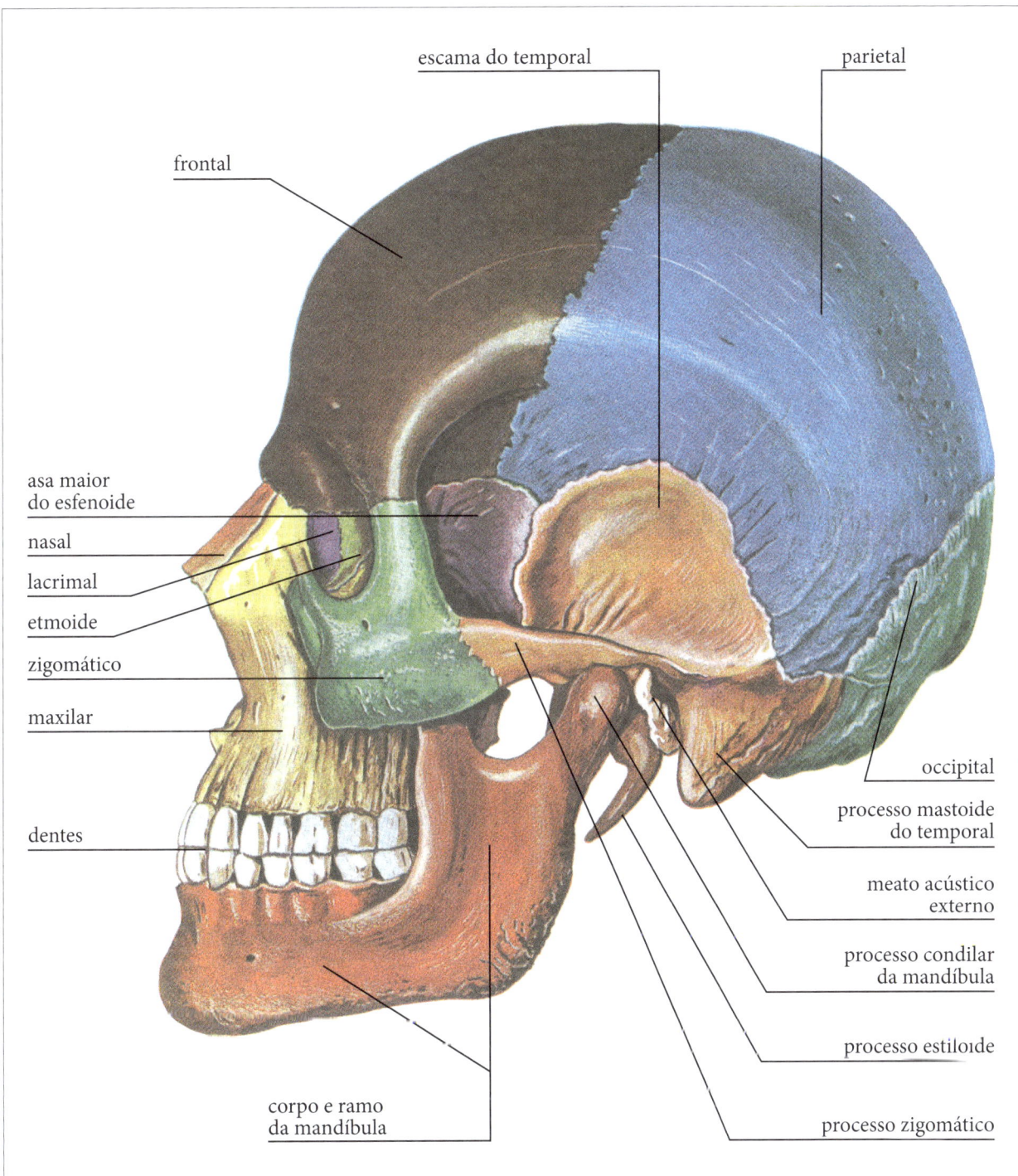

FIGURA 11 – Vista lateral do crânio

1.5.2. Ossos da face (ou viscerocrânio)

As **maxilas** ocupam quase toda a face, formando o maxilar. Cada maxila apresenta um corpo cujo interior constitui o seio maxilar; um processo frontal que se articula com o osso frontal; um processo palatino que forma o palato duro junto com os ossos palatinos; um processo alveolar em cujos alvéolos estão implantados os dentes e um processo zigomático que se articula com o osso do mesmo nome.

Os **palatinos** são dois pequenos ossos em forma de L, situados no fundo da cavidade bucal formando a parte mais posterior do palato duro.

Os **zigomáticos** são duas massas salientes que formam as proeminências da face. Limitam a cavidade orbitária junto com as maxilas.

A **mandíbula** é um osso ímpar de ossificação mista. Nela distinguem-se um corpo e dois ramos ascendentes. No corpo da mandíbula encontram-se os dentes da arcada dentária inferior. O ramo da mandíbula apresenta um côndilo que se articula com a fossa mandibular (cavidade glenoide) do osso temporal e um processo coronoide onde se insere o músculo temporal. Na face interna do ramo está o forame de conduto alveolar inferior onde transita o nervo do mesmo nome que dá inervação aos dentes. Lateralmente ao mento está o forame mentoniano por onde sai o ramo terminal do nervo alveolar inferior (n. mentoniano).

Os ossos **nasais** unidos na linha média da cabeça constituem, juntamente com as cartilagens nasais, o nariz. Os **lacrimais** se colocam na parte anterior da parede medial da órbita. Limitam com os processos frontais do maxilar o canal nasolacrimal que se abre no meato inferior da cavidade nasal.

O **vômer** é um pequeno osso situado na parte inferior do crânio, articulado ao esfenoide. Possui uma lâmina ascendente que contribui para formar o septo nasal junto com a lâmina vertical do etmoide e a cartilagem do septo.

As **conchas nasais inferiores** são ossos laminares, independentes, situados na cavidade do nariz, que no vivo são cobertos pela mucosa respiratória nasal. Podem ser observadas através da abertura piriforme, assim como as conchas nasais médias do etmoide.

O osso **hioide** encontra-se na parte anterior do pescoço, acima da cartilagem tireoidea, à qual está ligado por uma membrana conjuntiva (membrana tireo-hioidea). Apresenta um corpo, dois cornos maiores e dois menores, não se articula com nenhum outro osso, une-se ao crânio por meio de ligamentos e músculos.

1.5.3. Ossos da coluna vertebral

A coluna vertebral (**Figura 12**) é formada por 33 vértebras que se superpõem umas às outras, das quais 24 são móveis e 9 são imóveis. As vértebras recebem os nomes das regiões em que se encontram, assim têm-se **sete vértebras cervicais, doze torácicas, cinco lombares, cinco sacrais** e **quatro coccígeas**. Cada grupo de vértebras apresenta características próprias, embora todas elas obedeçam a um plano de construção comum. Cada vértebra é formada por um **corpo** e um **arco** que limitam o **forame vertebral**. O conjunto de todas as vértebras forma o **canal vertebral** que aloja a medula espinhal (porção caudal do sistema nervoso central).

O **arco** das vértebras está unido ao **corpo** por meio do **pedículo**. O arco apresenta um **processo espinhoso** posterior mediano, formado pela união das **lâminas** da vértebra. As expansões laterais do arco são os **processos transversos ou costais**.

Nas lâminas do arco notam-se as faces articulares superior e inferior onde se articulam os arcos das vértebras imediatamente superior e inferior. Entre os corpos das vértebras que constituem a coluna vertebral encontra-se o **disco intervertebral**, de natureza fibrocartilagínea.

A coluna vertebral apresenta quatro **curvaturas** normais nos seus segmentos: cervical, torácica, lombar e sacral. As curvaturas de convexidade posterior, torácica e sacral são chamadas primárias (ou **cifoses**) por serem encontradas na coluna fetal. As curvaturas de convexidade anterior, cervical e lombar, são as secundárias (ou **lordoses**) que aparecem mais tarde do que as primárias devido ao crescimento dos corpos das vértebras.

As **vértebras cervicais** (**Figura 13-C**) situam-se imediatamente abaixo do crânio e formam o esqueleto do pescoço. Suas características são as mesmas já descritas para as vértebras em geral, com a diferença que, no processo transverso das vértebras cervicais encontra-se o forame transverso, através do qual transita a artéria vertebral (exceto na 7ª vértebra), que vai ao cérebro.

O processo espinhoso das vértebras cervicais tem características próprias e por isso as distingue das demais.

A 1ª vértebra cervical é chamada **atlas**, não possui corpo nem processo espinhoso e é formada por dois arcos, anterior e posterior e duas massas laterais onde se encontram as fóveas articulares superiores que recebem os côndilos do occipital – (**Figura 13-A**). O arco anterior é curto e articula-se com o dente da 2ª vértebra cervical, a **áxis**.

A 2ª vértebra cervical, **áxis**, diferencia-se das demais por apresentar um prolongamento superior do seu corpo, em forma de dente, também chamado **processo odontoide**. O dente articula-se com a fóvea posterior do arco anterior da atlas – (**Figura 13-B**).

As **vértebras torácicas**, em número de doze (**Figura 13-D**) articulam-se com as costelas que,

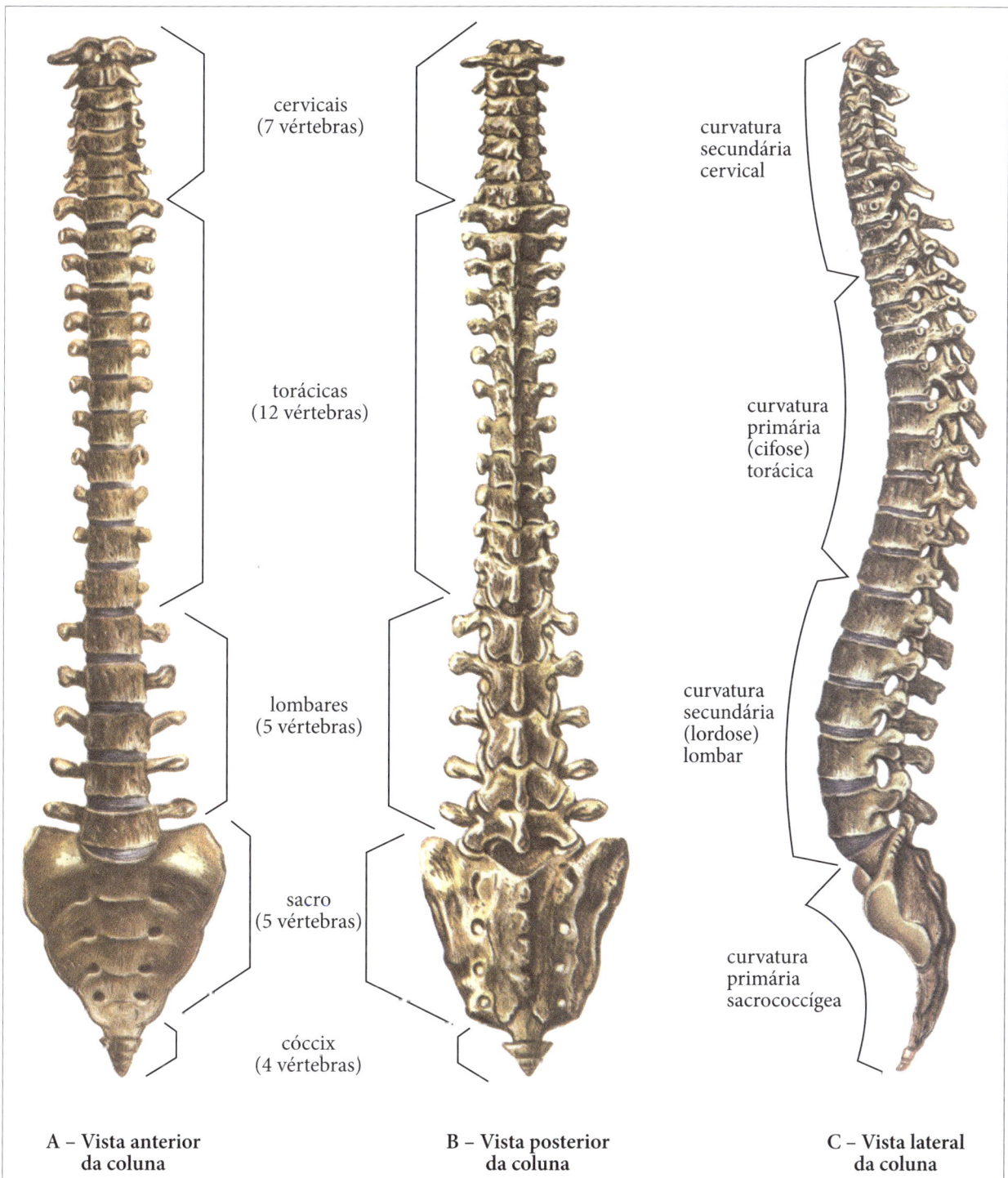

Figura 12 – Coluna vertebral

junto com o esterno, formam o esqueleto do tórax. As vértebras torácicas não possuem forame transverso, seu processo espinhoso é maior e mais inclinado que as demais vértebras. No corpo de todas elas observa-se a fóvea articular para a cabeça das costelas. O processo transverso das 10 primeiras apresenta uma fóvea (face) articular para o tubérculo das costelas.

Vértebras lombares (Figura 13-E): Estas cinco vértebras distinguem-se por serem maiores que as demais e por apresentarem o processo espinhoso quadrilátero. Os seus processos transversos são delgados e longos; neste grupo de vértebras são chamados processos costais.

Vértebras sacrais (Figura 12): São em número de cinco, soldadas entre si, formando o osso

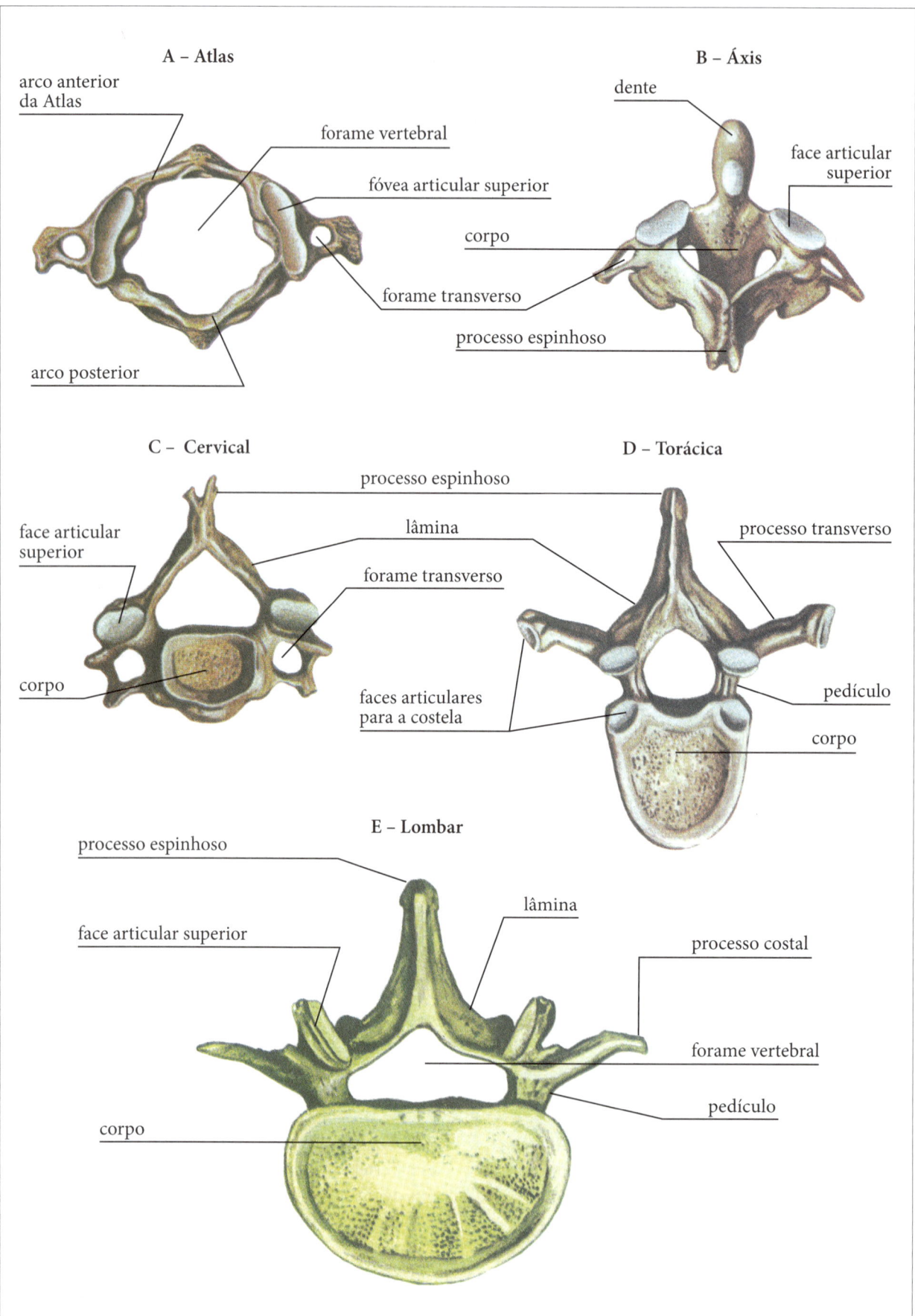

FIGURA 13 – Vértebras

Sacro. Este osso fecha posteriormente a bacia óssea. Apresenta uma face posterior, onde se observa uma crista média formada pela fusão dos processos espinhosos. A face anterior é chamada face pelvina, e no centro da borda superior do corpo da 1ª vértebra sacra está o promontório. Lateralmente, notam-se no sacro as faces auriculares para a articulação do osso do quadril.

Vértebras coccígeas (FIGURA 12): também soldadas umas às outras constituem o osso cóccix, que tem forma de uma cunha de ápice inferior e está articulado ao sacro.

Ossos do tórax (FIGURA 15): As *costelas*, em número de 24 (doze pares), unem a coluna torácica ao esterno fechando a caixa torácica. As costelas são ossos alongados, não possuem canal medular: as sete primeiras costelas são chamadas *verdadeiras* e unem-se ao esterno por meio das cartilagens costais. As de números 8, 9 e 10 são chamadas *falsas* ou *espúrias*. As duas últimas são livres e, por isso, chamadas flutuantes.

Esterno (FIGURA 14): É um osso ímpar situado na linha média do corpo. Apresenta três porções: o *manúbrio*, o *corpo do esterno* e o *apêndice* ou *processo xifoide*. O ponto de união do manúbrio com o corpo é o ângulo esternal, que corresponde aproximadamente à divisão da traqueia. O manúbrio esternal articula-se com a clavícula e com a primeira cartilagem costal. O corpo do esterno articula-se com as cartilagens da 2ª à 7ª costelas; as cartilagens das costelas 8ª, 9ª e 10ª soldam-se à 7ª cartilagem costal; por isso são chamadas falsas costelas.

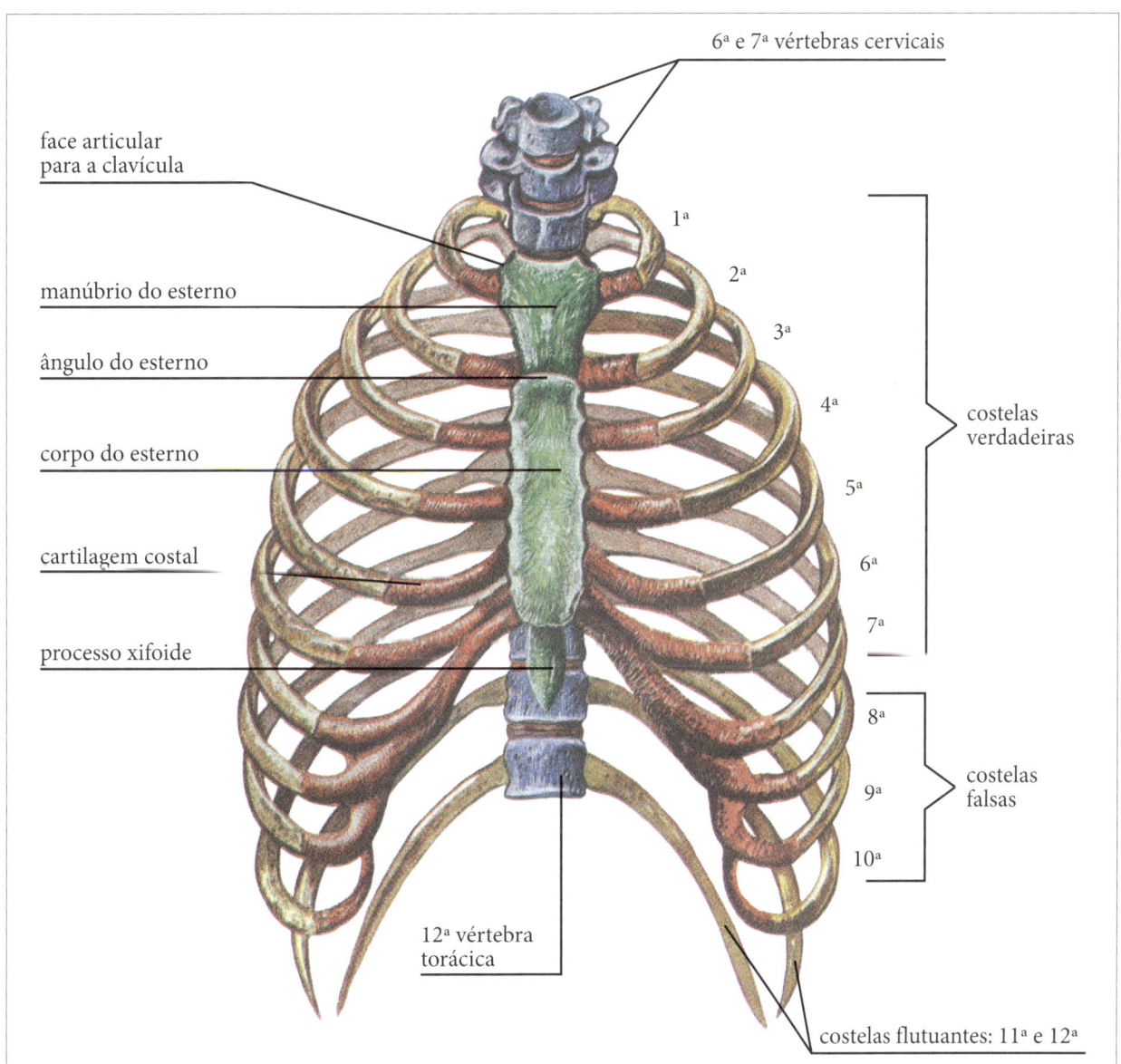

FIGURA 14 – Ossos do tórax

1.6. ESQUELETO APENDICULAR

1.6.1. Ossos do membro superior

O **membro superior** é formado por 32 peças ósseas articuladas que correspondem desde o ombro até a falange distal dos dedos. A **cintura escapular** ou cíngulo do membro superior é formado por dois ossos: a **escápula** (Figura 15) e a **clavícula** (Figura 16).

A **escápula** é um osso plano que apresenta forma triangular, situado junto ao tórax, ao qual está ligado através de músculos e está articulado ao úmero pela articulação escápulo-umeral. Apresenta um processo **acromial** onde se articula à **clavícula** e um processo coracoide para o músculo peitoral menor. A **clavícula** é um osso em forma de "S", com as epífises esternal e acromial dilatadas.

O **úmero** é o osso do braço. Está articulado à escápula e nesta extremidade distingue-se a cabeça do úmero, o colo e o sulco bicipital limitado pelo tubérculo menor e tubérculo maior. A epífise distal forma com a **ulna** (cúbito) e o **rádio** a articulação do cotovelo. Nesta epífise distingue-se um côndilo para articular-se com a cavidade glenoide do rádio e uma tróclea que recebe a incisura troclear do processo olecraniano da ulna.

Estes dois ossos, a **ulna** e o **rádio**, formam o antebraço: o rádio une o antebraço aos ossos do carpo, que estão colocados em duas fileiras; na primeira tem-se o **escafoide**, o **semilunar**, o **piramidal** e o **pisiforme**; na segunda o **trapézio**, o **trapezoide**, o **capitato** (grande osso) e o **hamato** ou **uncinado** (ganchoso) (Figura 16).

Seguindo-se aos ossos do carpo estão os cinco ossos do metacarpo, chamados I, II, III, IV e V **metacárpicos**. Os dedos são formados por três ossos, as **falanges**. As falanges são chamadas **proximal** (a que se articula com o metacárpico), **média** e **distal**. O polegar possui somente as falanges proximal e distal.

1.6.2. Ossos do membro inferior

Distinguem-se no membro inferior 33 ossos (Figura 17).

O cíngulo do membro inferior ou **cintura pélvica** é formada pelo **osso do quadril** ou **coxal**,

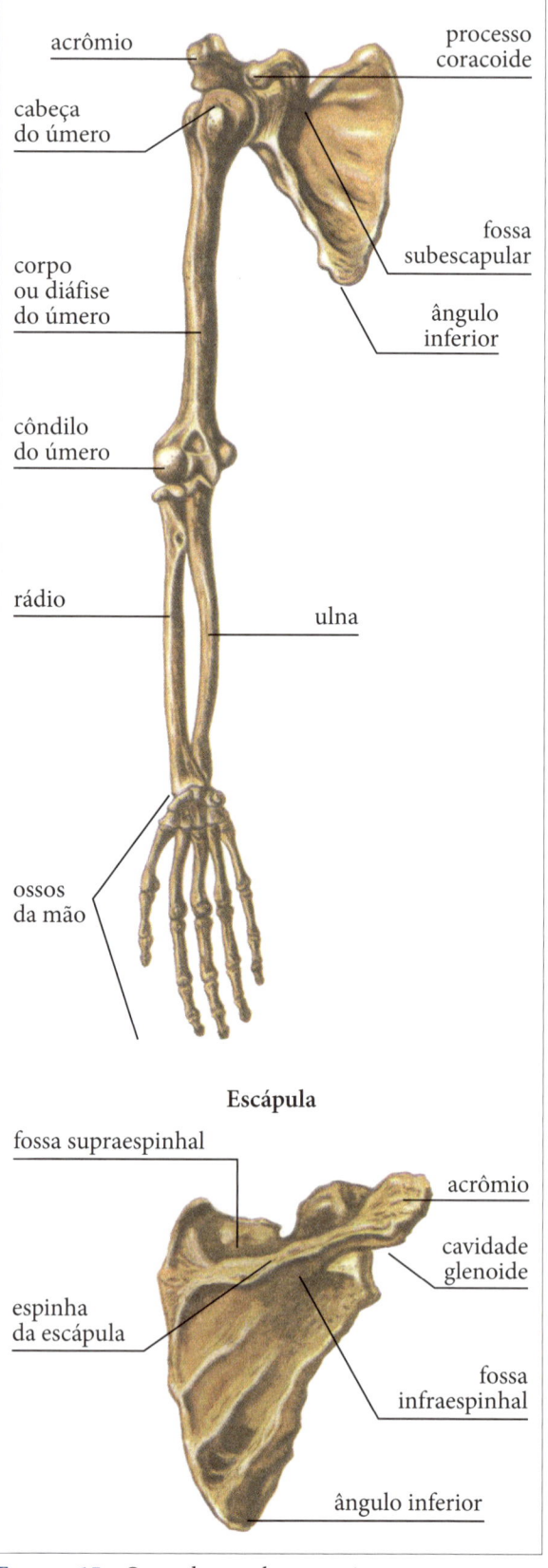

Figura 15 – Ossos do membro superior

onde se observa o forame obturado e o acetábulo, que recebe a cabeça do fêmur. O osso do quadril é formado pela união de 3 ossos: o **ílio**, o **ísquio** e o **púbis**. O ílio forma a crista ilíaca e as espinhas ilíacas ântero-superior e ântero-inferior. O ísquio apresenta o túber esquiático, o ramo do ísquio e o corpo do ísquio. No púbis encontram-se: um corpo, a face sinfisial, os ramos inferior e superior.

Coxa: é formada por um único osso, o *fêmur*, o mais longo de todo o corpo. A epífise proximal do fêmur articula-se com o osso do quadril, por meio da cabeça do fêmur. Distinguem-se na epífise proximal o *trocanter* maior, o *trocanter* menor e o *colo do fêmur*. Sua epífise distal apresenta dois côndilos, medial e lateral, que se articulam com a superfície articular superior da epífise proximal da *tíbia*.

Perna: é formada por dois ossos: a *tíbia* e a *fíbula*. A tíbia é o maior e o mais importante dos dois ossos. Nela distinguem-se a face articular fibular, a tuberosidade da tíbia, a margem anterior e a margem interóssea. Na epífise distal nota-se o maléolo medial e a face articular inferior para o tálus. A *fíbula*, ou *perôneo*, é um fino osso cuja cabeça articula-se com a tíbia, e o maléolo lateral contribui para a integridade da articulação tibiotársica.

Ossos do tarso (**Figura 17-B**): São em número de 7, colocados de maneira diferente dos ossos do carpo. Pertencem ao tarso: o *tálus*, o *calcâneo*, o *navicular*, o *cuneiforme medial*, o *cuneiforme intermédio*, o *cuneiforme lateral* e o *cuboide*.

Ossos do metatarso: São os I, II, III, IV e V metatársicos.

Ossos dos dedos do pé: São as *falanges proximal*, *média* e *distal*. O *hálux* (1º dedo) apresenta somente as falanges proximal e distal.

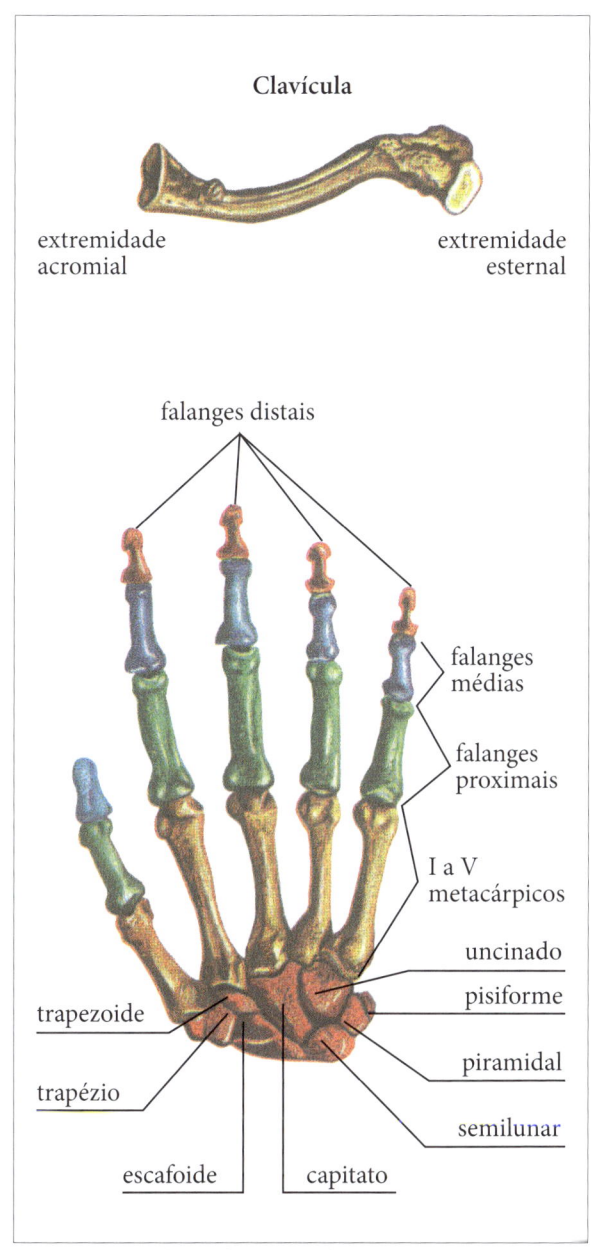

Figura 16 – Clavícula e ossos da mão

1.7. ANATOMIA MICROSCÓPICA DOS OSSOS

Três células especiais podem ser reconhecidas nos ossos: os **osteoblastos**, os **osteócitos** e os **osteoclastos**.

Os **osteoblastos** são os que formam ou produzem o osso secretando a matriz. Como eles secretam por todos os lados vão ficando imersos na própria secreção e amadurecem passando a chamar-se **osteócitos**.

A matriz óssea é uma geleia constituída por proteínas e polissacarídeos ácidos (um tipo especial de açúcar) e esta acidez contribui para que nela se precipitem sais de cálcio, endurecendo-a caracteristicamente. As proteínas, além de estarem sob a forma de geleia, também se organizam em fibras chamadas fibras colágenas.

Com as pressões e trações a que estão submetidos, os ossos modificam-se na vida intrauterina, no recém-nascido, na criança que engatinha e na que anda. Os ossos são continuamente destruídos e reconstruídos em nível microscópico.

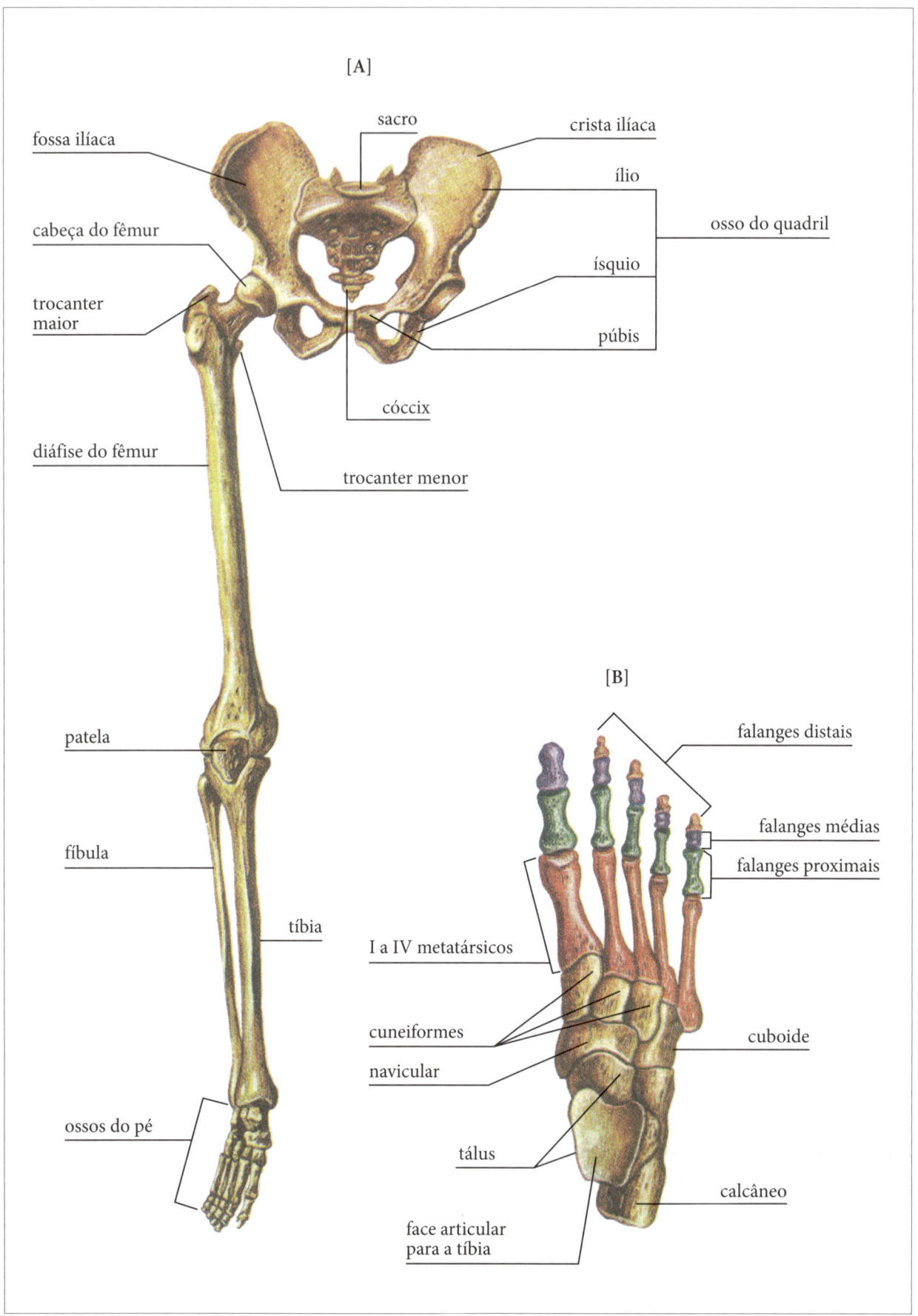

FIGURA 17 – Ossos do membro inferior

As células que vão destruindo o osso, para que os **osteoblastos** o reconstruam mais apropriadamente, são os **osteoclastos**, células gigantes multinucleadas.

É fácil entender como se processa a destruição e reconstrução dos ossos. Se tomarmos uma vara e fizermos pressão ou tração no sentido normal ao eixo longitudinal ela quebrará. Se fizermos tração ou pressão no sentido paralelo ao eixo longitudinal ela resistirá muito mais.

Ora, para resistir em todos os sentidos, o organismo forma os ossos ao modo dos contrachapados de madeira ou compensados, alternando lâminas de fibras colágenas em sentidos perpendiculares. Além disso, nos ossos longos formam-se cilindros com várias lâminas ósseas dispostas no sentido longitudinal, como se fossem feixes de vasos; são chamados condutos de Havers.

Na constituição geral dos ossos temos ao redor deles um tecido firme, conjuntivo, por onde vão penetrar os vasos e os nervos, o **periósteo**; logo abaixo há tecido ósseo em lâminas contrachapadas de osso compacto não haversiano. Nos ossos curtos, planos e sesamoides, de modo geral, segue-se osso compacto lamelar e não haversiano. Nos ossos longos haverá um corpo ósseo haversiano; no centro de cada conduto ou canal de Havers, transitam vasos e nervos que, por condutos transversais de Volkman, chegam à medula, passando antes por osso compacto não haversiano.

Ao osso compacto existente abaixo do periósteo e ao redor do canal medular chamam-se respectivamente sistema fundamental externo e sistema fundamental interno. No conduto ou canal medular pode haver, como já foi dito anteriormente, o tecido formador dos glóbulos e plaquetas do sangue, que é o tecido hemopoiético.

1.8. FISIOLOGIA DOS OSSOS

Os ossos articulam-se de maneira diversa e vão constituir o esqueleto. O esqueleto é uma estrutura de sustentação para os tecidos moles. É o elemento básico para dar a forma do corpo e também sua posição ereta.

Os músculos esqueléticos se inserem nos ossos e, particularmente, no esqueleto dos membros. Os ossos são usados como alavancas e as articulações funcionam como pontos de apoio ao redor dos quais se realizam os movimentos. Desta forma o esqueleto desempenha um papel passivo no movimento, porém essencial.

O esqueleto proporciona proteção a muitos órgãos vitais do organismo, tais como o sistema nervoso central que está alojado na cavidade craniana (encéfalo), formada pelos ossos da cabeça, e no canal vertebral (medula espinhal), formado pelas vértebras. O coração, os pulmões e os principais vasos sanguíneos encontram-se dentro da cavidade torácica com sua estrutura protetora de vértebras, costelas, esterno e cartilagens costais. O útero, os ovários, a bexiga, estão protegidos pela pelve óssea. Alguns ossos têm, individualmente, cavidades internas com idêntica função protetora, como o osso temporal, que aloja o órgão da audição na sua parte petrosa.

O esqueleto é um reservatório de sais minerais, como cálcio e fósforo, com os quais mantém o equilíbrio das concentrações destes elementos no sangue; isto é, os ossos tomam parte no metabolismo destas substâncias. Alguns ossos funcionam também como centro de formação de células sanguíneas, ou seja, **hemopoiese**. A formação do sangue ocorre principalmente na medula óssea vermelha da epífise proximal do fêmur e do úmero, nas costelas, esterno, clavículas, ossos coxais, vértebras e na díploe dos ossos do crânio. A medula óssea amarela, que se encontra principalmente no corpo dos ossos longos, também pode tornar-se ativa na formação de glóbulos vermelhos, granulócitos e plaquetas. Atua como uma reserva de urgência para a formação de células sanguíneas.

Além dessas funções, os ossos, como os elementos mais duráveis do organismo, são os que têm maior probabilidade de preservar-se na crosta terrestre e por isso a fonte mais valiosa, talvez, para estudos de evolução e história da vida humana.

1.9. PATOLOGIA DOS OSSOS

Sendo os ossos estruturas duras e resistentes, quando traumatizados podem quebrar-se.

Chama-se **fratura** à quebra dos ossos e são as fraturas as mais comuns das alterações que ocorrem com eles.

Os ossos das crianças são mais flexíveis e por isso resistem melhor aos traumas; já nos adultos e nos velhos os ossos vão se tornando cada vez menos flexíveis e menos capazes de se adaptar a traumatismos violentos. É por isso que uma queda pode mais provavelmente resultar numa fratura em um velho do que em uma criança.

Os ossos têm uma excelente capacidade de se reconstruir e as quebraduras se soldam com grande facilidade. É necessário, porém, que esta solda seja feita com os pedaços do osso fraturado em posição correta para evitar deformações; é por isso que os membros fraturados precisam ser engessados. A bota de gesso, que se usa para tratar de uma fratura de um osso da perna, ao mesmo tempo que mantém os ossos na posição correta impede os movimentos, o que facilita a soldadura.

Algumas vezes quando os ossos se quebram, os fragmentos perfuram os músculos e a pele, e a fratura é exposta; nestes casos é necessário que se tomem cuidados especiais para evitar as infecções.

As inflamações dos ossos causadas por bactérias chegadas a eles são chamadas de **osteomielites**. No passado eram de difícil tratamento; hoje, felizmente, com a descoberta dos **antibióticos** como a **penicilina**, são mais facilmente curáveis. Uma das inflamações graves do osso é a **tuberculose óssea** que atinge frequentemente as vértebras causando deformações na coluna vertebral.

Outra doença dos ossos é o **raquitismo**. Ele é causado pela deficiência de calcificação dos ossos por falta de vitamina D e cálcio na dieta. Ocorre principalmente em crianças desnutridas e causa uma fragilidade dos ossos que podem se deformar com facilidade.

Nos adultos a falta de calcificação dos ossos chama-se **osteomalácia**, que quer dizer amolecimento dos ossos. É uma doença muito rara.

O **câncer dos ossos** é raro; atinge principalmente adultos jovens ou velhinhos. São geralmente muito graves e quase sempre mortais.

QUESTIONÁRIO E EXERCÍCIOS DE FIXAÇÃO

Após o estudo deste Capítulo, o aluno deverá estar apto a responder as questões a seguir.

1. Conceitue osso e esqueleto.
2. Cite e descreva os tipos de esqueleto.
3. Classifique os ossos segundo suas origens e dê exemplos.
4. Cite a composição química dos ossos e o número de ossos do esqueleto humano.
5. Classifique os ossos segundo seus tipos e dê exemplos.
6. Descreva como ocorre o crescimento dos ossos.
7. Defina díploe.
8. Defina e classifique as cartilagens e dê exemplos.
9. Defina esqueleto axial e apendicular.
10. Faça um esquema de um osso longo.
11. Cite e explique as curvaturas da coluna vertebral.
12. Cite os ossos pneumáticos.
13. Cite os ossos que formam as cinturas pélvica e escapular.
14. Descreva as principais funções dos ossos.
15. O que se entende por "raquitismo"?
16. Cite a localização e a função da medula óssea.

CAPÍTULO 2

SISTEMA ARTICULAR – ARTICULAÇÕES

O estudo das articulações compreende o capítulo da **artrologia** ou **sistema articular**.

Dá-se o nome de **articulações** ou **junturas** à maneira pela qual os ossos estabelecem contato entre si constituindo as dobradiças que, sob a ação dos músculos, permitem os movimentos do corpo. Os ossos podem articular-se pelas suas faces, pelas suas margens e pelas suas extremidades. Os ossos longos articulam-se pelas extremidades. Ex.: o fêmur com a tíbia. Os ossos curtos articulam-se pelas suas faces. Ex.: os ossos do carpo e do tarso. Os ossos planos articulam-se pelas margens. Ex.: os ossos do crânio. Faz exceção, todavia, o osso do quadril que se articula com a cabeça do fêmur pela face.

As articulações classificam-se segundo a natureza do tecido que se interpõe às superfícies dos ossos que as constituem. Assim, existem **articulações fibrosas**, **cartilagíneas** e **sinoviais**.

2.1. ARTICULAÇÕES FIBROSAS

São aquelas que apresentam tecido conjuntivo fibroso entre as superfícies de contato dos ossos. As articulações fibrosas podem ser **suturas**, **sindesmoses** e **gonfoses**.

1. As **suturas** são encontradas nos ossos do crânio e podem ser:

a) **Sutura serrátil:** quando as margens ósseas apresentam forma serrilhada havendo o perfeito encaixe entre as duas partes. Ex.: sutura interparietal e parieto-occipital (**FIGURA 18-A**).

b) **Sutura plana** ou **harmônica:** quando as superfícies das margens ósseas são lisas, como exemplo a sutura dos ossos nasais (**FIGURA 18-B**).

c) **Sutura escamosa:** quando as margens ósseas apresentam forma de bisel, colocando-se uma face sobre a outra como ocorre na articulação da porção escamosa do osso temporal com o parietal (**FIGURA 18-C**).

2. As **sindesmoses** são articulações fibrosas nas quais as superfícies dos ossos estão afastadas umas

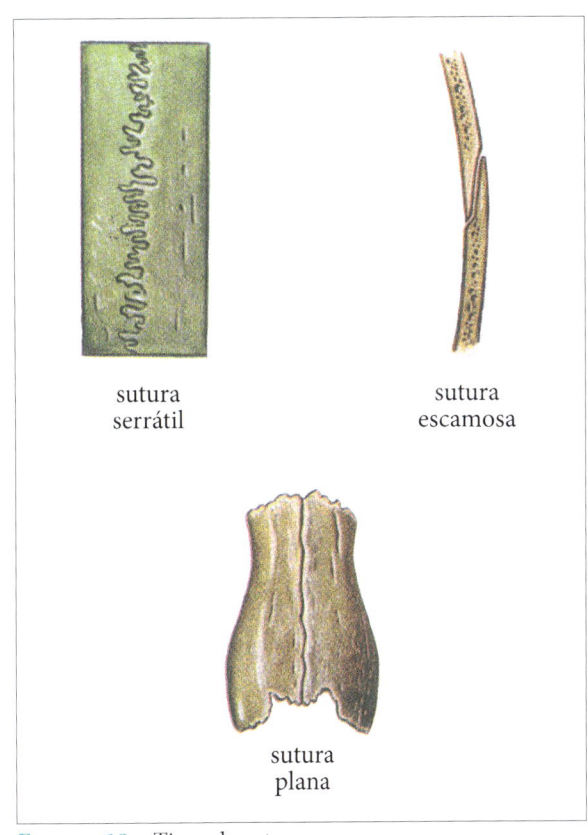

FIGURA 18 – Tipos de suturas

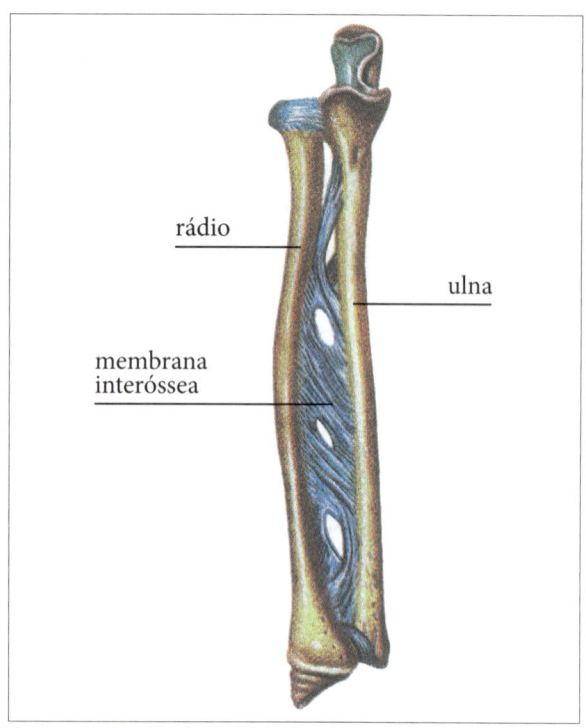

FIGURA 19 – Sindesmose radioulnar

das outras e entre elas existe o tecido conjuntivo unindo-as. Assim, a **membrana interóssea** colocada entre o rádio e a ulna forma a sindesmose radioulnar (FIGURA 19); também entre a tíbia e a fíbula temos a sindesmose tibiofibular.

As articulações fibrosas não apresentam movimentos (são imóveis) e são às vezes chamadas **sinartroses**. O tecido conjuntivo fibroso que se interpõe às superfícies ósseas que constituem as suturas pode desaparecer nas pessoas velhas, dando lugar à completa fusão das peças ósseas; este fenômeno chama-se **sinostose**.

3. **Gonfose**: chama-se gonfose a articulação fibrosa que se estabelece entre as raízes dos dentes e as paredes dos alvéolos dentários.

2.2. ARTICULAÇÕES CARTILAGÍNEAS

São aquelas que apresentam tecido cartilagíneo entre os ossos que formam a articulação. As junturas cartilagíneas podem ser:

1. **Sincondroses**: quando a cartilagem que se interpõe aos ossos é hialina. Exemplo de sincondrose é a articulação da base do occipital com o esfenoide.

2. **Sínfises**: quando a cartilagem que se interpõe aos ossos é fibrocartilagem. Ex.: sínfise púbica e sínfise intercorpovertebral.

As articulações cartilagíneas são dotadas de movimentos reduzidos (são semimóveis), são também chamadas de **anfiartroses**. Estas articulações também podem sofrer **sinostose** pela calcificação da fibrocartilagem.

2.3. ARTICULAÇÕES SINOVIAIS

Estas articulações também chamadas verdadeiras ou **diartroses** são dotadas de grandes movimentos e entre as superfícies de contato dos ossos encontra-se um líquido viscoso, a **sinóvia**.

As junturas sinoviais são constituídas dos seguintes elementos:

1. superfícies ósseas revestidas de cartilagem hialina;
2. cápsula articular envolvendo as partes de contato dos ossos;
3. membrana sinovial com as pregas sinoviais;
4. líquido sinovial ou sinóvia, secretado pela membrana para lubrificar as superfícies articulares dos ossos;
5. ligamentos intra e/ou extracapsulares (FIGURAS 20, 21 e 22).

Algumas articulações, como a temporo-mandibular, apresentam um **disco fibrocartilagíneo** entre as superfícies ósseas; outras, como a articulação do joelho, apresentam **meniscos**, também de natureza fibrocartilagínea que contribuem para a integridade da juntura (FIGURA 20).

Sistema articular – Articulações 43

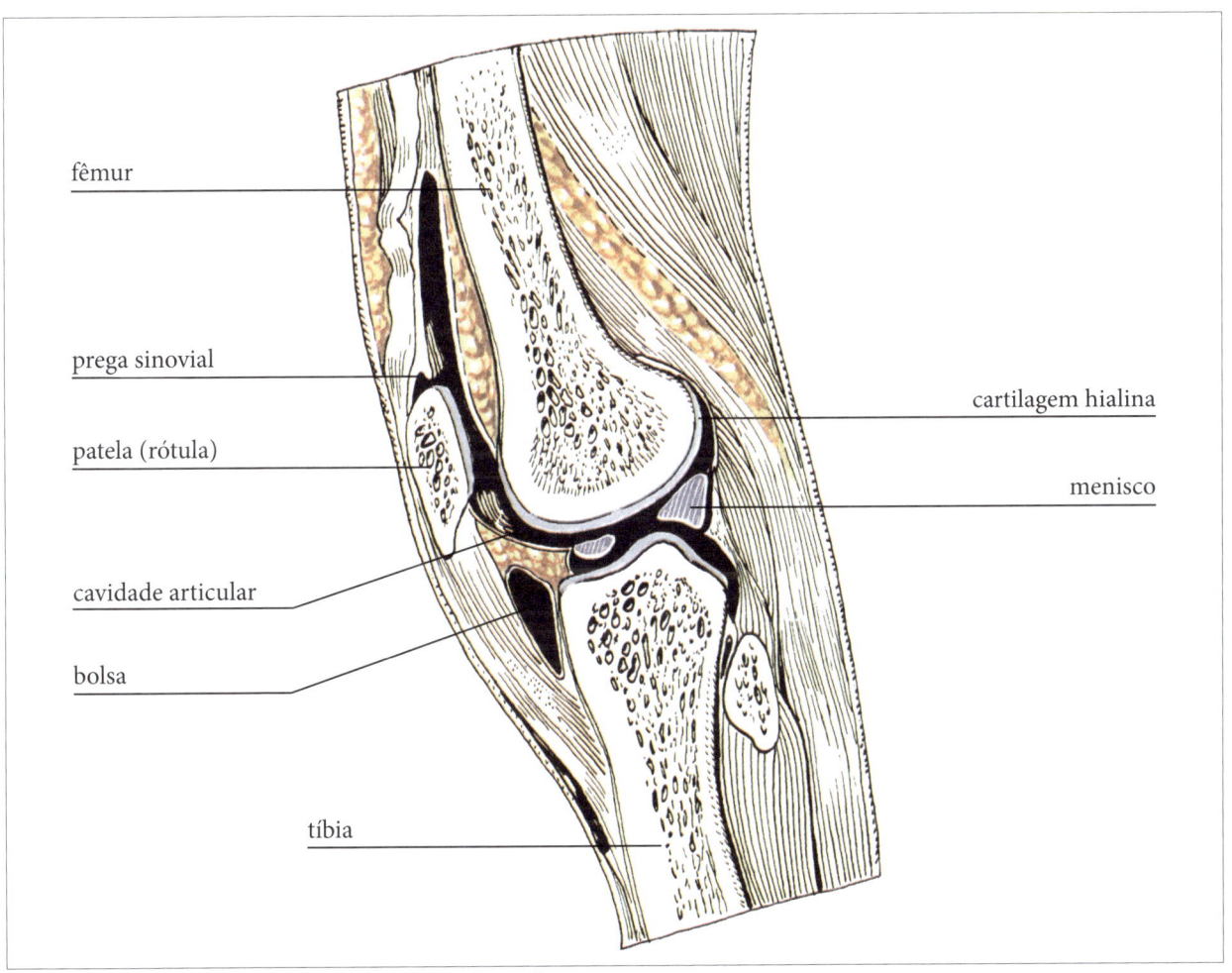

Figura 20 – Corte longitudinal da articulação do joelho

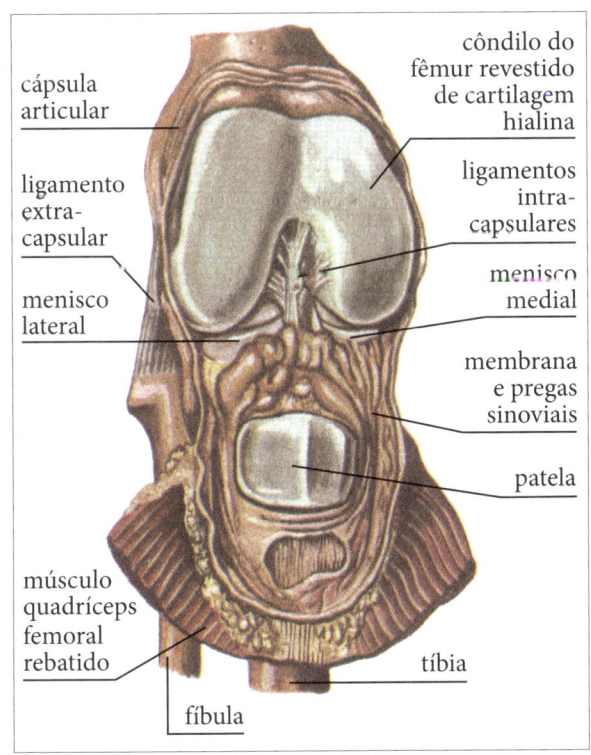

Labels: fêmur; prega sinovial; patela (rótula); cavidade articular; bolsa; tíbia; cartilagem hialina; menisco

Figura 21 – Articulação aberta do joelho

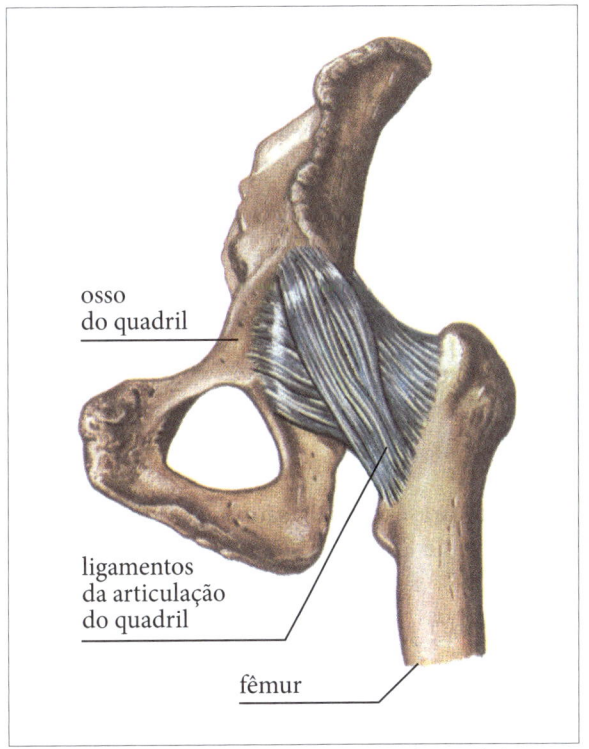

Labels: cápsula articular; ligamento extra-capsular; menisco lateral; músculo quadríceps femoral rebatido; fíbula; côndilo do fêmur revestido de cartilagem hialina; ligamentos intra-capsulares; menisco medial; membrana e pregas sinoviais; patela; tíbia

Figura 22 – Ligamentos da articulação do quadril

Labels: osso do quadril; ligamentos da articulação do quadril; fêmur

As articulações sinoviais podem ser classificadas em seis tipos, segundo a forma das superfícies dos ossos que se articulam e, assim, temos (**Figura 23**):

1. Plana: quando as superfícies são planas ou lisas como acontece com as articulações dos ossos do carpo e do tarso. Nestas, o movimento é de deslizamento ou escorregamento de um osso sobre o outro. Este tipo de articulação não apresenta eixo definido de movimento.

2. Gínglimo: quando uma das superfícies tem a forma de *polia* ou *tróclea* e a outra uma escavação onde se encaixa a tróclea, como a articulação da ulna com o úmero. Nestas, os movimentos são de *flexão* e *extensão*. Quanto aos eixos de movimento é, portanto, uma *articulação monoaxial*.

3. Trocoide: quando uma das superfícies apresenta a forma cilíndrica e a outra um sulco correspondente para receber a primeira. Este tipo de articulação existe entre o rádio e a ulna, proximal e distal. O movimento produzido é de rotação, em torno de um eixo longitudinal (*monoaxial*).

4. Selar: quando as duas superfícies apresentam forma de sela, havendo o perfeito encaixe das partes. Esta articulação é também chamada *encaixe recíproco*, como, por exemplo, a articulação do osso trapézio com o I metacárpico. Os movimentos podem ser de flexão, extensão, *abdução* (afastamento do plano mediano) e *adução* (aproximação do plano mediano), sendo, portanto, uma *articulação biaxial*.

5. Condilar: quando uma das superfícies apresenta forma elipsoide chamada *côndilo* e a outra uma cavidade onde se articula o côndilo. Exemplo, as articulações tempo-mandibular e do joelho. Nesta os movimentos são os mesmos da selar.

6. Cotílica (ou **esferoide**): quando uma das partes apresenta uma forma esférica e a outra uma cavidade chamada glenoide para receber a primeira. Exemplo, as articulações do quadril e escápulo-umeral. Nestas, os movimentos se produzem em torno de três eixos e são: flexão, extensão, abdução, adução e a associação destes, *a circundução*.

1 – Plana ou artrodia

2 – Gínglimo ou troclear

3 – Trocoide ou pivô

4 – Selar ou encaixe recíproco

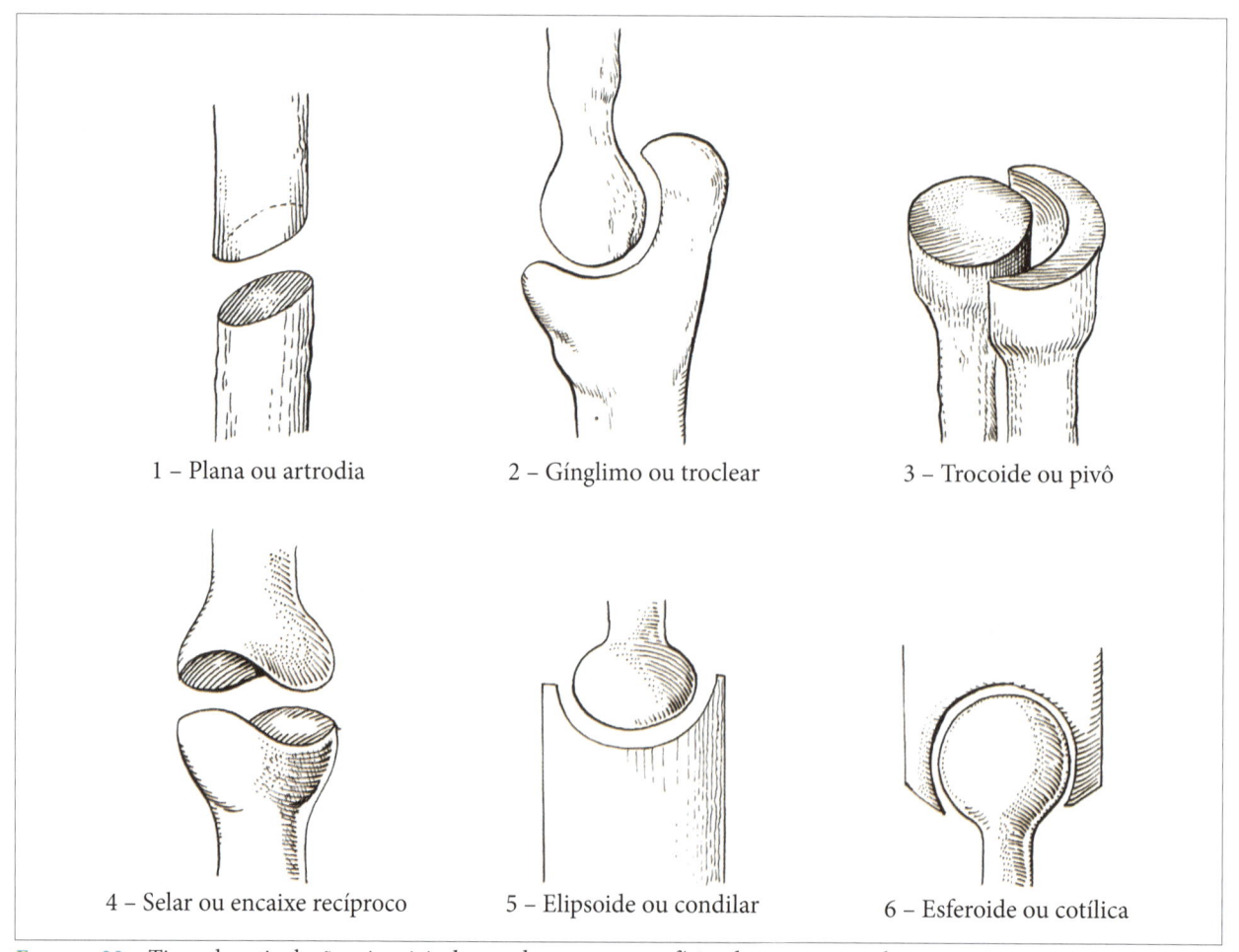

5 – Elipsoide ou condilar

6 – Esferoide ou cotílica

Figura 23 – Tipos de articulações sinoviais de acordo com as superfícies dos ossos articulantes

As **articulações sinoviais** são chamadas **simples,** quando na sua formação concorrem apenas dois ossos, e **compostas**, quando mais de dois ossos participam da mesma articulação.

Algumas junturas do corpo apresentam superfícies ósseas articulares perfeitamente encaixadas umas às outras; estas são chamadas **articulações concordantes**. Por outro lado, existem junturas de pouca estabilidade, sujeitas a frequentes deslocamentos ou **luxações**, devido ao fato de que as superfícies articulares não estabelecem perfeito contato; estas são chamadas **articulações discordantes**.

As articulações podem ainda ser **independentes**, isto é, funcionam independentemente de outra, ou **dependentes**, como a articulação da mandíbula com o temporal, cujo funcionamento depende da articulação dos dentes com os alvéolos dentários.

O **líquido sinovial** que enche o espaço sinovial das cápsulas é produzido pela membrana sinovial e tem um volume de aproximadamente 100 ml, no homem. Sua função é proporcionar uma fina camada de líquido que recobre as superfícies articulares para que seja facilitado o movimento de um osso sobre o outro.

2.4. PATOLOGIA DAS ARTICULAÇÕES

Como no caso dos ossos, as causas mais comuns de doenças das articulações são os traumatismos. Conforme a direção em que se processam, podem causar consequências como o estiramento e rupturas dos ligamentos, ou lesões das cartilagens articulares, como dos meniscos da articulação do joelho, por exemplo.

Chamam-se **entorses** os estiramentos com ruptura parcial ou completa dos ligamentos articulares. Nestes casos os ossos que compõem a articulação continuam em sua posição normal e apenas os tecidos periarticulares são afetados.

Chama-se **subluxação** o deslocamento incompleto das duas superfícies articulares, e de *luxação* o deslocamento completo dessas superfícies. Com manobras variadas e conhecidas desde remota antiguidade é possível corrigir as subluxações e luxações. Acontece que quando há entorses, luxações ou subluxações, arrebentam-se os ligamentos ou a cápsula articular, e como consequência ocorre o sangramento extra e intra-articular. A reparação dos ligamentos e cápsula, assim como das consequências das lesões da cartilagem articular e do sangramento, é demorada e se beneficia com a imobilização. Nem sempre a recuperação é completa, e a articulação afetada torna-se sensível, pouco eficiente, quando não totalmente ineficiente, pois se torna imóvel.

Os traumatismos pequenos e repetidos podem produzir também lesões das cartilagens articulares que são frequentemente progressivas e de difícil tratamento; chamam-se **artrites traumáticas**. Quando existe um espaço sinovial entre as superfícies articulares, as artrites traumáticas e as outras **artrites** são acompanhadas pelo acúmulo de líquido no saco sinovial (cápsula sinovial ou articular). Isto ocorre, por exemplo, no joelho e corresponde ao que os leigos chamam de "água no joelho".

Além dos traumatismos, as infecções por bactérias e outros parasitas podem também causar lesões às articulações, principalmente daquelas que possuem uma cápsula sinovial, isto é, as articulações sinoviais em geral. Estas lesões são chamadas de **artrites infecciosas** e podem ser agudas ou crônicas.

O **reumatismo** é uma artrite crônica; pode ser infecciosa, causada por bactérias ou consequência de traumatismos anteriores, ou ainda, de pequenos traumatismos repetidos. Muitas vezes não se pode apurar qual a causa do "reumatismo". Em indivíduos jovens é mais frequente o reumatismo infeccioso ou febre reumática, que é uma artrite que atinge várias articulações, produz febre, dor e pode ter consequências graves, pois se não for tratado precocemente acaba produzindo lesões sérias no coração.

Nos indivíduos idosos são mais comuns as artrites por traumatismos. As articulações entre as vértebras são frequentemente a sede das artrites nessas pessoas. Além disso, como consequência de traumatismos pode ocorrer a **hérnia** *do disco* que é o resultado do esmagamento do disco de cartilagem fibrosa que existe entre os corpos vertebrais.

A *gota* é uma doença articular rara que resulta do depósito de sais de ácido úrico nos tecidos periarticulares; formam-se cristais destes sais e a consequência é o aparecimento de dores violentas e o prejuízo da movimentação.

QUESTIONÁRIO E EXERCÍCIOS DE FIXAÇÃO

Após o estudo deste Capítulo, o aluno deverá estar apto a responder as questões a seguir.

1. Conceitue "articulação" ou "juntura".
2. Classifique as articulações fibrosas e dê exemplos.
3. Classifique as articulações cartilagíneas e dê exemplos.
4. Cite os elementos constituintes de uma articulação sinovial ou verdadeira.
5. Classifique as articulações sinoviais e dê exemplos.
6. O que se entende por articulações dependentes e independentes? Dê exemplo.
7. O que são "discos" e "meniscos"?
8. O que se entende por "reumatismo"?
9. Qual nome se dá ao estudo das articulações ou junturas?

Capítulo 3

Sistema muscular

O estudo dos músculos é denominado **miologia**. Os músculos são elementos ativos do movimento, atuam sobre os ossos e as articulações movimentando o corpo.

Basicamente os músculos se dividem em **mm. estriados**, **lisos** e **cardíaco**. Os **mm. lisos** são também chamados de involuntários e se encontram nas vísceras em geral, no olho, regulando a abertura da **pupila**, e na parede dos vasos.

O **músculo cardíaco** é um tipo especial de músculo estriado que forma o coração (**miocárdio**).

Os músculos estriados ou voluntários correspondem a mais ou menos 40% do peso corporal. Conforme a posição que ocupam no corpo, os músculos estriados podem ser esqueléticos ou cutâneos.

São esqueléticos os músculos que se inserem nos ossos e constituem a maior parte do sistema muscular. Os **mm. cutâneos** são superficiais e se inserem na própria pele, como os músculos da face, por exemplo.

Distingue-se no músculo um **ventre**, também chamado porção carnosa, constituído essencialmente de fibras musculares contráteis. O ventre muscular situa-se entre as porções **tendíneas** do músculo, tendões, que se inserem nos ossos transmitindo-lhes o movimento.

As formas apresentadas pelos músculos do corpo são as mais variadas. Reconhecem-se dois tipos mais comuns de músculos, que são: **longos** e **largos**. Os músculos longos são **fusiformes** em sua maioria (Figura 24-A) e podem ser **unipenados** e **bipenados**.

São **unipenados** quando as fibras musculares se encontram de um lado do tendão de inserção do músculo (Figura 24-B).

Nos **mm. bipenados** o tendão está situado no meio do ventre muscular (Figura 24-C).

Existem músculos que apresentam mais de uma cabeça, isto é, certos músculos dos membros têm duas ou mais origens proximais chamadas **cabeças musculares**. Assim, os músculos de duas cabeças são chamados **bíceps** (Ex.: m. bíceps braquial) (Figura 24-D). Os músculos de três cabeças são chamados **tríceps** (Ex.: m. tríceps braquial); os de quatro cabeças, **quadríceps** (Ex.: m. quadríceps femoral).

O ventre de alguns músculos pode ser dividido por interseções tendíneas, dando origem a um músculo com mais de um ventre; assim temos músculos **digástricos** (Figura 24-E) e **poligástricos** (Figura 24-F), como o músculo reto do abdome.

A nomenclatura dos músculos do corpo não obedece a uma regra determinada. Os nomes são dados segundo algumas características do próprio músculo. Alguns músculos têm nomes correspondentes à sua forma: Ex.: m. deltoide, m. trapézio, m. redondo.

As funções de certos músculos são indicadas pelo nome. Ex.: m. flexor, m. pronador, m. extensor. A região do corpo onde se encontra o músculo corresponde ao seu nome. Ex.: m. peitoral, m. grande dorsal, m. intercostal. As inserções de alguns músculos são definidas pelo nome dos músculos. Ex.: m. coracobraquial, m. esternoclidomastoideo.

Os músculos são envolvidos pelas **fáscias** de revestimento, constituídas de tecido conjuntivo. Alguns músculos largos como os da parede anterolateral do abdome possuem resistentes **aponeuroses**, que são lâminas de tecido conjuntivo denso. As aponeuroses dão inserção aos músculos largos e formam **bainhas** de contenção de outros músculos. Ex.: a bainha do m. reto do abdome.

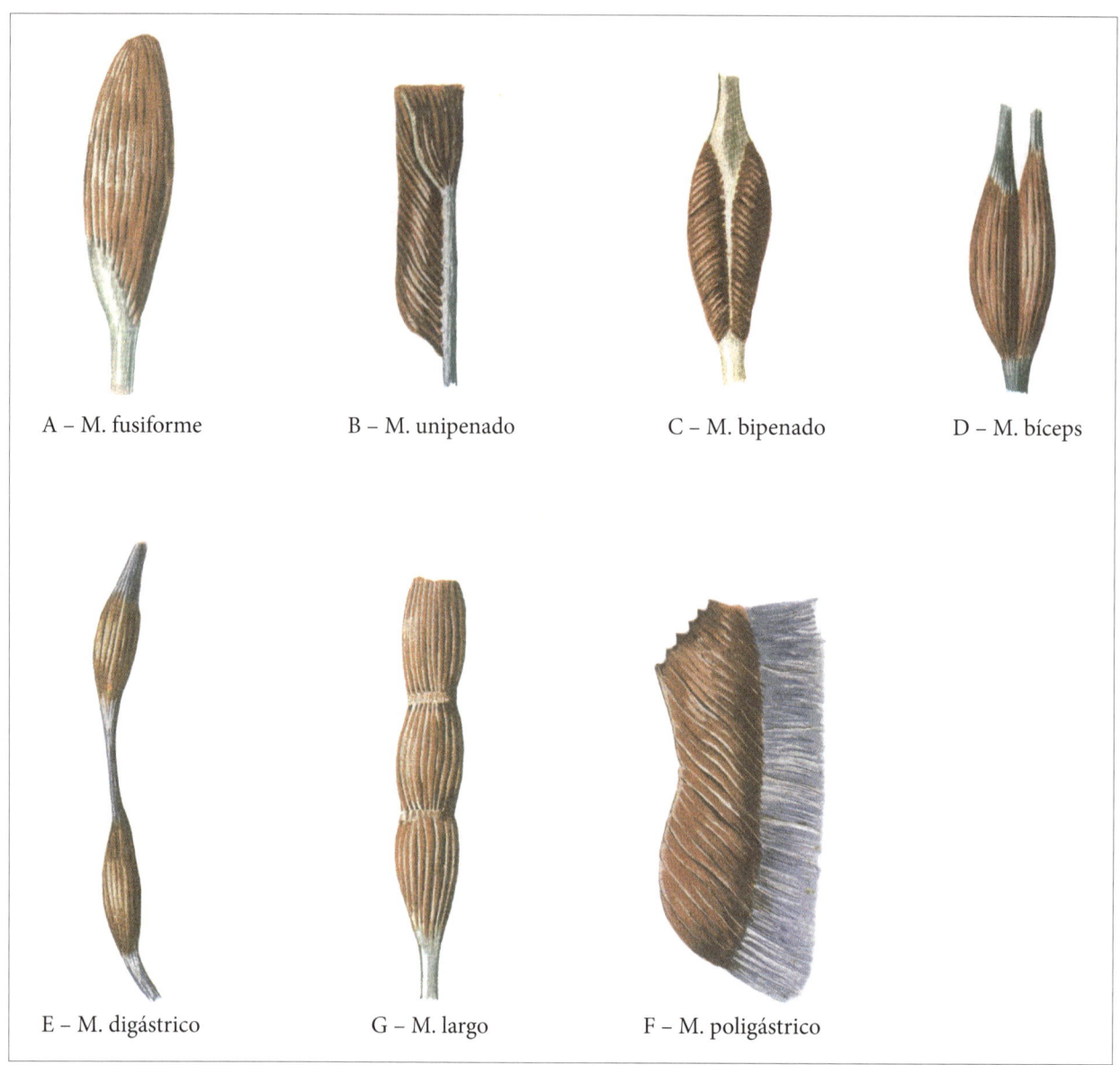

A – M. fusiforme   B – M. unipenado   C – M. bipenado   D – M. bíceps

E – M. digástrico   G – M. largo   F – M. poligástrico

Figura 24 – Tipos de músculos

A fixação do músculo ao osso chama-se **inserção muscular**. Em geral, a inserção de um músculo no osso se realiza por meio de tendões. Quando os tendões passam sobre eminências ósseas, estão sujeitos a desgaste; por isso, para proteger os tendões, existem pequenas bolsas cheias de líquido dispostas entre o tendão e o osso; são **bolsas sinoviais** que facilitam o deslizamento do tendão durante a contração muscular.

Os músculos esqueléticos são vascularizados pelos vasos adjacentes. O padrão de vascularização é variável, porém as artérias que nutrem os músculos sempre se ramificam muito ao penetrá-los e formam extensos leitos capilares. Alguns músculos são vascularizados por artérias que saem de um único tronco e penetram por uma extremidade do músculo (vascularização polar, ocorre, por ex. no m. **gastrocnêmio**), e/ou pelo meio do ventre muscular (por ex. no **m. bíceps braquial**). Alguns músculos são vascularizados por uma sucessão de vasos anastomosados.

A inervação dos músculos é feita por fibras provenientes de um ou mais nervos. Com certa frequência, músculos de funções semelhantes são inervados pelo mesmo nervo. O ponto de entrada do nervo no músculo é denominado **ponto motor**, sendo o estímulo elétrico do músculo mais eficiente neste ponto. Cada axônio de um neurônio motor, depois de penetrar num músculo, divide-se várias vezes inervando, portanto, várias fibras musculares. Esta célula nervosa, seu axônio e as fibras musculares que ela inerva formam a **unidade mo-**

tora. A capacidade de graduar a força de contração muscular depende do número de unidades motoras que o músculo possui. Assim um músculo com maior número de unidades motoras para um determinado número de fibras é mais apto a realizar ações mais delicadas e precisas do que outro com menos unidades motoras.

3.1. AÇÕES MUSCULARES

Conforme foi dito, os músculos são responsáveis pelo movimento que é o resultado da contração muscular. Ao movimento denomina-se *ação muscular*. As ações musculares são executadas em pares, por movimentos antagônicos. As ações básicas são (FIGURAS 25 a 29):

Flexão: diminuição do ângulo entre dois ossos.
Extensão: aumento do ângulo entre dois ossos.
Abdução: movimento de afastamento da linha média do corpo.
Adução: movimento de aproximação da linha média do corpo.
Elevação: movimento para cima ou de elevação.
Depressão: movimento para baixo ou de abaixamento.

Rotação: movimento ao redor do eixo longitudinal de um osso.
Rotação medial: giro de uma parte, aproximando-a da linha média do corpo.
Rotação lateral: giro de uma parte afastando-a da linha média do corpo.
Supinação: giro de palma da mão para cima e para a frente.
Pronação: giro de palma da mão para baixo e para trás.
Inversão: colocação das plantas dos pés uma voltada para a outra.
Eversão: colocação das plantas dos pés voltadas para os lados opostos.
Dorsiflexão (flexão): aproximação da parte superior (dorso) do pé, da canela.
Flexão plantar (extensão): inclinação da planta do pé para baixo (apoiar-se na ponta dos pés).
Circundução: movimento combinado de flexão, extensão, abdução e adução.

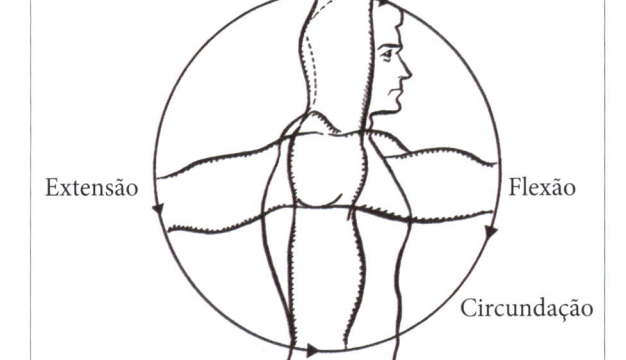

FIGURA 25 – Movimentos do braço

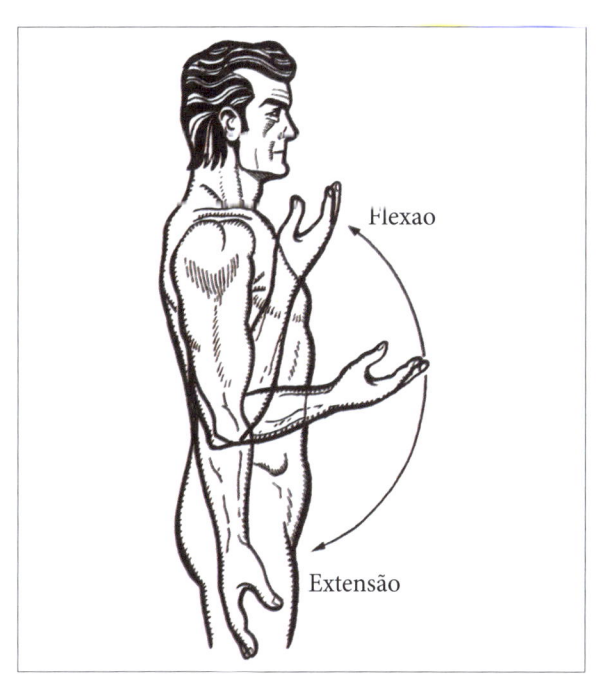

FIGURA 26 – Movimentos do antebraço

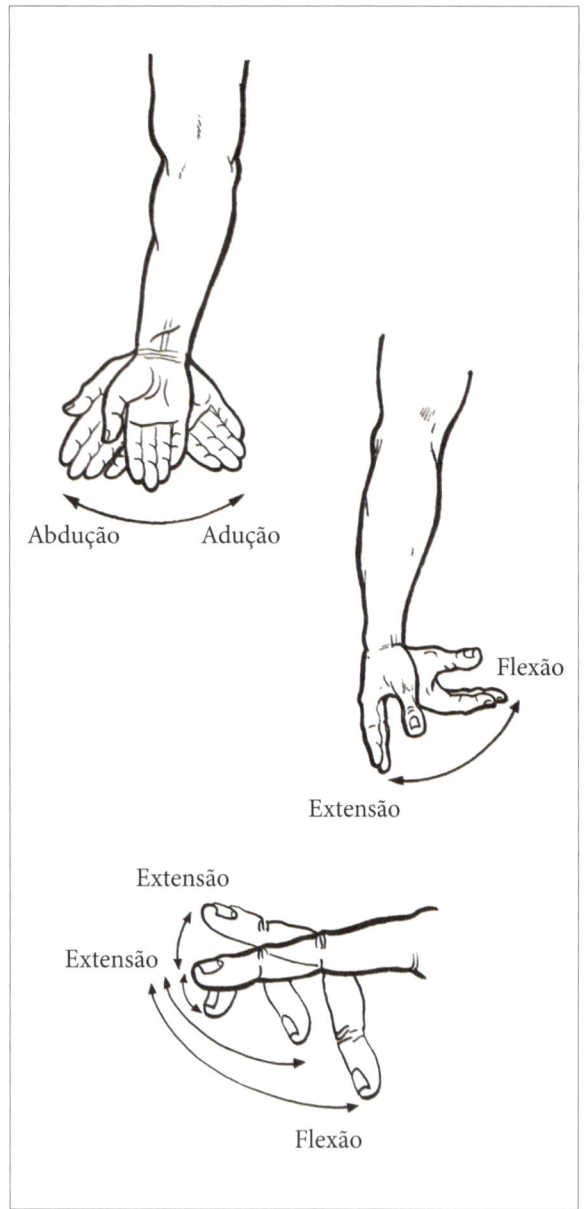

Figura 27 – Movimentos da mão e dos dedos

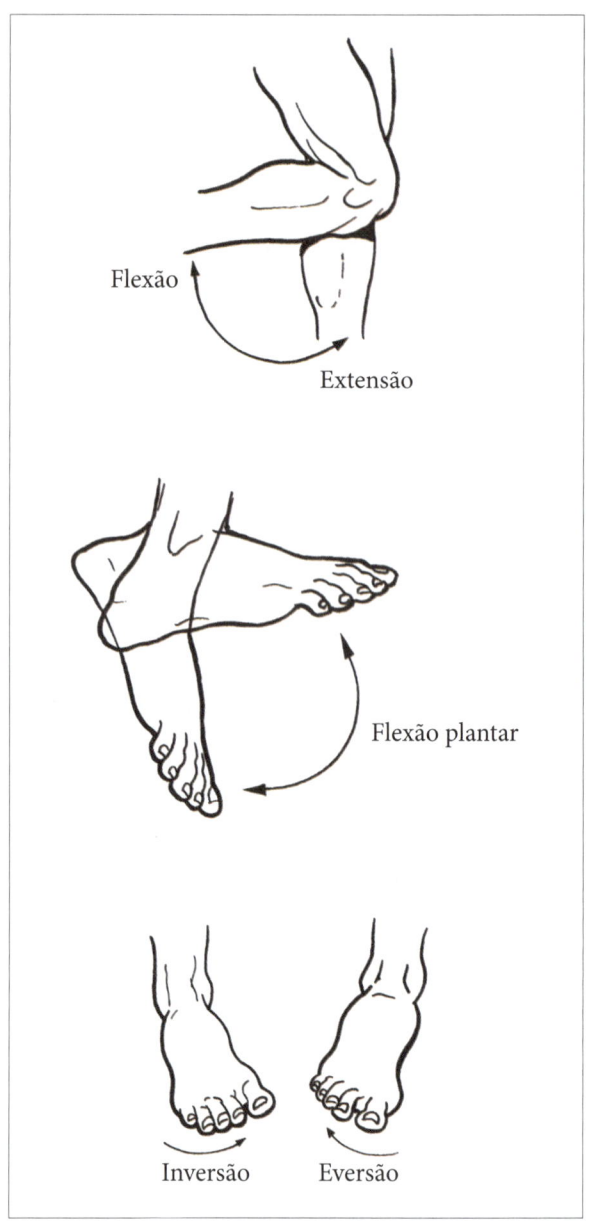

Figura 28 – Movimentos da perna e do pé

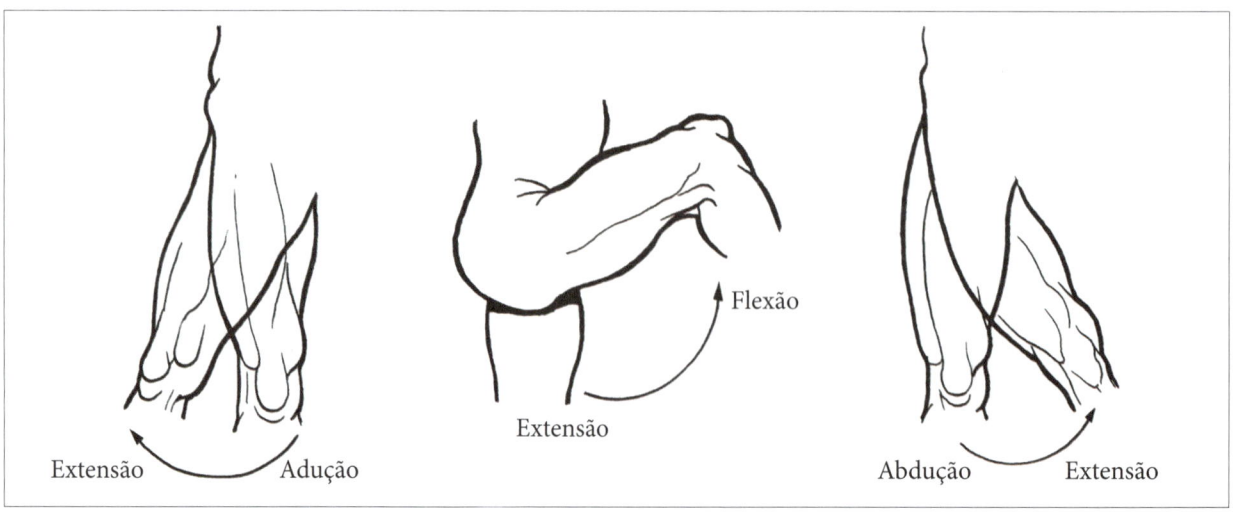

Figura 29 – Movimentos da coxa

3.2. MÚSCULOS DO CORPO HUMANO

A seguir serão apresentados os músculos do corpo agrupados por regiões, com descrição sumária das suas inserções e ações principais (Figuras 30 e 31). Convém esclarecer, entretanto, que as ações musculares constituem um tema bastante difícil no estudo da morfofisiologia do sistema muscular. Esta dificuldade reside no fato de que os músculos não atuam isoladamente, mas em conjunto. A **eletromiografia**, que é a técnica mais correta para o estudo da função muscular, tem revelado resultados surpreendentes neste tema.

3.2.1. Músculos da cabeça e do pescoço

Os **músculos da face** (Figura 32), também chamados **mm. da mímica**, são os responsáveis pelas expressões fisionômicas. A maioria deles tem inserção em ossos, na fáscia da face e na pele que movimentam, para criar as diferentes expressões faciais.

Os músculos da face são:
– m. orbicular do olho;
– m. orbicular da boca;
– m. levantador do lábio superior;
– m. levantador do ângulo da boca;
– mm. zigomáticos maior e menor;
– m. risório;
– m. abaixador do ângulo da boca;
– m. abaixador do lábio inferior;
– m. mentual;
– m. bucinador;
– m. corrugador do supercílio;
– m. prócero; e
– m. nasal.

O **m. orbicular do olho** insere-se na parede medial da órbita. Apresenta três partes: orbital, palpebral e lacrimal. Todo o músculo faz o olho piscar e fechar. Participa no processo de regular a abertura visual entre as pálpebras, como quando se está exposto a luz intensa.

O **m. orbicular da boca** é um esfíncter complicado ao redor da boca. Sua contração fecha os lábios franzindo-os. Este, como os demais músculos associados à boca, são funcionalmente ativos ao sorrir, chorar, falar, sussurrar, no assobio, na retenção do alimento, na compressão, protrusão, retração e na sucção.

O **m. levantador do lábio superior** é composto de várias partes que provêm do osso zigomático e da margem inferior da órbita e se estende para baixo, inserindo-se no lábio superior. Provoca a elevação do lábio superior.

O **m. levantador do ângulo da boca e da asa do nariz** estende-se do processo frontal do maxilar até o lábio superior e a cartilagem maior da asa do nariz, elevando-os quando se contrai.

Os **mm. zigomáticos maior e menor** se originam no osso zigomático e se prolongam até à comissura labial. Sua contração puxa a comissura labial para cima e para trás, como no sorriso.

O **m. risório** se estende horizontalmente da bochecha até à comissura labial. Tem ação no esticamento lateral da boca, como no sorriso sarcástico.

O **m. abaixador do ângulo da boca** origina-se na mandíbula e se estende até à margem inferior da comissura da boca. É depressor do lábio inferior, como no choro.

O **m. abaixador do lábio inferior** se estende da mandíbula até à pele do lábio inferior. Também deprime o lábio inferior.

O **m. mentual** vai da porção anterior da mandíbula até à pele do mento (queixo). Este músculo levanta e puxa para a frente o lábio inferior e enruga a pele do queixo.

O **m. bucinador** forma as paredes laterais da cavidade bucal e se encontra abaixo dos músculos até aqui apresentados. O bucinador comprime as bochechas, auxiliando, dessa forma, a mastigação e atua também no riso, puxando o ângulo da boca.

O **m. corrugador do supercílio** nasce da face medial da órbita e vai até à pele que cobre a órbita. Atua franzindo a sobrancelha, formando linhas verticais.

Os **mm. prócero e nasal** são dois pequenos músculos associados ao nariz, atuam em muitas expressões faciais e também na olfação e respiração forçada.

m. deltoide

m. coracobraquial

m. braquial

m. bíceps braquial

m. braquiorradial

mm. flexores da mão e pronadores do antebraço

m. iliopsoas

m. adutor longo

m. grácil

m. tibial anterior

tíbia

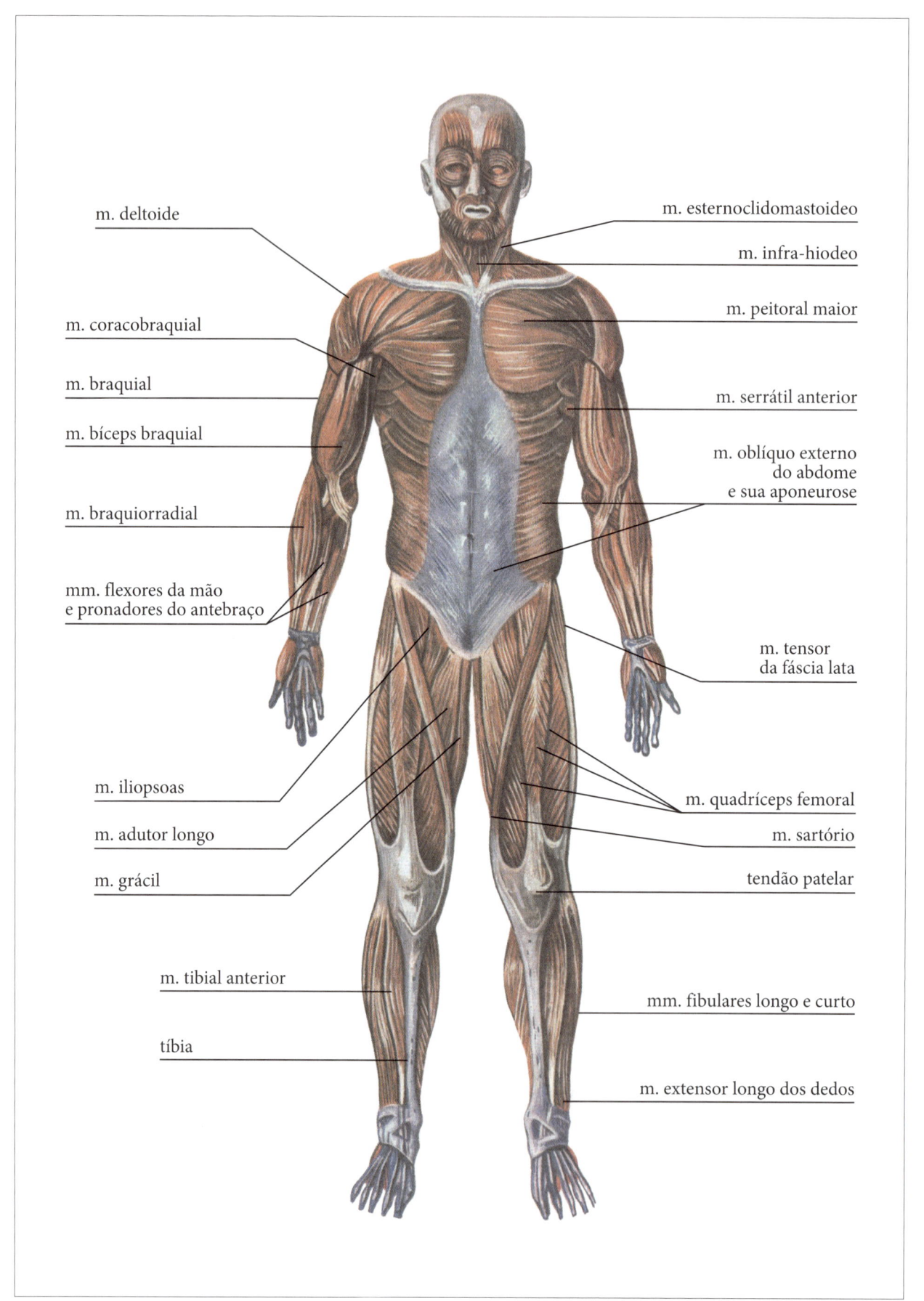

m. esternoclidomastoideo

m. infra-hiodeo

m. peitoral maior

m. serrátil anterior

m. oblíquo externo do abdome e sua aponeurose

m. tensor da fáscia lata

m. quadríceps femoral

m. sartório

tendão patelar

mm. fibulares longo e curto

m. extensor longo dos dedos

Figura 30 – Musculatura da face ventral do corpo

Sistema muscular   53

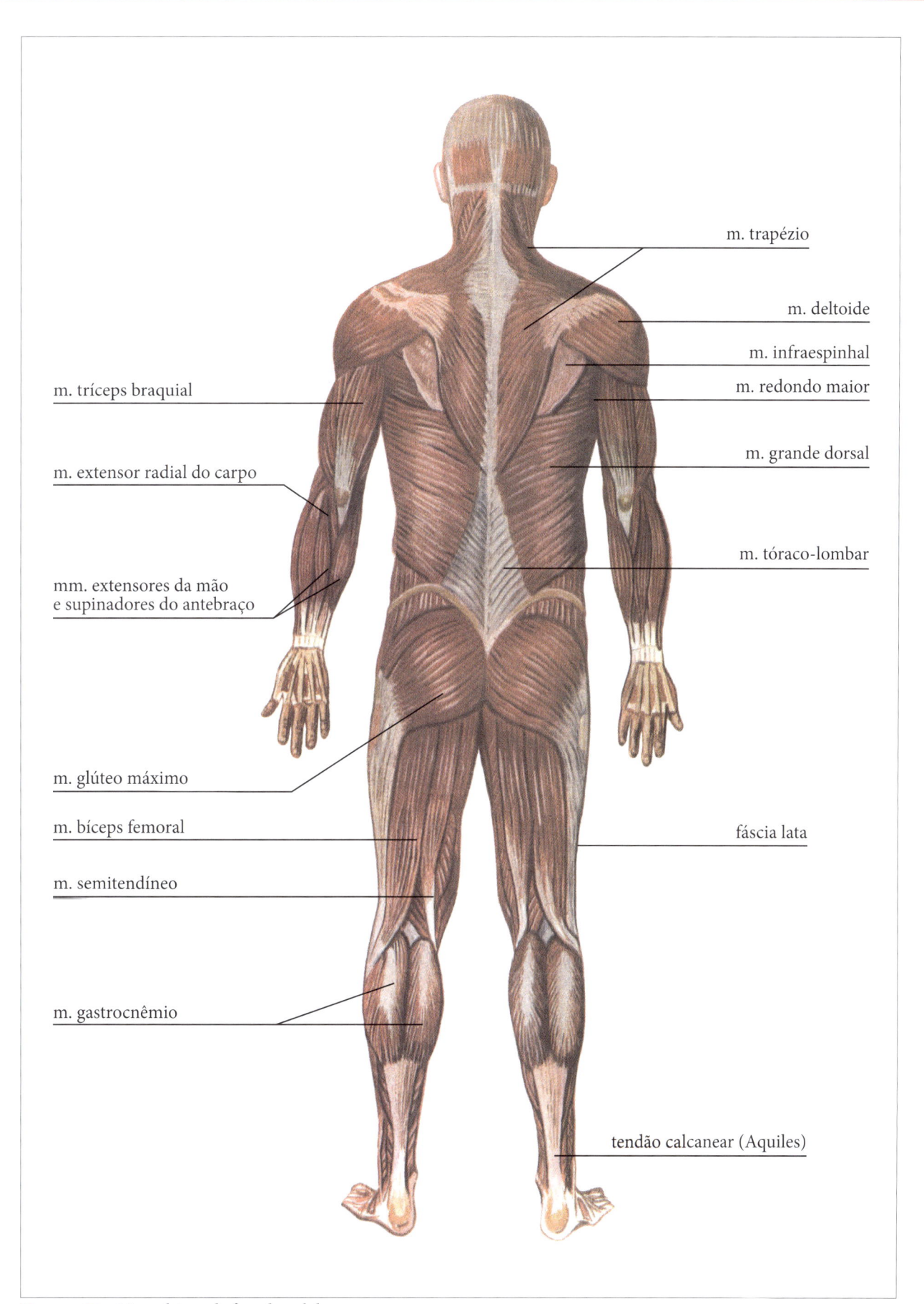

- m. trapézio
- m. deltoide
- m. infraespinhal
- m. redondo maior
- m. tríceps braquial
- m. grande dorsal
- m. extensor radial do carpo
- m. tóraco-lombar
- mm. extensores da mão e supinadores do antebraço
- m. glúteo máximo
- m. bíceps femoral
- fáscia lata
- m. semitendíneo
- m. gastrocnêmio
- tendão calcanear (Aquiles)

FIGURA 31 – Musculatura da face dorsal do corpo

3.2.2. Músculos do crânio

Os músculos do crânio (**Figura 32**), também chamados de músculos do couro cabeludo, são o **occipital** e o **frontal**, que na verdade constituem as duas partes de um músculo chamado **epicrânio**. O **m. epicrânio**, portanto, apresenta uma parte frontal que recobre o osso **frontal**, e uma parte occipital que recobre o osso **occipital**. Entre as duas porções musculares se encontra um tendão achatado que cobre a parte superior e lateral do crânio. Este tendão achatado chama-se **gálea aponeurótica**. A gálea está coberta pelo couro cabeludo que é puxado para a frente pela contração da porção **frontal** do **m. epicrânio**, que também produz elevação das sobrancelhas e enrugamento transversal da testa. A contração da porção **occipital** puxa o couro cabeludo para trás.

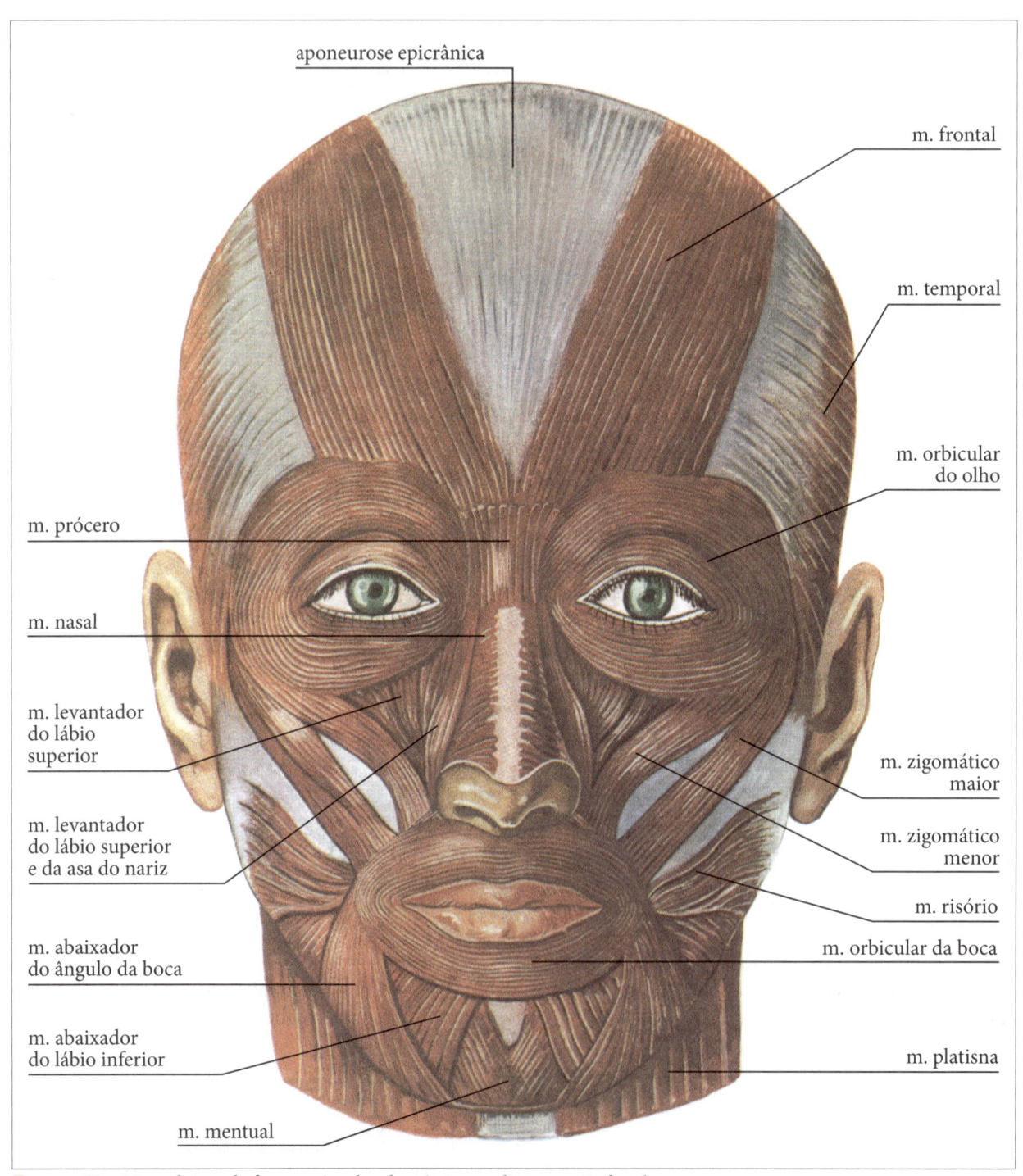

Figura 32 – Musculatura da face – músculos da mímica ou da expressão facial

Os demais músculos do crânio são os **auriculares**, que no homem são rudimentares. São três músculos separados que se inserem no pavilhão da orelha e produzem pequeno movimento do pavilhão nos sentidos anterior, posterior e superior.

3.2.3. Músculos da mastigação

Os músculos que atuam nos atos de morder e mastigar são:

– m. masseter;

– m. temporal;

– m. pterigoideo lateral; e

– m. pterigoideo medial.

O **m. masseter** nasce no arco zigomático e se insere no ramo da mandíbula. É um poderoso elevador da mandíbula. Cerrando os dentes pode-se apalpar quase totalmente o músculo masseter.

O **m. temporal** situa-se na fossa temporal ao lado do crânio e passa sob o arco zigomático até atingir o processo coronoide da mandíbula no qual se insere por um tendão forte. Ajuda a elevar a mandíbula também.

O **m. pterigoideo medial** se origina no processo pterigoideo do osso esfenoide e se insere no ramo da mandíbula. Sua contração eleva e desloca a mandíbula.

O **m. pterigoideo lateral** tem orientação quase perpendicular aos outros músculos mastigadores e se estende desde o processo pterigoideo do osso esfenoide até o colo do côndilo da mandíbula. Atua no ato de abrir a boca e empurrar a mandíbula para frente e também para o lado.

3.2.3.1. Músculos auxiliares da mastigação

Estes músculos são subdivididos em dois grupos, **infra-hioideos** e **supra-hioideos**.

Os **supra-hioideos** são:

O **m. digástrico**, como o nome está dizendo, constituído por dois ventres, um posterior que se estende do processo mastoide do osso temporal até o osso hioide, e um anterior que do osso hioide alcança a mandíbula.

O **m. estiloioideo**, que se estende do processo estiloide ao osso hioide.

O **m. miloioideo** forma o assoalho da boca, estendendo-se de um lado ao outro do corpo da mandíbula.

O **m. genioioideo** origina-se atrás da sínfise da mandíbula e se estende até o corpo do osso hioide.

Estes músculos são elevadores do osso hioide, e também o deslocam para a frente e para trás. São considerados muito importantes no ato de deglutir.

Os **mm. infra-hioideos** são quatro músculos em forma de fita, situados no pescoço, abaixo do osso hioide, cuja ação conjunta é deprimir o osso hioide e deslocá-lo para trás.

São os seguintes os mm. infra-hioideos:

– m. esternoioideo;

– m. esternotireoideo;

– m. tireoioideo; e

– m. omoioideo.

Estes músculos têm suas inserções definidas pelos seus nomes.

3.2.4. Músculos do pescoço

No pescoço encontra-se um grande músculo cutâneo, o **platisma**, que se estende desde a face até a região peitoral. Quando se contrai, movimenta a pele do pescoço.

O principal músculo do pescoço todavia é o **m. esternoclidomastoideo** que se estende do osso esterno e da clavícula até o processo mastoide do osso temporal. É o músculo mais visível do pescoço e facilmente palpável.

Este músculo agindo isoladamente, faz a cabeça girar para o lado oposto. Quando os dois mm. esternoclidomastoideos se contraem, fletem a cabeça sobre o tórax.

Além destes, são encontrados três grupos musculares do pescoço, situados anterior, lateral e posteriormente.

O grupo anterior é formado por músculos que inclinam o pescoço anteriormente e são:

– m. longo do pescoço;

– m. longo da cabeça; e

– m. reto anterior da cabeça.

O grupo lateral movimenta a coluna cervical para os lados. Este grupo é formado pelos importantes músculos **escalenos anterior**, **médio** e **posterior**.

O grupo posterior é formado por músculos extensores da cabeça e do pescoço, que são:

– m. semiespinhal;
– m. longuíssimo; e
– m. esplênio.

3.2.5. Músculos que movimentam a coluna vertebral

A coluna vertebral apresenta amplos movimentos de flexão, extensão e rotação, executados por músculos que participam destas ações e também da construção de paredes do corpo.

3.2.5.1. Flexão ventral da coluna

Este movimento, no indivíduo que está em pé, é uma ação da gravidade com a consequente regulação dos músculos extensores (dorsais) que, à medida que se relaxam, permitem a flexão do tronco para a frente.

No indivíduo em decúbito dorsal (deitado de costas) a flexão do tronco (como para ficar sentado) é executada pelo **m. reto do abdome** que se estende do púbis até o processo xifoide do esterno e às cartilagens das costelas n°s 5, 6 e 7. Este músculo participa na formação da parede abdominal.

Outro músculo, o **m. iliopsoas**, age colaborando na flexão do tronco. É formado pela fusão de dois músculos, o **m. psoas maior**, que nasce das vértebras lombares e se estende até o púbis, e pelo **m. ilíaco** que da fossa ilíaca se prolonga até o tendão do **m. psoas maior**, constituindo a partir daí o **m. iliopsoas**.

3.2.5.2. Flexão lateral da coluna

Este movimento é executado principalmente pelos **mm. quadrado lombar** e **iliocostal**.

O **m. quadrado lombar** se estende da crista ilíaca até a última costela e aos processos transversos das vértebras lombares.

O **m. iliocostal** é formado por três fascículos: lombar, torácico e cervical, que se estendem respectivamente dos processos transversos das vértebras cervicais, das costelas altas e das costelas mais baixas até o osso **ílio**. Os iliocostais formam a porção lateral do grande **m. eretor da espinha**.

3.2.5.3. Extensão da coluna

Os músculos extensores da coluna vertebral estão todos localizados na região posterior do tronco e inserem-se nos processos espinhosos e transversos das vértebras, no dorso do osso sacral e no osso do quadril.

Estes músculos apresentam disposição complexa, de difícil separação e são comumente descritos como um único músculo, o **m. eretor da espinha** ou **sacroespinhal**, cujas porções principais formam três conjuntos: um lateral formado pelos **mm. iliocostais** e pelos **esplênios** da cabeça e pescoço; um intermédio formado pelos **mm. longo do tórax, longo do pescoço** e **longo da cabeça** e um grupo medial formado pelo **m. espinhal do tórax, m. espinhal da cabeça e m. semiespinhal**.

A contração destes músculos em conjunto estende a coluna, endireitando o tronco.

3.2.5.4. Rotação da coluna

Os movimentos de rotação da coluna (**Figura 33**) são produzidos pela ação dos músculos chatos da parede abdominal (**Figura 34**), que são:

M. oblíquo externo: que se insere nas últimas oito costelas e na linha média anterior do abdome. Este músculo faz girar a coluna para o mesmo lado.

M. oblíquo interno: este músculo origina-se no ílio e na linha média anterior do abdome e se estende até a face posterior das últimas quatro costelas. Este músculo atua girando a coluna para o lado oposto.

M. transverso do abdome: este músculo tem uma disposição quase circular ao redor do abdome, formando uma camada abdominal profunda. Contraindo-se isoladamente, faz a coluna girar para o mesmo lado.

As aponeuroses destes três músculos formam a **bainha do reto**, isto é, um retináculo membranáceo que contém o **m. reto abdominal** (já descrito). Na linha média anterior do abdome, as fibras das aponeuroses destes músculos se entrecruzam para formar uma resistente rafe tendínea que se estende do processo xifoide até a sínfise púbica e que se denomina **linha alba**.

Os músculos da parede abdominal protegem as vísceras contidas na cavidade e também atuam

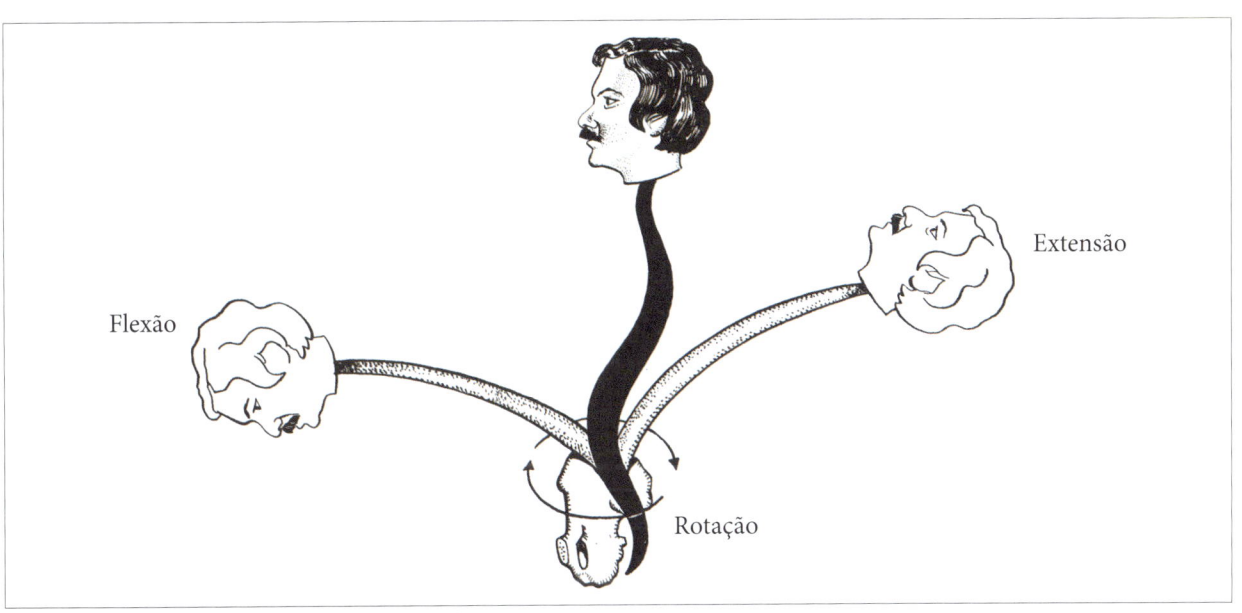

Figura 33 – Movimentos da coluna vertebral

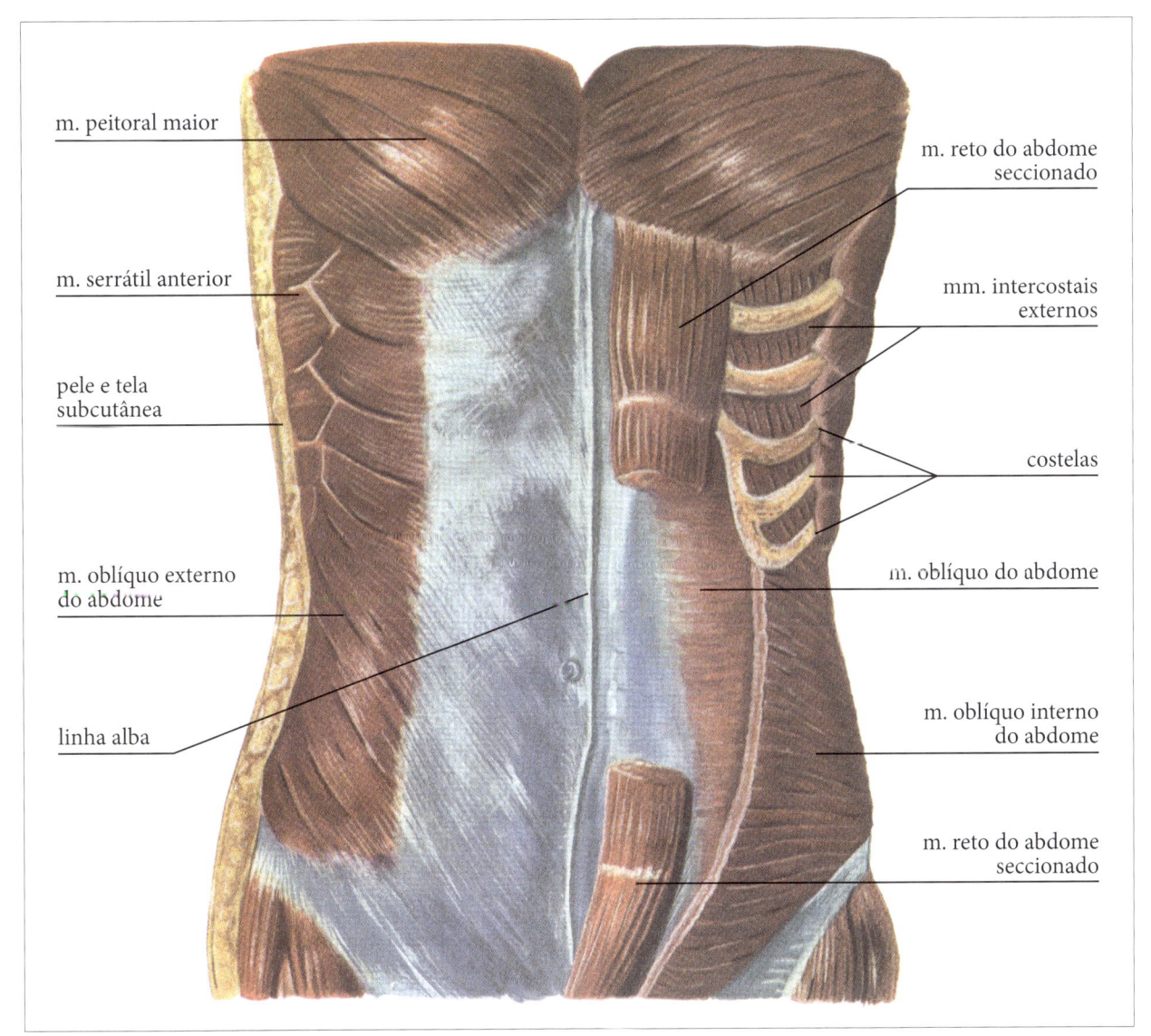

Figura 34 – Músculos da parede do abdome

como auxiliares na manutenção da postura, movimentam o tronco e aumentam a pressão intra-abdominal, participando ativamente na respiração, defecação, micção, no parto e no vômito.

3.2.6. Músculos que movimentam a caixa torácica

Estes músculos se inserem na parede do tórax e participam ativamente na movimentação da caixa torácica durante a respiração.

Pertencem a este grupo os **mm. intercostais externos**, que se estendem da margem inferior de uma costela à margem superior da costela imediatamente abaixo.

Os **mm. levantadores das costelas** se estendem dos processos transversos das vértebras torácicas até a face externa da costela.

Os **mm. intercostais internos**, situados internamente aos intercostais externos, estendem-se da margem inferior da costela e da cartilagem costal até a margem superior da costela e da cartilagem costal imediatamente inferior.

O **m. diafragma** é sem dúvida o mais importante deste grupo. É um músculo em forma de cúpula que constitui o assoalho da cavidade torácica, separando-a da cavidade abdominal.

A origem do diafragma é uma circunferência no nível da 12ª costela, tendo inserções nas últimas costelas, no esterno e vértebras lombares. Suas fibras convergem para um tendão situado na parte central do corpo chamado **centro tendíneo** ou **centro frênico**.

O **diafragma** é o músculo mais importante da respiração e um dos mais importantes de todo o corpo. O diafragma, ao se contrair, abaixa, aumentando o volume da cavidade torácica, fazendo diminuir a pressão endotorácica e consequentemente faz diminuir o volume do abdome enquanto que aumenta a pressão intra-abdominal.

Os músculos intercostais e os levantadores das costelas agem levantando e abaixando as costelas, porém essas funções não são exatamente comprovadas; parece que os intercostais são mais atuantes no ato de impedir o colabamento do espaço intercostal durante as fases da respiração.

Outros músculos, não mencionados, participam da movimentação da parede torácica durante a respiração; estes serão descritos como integrantes de outros grupos, pois sua participação é mais característica em outros movimentos de outras partes do corpo. Músculos já mencionados, como os da parede abdominal, também participam ativamente da respiração; assim, ao se tratar deste tema, convém saber que, em quase todos os movimentos do corpo intervêm vários agrupamentos musculares além daqueles inerentes à parte do corpo cujos movimentos estão sendo considerados.

3.2.7. Músculos do cíngulo do membro superior

Dois grupos musculares atuam sobre a cintura do membro superior executando movimentos que elevam e deprimem o ombro (**Figuras 35 e 36**).

O grupo posterior é formado pelos **mm. trapézio**, **romboide** e **levantador da escápula**.

O **m. trapézio** é um grande músculo superficial da parte superior e posterior do dorso. Tem forma de um trapézio, conforme o nome diz, se estende desde o osso occipital até a 12ª vértebra torácica e daí se estende para a clavícula, acrômio e escápula (**Figura 36**). Suas fibras estão dispostas em três sentidos; as mais superiores elevam a clavícula, como no movimento de encolher os ombros; as mediais provavelmente ajudam a abduzir a escápula, e as mais inferiores abaixam a escápula.

O **m. romboide** está oculto pelo trapézio. É formado por uma porção menor e outra maior, às vezes inseparáveis. Tem inserção nos processos espinhosos da 7ª vértebra cervical e das cinco primeiras vértebras torácicas, estendendo-se daí até a margem vertebral da escápula. O músculo romboide retrai e fixa a escápula.

O **m. levantador da escápula** tem forma de fita, nasce dos processos transversos das quatro primeiras vértebras cervicais e se estende até o ângulo superior da escápula. Eleva a escápula juntamente com o músculo trapézio.

O grupo anterior é formado pelos **mm. peitoral menor**, **serrato anterior** e **subclávio**.

O **m. peitoral menor** situa-se atrás do peitoral maior. Nasce da face anterior das 3ª, 4ª e 5ª costelas, estendendo-se até o processo coracoide da escápula. É abaixador do ombro.

Sistema muscular 59

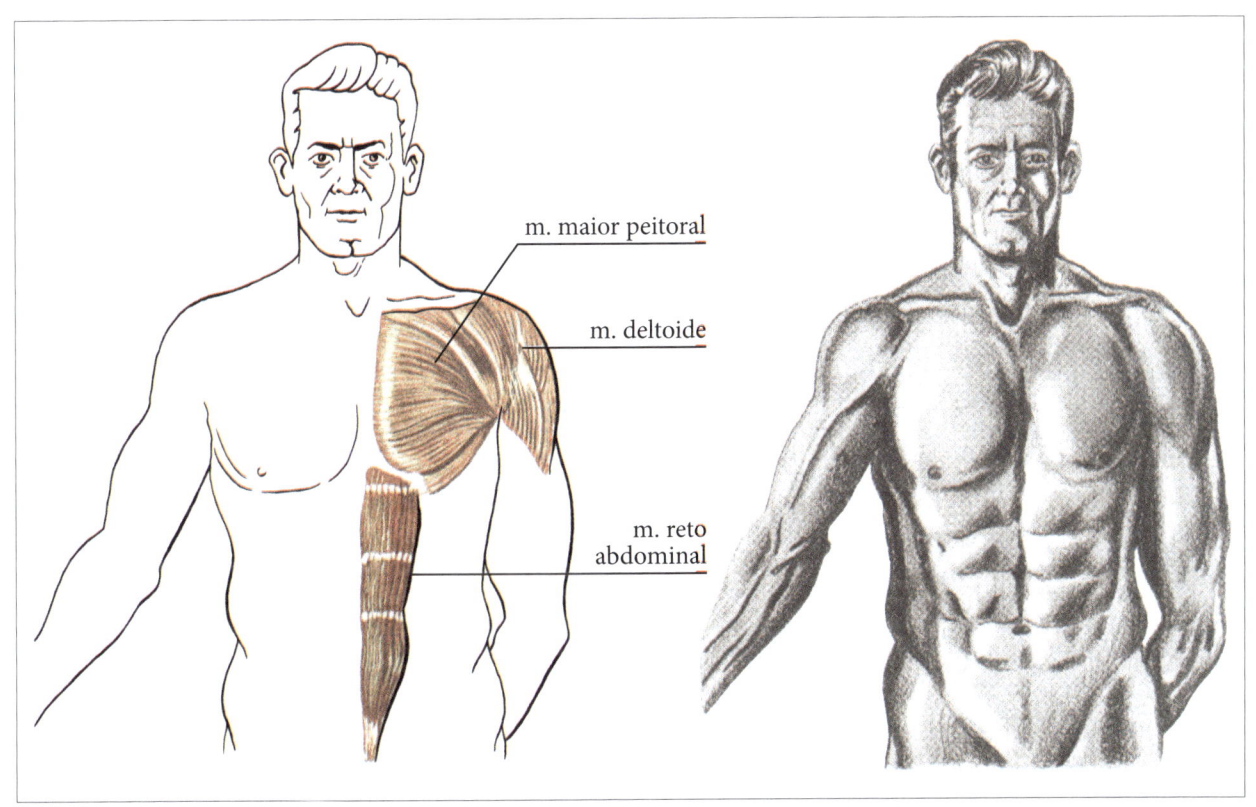

Figura 35 – Músculos deltoide, grande peitoral e reto abdominal

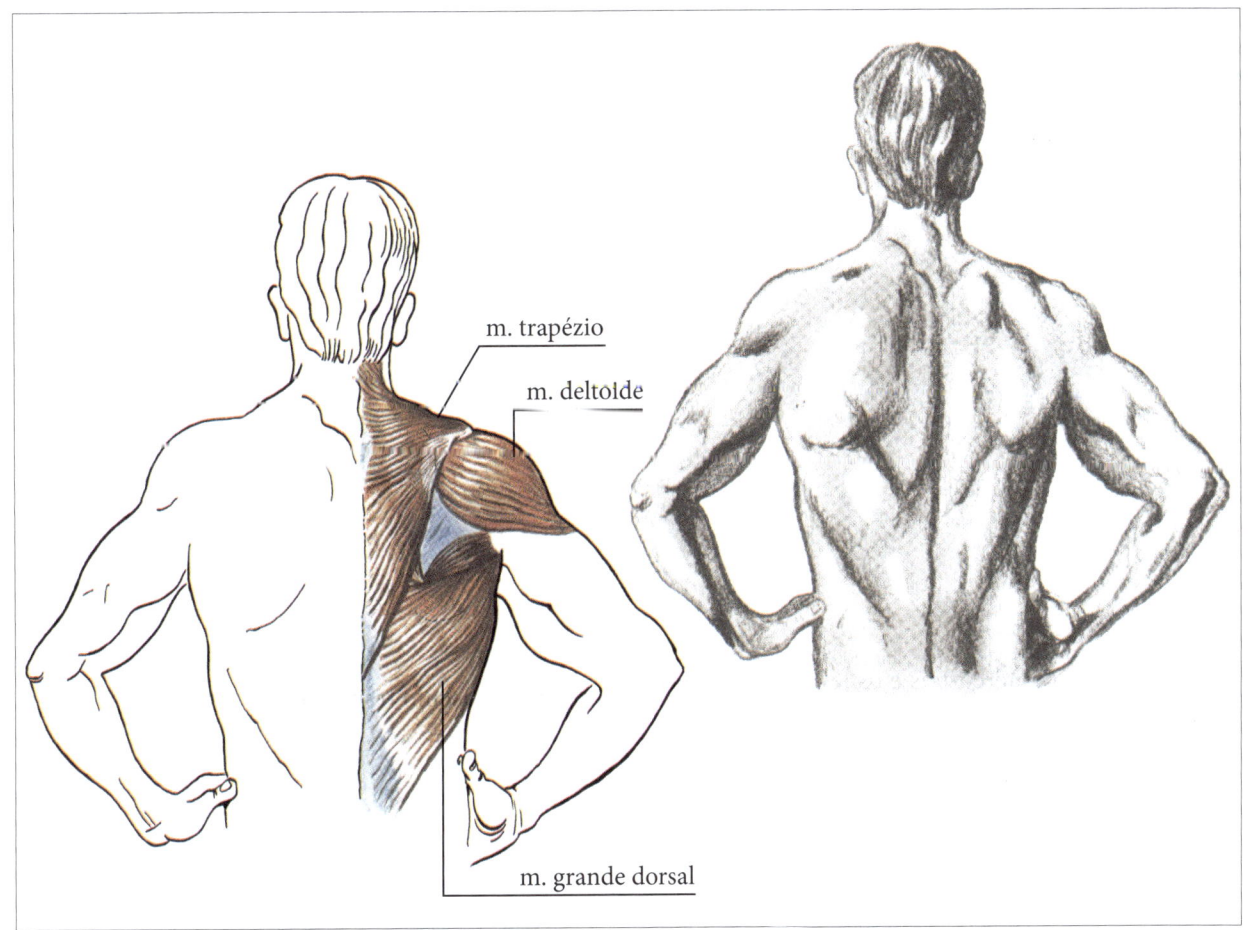

- m. maior peitoral
- m. deltoide
- m. reto abdominal

Figura 36 – Músculos trapézio, deltoide e grande dorsal

- m. trapézio
- m. deltoide
- m. grande dorsal

O **m. serrato anterior** se origina nas nove primeiras costelas lateralmente e se insere na margem vertebral da escápula, pela sua face costal. É um rotador da escápula, tendo participação ativa na abdução e elevação do braço acima da linha horizontal. O músculo serrato anterior puxa a escápula para a frente no movimento de empurrar e de lançar.

O **m. subclávio** é um pequeno músculo que nasce na primeira costela e se insere na clavícula. Funciona como depressor lateral da clavícula.

3.2.7.1. Músculos que movimentam a articulação escápulo-umeral (ombro)

No ombro existe uma das articulações mais livres do corpo, talvez a articulação de maior mobilidade, que executa movimentos de flexão, extensão, adução, abdução e rotação.

Os músculos responsáveis por estes movimentos são: **peitoral maior, coracobraquial, grande dorsal, redondo maior, supraespinhal, deltoide, subescapular, infraespinhal** e **redondo menor**.

O **m. peitoral maior** (FIGURA 35), um grande músculo, em forma de leque, situado no tórax, mais precisamente na região peitoral. Tem origem na clavícula, no esterno, nas primeiras seis cartilagens costais e se insere no úmero por um tendão bilaminar. Este músculo atua na adução do braço contra resistência. Eleva o braço pelo seu fascículo clavicular enquanto que a porção esternocostal aduz o braço e abaixa o ombro. O músculo peitoral maior eleva o corpo quando os braços estão fixos, como no exercício de barra. Ajuda a elevar as costelas durante a inspiração forçada, por exemplo, quando os braços são elevados durante a respiração artificial.

O **m. coracobraquial** se estende do processo coracoide da escápula até o úmero. Age como um flexor e como um fraco adutor do úmero.

O **m. grande dorsal** (FIGURA 36) é um grande músculo triangular situado no dorso, tem origem desde o processo espinhoso da 6ª vértebra torácica até o osso sacro. Suas fibras convergem para um tendão que se insere no úmero. Este músculo forma a margem posterior da axila. É a "asa" dos halterofilistas. O músculo grande dorsal é um poderoso adutor, extensor e rotador medial do braço. É um dos músculos mais solicitados na natação e também auxiliar da respiração.

O **m. redondo maior** origina-se no ângulo inferior da escápula e se insere também no úmero, abaixo do grande dorsal. Atua na extensão, adução e rotação medial do úmero.

O **m. supraespinhal** origina-se na fossa supraespinhosa da escápula, cruza a cápsula da articulação do ombro e se insere no úmero. Age como adutor do úmero.

O **m. deltoide** (FIGURAS 35 e 36), cobre toda a articulação do ombro, pois sua origem é feita por três porções: uma anterior, que começa na clavícula, uma média que nasce no acrômio e uma posterior que se origina na espinha da escápula. As três porções convergem para se inserir no úmero. O músculo deltoide, usado para injeções intramusculares, forma o contorno arredondado do ombro. Quando as três porções deste músculo agem em conjunto, fazem a abdução do braço. A porção anterior do deltoide atuando isolada, flexiona o úmero e a porção posterior estende.

O **m. subescapular**, localizado na fossa subescapular, cruza a articulação do ombro e se insere no úmero. É um rotador medial do úmero e ajuda a conservar a cabeça do úmero na cavidade glenoide da escápula, dando estabilidade à articulação. Na sua ação de rotador, este músculo é auxiliado pelos músculos peitoral maior e grande dorsal.

O **m. infraespinhal** ocupa a área infraespinhosa da escápula, às vezes inseparável do músculo redondo menor, e insere-se também no úmero. Este músculo faz rodar o úmero lateralmente.

O **m. redondo menor** estende-se do ângulo inferior da escápula até o úmero, inserindo-se imediatamente abaixo do músculo infra-espinhal. É também um rotador lateral do úmero.

3.2.8. Músculos que movimentam a articulação do cotovelo atuando sobre o antebraço

No cotovelo existem duas articulações sinoviais que executam movimentos em eixos diferentes: a articulação do úmero com os ossos do antebraço, articulação em dobradiça (ou gínglimo) que se movimenta no eixo transversal, executando movimentos de flexão e extensão; e a articulação do rádio com a ulna, articulação em pivô ou trocoide, que se movimenta no eixo longitudinal, executando movimentos de rotação.

Os músculos que participam destes movimentos originam-se na escápula e no úmero, e inserem-se no rádio e na ulna. São eles:

O **m. bíceps braquial**, que se origina por duas cabeças, no processo coracoide (cabeça curta) e no tubérculo supraglenoideo da escápula (cabeça longa) e se insere por um único tendão na tuberosidade do rádio. Este músculo é flexor do antebraço e também participa da supinação.

O **m. braquial** nasce na face anterior do úmero, por baixo do bíceps e se insere na ulna. É flexor do antebraço.

O **m. braquiorradial**, às vezes chamado supinador longo, origina-se na face lateral do úmero e se estende até o rádio. É flexor do antebraço, como os anteriores.

O **m. tríceps braquial**, situado na face posterior do braço, apresenta três cabeças: a lateral e a medial, que se originam no úmero, e a cabeça longa, que nasce no tubérculo infraglenoideo da escápula. As três cabeças convergem para um tendão comum que se insere no processo olecraniano da ulna. É o único extensor do antebraço, agindo nos movimentos de arremessar, empurrar e escavar.

O **m. supinador** origina-se no côndilo lateral do úmero e se estende até o rádio. É supinador do antebraço sendo auxiliado nesta ação pelo *m. bíceps braquial*.

O **m. pronador redondo** nasce no epicôndilo medial do úmero e se estende até o rádio. É pronador do antebraço, sendo auxiliado nesta ação pelo *m. pronador quadrado* que está localizado próximo do pulso, estendendo-se do rádio até a ulna.

3.2.9. Músculos que movimentam o pulso e os dedos

Os músculos que movimentam o pulso e os dedos da mão estão situados no antebraço e constituem um grupo anterior, formado por cinco músculos que se originam por um tendão comum no epicôndilo medial do úmero; e por um grupo posterior, formado por cinco músculos que se originam quase todos por um tendão comum no epicôndilo lateral do úmero.

O grupo anterior é formado pelos **mm. flexor radial do carpo, palmar longo, flexor ulnar do carpo, flexor superficial dos dedos** e **flexor profundo dos dedos**. Os três primeiros inserem-se no carpo e os dois últimos estendem-se até a extremidade dos dedos. Estes músculos executam movimentos de flexão da mão e dos dedos e também abdução, adução e fechamento da mão. Os tendões destes músculos são vistos e podem ser apalpados no terço distal do antebraço. O **m. flexor superficial dos dedos** apresenta quatro tendões que se inserem na falange média do 2º ao 5º dedos, e o **flexor profundo dos dedos** apresenta quatro tendões que perfuram os tendões do flexor superficial para se inserir na falange distal dos dedos.

O grupo posterior é formado pelos **mm. extensor radial longo do carpo, extensor radial curto do carpo, extensor dos dedos, extensor do dedo mínimo, extensor ulnar do carpo e extensor do indicador**.

Estes músculos, cujos tendões são perfeitamente visíveis e apalpáveis no dorso da mão, executam movimentos de extensão da mão e dos dedos e também adução e abdução da mão, atuando sinergicamente com os músculos do grupo anterior, que participam destes dois movimentos.

Além desses músculos, na face posterior do antebraço são encontrados três músculos próprios do polegar que são: **m. abdutor do polegar, m. extensor curto do polegar** e **m. extensor longo do polegar**. Este dedo executa movimentos de oponência com os demais dedos da mão, o que permite ao homem a **apreensão em pinça**; por isso, como será visto a seguir, o polegar apresenta estes músculos longos e mais seis músculos curtos localizados na mão.

3.2.9.1. Músculos da mão

Os músculos da mão (**Figura 37**) são os músculos curtos do polegar agrupados na **região tenar**, os músculos do dedo mínimo agrupados na **região hipotenar** e os músculos intrínsecos propriamente ditos.

Os músculos curtos do polegar são: **m. abdutor curto do polegar, m. flexor curto do polegar, m. oponente do polegar** e **m. adutor do polegar**. Estes músculos e mais o **m. I interósseo palmar** e o **m. I interósseo dorsal** atuam sobre o polegar executando os movimentos de flexão, extensão, adução, abdução e oponência do polegar.

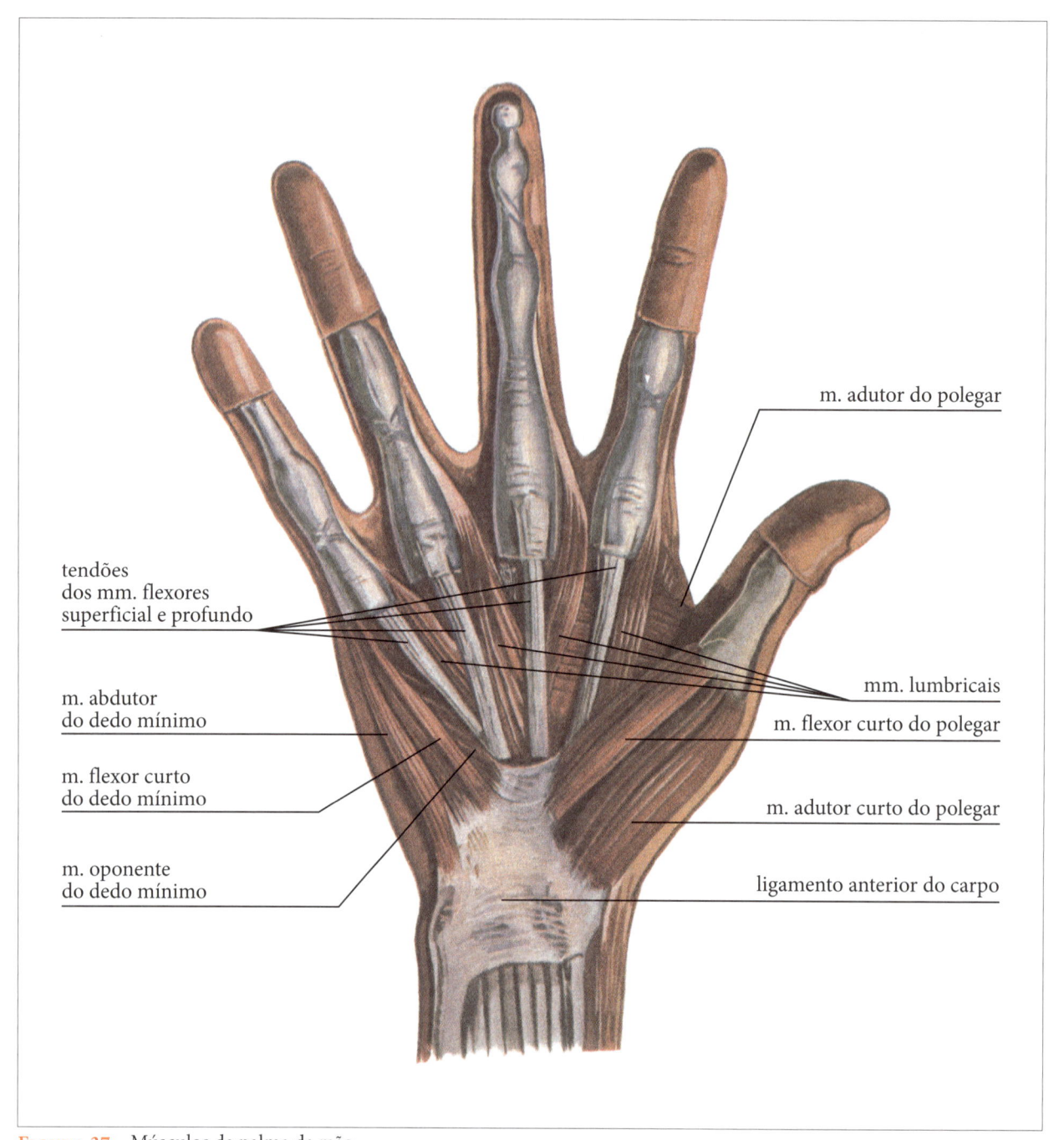

FIGURA 37 – Músculos da palma da mão

Os músculos do dedo mínimo são: **m. abdutor do dedo mínimo, m. oponente do dedo mínimo e m. flexor curto do dedo mínimo**. Este grupo de músculos curtos e mais o **m. IV interósseo palmar** movimentam o 5º dedo.

Os demais músculos da mão são os quatro **mm. lumbricais**, que se estendem dos tendões do **m. flexor** profundo dos dedos e se inserem próximo das articulações metacarpofalângicas, nas extensões extensoras dos outros tendões, e os músculos interósseos, em número de 4 palmares e 4 dorsais.

3.2.10. Músculos que movimentam o membro inferior

O membro inferior executa vários movimentos, principalmente na articulação coxo-femoral e na do joelho. Estas duas articulações são acionadas por músculos que se localizam na pelve e na coxa; alguns deles atravessam as duas junturas participando na movimentação de ambas, outros, porém, são monoarticulares, isto é, agem sobre apenas uma delas.

Sistema muscular 63

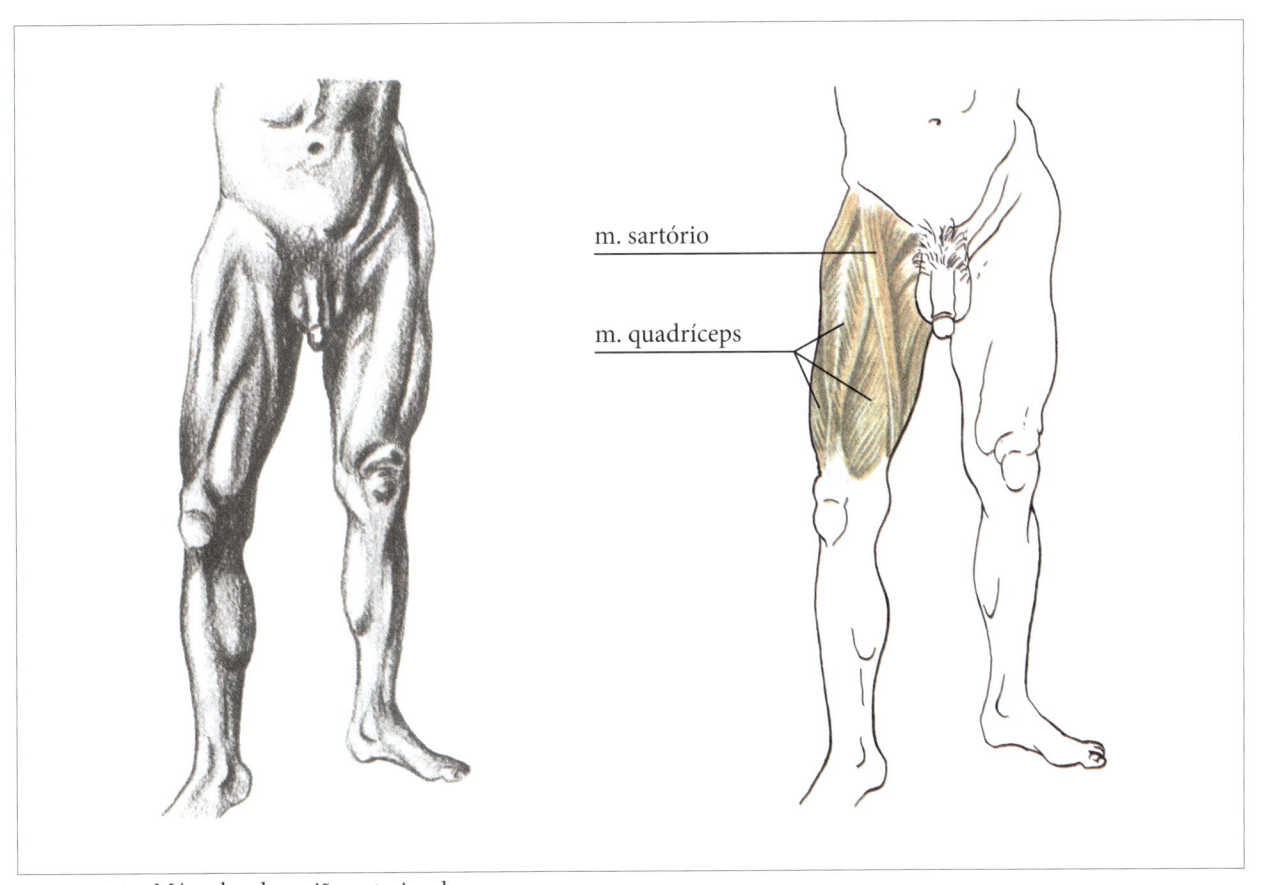

FIGURA 38 – Músculos da região anterior da coxa

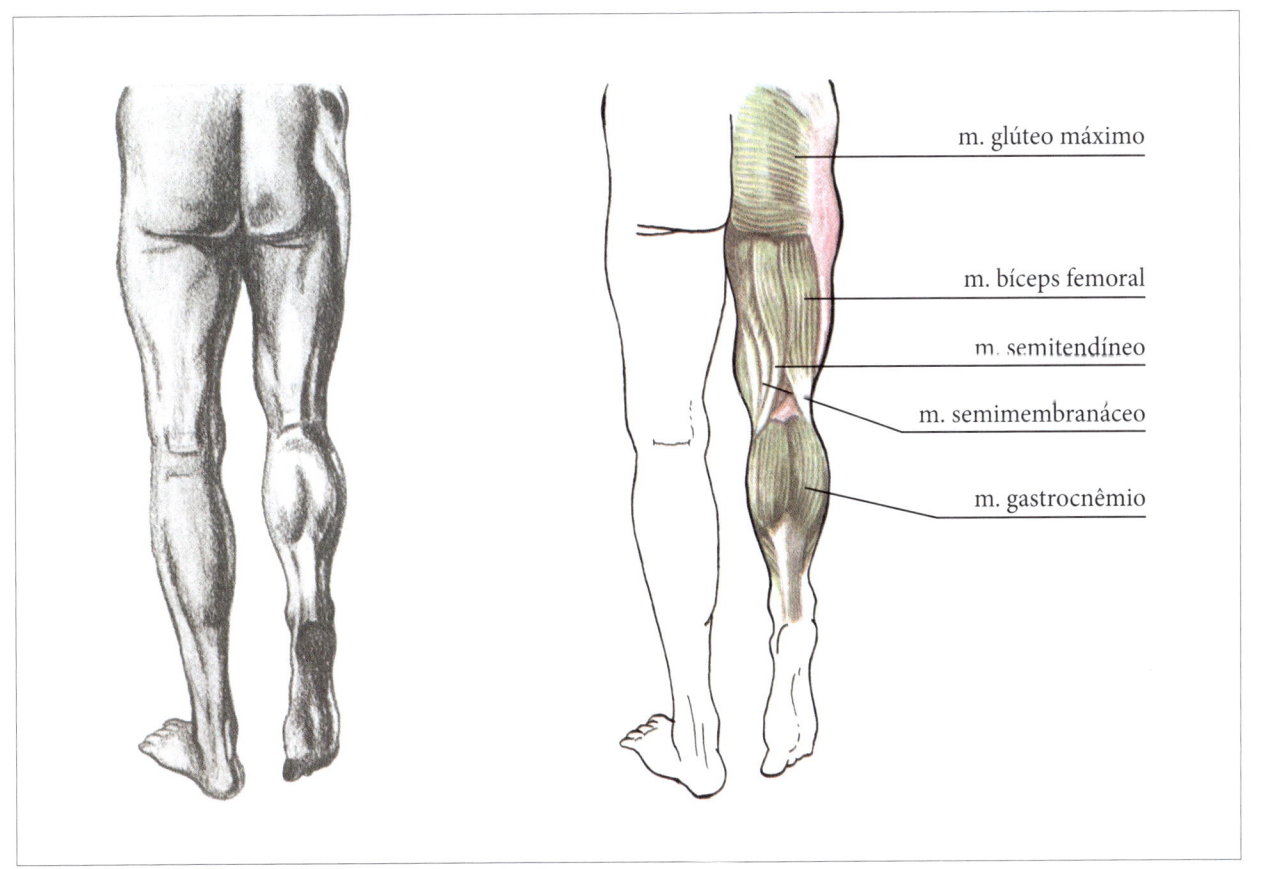

- m. sartório
- m. quadríceps

FIGURA 39 – Músculos das regiões glútea, posterior da coxa e posterior da perna

- m. glúteo máximo
- m. bíceps femoral
- m. semitendíneo
- m. semimembranáceo
- m. gastrocnêmio

Segundo o tipo de movimento, pode-se reunir os músculos que atuam sobre o membro inferior em cinco grupos (FIGURAS 38 e 39).

3.2.10.1. Músculos extensores da coxa e flexores da perna

Neste grupo encontra-se o **m. glúteo máximo**, que é o músculo da nádega. É um músculo espesso, de feixes grosseiros que se origina no ílio, no sacro, no cóccix e nos ligamentos externos da pelve e daí se estende até o fêmur inserindo-se na chamada tuberosidade glútea do fêmur. É neste músculo que são aplicadas as injeções intramusculares na nádega.

O **m. glúteo máximo** é um poderoso extensor da coxa e da pelve, age nos atos de subir, na corrida, na ação de levantar-se a partir da posição sentada. Atua também como rotador lateral da coxa.

Os demais músculos deste grupo são os músculos posteriores da coxa, isto é, o **m. bíceps femoral**, o **m. semitendíneo**, e o **m. semimembranáceo**. Estes três músculos formam a massa muscular posterior da coxa conhecida como **mm. do jarrete**; originam-se na tuberosidade isquiádica do osso coxal e se estendem até a tíbia, atravessando, dessa forma, a articulação do quadril e do joelho. São extensores da coxa e flexores da perna. Quando a perna e a coxa são fixadas eles podem estender o tronco. São importantes durante a marcha.

3.2.10.2. Músculos flexores da articulação coxo-femoral e extensores da perna

Este grupo muscular é formado pelos músculos anteriores da coxa e pelo **m. iliopsoas** (já descrito), que é um músculo formado pelos **mm. psoas maior** e **ilíaco**.

O primeiro origina-se nas vértebras torácicas baixas e nas lombares; ao se estender para baixo, une-se ao músculo ilíaco situado na fossa ilíaca, e daí um tendão comum se insere no trocanter menor do fêmur. Este músculo avança a coxa durante a marcha; está ativo quando o indivíduo se mantém em pé; é, pois, um músculo postural.

Os outros músculos deste grupo são: **m. quadríceps femoral** e **m. sartório** que formam a massa muscular anterior da coxa (FIGURA 38).

O **m. sartório** é um músculo fino que começa na espinha ilíaca ântero-superior e atravessa a coxa em diagonal para se inserir na face interna da tíbia. Atua na flexão da coxa e da perna como auxiliar dos demais. É mais importante como músculo de relação com as demais estruturas da coxa do que propriamente como flexor. Foi por muito tempo chamado "costureiro", pois diz-se que ele age no cruzar as pernas, como fazem os alfaiates.

O **m. quadríceps femoral** é formado por quatro cabeças que são: *m. reto femoral, m. vasto medial, m. vasto lateral* e *m. vasto intermédio*. O reto femoral tem origem no osso coxal e os demais, na diáfise do fêmur. As quatro cabeças convergem para um tendão comum no interior do qual está a patela (rótula). Este tendão, chamado patelar ou rotuliano, insere-se na tuberosidade anterior da tíbia. O *m. quadríceps femoral* é talvez o mais poderoso dos músculos do corpo. Ele estende a perna e controla sua flexão. O reto femoral é chamado "músculo do chute", atravessa duas articulações, atuando como auxiliar do músculo iliopsoas na flexão da coxa e como extensor da perna juntamente com as outras cabeças do quadríceps. O músculo quadríceps age no salto, na corrida, na subida, no ato de levantar-se a partir da posição sentada. Todavia atua com mais energia na ação de subir e descer escadas.

3.2.11. Músculos abdutores da coxa

A abdução da coxa é realizada pelos **mm. glúteos médio** e **mínimo** e pelo **m. tensor da fáscia lata**.

Os **mm. glúteos médio** e **mínimo** fazem parte da nádega e estão cobertos pelo músculo glúteo máximo. Os glúteos médio e mínimo nascem no ílio e se estendem até o grande trocanter do fêmur. São abdutores da coxa e também rotadores mediais. Sua atuação é particularmente importante durante a marcha.

O **m. tensor da fáscia lata** nasce na crista ilíaca e se insere na fáscia lata (fáscia da coxa). Esta fáscia, por sua vez, estende-se até a tíbia. O músculo tensor é abdutor e rotador medial da coxa.

3.2.12. Músculos adutores da coxa

Os músculos adutores da coxa localizam-se na sua face medial e se estendem da pelve até o fêmur e à tíbia.

São eles: os **mm. adutor magno**, **adutor longo**, **adutor curto**, **pectíneo** e **grácil**. Os adutores se originam no púbis e daí se estendem até a face medial do fêmur.

Os três adutores são músculos muito potentes que agem principalmente no ato de comprimir uma coxa de encontro à outra.

O **m. pectíneo** nasce também no púbis e se insere no fêmur. Está situado sobre o adutor longo e atua também como adutor.

O **grácil** é um músculo longo e fino que do púbis se estende até a face medial da tíbia. É também adutor da coxa, além de agir na flexão.

3.2.13. Músculos rotadores da coxa

Este conjunto muscular está localizado na região glútea e é coberto pelos músculos glúteos. Todos estes são músculos pequenos que do quadril se estendem ao fêmur: os **mm. gêmeos superior** e **inferior, m. piramidal, mm. obturadores interno** e **externo** e **m. quadrado da coxa**.

Estes músculos fazem a rotação lateral da coxa e estabilizam a articulação da coxa.

3.2.14. Músculos que movimentam o tornozelo e o pé

Os músculos que movimentam o tornozelo e o pé estão localizados na perna e se estendem até o pé. Formam um grupo anterior, um posterior e um lateral.

O grupo anterior está constituído pelos **mm. tibial anterior, extensor longo dos dedos, fibular terceiro** e **extensor longo do hálux**. Estes músculos ocupam a face anterior e lateral da perna. São responsáveis pela flexão dorsal do tornozelo, inversão do pé e extensão dos dedos do pé.

O **m. tibial anterior** nasce na face externa da tíbia e se insere por um forte tendão no primeiro osso cuneiforme do tarso e também no I metatársico. Este músculo produz dorsiflexão e inversão do pé.

O **m. extensor longo** dos dedos origina-se na tíbia e na fíbula, divide-se em quatro tendões que se inserem nas falanges dos últimos quatro dedos. Este músculo, quando se contrai, estende os quatro dedos simultaneamente, não havendo controle independente para cada dedo.

O **m. extensor longo** do hálux se origina na fíbula, profundamente aos anteriores e se insere na falange distal do primeiro dedo (hálux). Age estendendo o hálux e auxiliando na dorsiflexão do pé.

O **m. fibular terceiro** é uma parte do músculo extensor longo dos dedos que se individualiza no dorso do pé e, por um tendão fino e chato, se insere no V metatársico. É também flexor dorsal do pé.

O grupo posterior é formado por dois planos musculares, o superficial formado pelos músculos que formam a **panturrilha** (barriga da perna): o **gastrocnêmio**, o **sóleo** e o **plantar**.

O **m. gastrocnêmio** tem sua origem por duas cabeças na face posterior dos côndilos do fêmur e se insere no osso calcâneo por um forte tendão (*tendão de Aquiles*).

O **sóleo** é um músculo espesso e achatado com inserção na face posterior da tíbia e da fíbula. Seu tendão de inserção funde-se com o gastrocnêmio para formar o tendão calcâneo (de Aquiles).

O **plantar** é um pequeno músculo que nasce no fêmur e se insere também no calcâneo. Pode não existir e sua função é praticamente desprezível comparada àquelas do gastrocnêmio e sóleo.

O sóleo e o gastrocnêmio formam no seu conjunto o **m. tríceps sural**, e este músculo é importantíssimo na postura e na locomoção. O tríceps sural é flexor plantar do pé, é também inversor do pé e atua principalmente na marcha, na corrida e no salto. Cortando-se o tendão de Aquiles, o indivíduo não pode correr, nem saltar e nem caminhar.

No plano profundo são encontrados os demais músculos do grupo posterior, que são: o **tibial posterior**, o **flexor longo dos dedos** e o **flexor longo do hálux**.

O **m. tibial posterior** estende-se da face posterior da tíbia até a planta do pé indo inserir-se nos ossos navicular e cuboide, por um forte tendão. Este músculo é o principal inversor do pé.

O **m. flexor longo** dos dedos nasce da face posterior da tíbia e desce atrás do maléolo medial até alcançar a planta do pé onde se divide em 4 tendões, um para cada um dos dedos, exceto o hálux. Este músculo é flexor das falanges distais dos dedos.

O **m. flexor longo do hálux** nasce na face posterior da fíbula e seu tendão se insere na face inferior da falange distal do hálux. É flexor da falange distal deste dedo.

O grupo de músculos laterais é formado pelos dois **mm. fibulares, longo e curto**, que se originam na face lateral da fíbula e que por meio de seus tendões se inserem, o longo, no I metatársico, e o curto, no V metatársico. Estes músculos são ativos durante a eversão do pé, sendo que o fibular longo atua também na flexão plantar.

3.2.15. Músculos do pé

Do mesmo modo que a mão, o pé apresenta um conjunto de músculos próprios que se originam e se inserem nos ossos e ligamentos do pé (**Figura 40**). À exceção do **m. extensor curto dos dedos** que é dorsal, os demais músculos do pé são plantares e estão dispostos em camadas. Os músculos do pé estão associados ao hálux, ao dedo mínimo e aos demais dedos. Os músculos do hálux são: **abdutor do hálux**, **flexor curto do hálux** e **adutor do hálux**.

Os do dedo mínimo são: **abdutor do dedo mínimo** e **flexor do dedo mínimo**. Os músculos comuns aos dedos são: **flexor curto dos dedos**, **quadrado da planta**, **quatro lumbricais**, **três interósseos plantares** e **quatro interósseos dorsais**. Todos estes músculos do pé, de certa forma, agem como uma plataforma de sustentação e na locomoção.

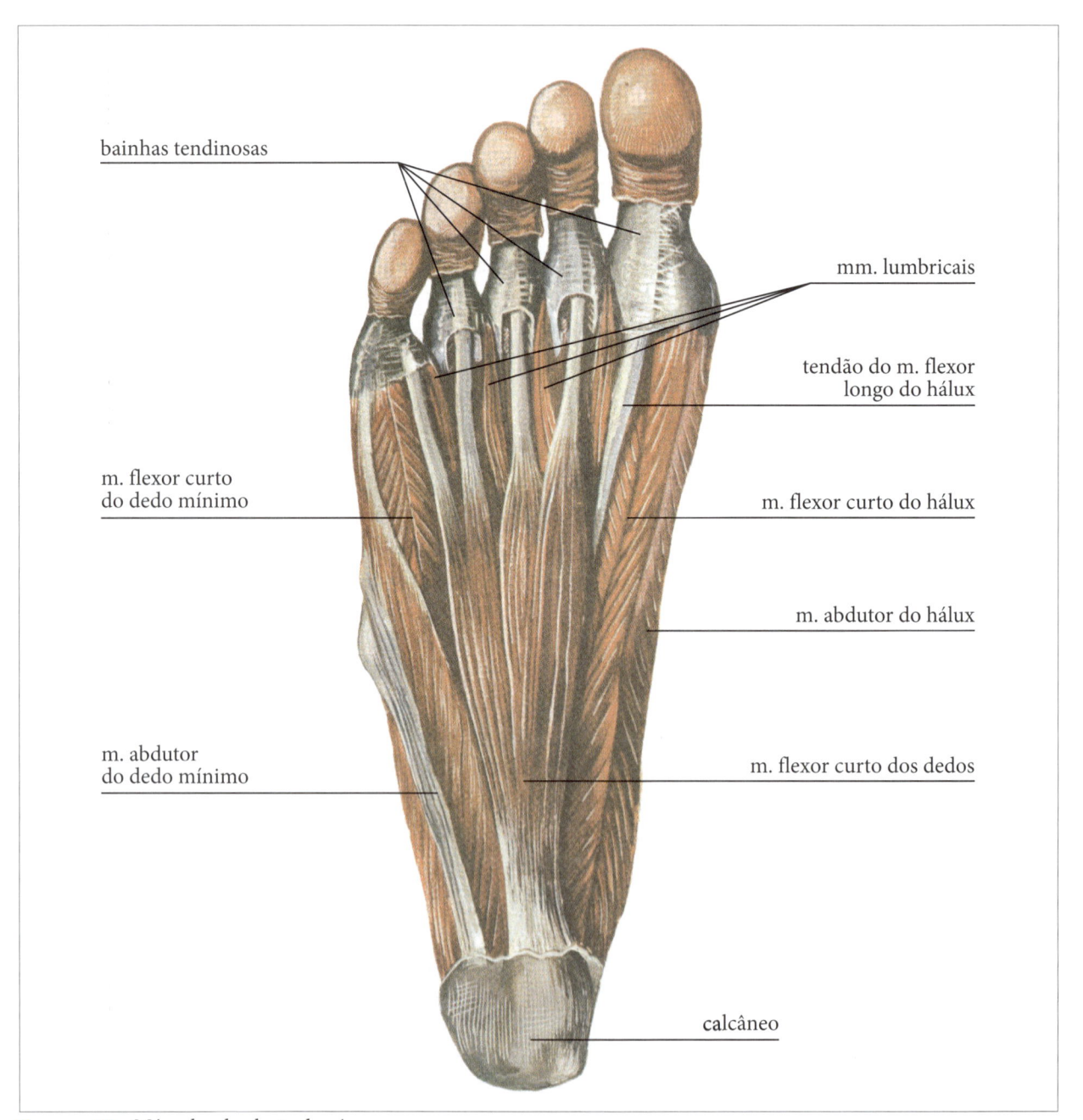

Figura 40 – Músculos da planta do pé

3.3. ANATOMIA MICROSCÓPICA DOS MÚSCULOS

A musculatura é a encarregada da produção de força, por meio da queima de glicose como combustível.

A força pode ser aplicada sobre alavancas ósseas ocasionando movimentos do corpo (andar, mastigar, levantar etc.) sob o comando da vontade. Os músculos encarrregados desse tipo de ação denominam-se **mm. estriados esqueléticos**.

Pode ainda a força ser aplicada involuntariamente, sob forma de movimentos lentos e contínuos que, em geral, se aplicam nas paredes dos órgãos ocos (intestinos, estômago, útero, bexiga, artérias, veias, brônquios etc.) regulando o trânsito de substâncias como o bolo alimentar, ou mais fluidas, como o sangue. Os músculos encarrregados dessa função denominam-se **mm. lisos**.

Finalmente há uma musculatura especial que, além de involuntária, é automática, tem ritmo próprio. É a musculatura **estriada cardíaca do miocárdio**. Sua função é a de aumentar e diminuir sucessivamente o volume da cavidade cardíaca, funcionando como uma bomba aspirante-premente, sendo, portanto, o centro motor do sistema hidráulico sanguíneo.

Cada qual desses tipos de músculo tem uma configuração distinta.

O músculo estriado esquelético compõe-se de longas fibras multinucleadas paralelas, que se orientam no sentido da aplicação da força. Em cada fibra sucedem-se faixas claras e escuras, o que lhe confere um aspecto estriado. Cada faixa destas mostra medialmente uma diferenciação: a clara (chamada faixa I por ser isótropa) apresenta uma linha medial escura, a linha Z; a escura (chamada faixa A por ser anisótropa) mostra um disco menos denso que o resto da faixa, o disco H ou mesofragma. A unidade funcional chamada **sarcômero** é o segmento que vai de uma linha Z à outra linha Z. A fibra muscular é composta por múltiplas fibrilas, contendo cada uma delas todas as estruturas descritas, o que na realidade dá à fibra o aspecto estriado já dito. As fibrilas estão mergulhadas no **sarcoplasma**.

As fibras arranjam-se em feixes primários, secundários e terciários com tecido conjuntivo que lhes leva os vasos e nervos. A fibra está envolta numa membrana, o **sarcolema**, que é parte integrante dela. Cada fibra (sarcolema, sarcoplasma e fibrilas) está envolvida por tecido conjuntivo, o **endomísio**; o conjuntivo que envolve várias fibras que formam um feixe é chamado de **perimísio**. Por fim, o tecido conjuntivo que envolve totalmente um músculo é o **epimísio**.

O **tecido muscular liso** está composto por células alongadas com fibrilas longitudinais sem estrias. O núcleo de cada célula é central, ao contrário da disposição no músculo estriado em que é periférico. As células musculares lisas adaptam-se umas às outras por tecido elástico e fibroso.

O **tecido miocárdio** é formado por fibras multinucleadas e estriadas transversalmente, porém com uma estruturação diferente daquela do músculo esquelético: cada fibra é formada pela junção de várias unidades celulares por suas extremidades. A junção de células é feita por especialização de suas membranas que, ao microscópio, é vista como uma linha escalonada, que se conhece com o nome de *disco escalariforme* ou *intercalar*. As fibras, que têm núcleos centrais, anastomosam-se umas às outras, formando uma rede tridimensional.

3.4. FISIOLOGIA DOS MÚSCULOS

A propriedade fundamental da fibra muscular é a **contratilidade**. Quando estimulado, o músculo responde com a contração de todas suas fibras diminuindo seu comprimento e aumentando sua espessura.

Os músculos estriados necessitam de estímulos para se contrair. Dependem de nossa vontade, por isso são chamados de **mm. voluntários**. Os músculos lisos e cardíaco são controlados pelo Sistema Nervoso Autônomo (simpático e parassimpático). Suas contrações independem da vontade e por isso são chamados de **involuntários**.

Embora os músculos estriados sejam comandados pela nossa vontade, eles se encontram num estado de semicontração chamado **tônus muscular**. Também os músculos lisos apresentam tônus que regula a luz dos vasos e vísceras ocas em geral, pois na parede das veias, artérias, intestino, ureteres etc., existe musculatura lisa.

A contração muscular é acompanhada de produção de calor, pois durante sua realização há grande consumo de glicose e oxigênio.

A contração repetida provoca a **fadiga muscular** e daí o cansaço.

Os músculos esqueléticos atuam como alavancas, representadas na FIGURA 41.

No corpo existem alavancas musculares de três gêneros: **interfixa**, **interpotente** e **interresistente**, cujo ponto de apoio é a articulação.

Conforme a função, os músculos são classificados em **agonistas** e **antagonistas**.

Agonistas são músculos que atuam conjuntamente no sentido de produzir um mesmo movimento.

Antagonistas são músculos que atuam no sentido de limitar o movimento produzido por outro músculo.

Existe um grupo de músculos cujas funções são bem nítidas e facilmente notadas por estarem na porção mais evidente do corpo humano – a **face**. São os músculos da expressão facial ou músculos da mímica que exteriorizam o estado emocional dos indivíduos.

A ação dos músculos é estudada modernamente pela **eletromiografia**, que consiste em registrar graficamente a contração do músculo provocada pelo estímulo elétrico de suas fibras.

A – Alavanca interfixa

B – Alavanca interpotente

C – Alavanca interresistente

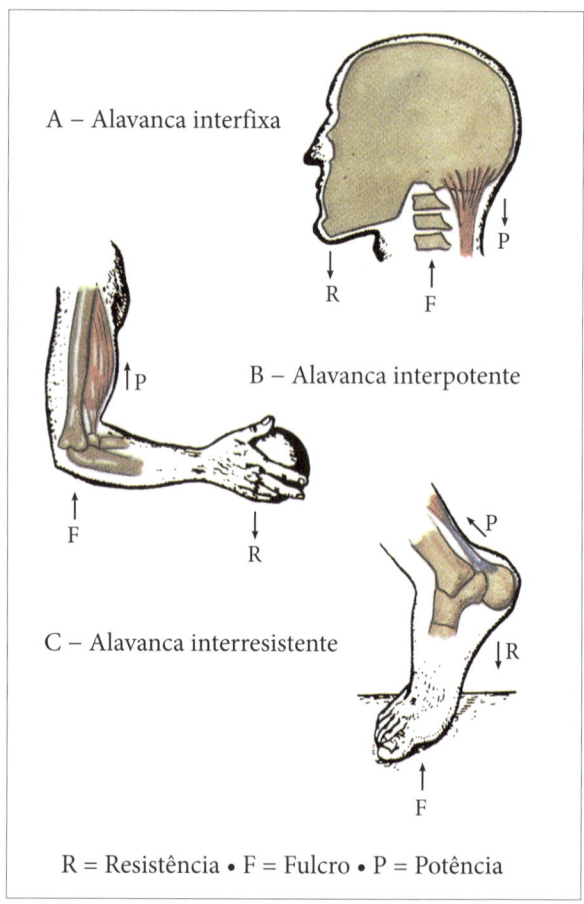

R = Resistência • F = Fulcro • P = Potência

FIGURA 41 – Alavancas musculares

3.5. PATOLOGIA DOS MÚSCULOS

As doenças mais comuns que se observam nos músculos são devidas principalmente a traumatismos.

A **distensão muscular**, que é observada com frequência em atletas, por exemplo, em jogadores de futebol, corresponde a um estiramento brusco e exagerado de um músculo.

O **torcicolo**, vulgarmente conhecido como pescoço torto, é devido a um estado de contratura dos músculos da região do pescoço, fato este responsável pela posição forçada da cabeça.

Cãibras são contrações intensas de músculos acompanhadas de dores intensas. Elas podem surgir após exercícios exaustivos ou realizados por pessoas não habituadas a eles. Cedem pela extensão forçada da articulação, de modo que os músculos contraídos sejam distendidos à força.

Chama-se **convulsão** a uma ou várias contrações involuntárias, violentas, do músculo esquelético. É um fenômeno que pode aparecer em várias doenças como em crianças que têm febre elevada, por exemplo. Também pode ser observado em doentes que têm epilepsia.

No **tétano**, associada às convulsões ocorre uma **hipertonia generalizada** dos músculos do corpo. Esta hipertonia significa um aumento de tensão muscular. O tétano, que é uma doença grave e que leva frequentemente à morte, é causado por um micróbio que pode se instalar em ferimentos tais como cortes, lacerações, queimaduras ou mesmo mordedura de animais. Infelizmente, uma vez instalada a doença, não há um tratamento específico para ela. Daí a importância de se prevenir a doença pelo uso da vacina antitetânica e por meio da limpeza e desinfecção do ferimento.

A falta de utilização de um músculo leva a uma diminuição do seu volume. Isto ocorre porque há diminuição do tamanho da fibra muscular. Este fenômeno se chama **atrofia muscular**. Um exemplo deste processo é encontrado em um indivíduo que fraturou uma perna e teve que permanecer com o membro inferior imobilizado por vários meses. Observar-se-á que os músculos deste membro estarão diminuídos no seu volume. A volta ao normal dar-se-á por meio de exercícios da musculatura da perna afetada.

Atrofia muscular também é encontrada nos indivíduos de idade avançada. Nestes casos o processo é generalizado e todos os feixes musculares do corpo são afetados igualmente. Este processo faz parte do fenômeno de envelhecimento das pessoas.

Os músculos são dependentes de sua inervação motora. Assim, uma lesão que ocorra no nível da medula espinhal, onde se encontram as células nervosas motoras responsáveis pelo comando dos movimentos musculares, leva a uma **paralisia** dos músculos correspondentes. Portanto paralisia é a perda da função motora de um músculo, geralmente devido a uma lesão nervosa. Isto é o que ocorre na **poliomielite** ou "**paralisia infantil**".

Os atletas que fazem exercícios mostram um "aumento" dos seus músculos. As fibras musculares nestes casos aumentam de tamanho e isto vai corresponder a um aumento de volume de todo o músculo. A esta condição se dá o nome de **hipertrofia muscular**. É isto que se observa no atleta que levanta peso. Ele "desenvolve" bem sua musculatura.

Chama-se **miosite** a inflamação do músculo geralmente devida a uma infecção causada por micróbios (bactérias, fungos ou vírus). Nesta doença o paciente queixa-se de dor e fraqueza dos músculos, que aumentam progressivamente. O tratamento varia de acordo com o agente causador da doença.

Distrofia muscular é o nome que se dá a um grupo de afecções que tem como característica fundamental uma alteração da fibra muscular que leva à sua destruição. O sistema nervoso central e os nervos periféricos permanecem normais. Esta afecção é rara e é considerada uma doença hereditária. Não há tratamento que leve à cura.

O **câncer** do músculo, bastante raro, é altamente maligno e aparece mais frequentemente em indivíduos de idade avançada. Não há tratamento satisfatório mesmo após a retirada cirúrgica do câncer. O paciente morre dentro de um curto período.

QUESTIONÁRIO E EXERCÍCIOS DE FIXAÇÃO

Após o estudo deste Capítulo, o aluno deverá estar apto a responder as questões a seguir.

1. Conceitue sistema muscular sob o aspecto funcional.
2. Como se dividem os músculos e quais as características de cada variedade?
3. Como se denomina a porção carnosa de um m. esquelético?
4. O que se entende por "inserção muscular"?
5. Como são classificados os músculos fusiformes?
6. Como são chamados os músculos com duas, três e quatro cabeças, respectivamente?
7. Defina mm. digástricos e poligástricos.
8. O que são "fáscias" e "aponeuroses"?
9. Como se dá a vascularização dos músculos?
10. Conceitue "unidade motora".
11. Cite as ações musculares básicas.
12. O que se entende por "tônus muscular"?
13. Descreva as alavancas musculares.
14. O que são mm. agonistas e antagonistas?
15. O que se entende por "atrofia muscular"?
16. O que se entende por "miosite"?
17. Cite os principais músculos da mastigação.
18. Cite o principal m. extensor da coluna vertebral.

19. Cite os músculos da parede abdominal.
20. Descreva o m. diafragma.
21. Cite o principal m. abdutor do braço.
22. Quais são os músculos do jarrete?
23. Qual o principal m. extensor da perna?
24. Cite os músculos utilizados para aplicação de injeções intramusculares.
25. O que se entende por "paralisia"?

Capítulo 4
Sistema respiratório (Aparelho respiratório)

O **sistema respiratório** é constituído por um conjunto de órgãos que transportam o ar para dentro e para fora dos pulmões. Estes órgãos são condutos aéreos que se estendem da cabeça ao tórax. Pode-se dividir o sistema respiratório em uma **parte condutora** e outra **parte respiratória**.

A parte condutora é encarregada de transportar o ar, filtrá-lo, purificá-lo, aquecê-lo e torná-lo úmido; a segunda parte, isto é, a parte respiratória, é responsável pela troca do bióxido de carbono do sangue pelo oxigênio do ar e é representada pelas porções terminais da árvore bronquial, isto é, pelos **bronquíolos respiratórios, dúctulos alveolares, sáculos alveolares** e **alvéolos**.

A parte condutora deste sistema é constituída pelo **nariz, cavidade nasal, seios paranasais** (acessoriamente à boca), **faringe, laringe, traqueia** e **brônquios**. Outras funções são desempenhadas por alguns destes segmentos, assim como o nariz, órgão da olfação e a laringe, órgão da fala (fonação).

1. Nariz

O nariz, com a cavidade nasal, é a porção inicial do sistema respiratório (Figura 42). É formado por um arcabouço ósteo-cartilagíneo que se salienta na face, apresentando duas aberturas, as **narinas**, separadas por um **septo nasal** e limitadas lateralmente, cada uma delas, pela respectiva **asa do nariz**.

A cavidade nasal inicia-se nas narinas e se estende até as *coanas* que são as aberturas posteriores que comunicam esta cavidade com a parte nasal da faringe. A cavidade nasal é dividida pelo septo nasal em duas metades, direita e esquerda. Este septo é formado por uma parte óssea (posterior) e uma parte cartilagínea (anterior) e forma a parede medial de cada metade da cavidade nasal.

Na parede lateral de cada metade da cavidade nasal são encontradas as **conchas nasais superior, média** e **inferior**. As conchas superior e média pertencem ao osso etmoide, enquanto que a inferior é um osso individualizado. O espaço compreendido entre cada concha nasal e a parede lateral da cavidade chama-se **meato**. Nos meatos abrem-se os **seios paranasais** que são os espaços ocos dos ossos pneumáticos da face.

No meato superior, abrem-se os seios esfenoidal e etmoidal; no meato médio, abrem-se os seios frontal e maxilar; e no meato inferior, abre-se um canal chamado **nasolacrimal** que comunica o espaço conjuntival do olho com o nariz. Durante o choro, o excesso de lágrimas vai por este canal até o meato inferior da cavidade e daí tende a sair pelas narinas; por isso quem chora está sempre aspirando o excesso de líquido que é depositado no nariz.

Os **seios paranasais** são cavidades pneumáticas, ou aéreas, localizadas dentro de ossos da face, que são designadas conforme o osso em que se encontram, que são: **maxilar, esfenoidal, etmoidal** e **frontal**. Cada seio paranasal é revestido por **mucosa** contínua como aquela que reveste a cavidade e o septo nasal. A **mucosa nasal** é de dois tipos, **respiratória** e **olfatória**. A mucosa respiratória aquece e umedece o ar que entra. Reveste quase toda a cavidade nasal, à exceção da área onde se encontra a mucosa olfatória, que é limitada à concha nasal superior e ao **terço superior** do septo nasal. Nesta parte da mucosa se encontram os feixes de fibras nervosas que formam o nervo olfatório.

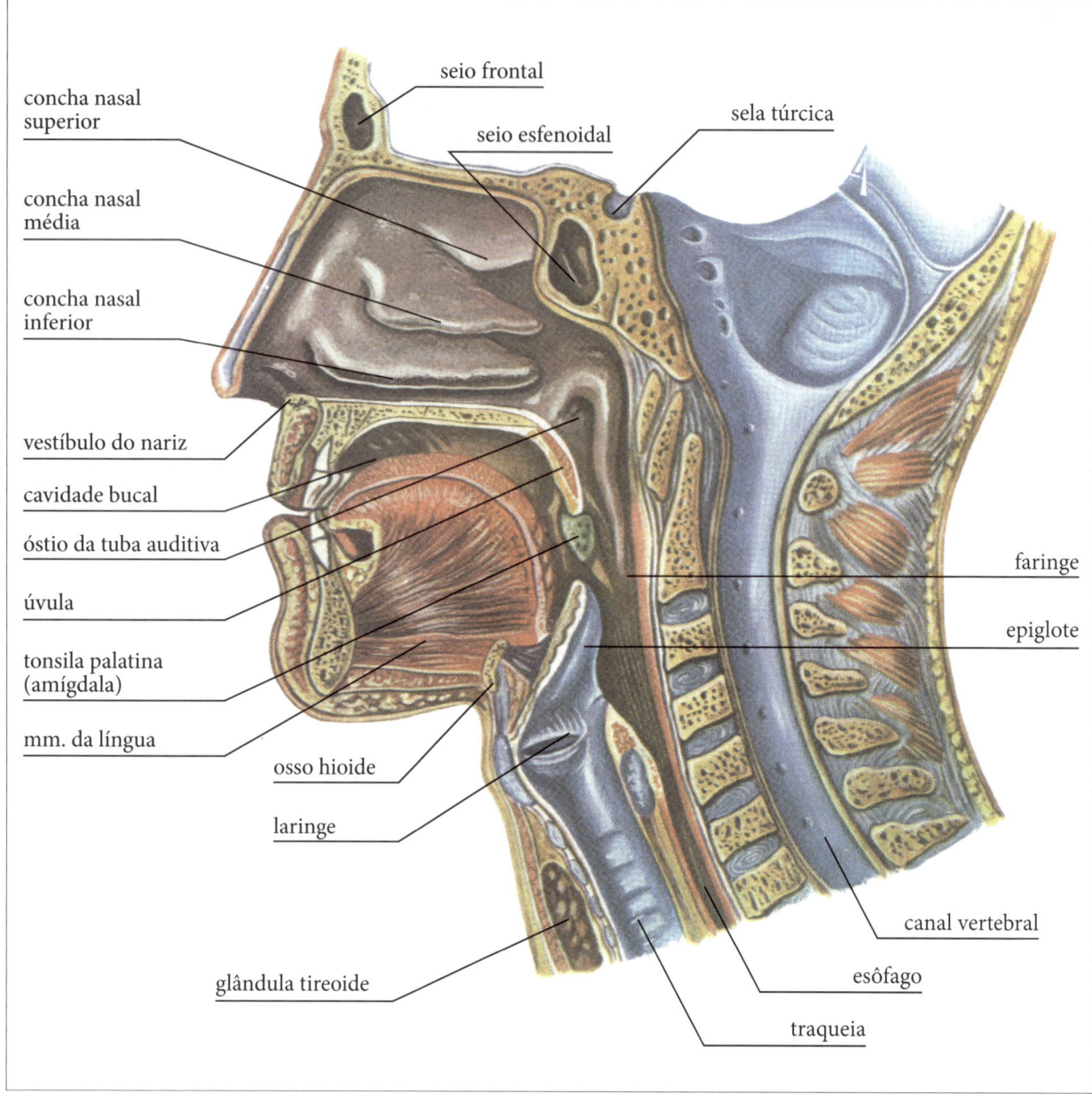

FIGURA 42 – Corte sagital da cabeça e do pescoço

2. Faringe

A **faringe** é um segmento comum tanto ao sistema respiratório como ao digestório (FIGURA 43). Está situada atrás da cavidade nasal (com a qual se comunica por meio dos cóanos [cóanas]), atrás da boca e da laringe, por isso, dividida em três partes: **nasofaringe**, **orofaringe** e **laringofaringe**.

A nasofaringe (rinofaringe) é a continuação das fossas nasais. Apresenta o **óstio faríngeo da tuba auditiva**, que é um canal cartilagíneo e ósseo comunicando a orelha média (cavidade do tímpano) com a parte nasal da faringe. Medial e superiormente, na nasofaringe encontra-se a **tonsila faríngea** (adenoide); e junto ao óstio da tuba auditiva, de cada lado, as **tonsilas tubáricas**.

A orofaringe (bucofaringe) é a continuação da boca; inicia-se nos arcos que limitam a garganta, onde se encontram as **tonsilas palatinas** (amígdalas). Superiormente a orofaringe é separada da nasofaringe pelo *palato* mole onde está a **úvula**. A orofaringe se estende até a base ou raiz da língua e até a **cartilagem epiglote**, que fecha a entrada da laringe.

A laringofaringe é a parte mais baixa da faringe. Inferiormente continua-se com o esôfago, e anteriormente está em comunicação com a laringe.

SISTEMA RESPIRATÓRIO (APARELHO RESPIRATÓRIO)　　73

cóanas

septo nasal

tôrus tubal

úvula

papilas linguais

raiz da língua

glândulas paratireoides

musculatura longitudinal do esôfago

conchas nasais superior, média e inferior

palato mole

tonsila palatina (amígdala)

tonsila lingual

cartilagem epiglote

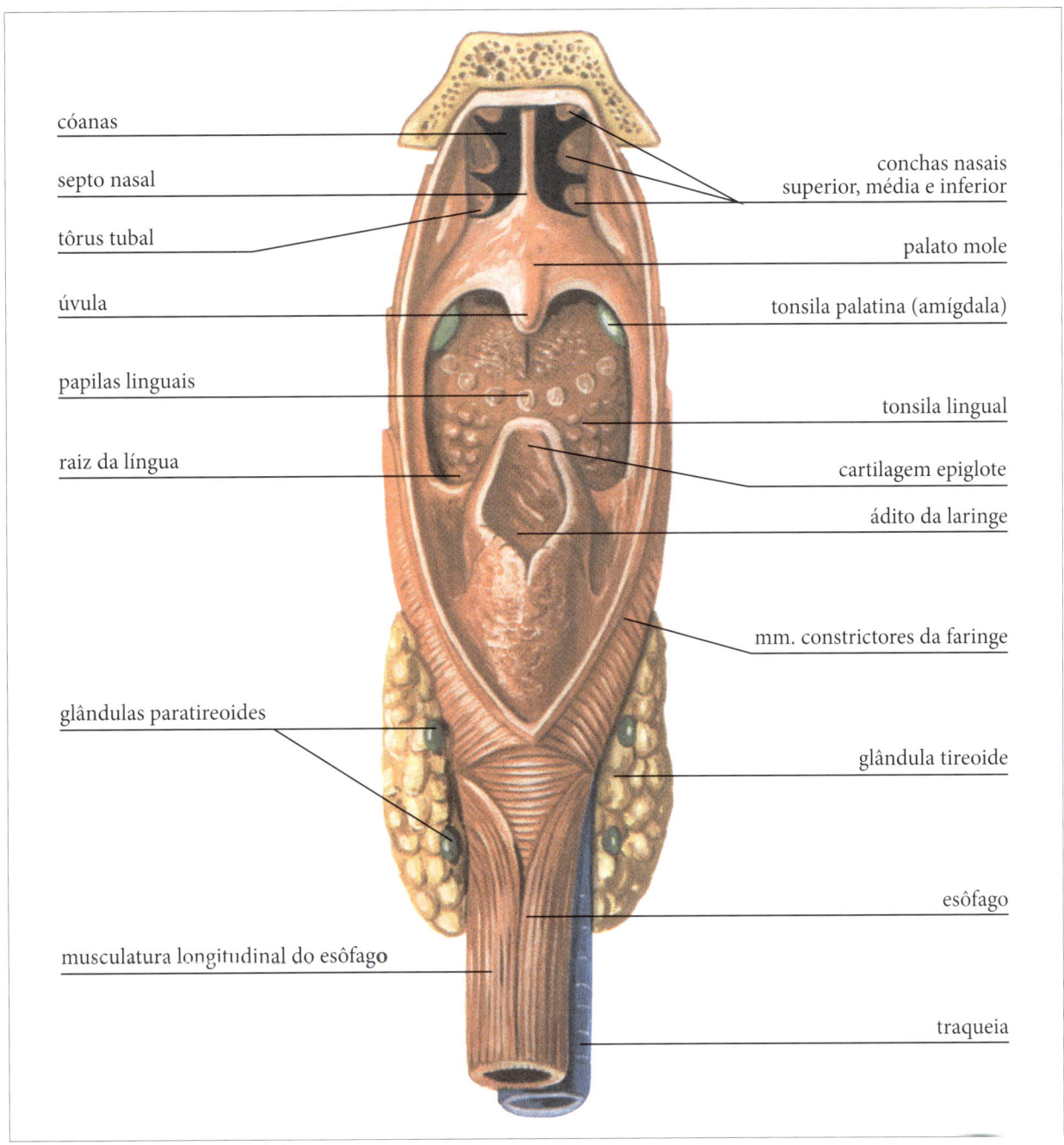

ádito da laringe

mm. constrictores da faringe

glândula tireoide

esôfago

traqueia

FIGURA 43 – Vista posterior da laringe

3. Laringe

A laringe é o **órgão da fonação**. É um segmento do sistema respiratório muito diferenciado.

A laringe (FIGURAS 44, 45 e 46) está situada no pescoço na altura das últimas vértebras cervicais. Comunica-se com a traqueia inferiormente e com a faringe superiormente. A laringe é formada por um esqueleto cartilagíneo e por músculos próprios que lhe conferem uma configuração especial – nela estão as pregas (cordas) vocais que produzem o som. As cartilagens da laringe são: a **tireoidea**, a **cricoidea**, a **epiglote**, as **aritenoideas** e mais as **corniculadas** e as **cuneiformes**, conhecidas como acessórias (FIGURAS 44 e 45). Estas cartilagens limitam a cavidade da laringe onde se encontram as **pregas vocais** ou **cordas vocais verdadeira**s, situadas uma de cada lado e formadas de tecido conjuntivo e muscular. Logo acima das pregas vocais existem as **pregas vestibulares** ou **cordas vocais falsas**. Entre as pregas vocais e as vestibulares encontra-se o ventrículo da laringe.

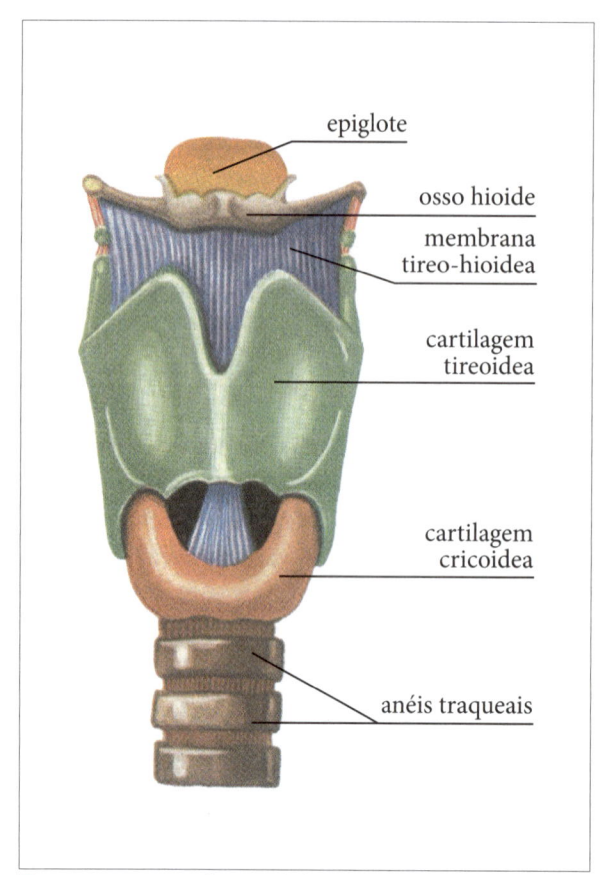

FIGURA 44 – Cartilagens da laringe – vista anterior

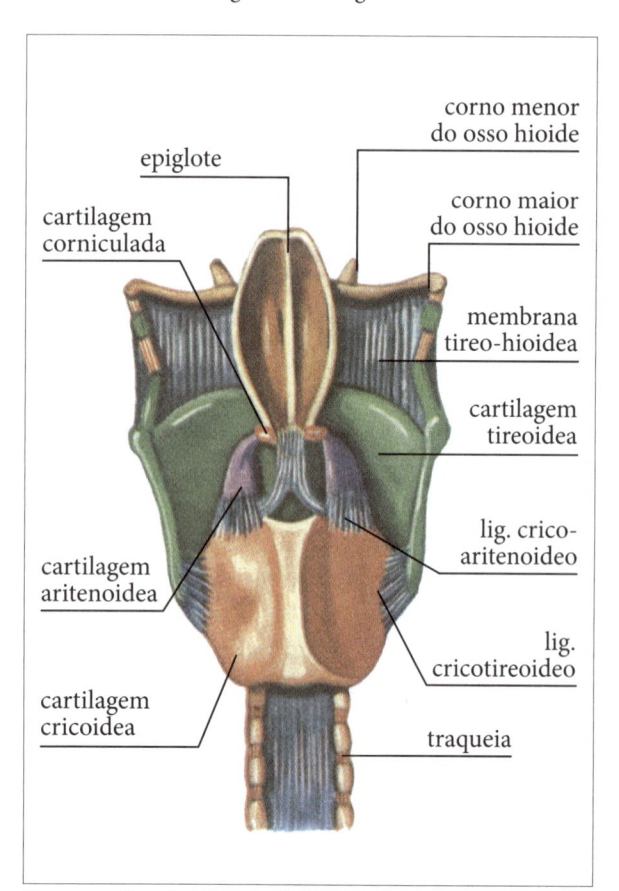

FIGURA 45 – Cartilagens da laringe – vista posterior

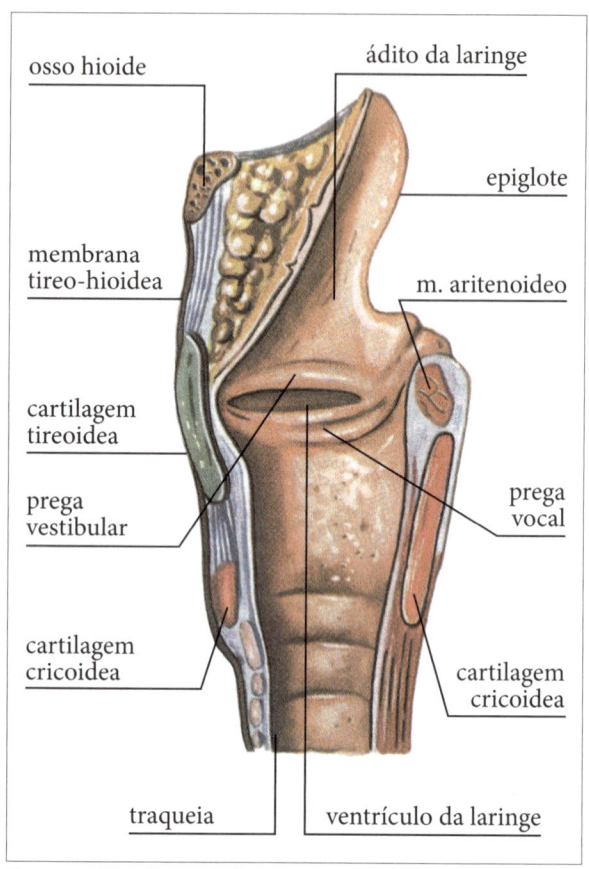

FIGURA 46 – Corte da laringe

O espaço compreendido entre as pregas vocais de um lado e as pregas do outro lado chama-se **glote**.

Os músculos da laringe, cuja nomenclatura corresponde às suas inserções nas cartilagens, são: **m. cricotireoideo, m. tireoaritenoideo, mm. aritenoideo transverso** e **oblíquo**, m. **cricoaritenoideo posterior**, m. **cricoaritenoideo lateral** e o m. **vocal** que integra a prega vocal.

4. Traqueia

A **traqueia** é um conduto de aproximadamente 15 cm de comprimento, formado por semianéis de cartilagem hialina, que desde o pescoço se prolonga até o tórax na altura da 4ª ou 5ª vértebra torácica. Situada anteriormente ao esôfago, começa em continuidade com a laringe e desce para o tórax onde se divide nos **brônquios principais direito e esquerdo** (FIGURA 47).

Os semianéis traqueais, em número de 16 a 20, têm a forma de C e posteriormente cada semianel é completado por musculatura lisa e tecido elástico. A união entre os anéis é feita por tecido conjuntivo, o que permite uma certa flexibilidade da traqueia. Cada brônquio principal que se origina da divisão da traqueia destina-se a um pulmão. O brônquio principal direito é mais curto e mais calibroso do que o esquerdo. Este fato é de grande importância na prática médica, pois corpos estranhos são mais facilmente conduzidos para esse brônquio.

Cada brônquio principal divide-se a seguir em **brônquios lobares** ou de **2ª ordem**, que se dirigem para cada lobo pulmonar. Assim, o brônquio principal direito, por divisão, origina um brônquio lobar superior, um médio e um inferior. O brônquio principal esquerdo divide-se em brônquio lobar superior e brônquio lobar inferior. O brônquio lobar superior fornece uma divisão para a **língula** do pulmão esquerdo.

Cada brônquio lobar, por sua vez, divide-se em brônquios menores (ou de **3ª ordem**), que ventilam uma determinada área do pulmão. Esta área, com o respectivo segmento de brônquio que nela penetra, chama-se **segmento bronco-pulmonar**. O pulmão direito apresenta dez segmentos bronco-pulmonares; o esquerdo, nove segmentos, que são separados entre si por septos de tecido conjuntivo, tornando-os unidades quase independentes dentro do próprio pulmão.

Os **brônquios segmentares** vão se dividir dentro do pulmão em ramos cada vez menores que

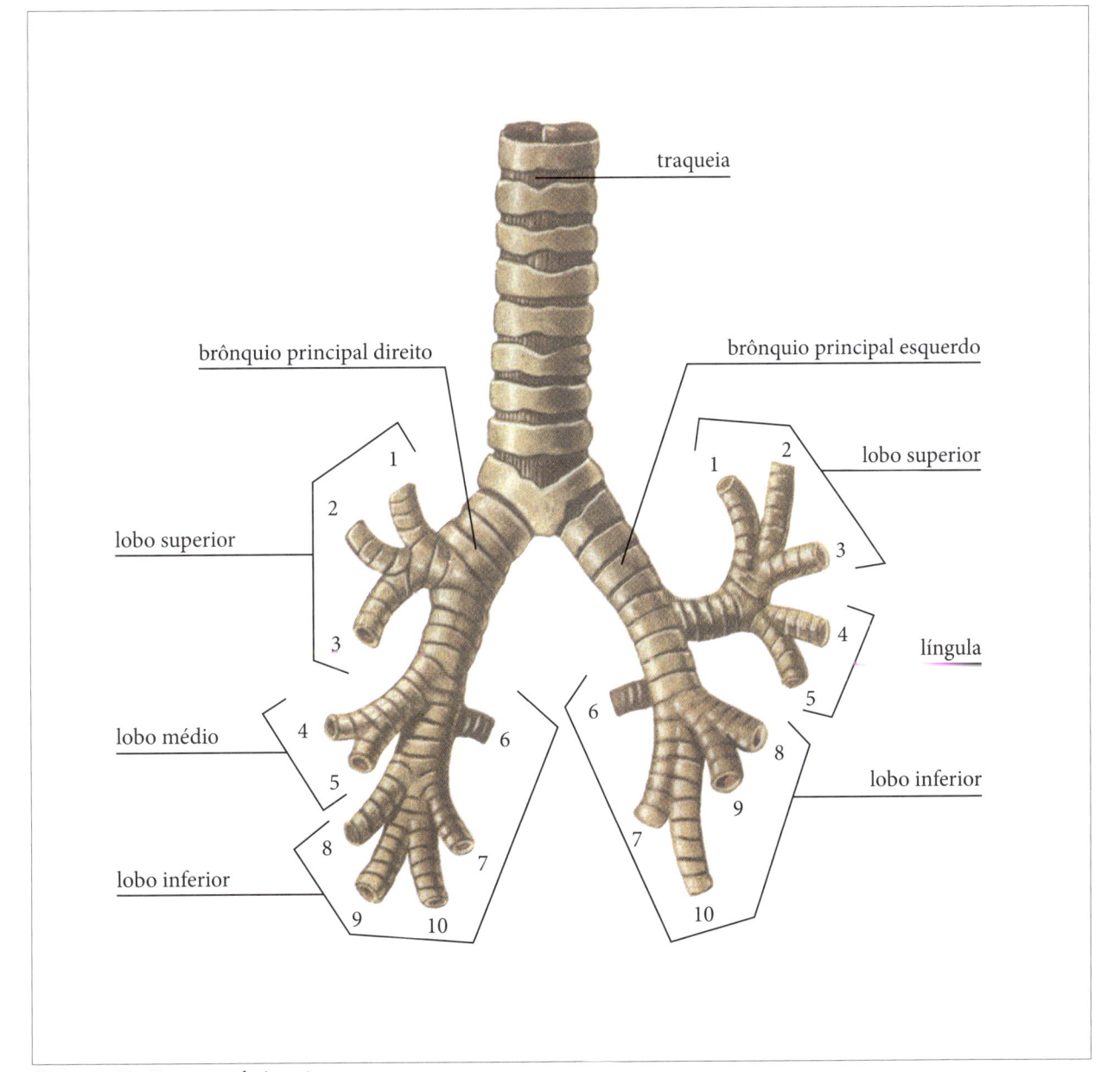

FIGURA 47 – Traqueia e brônquios

são os **bronquíolos**: estes, por divisão, originam os **bronquíolos respiratórios** dos quais partem os **dúctulos alveolares** que se continuam com os **sáculos** que apresentam os **alvéolos** (Figura 49), onde se processam as trocas gasosas (**hematose**), isto é, o ar aspirado fornece oxigênio ao sangue (que aí vai pelas artérias pulmonares) e recebe o gás carbônico, que é eliminado com a expiração.

5. Pulmões

Os pulmões são os principais órgãos do sistema respiratório. Ocupam quase toda a cavidade torácica, junto com o coração. O pulmão direito é dividido em três **lobos**: **superior**, **médio** e **inferior**. O pulmão esquerdo apresenta somente dois lobos, um **superior** e um **inferior**. O lobo superior do pulmão esquerdo apresenta a língula, que corresponde a um lobo médio. A divisão dos pulmões em lobos é feita por sulcos profundos chamados **fissuras** (Figura 48).

No pulmão direito existem a **fissura oblíqua** que se inicia na altura da 4ª ou 5ª vértebra torácica e a **fissura horizontal** que começa no nível da metade da 6ª costela. O pulmão esquerdo apresenta somente a **fissura oblíqua**.

O pulmão direito é maior do que o esquerdo, que fica reduzido pela presença do coração, que ocupa maior espaço no hemitórax esquerdo.

O pulmão direito pesa entre 275 e 550 gramas e o esquerdo 225 a 450 gramas em homens adultos de 20 a 30 anos de idade.

Os pulmões delimitam entre si um espaço chamado **mediastino** que é ocupado pelo coração (envolto em um saco fibroso, o **pericárdio**), pelos grandes vasos da base e pelo **timo**, nas crianças.

Distingue-se em cada pulmão um ápice, uma base, uma face costal e uma mediastinal. Na face mediastinal do pulmão está localizado o **hilo pulmonar** por onde penetram e saem as estruturas do **pedículo** do pulmão, que são os brônquios, as artérias, as veias, linfáticos e nervos.

6. Pleura

Os pulmões são revestidos por uma membrana serosa, a **pleura**, que também forra a cavidade torácica.

A pleura que envolve os pulmões é chamada **pleura visceral**, e aquela que reveste a cavidade torácica é a **pleura parietal**. A pleura visceral da superfície pulmonar limita com a pleura parietal da cavidade, um espaço virtual, chamado **espaço pleural**, no qual existe uma pequena quantidade de **líquido pleural** que facilita o deslizamento do pulmão em contato com a parede ao se encher de ar na inspiração.

4.1. ANATOMIA MICROSCÓPICA DO SISTEMA RESPIRATÓRIO

O sistema respiratório está arranjado de forma tal que possibilite, principalmente, a troca de bióxido de carbono, recolhido no corpo por meio da circulação sistêmica, pelo oxigênio. Assim, dos seis a oito litros de ar inspirado pelo pulmão por minuto, 250 ml de oxigênio são introduzidos no sangue e 200 ml de CO_2 são retirados dele.

Para chegar até à porção respiratória do pulmão o ar é conduzido por uma série de cavidades e tubos, a chamada "porção condutora", ou seja: nariz, faringe, laringe, traqueia, brônquios e bronquíolos. Além de conduzirem o ar, essas porções executam outras tarefas e por isso mesmo diferem entre si nas suas estruturações.

4.1.1. Nariz

A porção vestibular do nariz é forrada por uma lâmina epitelial espessa e constituída por um epitélio plano estratificado, queratinizado, com grandes pelos e glândulas sebáceas. Estas duas últimas estruturas desaparecem à medida que se avança vestíbulo adentro. A **cornificação** reduz-se paulatinamente até sua extinção total.

A cavidade nasal apresenta uma mucosa com duas partes distintas: a **respiratória** e a **olfatória**. A primeira inclui as conchas média e superior e também a área inferior do septo. A segunda corresponde à superfície da concha superior e à par-

Sistema respiratório (Aparelho respiratório)

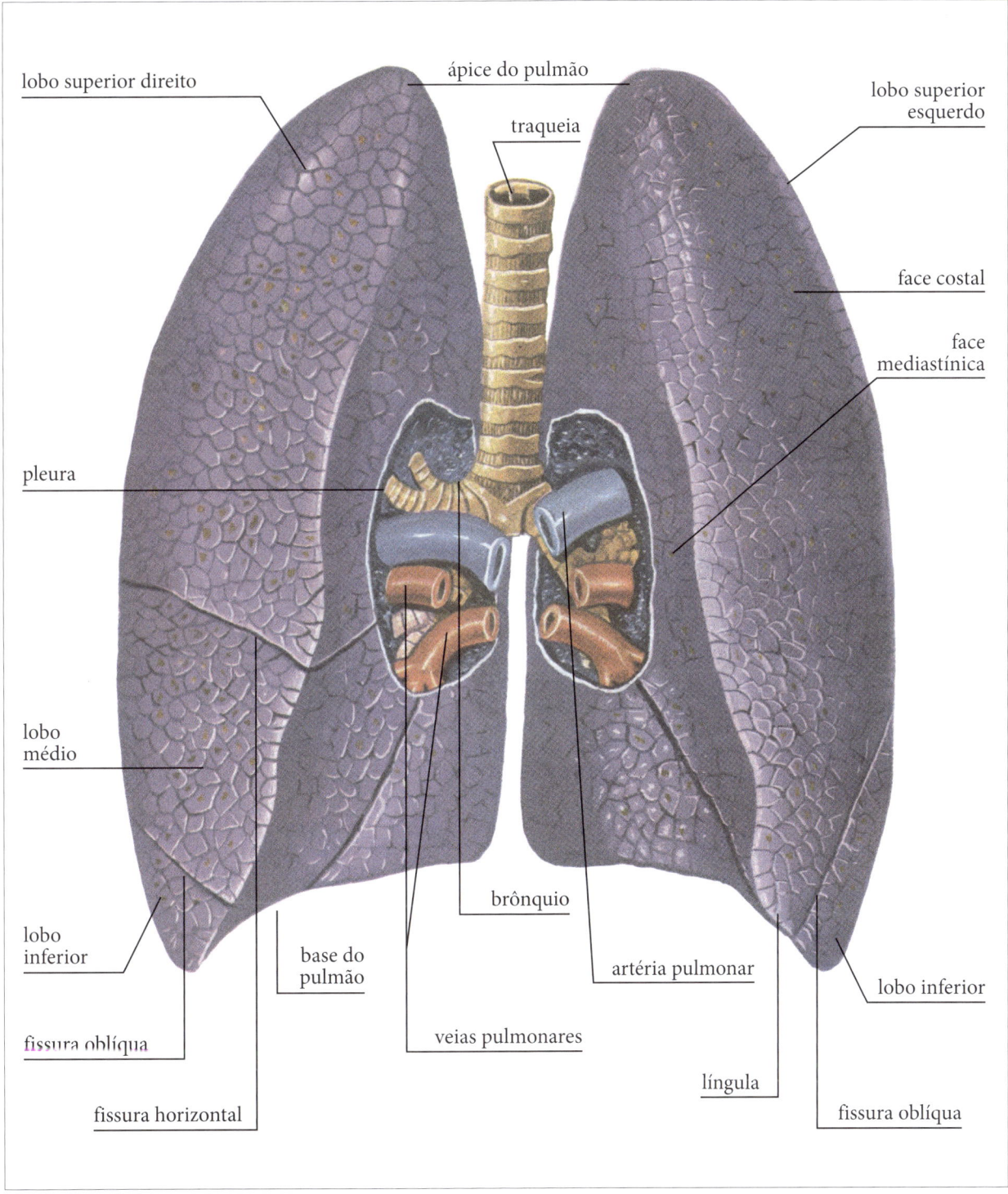

Figura 48 – Pulmões

te superior do septo nasal. A mucosa de revestimento mostra profundas diferenças segundo a porção que forra. Na parte respiratória o epitélio é pseudoestratificado, cilíndrico, ciliado e com células caliciformes. A lâmina própria desta porção é bem desenvolvida, rica em glândulas tuboalveolares, produtoras de muco e líquidos serosos e é ricamente vascularizada. Sobre as conchas nasais média e inferior encontram-se formações semelhantes à veia, mas que estão em colapso e quando cheias de sangue produzem congestionamento da mucosa nasal, dificultando a passagem do ar. A mucosa continua com uma submucosa que se fixa ao periósteo dos ossos ou ao pericôndrio das cartilagens da região.

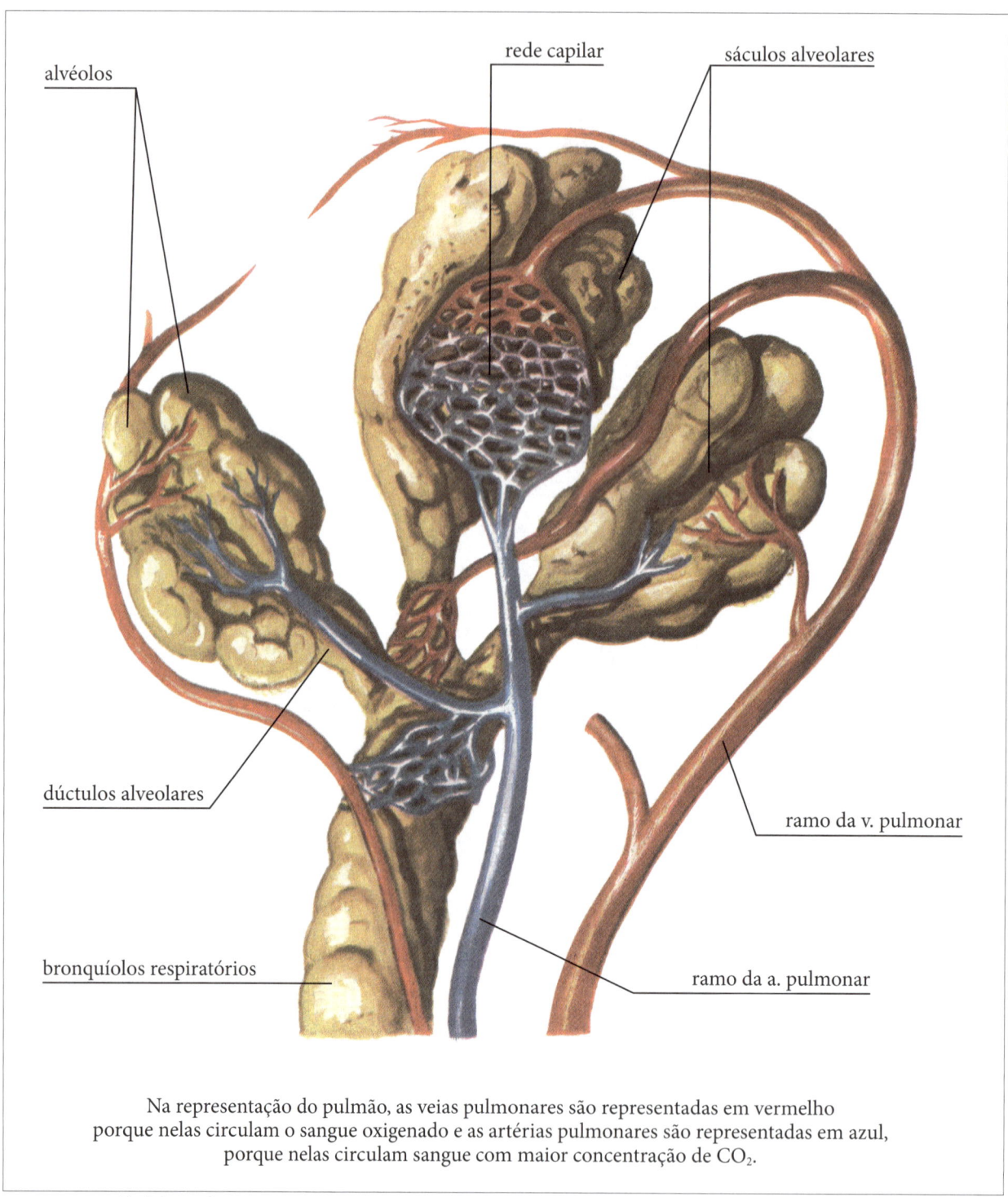

Na representação do pulmão, as veias pulmonares são representadas em vermelho porque nelas circulam o sangue oxigenado e as artérias pulmonares são representadas em azul, porque nelas circulam sangue com maior concentração de CO_2.

Figura 49 – Alvéolos pulmonares

Na parte olfatória a mucosa está constituída por um epitélio pseudoestratificado, cilíndrico e ciliado, mas que se caracteriza por apresentar três tipos distintos de células: o primeiro, células nervosas; o segundo, células de sustentação; e o último, células basais.

As células nervosas são fusiformes, bipolares e conhecidas como **células olfatórias**. São estas células que conferem a este epitélio a condição de neuroepitélio.

A lâmina própria está separada do epitélio por uma membrana basal bem definida. Nesta lâmina própria alojam-se as glândulas olfatórias (Bowman) produtoras de secreção serosa. Na porção mais profunda exibe uma grossa rede de vasos linfáticos, grandes veias e artérias que vão formar um considerável plexo capilar subepitelial. A presença de fibras nervosas amielínicas, que vão constituir o nervo olfatório, é uma das características peculiares desta porção. A lâmina própria continua-se não como uma submucosa, mas com periósteo ou pericôndrio.

4.1.2. Laringe

A laringe é forrada quase inteiramente por um epitélio respiratório, com exceção das pregas vocais, da face anterior e alguns pontos da face posterior da epiglote e das pregas ariepiglóticas que são revestidas por epitélio plano estratificado. A lâmina própria, ou **córi**o, é rica em fibras elásticas e contém numerosas glândulas mistas.

Sobre a epiglote não há submucosa, o córi continua-se com o pericôndrio. No restante há uma submucosa menos fibrosa do que a túnica própria.

As pregas vocais ou pregas tireoaritenoideas (cordas vocais verdadeiras) são constituídas por um conjuntivo denso, com grossa banda de fibras elásticas e músculo estriado.

4.1.3. Traqueia

A mucosa da traqueia está constituída por um epitélio pseudoestratificado, ciliado com células caliciformes, com lâmina própria rica em fibras elásticas que no seu limite externo, oposto ao epitélio, mostra uma membrana constituída por grossas fibras elásticas longitudinalmente dispostas. A submucosa é de conjuntivo frouxo com células adiposas e nesta submucosa estão principalmente as glândulas traqueais, ácinos mucosos e semilunas serosas.

O esqueleto da traqueia é constituído por anéis cartilagíneos incompletos na linha medial posterior, onde se encontra uma camada muscular lisa inserida nas extremidades livres dos anéis.

4.1.4. Brônquios

Inicialmente têm a mesma estruturação da traqueia. À medida que se subdividem, vão ocorrendo modificações. Os anéis cartilagíneos tornam-se irregulares, transformam-se em placas, também irregulares, mas contínuas, desaparecendo por fim nos ramos de diâmetro próximo a 1 mm. A musculatura lisa nos brônquios forma uma espiral de passo apertado entre a cartilagem e a mucosa. Há numerosas glândulas tubo-alveolares por fora da muscular e nos espaços entre as cartilagens.

4.1.5. Bronquíolos

Bronquíolos (diâmetro menor que 1 mm) – O epitélio modifica-se totalmente, passando de pseudoestratificado, ciliado, com células caliciformes a epitélio simples, cilíndrico, ciliado. A lâmina própria já é muito delgada; desaparecem a cartilagem e as glândulas; os bronquíolos têm, proporcionalmente, mais músculo liso que qualquer porção do sistema respiratório. Quando o epitélio perde os cílios e já é cúbico, o bronquíolo é dito terminal. Se na parede destes condutos abrem-se alvéolos respiratórios, têm-se bronquíolos respiratórios. Estes dividem-se em condutos alveolares que são largos condutos de paredes muito finas e onde se abrem numerosos alvéolos ou átrios, constituídos por acúmulos de alvéolos.

4.1.6. Tecido espongiforme do pulmão

Preenche todo o pulmão e é formado pelas paredes dos **alvéolos** que são bolsas aéreas. Estas paredes são fundamentalmente constituídas por um plexo capilar de malhas apertadas, num só plano, de forma que este plexo separa dois alvéolos contíguos. Envolvendo esta formação, encontram-se as membranas basais de capilares – fibras elásticas delicadíssimas e uma malha de fibras reticulares, tudo imerso numa substância fundamental. Forrando ambos os lados destes septos, há um epitélio plano, formado por dois tipos celulares, os **pneumócitos** tipos I e II. O primeiro tipo é o mais abundante, constituindo o epitélio de revestimento. O segundo, também chamado de células septais, aparece isolado ou em pequenos grupos, por sobre a membrana basal do epitélio de revestimento. Os pneumócitos II produzem uma substância sulfactante, que se distribui como uma película sobre o epitélio de revestimento, baixando a tensão superficial, diminuindo assim o esforço muscular para inflar o pulmão, na respiração. Assim dois alvéolos são separados entre si por: um epitélio plano com sua membrana basal, uma substância amorfa – embebendo fibras elásticas e argirófilas; um plexo capilar, novamente substância amorfa, membrana basal e epitélio plano.

Nos alvéolos encontram-se ainda os **fagócitos alveolares**, macrófagos conhecidos como **células de poeira** ou, quando contêm hemossiderina, **células da insuficiência cardíaca**. Além da comunicação normal entre alvéolos e condutos alveolares, os alvéolos podem se intercomunicar por meio dos poros alveolares.

4.2. FISIOLOGIA DO SISTEMA RESPIRATÓRIO

A retirada do oxigênio do ar atmosférico, seu transporte à célula, somado ao processo inverso, isto é, o da retirada do bióxido de carbono desta mesma célula e seu transporte à atmosfera, tomam o nome genérico de **respiração**.

No homem e nos animais pulmonados a **respiração** pode ser dividida em fases. Façamo-la em três: 1ª. **ventilação pulmonar**; 2ª. **trocas gasosas entre o ar e o sangue**; 3ª. **transporte desses gases por meio dos líquidos corporais às células e destas ao sangue**.

4.2.1. Ventilação pulmonar

O ar, ao chegar aos pulmões já foi grosseiramente filtrado nos pelos do vestíbulo do nariz; as partículas menores ficaram presas no muco com que entraram em contato por força da turbulência do ar ao chocar-se com as peças curvas da cavidade nasal e faríngea. Os cílios desempenham o papel de transporte das partículas presas ao muco. A rica rede vascular aquece este ar e as glândulas serosas o umedecem.

A entrada e saída do ar nos alvéolos são provocadas pelos movimentos de **inspiração** e **expiração**. Os pulmões são estruturas elásticas e por isso tendem sempre a se retraírem em direção dos seus hilos. Outro fator que continuamente tende a levá-los ao colapso é a tensão superficial da fina película líquida que reveste os alvéolos. Desta forma a expiração, expulsão do ar pulmonar, é um processo passivo; contudo, na inspiração forçada há o concurso da musculatura abdominal. Se a expiração é passiva, a inspiração é um processo ativo, pois depende da musculatura torácica, especialmente do diafragma que contraindo aumenta a caixa torácica e nesse movimento cria uma pressão negativa em relação à atmosférica, fazendo o ar fluir pelas vias respiratórias até os alvéolos. Normalmente um homem inspira 500 ml de ar por vez e o faz de 12 a 15 vezes por minuto.

4.2.2. Trocas gasosas entre o ar e o sangue

A transferência do oxigênio e gás carbônico através da membrana alveolar faz-se por difusão. Ao se falar em difusão, leva-se em conta que os gases difundem de áreas de maior pressão para as de menor; que a pressão depende, entre outras coisas, da concentração do gás, do peso molecular etc.

O sangue que chega aos capilares alveolares tem menos oxigênio que o ar alveolar. Advém disso que a pressão do oxigênio contido no ar é maior que a do oxigênio do sangue, daí esse gás difundir do ar para o sangue. Com o bióxido de carbono ocorre o inverso: sua pressão é maior (maior concentração) no sangue venoso, difundindo então deste para o ar.

4.2.3. Transporte de gases nos líquidos corporais

Para facilitar, chamamos de PO_2 a pressão do oxigênio e PCO_2 a do bióxido de carbono. O oxigênio uma vez no plasma liga-se em parte à hemoglobina formando a oxiemoglobina, e em parte circula apenas dissolvido no plasma. O sangue arterial tem alta concentração de oxigênio, o que lhe confere um PO_2 elevado; a célula usa continuamente oxigênio e, neste sítio, o PO_2 é baixo; por estas razões, constantemente há difusão deste gás para a célula, pois o PO_2 sanguíneo é maior que o PO_2 celular. Com o bióxido de carbono é de modo inverso. A célula produz sempre o bióxido de carbono, PCO_2 alto; o sangue arterial tem pouco gás carbônico, o PCO_2 baixo – logo, este gás difunde da célula para o sangue, que daí é levado para os pulmões, parte dissolvido no plasma, parte combinado com a hemoglobina formando a carboemoglobina, e parte como bicarbonato. O bióxido de carbono é importante para a respiração em si, porque é um de seus reguladores e colaborador na manutenção do Ph do sangue.

4.3. PATOLOGIA DO SISTEMA RESPIRATÓRIO

O sistema respiratório pode ser afetado por uma série de doenças. Uma das mais comuns é o **resfriado comum** que é causado por vírus que se localizam nas mucosas do trato respiratório, nelas produzindo uma inchação e uma congestão; diminuem também a resistência da mucosa à penetração de outros germes, em especial, bactérias. Assim sendo, enquanto que o resfriado comum é uma doença banal que se cura espontaneamente após alguns dias, em alguns casos ele se complica pela invasão de outras bactérias.

A **gripe** é uma doença altamente contagiosa produzida por vírus que agridem todo o sistema respiratório. Como no caso do resfriado comum, os vírus produzem aumento da secreção do muco (catarro), inchação e congestão de todas as mucosas do sistema respiratório e assim se explicam os espirros, o aumento de secreção nasal, nariz tapado, a dor e vermelhidão (congestão) da faringe (garganta), a rouquidão (pregas vocais inchadas), a tosse e o catarro dos brônquios. Tudo isso diminui a resistência das mucosas e facilita a penetração de outras bactérias com o agravamento dos sintomas. Uma das complicações graves dos resfriados comuns, especialmente da gripe, é a **pneumonia**.

Chama-se pneumonia à invasão dos alvéolos pulmonares por bactérias e a reação que daí advém. Como resultado, enchem-se os alvéolos de células e eventualmente de pus. É fácil compreender a gravidade de uma lesão como esta.

Hoje temos métodos eficientes para tratar das pneumonias e elas só oferecem perigo de vida em criancinhas, velhos ou em pessoas debilitadas, como os alcoólatras, os cardíacos, os desnutridos e os recém-operados.

Certas doenças a vírus como o **sarampo** e a **catapora** também favorecem o desenvolvimento de pneumonias que vêm agravar (complicar) a sua evolução, geralmente benigna.

A **tuberculose** é doença grave, comuníssima em nosso país e afeta principalmente os pulmões. Os doentes de tuberculose quando tossem eliminam **bacilos de Koch** que ficam no ar. Uma pessoa, apenas aspirando este ar contaminado, poderá se infectar. Os bacilos chegando aos alvéolos vão causar a destruição de área mais ou menos extensa do pulmão e, como consequência disto, formam-se buracos (cavernas) que se comunicam com os brônquios. É por isso, por causa da comunicação das cavernas com os brônquios, que o escarro dos tuberculosos contém grande número de bacilos, bem como, quando tossem, eliminam grande quantidade de bacilos.

A tuberculose é muito mais grave em indivíduos fracos, debilitados, desnutridos ou pessoas de certas raças como os nossos índios, por exemplo. As pessoas saudáveis, fortes, bem alimentadas se ressentem bem e se curam mais facilmente com os modernos métodos de tratamento da doença.

No mundo moderno, e em especial nas grandes cidades onde o ar é altamente contaminado por poeiras industriais, gases nocivos, outras substâncias químicas produzidas pelos escapamentos dos automóveis e ônibus, pelos fornos das fábricas, pelos fogões etc., está se tornando cada vez mais comum e mais grave uma doença crônica do aparelho respiratório: a **bronquite crônica**.

A bronquite crônica é o resultado de irritação contínua da traqueia e dos brônquios. Algumas das causas desta irritação foram apontadas acima, outras são o **hábito de fumar**, certas bactérias, a exposição a vapores irritantes, ou mesmo infecções frequentes por vários germes.

Como resultado do comprometimento dos brônquios, especialmente insuficiência da movimentação dos cílios vibráteis, existe acúmulo de catarro que acaba dificultando a saída de ar dos alvéolos. Estes vão se dilatando e acabam se rompendo; formam-se então grandes cavidades devido à confluência de vários alvéolos cujas paredes arrebentaram.

Este aspecto constitui o **enfisema pulmonar**, em que o pulmão fica se parecendo com uma esponja grosseira.

É fácil compreender que um pulmão nestas condições não funciona bem; as trocas gasosas entre o sangue e o ar tornam-se insuficientes; com o sangue não sendo bem oxigenado, o doente vai ficando azulado e queixa-se continuamente de falta de ar; os brônquios estão cheios de catarro; o doente tosse continuamente.

Das causas de bronquite crônica e de enfisema, uma das mais importantes é o **fumo**. Este mesmo hábito é ligado a outra doença gravíssima: o **câncer do pulmão**. Hoje não há mais dúvidas de que a principal causa desta doença mortal é o hábito de fumar cigarro.

É interessante salientar que quem fuma cachimbo ou charuto geralmente não traga, isto é, não aspira a fumaça. O fumante do cigarro, no entanto, traga, e assim os agentes cancerígenos da fumaça do cigarro vão até os pulmões onde produzem o câncer; da mesma forma, a irritação da fumaça sobre os brônquios é muito mais grave naqueles que fumam cigarros, e que por isto poderão ter bronquite crônica ou enfisema.

A **asma brônquica** é uma doença alérgica. Nela, os músculos da parede dos brônquios se contraem dificultando a passagem do ar.

Esta contração da musculatura brônquica é causada pelo contato do doente com certas substâncias como pólen, pelo de animais, poeiras, certos alimentos, ar frio, ou mesmo em consequência de fatores emocionais.

Ao lado da contração da musculatura, existe aumento da secreção do muco (catarro), o que dificulta ainda mais a passagem do ar, facilita a infecção e, portanto, favorece o aparecimento de bronquite crônica e enfisema.

QUESTIONÁRIO E EXERCÍCIOS DE FIXAÇÃO

Após o estudo deste Capítulo, o aluno deverá estar apto a responder as questões a seguir.

1. Conceitue sistema respiratório.
2. Cite as funções e os segmentos da parte condutora do sistema respiratório.
3. Como se denominam as aberturas nasais anteriores e posteriores?
4. Descreva as conchas nasais.
5. Cite os seios paranasais.
6. Qual a função do canal nasolacrimal?
7. Descreva o septo nasal.
8. Quais as funções da mucosa respiratória do nariz?
9. Onde se localiza a mucosa olfatória do nariz?
10. Conceitue a faringe.
11. Cite os limites e as principais estruturas da nasofaringe e da orofaringe.
12. Conceitue a laringe.
13. Cite as cartilagens da laringe.
14. Cite os músculos da laringe.
15. Conceitue a traqueia.
16. Descreva a divisão brônquica.
17. Conceitue "segmento bronco-pulmonar".
18. Descreva a diferença entre os dois pulmões.
19. O que se entende por "mediastino"?
20. Conceitue e localize a pleura.
21. Explique as trocas gasosas entre o ar e o sangue.
22. Cite as causas do "enfisema pulmonar".
23. Localize e defina a "glote".
24. Cite as fases da respiração.
25. Descreva a constituição dos alvéolos pulmonares.

CAPÍTULO 5
SISTEMA DIGESTÓRIO (APARELHO DIGESTIVO)

O **sistema digestório** ou **aparelho digestivo** agrupa os órgãos destinados à **mastigação**, **digestão** e **absorção** dos alimentos.

É formado por um longo tubo que se estende da boca até a abertura anal, percorrendo portanto a cabeça, o pescoço e todo o tronco (**Figura 50**).

As divisões do sistema digestório são:

1. Boca;
2. Faringe; e
3. Canal alimentar.

O canal alimentar compreende:

1. Esôfago;
2. Estômago; e
3. Intestinos.

Os intestinos subdividem-se em:

1. Intestino delgado:
    a) duodeno;
    b) jejuno; e
    c) íleo.
2. Intestino grosso:
    a) ceco (cécum) e apêndice vermiforme;
    b) colo (ou cólon):
        - ascendente;
        - transverso;
        - descendente; e
        - sigmoide.
    c) reto; e
    d) canal anal.

As glândulas anexas ao sistema digestório são:

1. Glândulas salivares:
    a) parótida;
    b) submandibular;
    c) sublingual; e
    d) menores (labiais, palatinas, linguais).
2. Fígado; e
3. Pâncreas.

5.1. BOCA

A **boca** (**Figura 51**) é a primeira parte do sistema digestório e a ela é dada especial importância no estudo anatômico, pois íntima relação existe entre a cavidade da boca e o resto do organismo. Inúmeras enfermidades de ordem geral apresentam sintomas na boca e muitas enfermidades da boca provocam distúrbios orgânicos de ordem geral.

A cavidade bucal está dividida em duas partes: **cavidade bucal propriamente dita** e **vestíbulo da boca**. É forrada por uma túnica mucosa e limitada pelos lábios, pelas bochechas, pelo palato e pelos músculos sublinguais.

O vestíbulo é o espaço situado entre os lábios e bochechas externamente, e os dentes e as gengivas internamente. O **teto** e o **assoalho** do vestíbulo são formados pela **reflexão** da mucosa dos lábios e das bochechas, formando as **gengivas**. No vestíbulo abre-se o ducto da glândula parótida, no nível do 2º molar superior. Outras glândulas menores, como as labiais e bucais, eliminam suas secreções no vestíbulo.

A cavidade bucal propriamente dita é o espaço circunscrito pelos arcos alveolares, pelos dentes e gengivas. Comunica-se posteriormente com a bu-

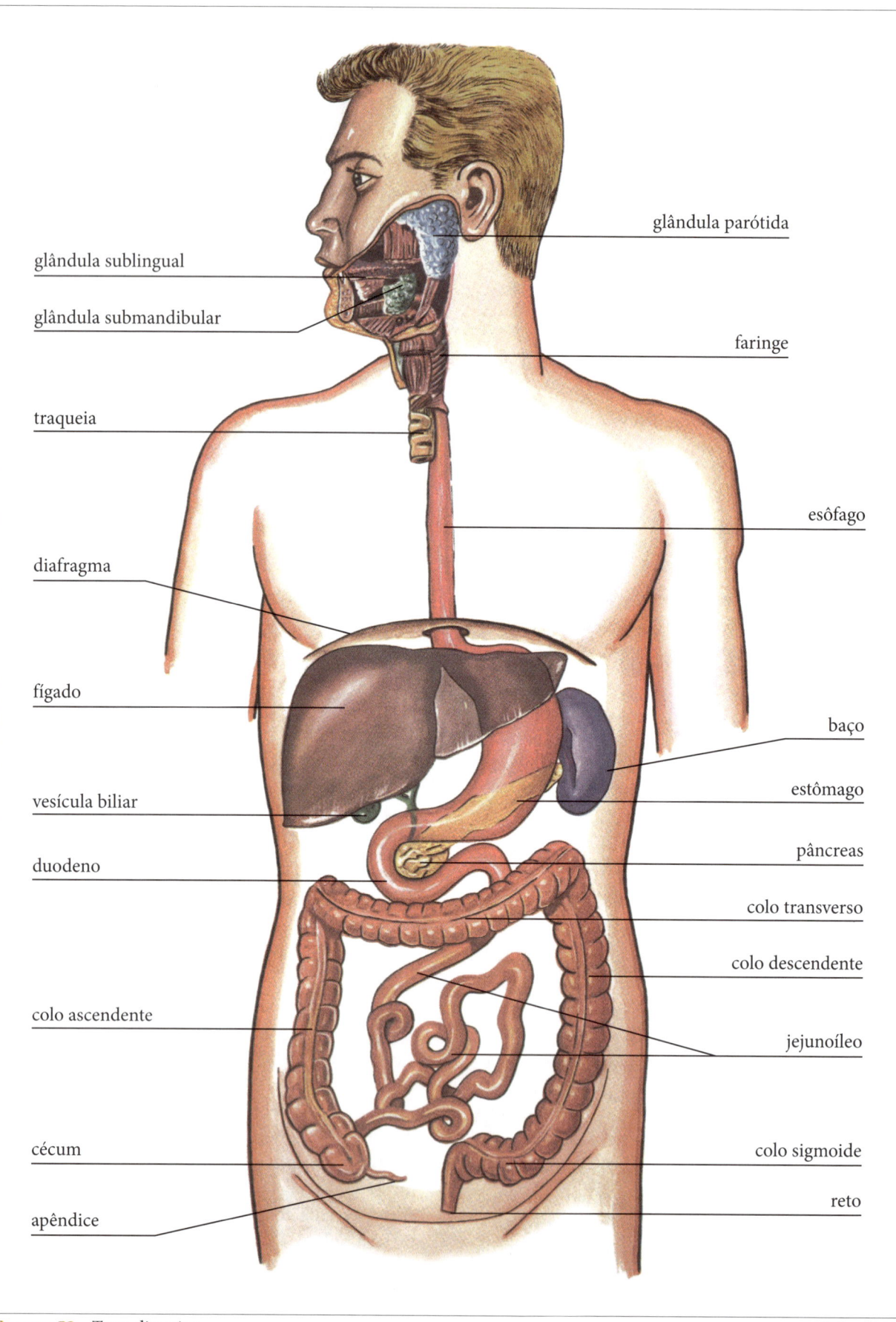

Figura 50 – Trato digestivo

co-faringe, por meio de uma abertura denominada **istmo da garganta**, que é delimitada de cada lado pelos **arcos palatoglossos** que juntamente com os **arcos palatofaríngeos** delimitam a **loja** onde se encontra a **tonsila** (amígdala) **palatina**. O teto da cavidade bucal é o palato ("céu da boca"). O assoalho é em grande parte ocupado pela língua e por músculos que a sustentam e que contribuem para fechar o assoalho entre as metades do corpo da mandíbula.

Os **lábios** são pregas cutâneo-músculo-mucosas que delimitam a abertura da boca (rima bucal).

A parte média do lábio superior apresenta, externamente, um sulco raso e disposto verticalmente, estendendo-se da base do nariz até o vermelhão do lábio, denominado **filtro**. A face interna de cada lábio é unida, no plano mediano, à gengiva vestibular correspondente, por uma dobra mucosa chamada **freio do lábio**.

Os lábios são constituídos, de fora para dentro, por pele, abaixo da qual se encontra o músculo orbicular da boca, em seguida a submucosa (que contém as glândulas labiais) e mais internamente, a **mucosa**.

As **bochechas** são extensões laterais dos lábios. Cada bochecha contém um **m. bucinador**, **glândulas bucais** e um **coxim** de tecido adiposo (corpo adiposo da bochecha). O **ducto parotídeo** atravessa o coxim adiposo e o músculo bucinador para se abrir próximo à coroa do 2º molar superior.

Externamente, o limite entre o lábio e a bochecha é o **sulco nasolabial** que se estende lateralmente do nariz ao ângulo da boca, que é o local onde os lábios superior e inferior se encontram.

O **palato** é o teto da boca, formado por duas partes: **palato duro**, mais anterior e **palato mole**, mais posterior. Este último, também chamado **véu palatino**, é fibromuscular e está preso à margem posterior do palato duro. A margem livre do palato mole apresenta uma projeção mediana de tamanho variável, a *úvula*, constituída de músculo revestido por mucosa (**Figuras 51 e 55**).

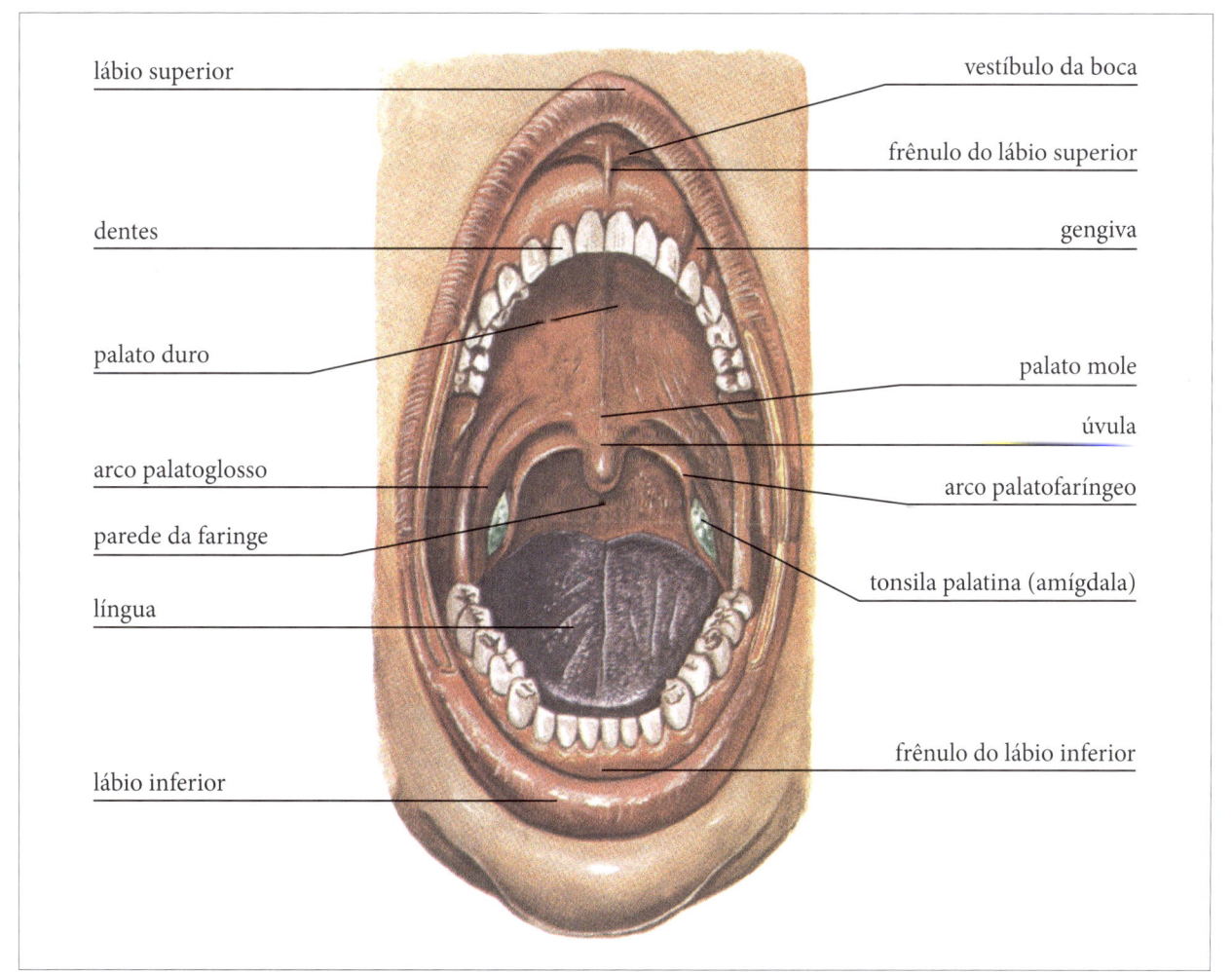

Figura 51 – Cavidade bucal

O **assoalho da boca** apresenta a **língua** que é um órgão musculoso coberto por mucosa (**Figura 52**). A língua apresenta um **ápice**, que fica junto aos dentes incisivos, uma **margem** que está em relação com os dentes e as gengivas de cada lado, e um **dorso** de forma convexa, caracterizado por um sulco mediano. Na língua estão as **papilas linguais**, que são projeções da mucosa. Distinguem-se quatro tipos de **papilas linguais**: as **papilas filiformes**, mais numerosas, são projeções cônicas com extremidades pontiagudas; as **papilas fungiformes**, entre 150 a 200, assemelham-se à cabeça de um alfinete, isto é, cabeça arredondada e base mais estreita – estas papilas geralmente contêm botões gustativos; as **papilas valadas** são em número de 5 a 13, grandes, dispostas em forma de V, adiante do sulco terminal; as **papilas folhadas** consistem de uma série de sulcos e cristas próximos da parte posterior da margem lingual.

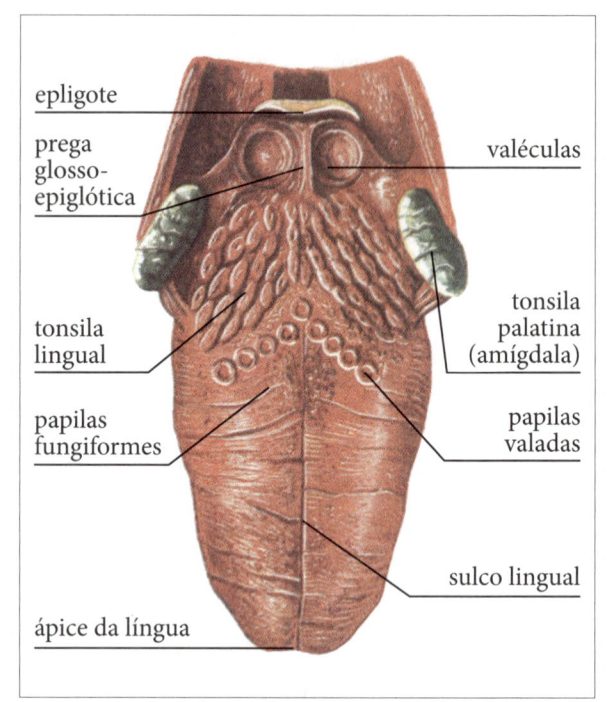

Figura 52 – Língua

5.2. GLÂNDULAS SALIVARES

As **glândulas salivares** são órgãos anexos à cavidade bucal, cujas secreções misturadas formam a **saliva** que umedece, dissolve e lubrifica os alimentos, dando início à digestão (**Figura 52**).

As glândulas salivares são de dois tipos: **menores** e **maiores**. As menores são pequenas glândulas localizadas nos lábios, nas bochechas, no palato e na língua. As maiores são a **glândula parótida**, a **glândula submandibular** e a **glândula sublingual**.

A **glândula parótida** é par, está situada na face, anteriormente ao pavilhão da orelha. Pesa em média 25g e sua secreção é canalizada para o vestíbulo da boca através do ducto parotídeo.

A **glândula submandibular**, também par, está localizada embaixo da mandíbula onde pode ser apalpada. Pelo seu ducto, que mede 5 cm, leva a secreção para a boca abrindo-se embaixo da língua na **carúncula sublingual**, pequena saliência junto ao **freio da língua**.

A **glândula sublingual**, também par, como o nome indica, está localizada abaixo da língua onde se abre por cerca de 20 pequenos ductos sublinguais.

5.3. DENTES

Os dentes são órgãos mineralizados, resistentes, situados nos processos alveolares do osso maxilar e da mandíbula. Dispõem-se em duas fileiras denominadas **arcadas dentárias**, que estão intimamente relacionadas com a estética facial, com as expressões faciais, com a fonação e com a mastigação, que é uma importante fase do processo de digestão. Têm como funções a **incisão**, a **perfuração**, o **esmagamento** e a **trituração** dos alimentos.

O homem é um mamífero que possui duas dentições (**difiodonte**) e seus dentes apresentam tamanhos e formas diferentes (**heterodonte**).

Externamente distinguimos duas partes no dente: a **coroa** que é a porção revestida pelo esmalte, normalmente visível na cavidade bucal; e a **raiz**, parte do dente envolvida pelo **cemento** e articulada com o osso alveolar por meio do **ligamento alvéolo-dentário**. Na área de transição entre a coroa e a raiz (ou raízes dentárias) observa-se o **colo** ou região cervical estreita, que acentua o limite corono-radicular (**Figura 53**).

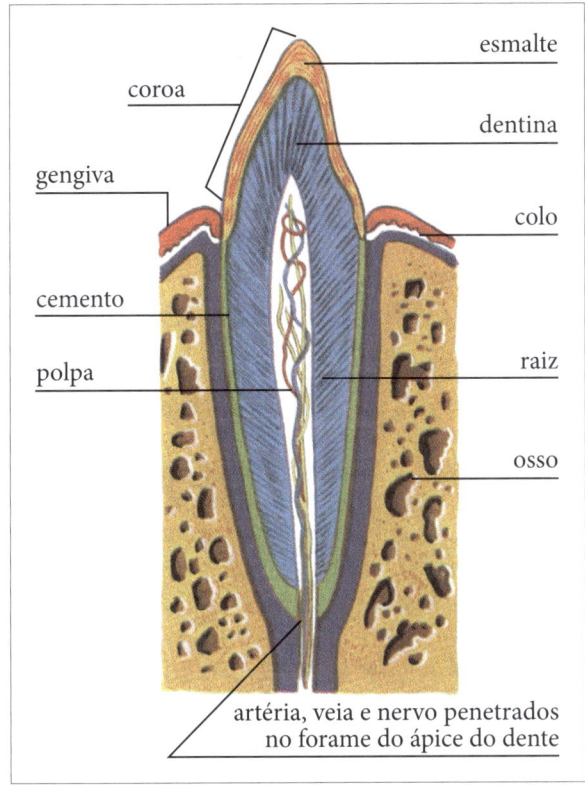

Figura 53 – Dente

O dente possui a **cavidade pulpar** que está no interior da coroa (câmara pulpar) e se estende para a raiz ou raízes como **canal** ou **canais radiculares**. Cada canal radicular tem um **forame apical** por meio do qual nervos e vasos sanguíneos entram e saem do dente. Chama-se **polpa** a um tecido especializado que nutre o dente e ao **conteúdo neurovascular** da cavidade pulpar.

O dente tem na coroa uma camada externa de tecido mineralizado, duríssimo, o **esmalte**, e internamente um tecido também mineralizado porém não tão duro, a **dentina**. A raiz e a coroa são formadas internamente pela **dentina** e pelo **cemento**, tecido também duro que envolve a raiz e se interrompe onde começa o esmalte da coroa.

Existem quatro grupos de dentes: os **incisivos**, que têm coroa em forma de cinzéis, cujas bordas são cortantes; os **caninos**, que têm bordas pontiagudas e cortantes para cortar os alimentos; os **pré-molares** e os **molares**, cujas faces mastigatórias esmagam e trituram os alimentos.

As duas dentições no homem são denominadas **decídua** ou **temporária**, formada pelo chamados **dentes-de-leite**, e a dentição **permanente**, também denominada **segunda dentição** ou **definitiva**.

A **fórmula dentária** da dentição decídua é representada por:

$$I \frac{2}{2} \; C \; \frac{1}{1} \; M \; \frac{2}{2} \; = \; \frac{5}{5} \; x \, 2 \; \frac{10}{10} \; = 20$$

A **dentição decídua** é, portanto, formada por vinte dentes, dez em cada arcada, sendo quatro incisivos, dois caninos e quatro molares (**Figura 54**).

A primeira dentição inicia-se aos sete meses de idade e se completa aos dois anos. Esta dentição primária ou decídua é substituída pela segunda dentição permanente, que se inicia aos cinco ou seis anos.

A **dentição permanente** é formada por 32 dentes, 16 em cada arcada, sendo quatro incisivos, dois caninos, quatro pré-molares e seis molares (**Figura 55**). Esta dentição é representada pela seguinte fórmula dentária:

$$I \frac{2}{2} \; C \; \frac{1}{1} \; PM \; \frac{2}{2} \; M \; \frac{3}{3} \; = \; \frac{8}{8} \; x \, 2 \; \frac{16}{16} \; = 32$$

Os dentes são representados por números a partir da linha média; esta representação é chamada **notação dentária**.

Dentição decídua

Os dentes decíduos são representados por algarismos romanos:

V – IV – III – II – I	I – II – III – IV – V
V – IV – III – II – I	I – II – III – IV – V
DIREITO	ESQUERDO

    I. incisivo central
   II. incisivo lateral
  III. canino
  IV. primeiro molar
   V. segundo molar

Dentição permanente

8 – 7 – 6 – 5 – 4 – 3 – 2 – 1	1 – 2 – 3 – 4 – 5 – 6 – 7 – 8
8 – 7 – 6 – 5 – 4 – 3 – 2 – 1	1 – 2 – 3 – 4 – 5 – 6 – 7 – 8
DIREITO	ESQUERDO

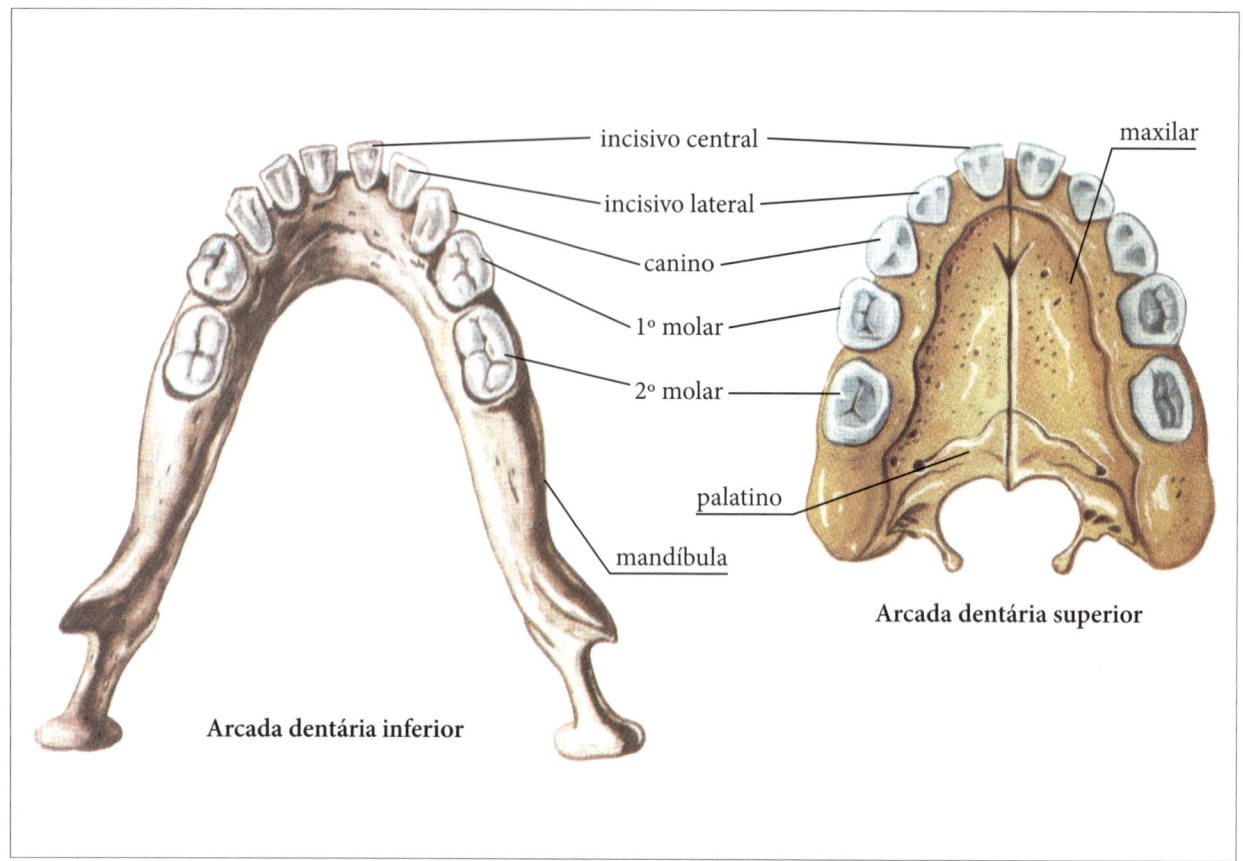

FIGURA 54 – Dentição temporária (decídua)

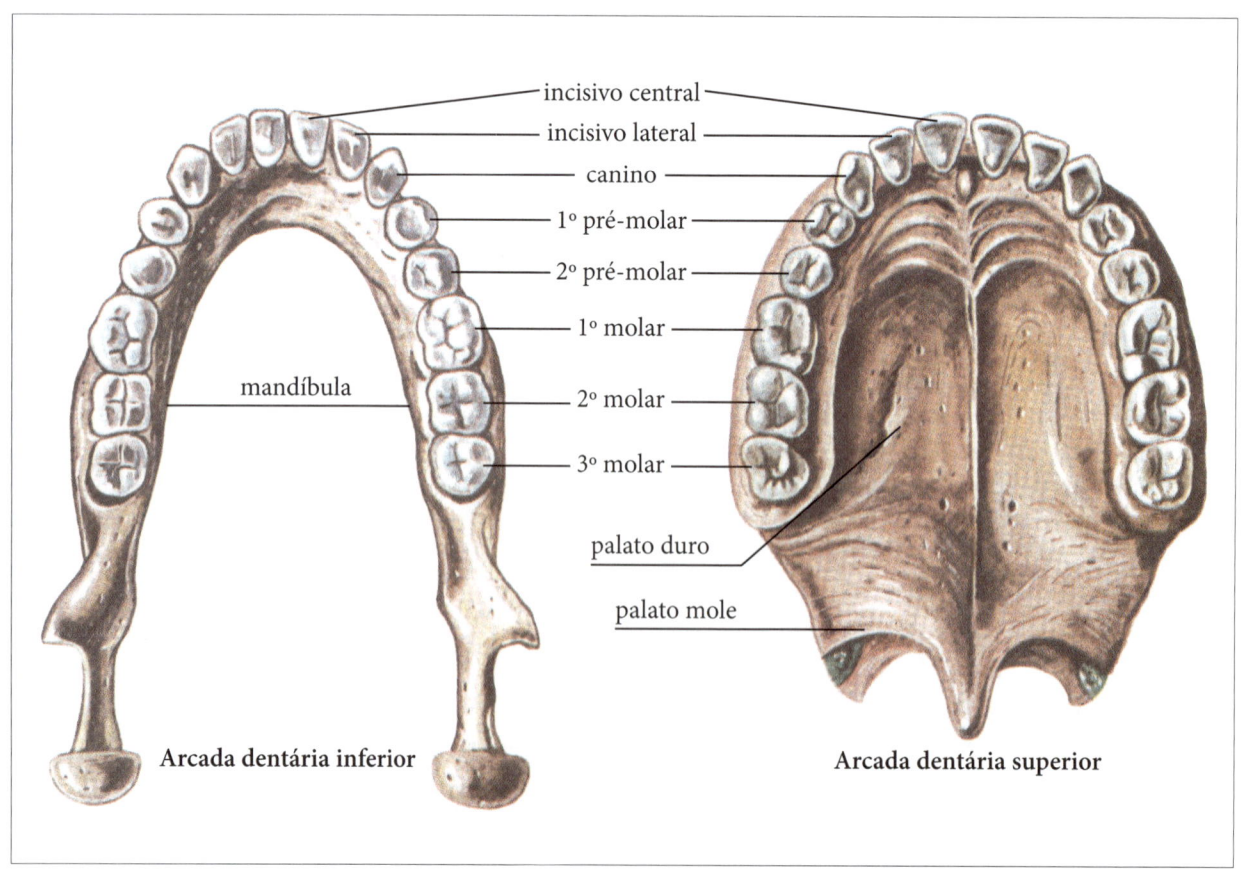

FIGURA 55 – Dentição permanente

1. incisivo central
2. incisivo lateral
3. canino
4. primeiro pré-molar
5. segundo pré-molar
6. primeiro molar
7. segundo molar
8. terceiro molar

Nesta representação divide-se cada arcada em duas **hemiarcadas**, uma direita e outra esquerda, sendo uma superior e outra inferior. Assim, quando se quer representar determinado dente, como fazem os cirurgiões dentistas em suas fichas de consultório, basta colocar o número do dente desejado no ângulo de duas linhas perpendiculares que indicam a hemiarcada, exemplo:

7⏋ = segundo molar superior direito

⎿3 = canino superior esquerdo

5⎤ = segundo pré-molar inferior direito

⎾2 = incisivo lateral inferior esquerdo

Os dentes irrompem em épocas mais ou menos certas; e ao seu aparecimento na boca, após atravessar a gengiva, chama-se **erupção dentária**. A erupção dentária é o fenômeno biológico pelo qual o dente, depois de formado no interior do osso, exterioriza-se na cavidade bucal.

A erupção dos dentes decíduos e permanentes ocorre segundo as tabelas que seguem:

Dentes decíduos

Dente	Superior	Inferior
I	7½ meses	6 meses
II	9 meses	7 meses
III	18 meses	16 meses
IV	14 meses	12 meses
V	24 meses	20 meses

Dentes permanentes

Anos	Dente Superior	Dente Inferior
6	6	6
7	1	1
8	2	2
9	4	3
10	5	4
11	3	5
12	7	7
16 a 18	8	8

As notações dentárias atualmente usadas para as dentições permanente e decídua, de fácil entendimento e de uso irrestrito em computadores, são:

Dentição permanente

18 17 16 15 14 13 12 11	21 22 23 24 25 26 27 28
48 47 46 45 44 43 42 41	31 32 33 34 35 36 37 38
DIREITO	ESQUERDO

Dentição decídua

55 54 53 52 51	61 62 63 64 65
85 84 83 82 81	71 72 73 74 75
DIREITO	ESQUERDO

Neste tipo de notação cada dente é individualizado por determinada dezena, não havendo a necessidade de traços ou quadrantes. O 1º algarismo corresponde à hemiarcada e o 2º, ao número do dente. Exemplo:

1. o dente nº **16:**
    a) o **1** corresponde à hemiarcada superior direita;
    b) o **6,** ao 1º molar superior direito.
2. o dente nº **38:**
    a) o **3** corresponde à hemiarcada inferior esquerda;
    b) o **8,** ao 3º molar inferior esquerdo.

Nota-se então nestes exemplos que o número da hemiarcada segue no sentido horário, mantendo o número do dente.

Na dentição decídua segue-se a mesma regra em que o 1º algarismo determina a hemiarcada e o 2º, o dente. Exemplo:

1. o dente nº **51**:
    a) **5** = hemiarcada superior direita;
    b) **1** = incisivo central.
2. o dente nº **74**:
    a) **7** = hemiarcada inferior esquerda;
    b) **4** = 1º molar inferior esquerdo.

5.4. FARINGE

A **faringe**, segundo segmento do tubo digestivo, é um conduto musculomembranáceo que se inicia na base do crânio e se estende até o início do esôfago, que começa na altura da sexta vértebra cervical. Anteriormente está relacionada com as cavidades nasal, bucal e com a laringe (**Figura 42**).

A faringe divide-se em três partes: **nasal**, **oral** (ou bucal) e **laríngea**, numa extensão de mais ou menos 12 cm. Na faringe, o alimento que se destina ao esôfago cruza com o ar que vai aos pulmões, isto é, este segmento do sistema digestório é também comum ao sistema respiratório.

A parte nasal da faringe ou **nasofaringe** é a continuação da cavidade nasal com a qual está limitada pelas **coanas**. Sua comunicação com a cavidade oral (bucal) é feita através do **istmo da garganta**, que marca o limite da **orofaringe**.

Na parede posterior da nasofaringe encontramos a **tonsila faríngea**, uma massa de tecido linfoide que, quando inflamada, chama-se **adenoide**. Esta tonsila desaparece com o crescimento. Ainda na nasofaringe, abre-se a **tuba auditiva**, através do seu óstio faríngeo. A tuba auditiva é um conduto osteocartilagíneo que comunica a nasofaringe com o ouvido médio e põe em equilíbrio a pressão externa com a pressão interna da cavidade timpânica.

A parte bucal da faringe ou **orofaringe** é a continuação da cavidade bucal. Inicia-se no istmo da garganta, que é formado pelo palato e pelos pilares palatoglosso e palatofaríngeo, entre os quais está a **tonsila palatina** (amígdala).

Posteriormente, a orofaringe estende-se até a raiz da língua e à cartilagem **epiglote** da laringe.

A língua está ligada à epiglote através da prega glosso-epiglótica, lateralmente à qual se encontram as **valéculas** (**Figura 52**).

Na raiz da língua existe outra tonsila, a **tonsila lingual**; e assim se completa o **anel linfático da garganta**, formado pelas tonsilas palatina, faríngea e lingual, cuja função é impedir a propagação de infecções bucais para o resto do organismo.

A parte laríngea da faringe, também chamada **laringofaringe**, está relacionada anteriormente com a laringe. Esta parte da faringe continua-se com o esôfago inferiormente, e anteriormente com o **ádito da laringe**.

A musculatura da faringe é constituída principalmente pelos **músculos constritores superior, médio** e **inferior**.

5.5. ESÔFAGO

O **esôfago** é um conduto também musculomembranáceo, de aproximadamente 20 cm de comprimento e 1,5 cm de diâmetro, que se estende desde a porção final da faringe (na altura da cartilagem cricoidea da laringe) até o estômago (**Figuras 50 e 57**).

O esôfago possui três segmentos: no pescoço, **segmento cervical**; no tórax, **segmento torácico**; no abdome, **parte abdominal do esôfago**.

A musculatura do esôfago é estriada na porção superior, e lisa na parte inferior.

O esôfago mantém íntima relação topográfica com a traqueia no seu curso cervical e também torácico. Apresenta ao longo do seu trajeto quatro importantes constrições, que são pontos de referência muito usados na clínica médica; a primeira **constrição esofágica** localiza-se no início do esôfago, no pescoço, **constrição cricoidea**; a segunda constrição é provocada pelo cajado da **a. aorta** no tórax, que comprime o esôfago, **constrição aórtica**; a terceira é devida ao diafragma, isto é, o esôfago ao atravessar o tórax em direção ao abdome passa pelo hiato esofágico do diafragma e aí apresenta a **constrição diafragmática**; a quarta constrição está localizada na porção final do esôfago na sua ligação com o estômago, **constrição cárdica**. O ponto de transição entre o esôfago e o estômago é chamado **cárdia**, que corresponde à quarta constrição. Além dessas, descreve-se outra constrição produzida pelo brônquio principal esquerdo, no tórax.

5.6. ESTÔMAGO

O **estômago** é a continuação do esôfago. Tem uma forma de J e é a parte mais dilatada do trato digestivo. Mede cerca de 18 cm de diâmetro quando vazio, podendo atingir até 25 cm quando está cheio. Tem uma capacidade de 1.200 ml aproximadamente. Situa-se na cavidade abdominal, logo abaixo do diafragma e ocupa quase toda a região do hipocôndrio esquerdo (**Figura 50**).

O estômago apresenta duas **curvaturas**: grande e pequena, das quais partem respectivamente os omentos ou **epíplons gastrocólico** e **gastro-hepático**, que são dobras do **peritônio**, membrana serosa

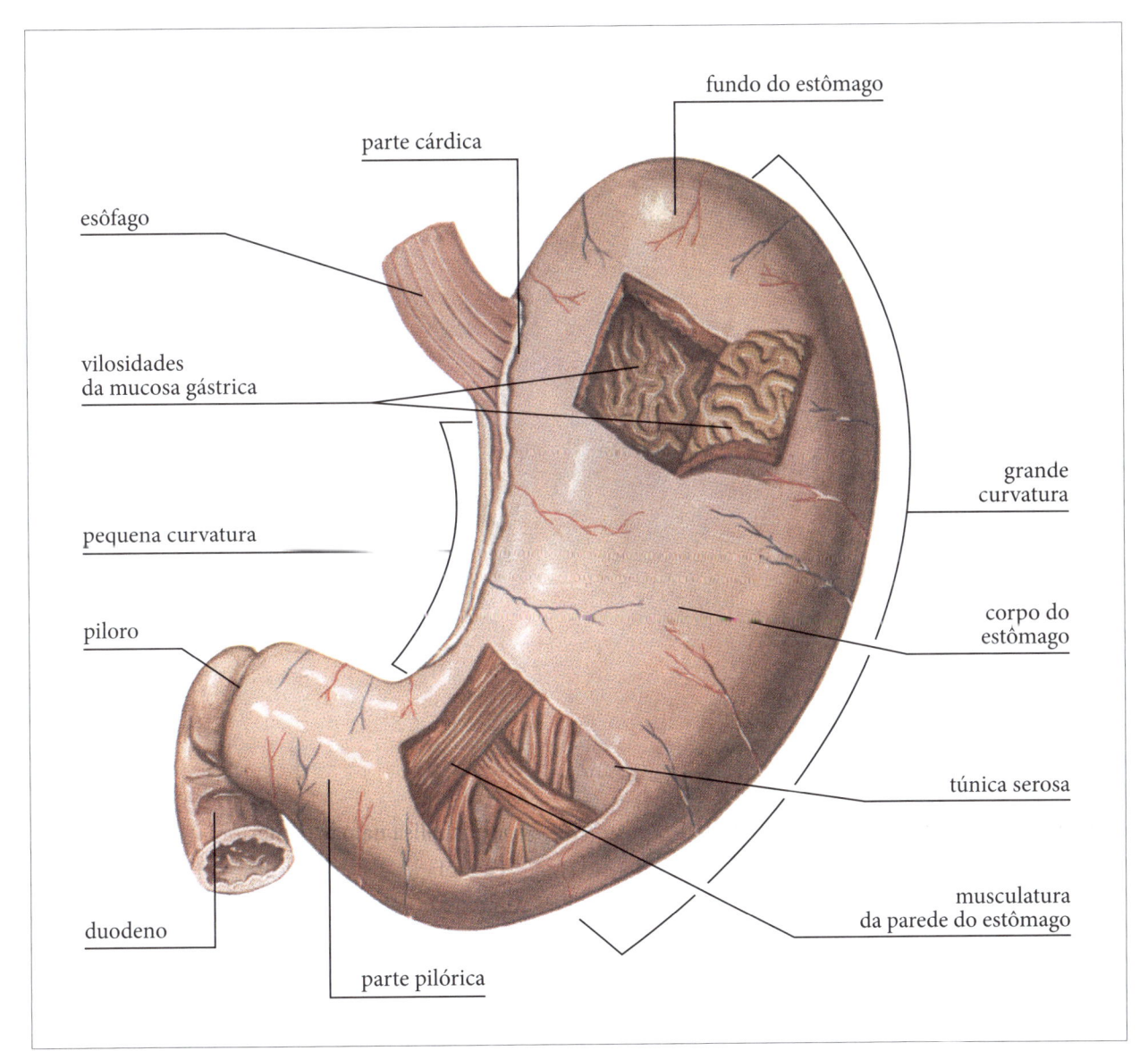

Figura 56 – Estômago

que forra a cavidade abdominal e reveste as vísceras nela contidas. Distinguem-se no estômago a região **cárdica** (próxima à união com o esôfago), a região **do fundo**, o **corpo** do estômago e a região **pilórica**, próxima do duodeno.

Internamente a mucosa do estômago forma pregas denominadas **vilosidades**, nas quais se encontram glândulas especiais que produzem o suco gástrico. O ponto da transição entre o estômago e o duodeno chama-se **piloro**, onde existe um esfíncter que regula a passagem do alimento do estômago para o duodeno (**FIGURA 57**).

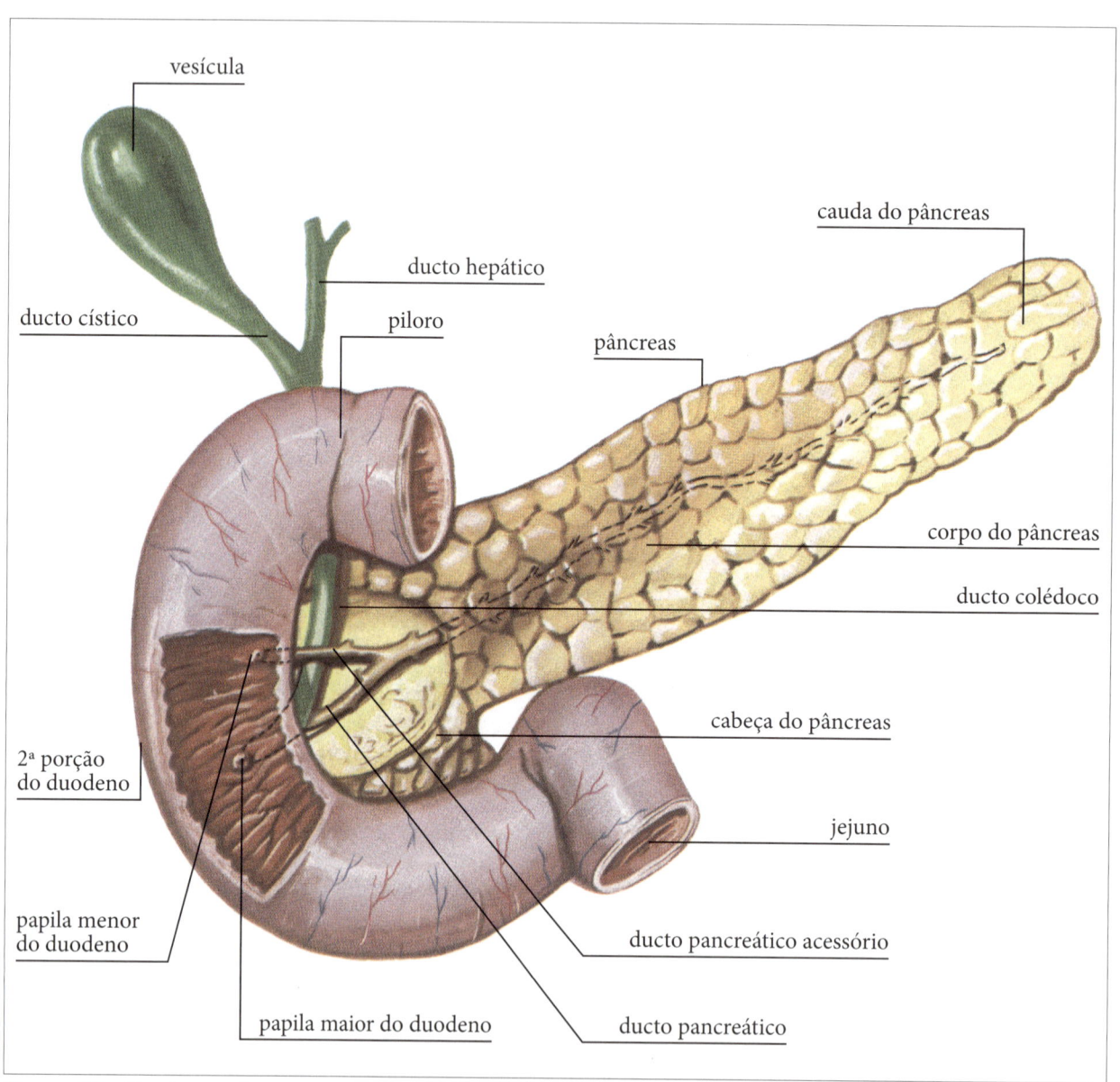

FIGURA 57 – Duodeno e pâncreas

5.7. INTESTINO DELGADO

5.7.1. Duodeno

O **duodeno** se inicia no piloro e se estende por 25 a 30 cm em forma de C, onde continua com o jejuno. O duodeno apresenta quatro porções que envolvem o pâncreas. Na 2ª porção do duodeno abrem-se os ductos **colédoco** e **pancreático**, que se originam respectivamente no fígado, vesícula biliar e pâncreas (**FIGURAS 50 e 57**).

Uma parte do duodeno está situada atrás do peritônio parietal e por isso é chamada **retroperitonial**. A maior parte deste segmento do sistema digestório é fixa à parede posterior do abdome. A quarta porção do duodeno é móvel e está unida à parede por uma prega peritonial chamada **mesoduodeno**. O duodeno, assim como quase todo o trato digestivo, apresenta a sua parede constituída das seguintes camadas:

1. **túnica serosa**, que é a lâmina do peritônio visceral;
2. **subserosa**, que é tecido conjuntivo frouxo sobre o qual se assenta a serosa e onde transitam os vasos sanguíneos e linfáticos que vascularizam a víscera oca; seguindo-se à subserosa encontram-se duas camadas de músculos lisos, a *musculatura longitudinal* e *a circular*, que são responsáveis pelos movimentos do intestino, chamados *peristálticos*. Imediatamente à camada muscular aparece a *submucosa*, onde existem glândulas que produzem diferentes tipos de secreções. Internamente a esta camada está a *muscular da mucosa*, tênue fita de tecido muscular adiante da qual está a mucosa com as suas vilosidades (**Figura 58**).

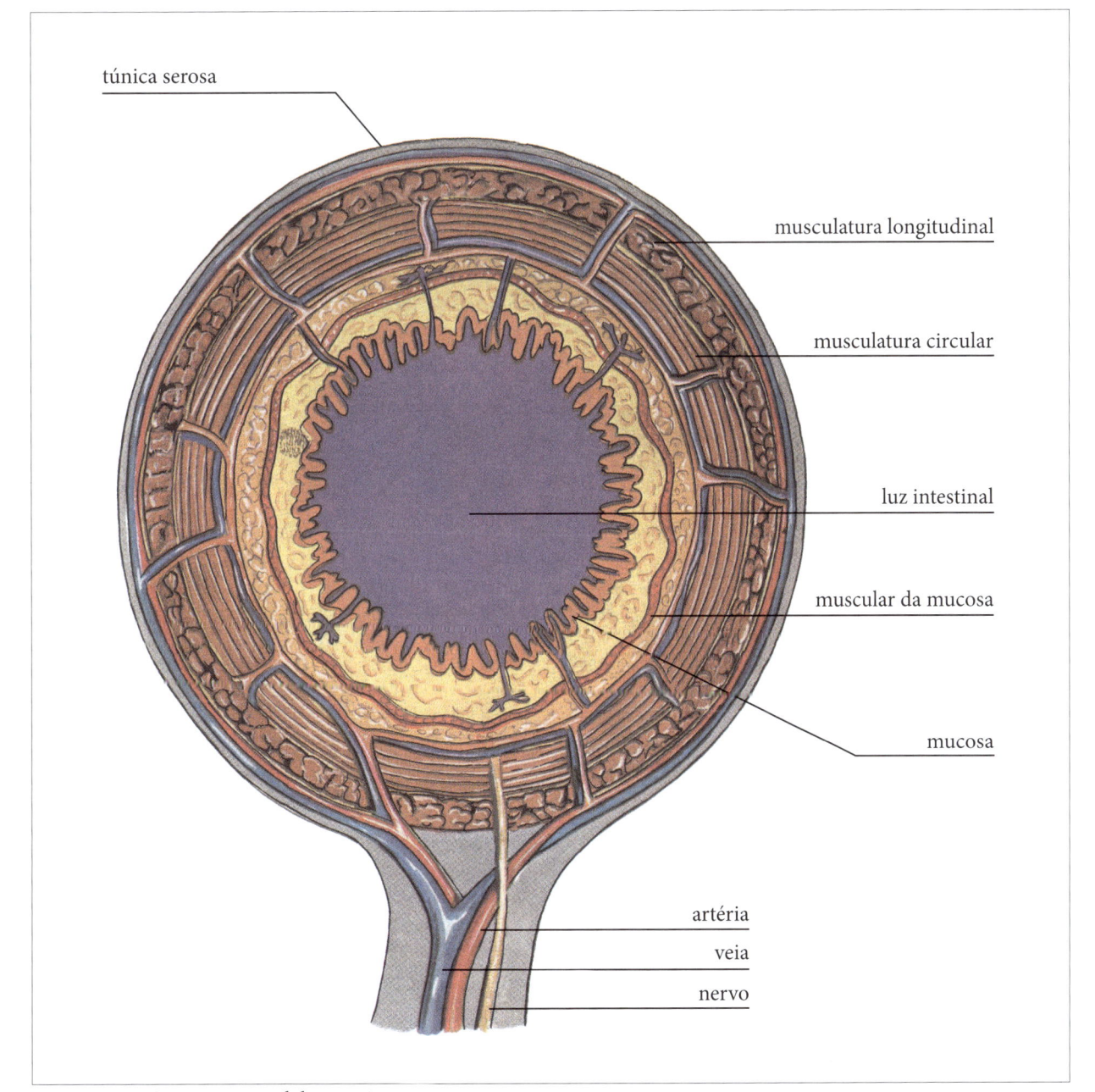

Figura 58 – Corte transversal do intestino

5.8.2. Jejunoíleo

Tem início na **flexura duodeno-jejunal**, isto é, o ponto de transição entre o duodeno e o jejuno, sem limites nítidos (**Figura 50**). Este segmento do intestino delgado juntamente com o **íleo** possui uma extensão de mais ou menos 5 m até atingir o intestino grosso. Ocupa grande parte da cavidade abdominal e não há precisão no limite entre a parte jejunal e a ileal. Possui grande mobilidade devido ao **mesentério**, dobra peritonial, que o liga à parede abdominal. Pelo **mesentério** percorrem as artérias e veias jejunais e ileais, os **quilíferos** (vasos linfáticos) e nervos que chegam e partem do intestino. A parte terminal do íleo une-se ao intestino grosso na fossa ilíaca direita onde o **óstio ileocecal** comunica o intestino delgado com o **cécum** (**Figura 60**). A constituição da parede do jejunoíleo é semelhante à descrita para o duodeno.

5.8. INTESTINO GROSSO

É o segmento final do tubo digestório. É dividido em sete partes que são: **ceco (cécum)**, junto ao qual está o **apêndice vermiforme**; **colo (cólon) ascendente**, que com o ceco (cécum) se situa ao lado direito do abdome; **colo (cólon) transverso**, que começa no fim do ascendente próximo ao fígado

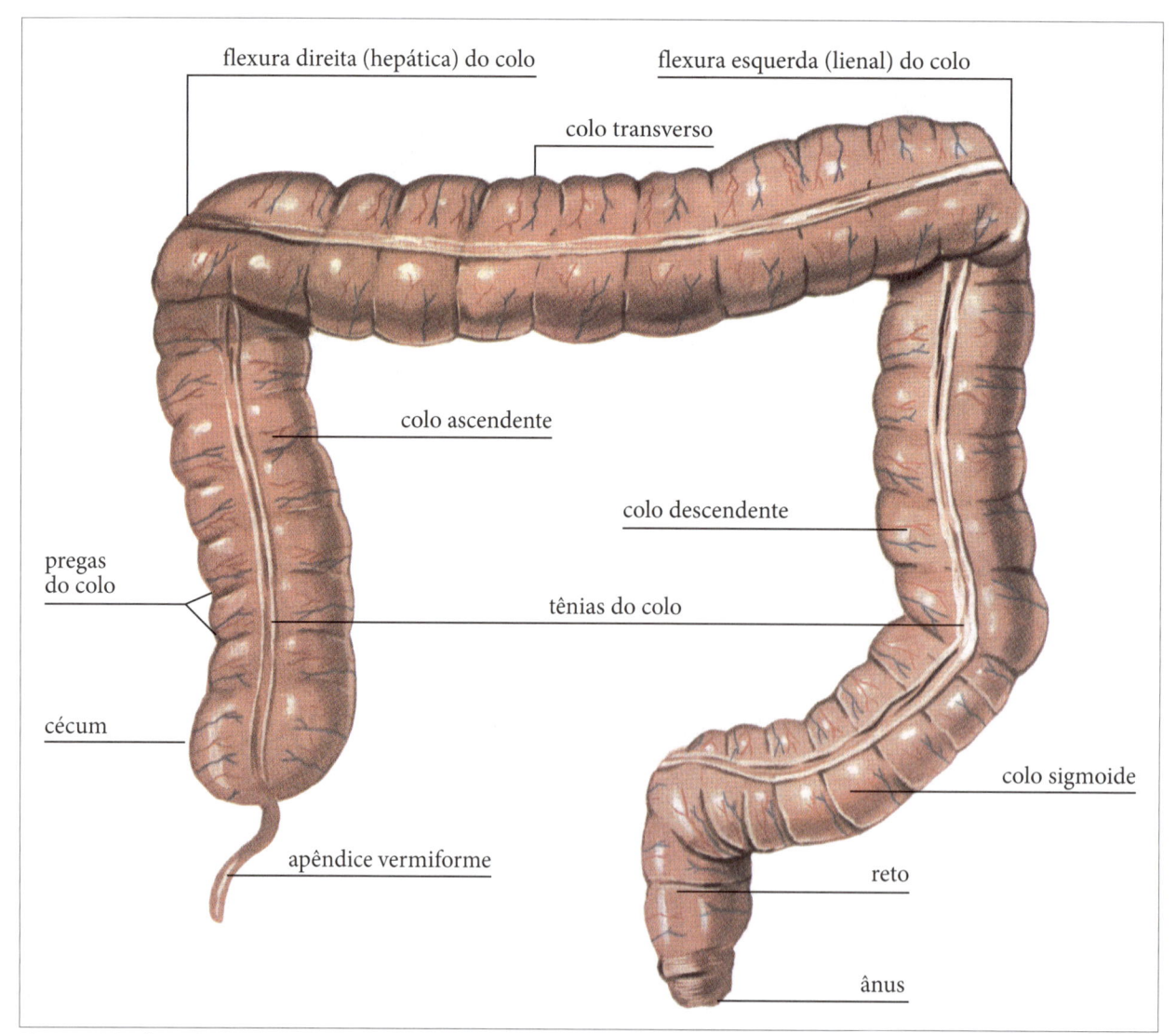

Figura 59 – Intestino grosso

e se estende para o lado esquerdo até o baço, onde volta-se para baixo, constituindo o **colo (cólon) descendente**, que na fossa ilíaca esquerda continua com o **colo (cólon) sigmoide**. A continuação do colo (cólon) sigmoide na pelve dá origem ao **reto**, cuja porção mais inferior é o **canal anal** que se comunica com o exterior através do ânus, que apresenta o **esfíncter anal**, onde existe um músculo que regula a abertura e fechamento do ânus. O intestino grosso mede cerca de 1,50 m de comprimento e apresenta em seu trajeto segmentos de grande mobilidade, como o **colo (cólon) transverso**, e segmentos fixos à parede abdominal. Os **colos (cólons)** apresentam 3 fitas longitudinais que os percorrem em toda sua extensão chamadas **tênias do colo (cólon)**. São formações de musculatura lisa que se reúnem no apêndice vermiforme junto ao ceco (cécum). Os **colos (cólons)** apresentam constrições em suas paredes, o que lhes confere uma característica especial; são as chamadas pregas do colo (cólon) (**Figuras 50, 59 e 61**).

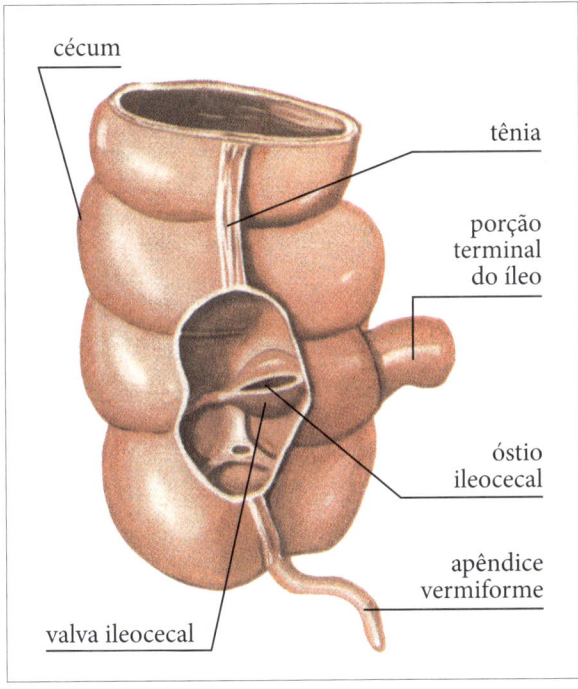

Figura 60 – Cécum

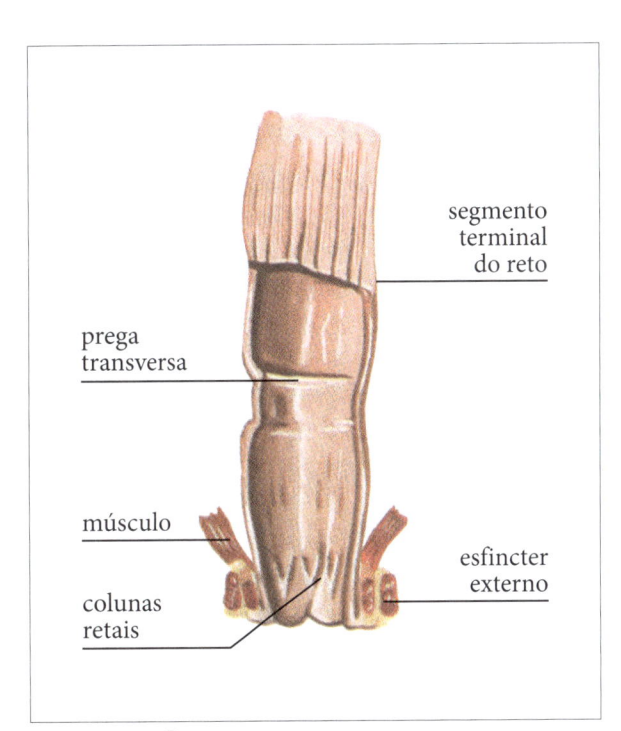

Figura 61 – Reto

5.9. FÍGADO

É uma glândula anexa ao sistema digestório situada no lado direito da cavidade abdominal, logo abaixo do diafragma (**Figuras 50 e 62**). É a maior glândula do corpo, pesando em média 2,300 k. No fígado descrevem-se quatro **lobos**: direito, esquerdo, quadrado e caudado. O lobo direito está separado do lobo esquerdo por uma prega peritonial, o **ligamento falciforme** do fígado. Entre o lobo direito e o lobo quadrado há uma depressão ocupada pela **vesícula biliar**, onde se armazena a **bile** produzida no interior do fígado.

Na margem inferior do ligamento falciforme se encontra um cordão fibroso, o **ligamento redondo** do fígado, resquício da **veia umbilical** funcionante na circulação fetal. Entre os lobos esquerdo, caudado e quadrado estão as estruturas constituintes do **pedículo hepático**, que são a **a. hepática**, a **veia porta** e o **ducto colédoco**, este último formado pela união dos ductos hepáticos procedentes do fígado com o **ducto cístico** que vem da vesícula biliar. Junto à face posterior do fígado transita a **veia cava inferior**, que recebe as **vv. hepáticas** ou **supra-hepáticas**. O sangue recolhido no baço e intestino deriva para o interior do fígado através da veia porta, que se capilariza no interior do órgão. Este sangue, após sofrer a ação dos produtos da elaboração do fígado, retorna à circulação sistêmica, através das veias hepáticas que se abrem na veia cava.

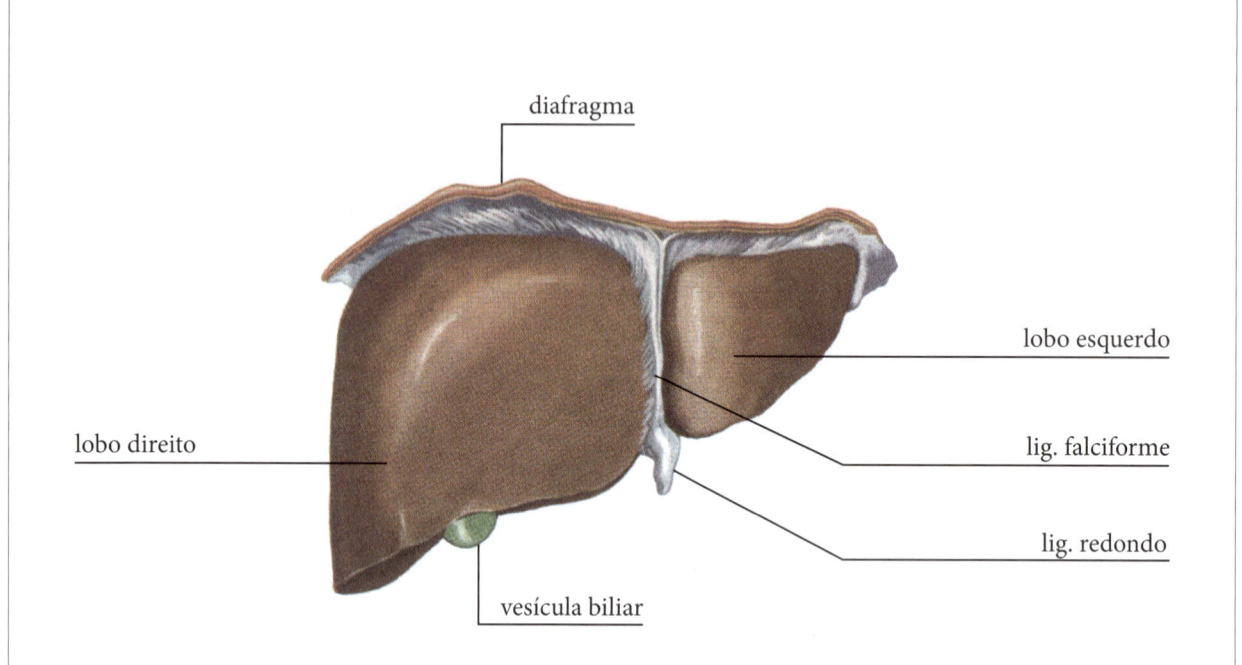

A – **Face anterior do fígado**

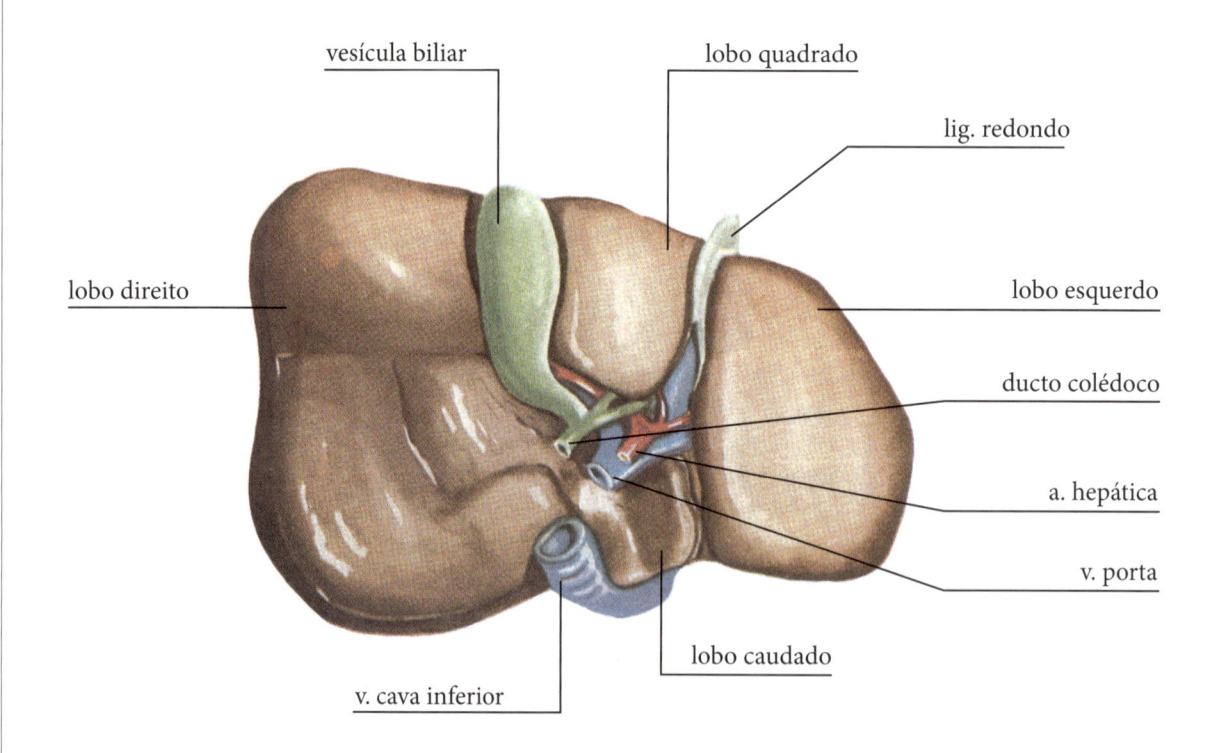

B – **Face inferior do fígado**

Figura 62 – Fígado

5.10. VESÍCULA BILIAR

A **vesícula biliar** é um reservatório de **bile**. O fígado produz **bile** que pelos ductos hepáticos é levada à vesícula, onde é armazenada. Da vesícula parte o **ducto cístico**, que se reúne aos ductos hepáticos constituindo o **colédoco**, que, juntamente com o **ducto pancreático**, abre-se na 2ª porção do duodeno, na **papila duodenal maior** (**Figura 57**).

5.11. PÂNCREAS

É também uma glândula anexa ao sistema digestório. Está situada junto à parede posterior do abdome e se estende desde o baço até o duodeno. Descrevem-se no pâncreas uma **cauda**, próxima ao baço, um **corpo** e a **cabeça**, que é envolvida pelo C duodenal (**Figura 57**). O pâncreas, além de produzir a **insulina** e o **glucagônio**, elabora o **suco pancreático** que é recolhido pelos ductos pancreáticos. Um ducto pancreático, chamado **principal**, abre-se junto com o ducto colédoco na papila maior do duodeno; o outro ducto pancreático, **acessório**, desemboca também na 2ª porção do duodeno, na papila duodenal menor, localizada geralmente acima da maior.

5.12. ANATOMIA MICROSCÓPICA E FISIOLOGIA DO SISTEMA DIGESTÓRIO

O tubo digestivo na porção superior ao estômago está revestido internamente por epitélio pavimentoso estratificado que repousa sobre um cório de conjuntivo bastante irrigado e inervado.

5.12.1. Boca e dentes

Na boca e faringe, ao cório segue a musculatura estriada e no palato um plano ósseo. No esôfago seguem-se ao cório, no terço superior, musculatura estriada e depois um conjuntivo frouxo; nos 2/3 inferiores há musculatura lisa e por fora conjuntivo frouxo denominado **adventícia**.

Os movimentos peristáltico-deglutivos do esôfago devem-se a um centro nervoso relacionado com a faringe (reflexo faríngeo-deglutivo) e a uma rede de nervos situada na parede esofágica. Na boca encontramos os dentes, compostos de dentro para fora por: **cavidade pulpar** que contém a polpa dentária; **dentina**, constituindo a parede dentária, a qual é recoberta por **cemento** na raiz e, na parte livre da coroa, por **esmalte**. As células que produzem a dentina chamam-se **odontoblastos** e são muito parecidas às células ósseas; as que produzem o esmalte denominam-se **ameloblastos** ou **adamantoblastos**.

A língua é um órgão constituído em essência por músculos estriados, de ação voluntária; é também um órgão muito irrigado e inervado.

Na superfície dorsal encontram-se pequenas projeções do epitélio chamadas papilas e que, conforme o tipo, são chamadas filiformes, folhadas, fungiformes e valadas. Nas papilas, exceto as filiformes, podem ser encontradas gemas ou botões gustativos, cujas células nervosas têm delicados pelos que se reúnem em pequena abertura, o óstio, assim percebendo as mudanças de gosto das substâncias que se dissolvem na saliva.

5.12.2. Glândulas salivares

No interior da língua e nas paredes bucais encontram-se pequenas glândulas salivares que podem ser serosas (secretam enzimas que digerem os alimentos amiláceos, a principal sendo a **ptialina**), mucosas e mistas.

Três pares de grandes glândulas salivares estão fora da parede bucal propriamente dita; as **parótidas**, as **submandibulares** e as **sublinguais**. Destas, as parótidas são exclusivamente serosas, as outras são mistas em maior ou menor proporção. Sua parte secretora é composta por túbulos e ácinos que vão se reunindo e derivando a secreção para canais excretores, que confluem até formar um só ducto excretor para cada glândula. Nas sublinguais os condutos finais não se fundem, mas desembocam de maneira isolada no assoalho da boca.

5.12.3. Estômago

Quando o esôfago atravessa o diafragma, seu epitélio se modifica abruptamente em cilíndrico simples, e sob ele, no cório, situam-se glândulas mucosas. Esta pequena porção de passagem esofagogástrica recebe o nome de **cárdia**, e as glândulas do cório chamam-se **glândulas cárdicas**.

O restante do estômago está constituído pelas regiões **fúndica** e **pilórica**, esta restrita ao antro e canal pilórico.

O epitélio é de revestimento interno e cilíndrico simples, **mucíparo**, isto é, produz muco que protege o órgão de seus próprios sucos digestivos.

Segue-se um espesso cório que alberga na região fúndica as glândulas fúndicas ou pépticas que produzem **pepsina** e **ácido clorídrico**, e na região pilórica as glândulas pilóricas, de natureza mucosa.

Após a região glandular do cório sucedem-se três capas de musculatura lisa, de feixes dispostos em direção variada, que imprimem ao estômago sua movimentação peculiar para mistura do bolo alimentar com a pepsina ativa, que desdobra proteínas até o ponto de formar **peptonas** e **polipeptídios**. Finalmente, por fora, o estômago é revestido pelo peritônio.

A absorção no estômago é pequena, sendo a digestão enzimática possivelmente a principal função. A mucina do suco gástrico, secretada pelas células epiteliais superficiais e pelas glândulas pilóricas, age como fator protetor da mucosa estomacal contra a autodigestão enzimática. Outras funções do estômago são a recepção e a modificação dos alimentos, bem como, possivelmente, a rejeição de substâncias potencialmente nocivas ao intestino delgado.

5.12.4. Intestinos

O intestino delgado está composto por três porções: duodeno, jejuno e íleo; o grosso compõe-se do ceco (cécum) com seu apêndice, colo (cólons) e o reto que se abre no ânus.

Internamente todo o órgão está revestido por epitélio cilíndrico simples cujas células se terminam em **microvilos** destinados à absorção de elementos nutritivos e água. Algumas células assumem forma de cálice, **células caliciformes**, que produzem muco para lubrificar o bolo alimentar no intestino delgado e o bolo fecal no intestino grosso, a fim de que ele progrida facilmente, impulsionado pelo **peristaltismo**.

No intestino delgado há pregas da mucosa, chamadas vilosidades, que servem para aumentar a superfície de secreção e de absorção.

Após o epitélio vem o cório, que em todo o intestino apresenta glândulas tubulosas simples, chamadas **intestinais** (ou de Lieberkühn).

No duodeno há glândulas especiais, seromucosas, denominadas **duodenais** (ou de Brünner).

Para fora seguem-se os seguintes estratos: muscular da mucosa, submucosa, uma camada muscular circular, uma longitudinal e por fora o **peritônio**.

Mantendo as alças intestinais em posição há uma fina membrana de tecido seroso conjuntivo chamada **mesentério** (peritônio).

É através do mesentério que chegam ao intestino os nervos e vasos arteriais e dele saem as veias e os linfáticos, estes originando-se nas vilosidades e drenando nutrientes, principalmente gorduras, sob aspecto de um líquido leitoso, o **quilo**; por isso os linfáticos dessa região são também chamados **quilíferos**.

A movimentação peristáltica dos intestinos é automática e sempre em direção ao reto, sendo controlada por dois plexos nervosos cujos neurônios estão situados na submucosa (plexo de Meissner) e entre as camadas musculares (plexo mioentérico ou de Auerbach).

A digestão em sua maior parte ocorre no intestino delgado. Após a passagem do **quimo** (nome dado ao bolo alimentar convertido em mistura pastosa pelo suco gástrico) estomacal para o duodeno, há, por estímulo direto do mesmo na mucosa duodenal, desencadeamento de reflexos químicos e nervosos que determinam a entrada das secreções biliar e pancreática (suco pancreático) no duodeno. Estas secreções aliadas à secreção da própria mucosa intestinal (suco entérico) agem sobre o quimo, propelindo-o e transformando-o em material mais líquido, o **quilo**. Os produtos da digestão, contidos no quilo, são absorvidos por meio do epitélio da mucosa intestinal e levados aos capilares sanguíneos e linfáticos (vasos quilíferos) para serem distribuídos ao organismo.

As principais funções do intestino grosso são a formação, o transporte e a evacuação das fezes (funções que requerem grande mobilidade), absorção de água e secreção de muco.

CAMADAS DO ESTÔMAGO

Partes do estômago	Mucosa	Submucosa	Muscular	Serosa ou fibrosa
Cárdia	Epitélio simples, glândulas cárdicas	Sem glândulas	Circular interna e longitudinal externa	Fibrosa
Corpo e Fundo	Epitélio simples, glândulas gástricas	Sem glândulas	Circular interna e longitudinal externa	Serosa
Pilórica	Epitélio simples, glândulas pilóricas	Raras glândulas mucosas	Semelhante ao fundo e corpo (porém mais expessa)	Serosa

CAMADAS DO INTESTINO DELGADO

Camadas	Constituição
Mucosa	Epitélio simples, células caliciformes, glândulas intestinais com células caliciformes e de absorção
Submucosa	Glândulas no duodeno
Muscular	Circular interna e longitudinal externa
Serosa	Ausência de serosa na face posterior do duodeno

CAMADAS DO INTESTINO GROSSO (Colo)

Camadas	Constituição
Mucosa	Epitélio simples, células caliciformes, glândulas intestinais com células caliciformes e de absorção
Submucosa	Sem glândulas
Muscular	Circular interna e longitudinal externa – Tênias do colo
Serosa	Ausência de serosa na face posterior do colo ascendente e do descendente

5.12.5. Fígado e pâncreas

Estas duas grandes glândulas abrem-se no duodeno, na papila duodenal maior, reunindo-se a esta altura, seus condutos excretores colédoco e pancreático maior numa ampola única, a **ampola de Vater** ou **hepatopancreática**.

O **fígado** é a maior glândula do organismo e está constituído microscopicamente por lóbulos hexagonais que têm ao centro uma veia (veia central ou centrolobular).

Cada lóbulo está limitado por tecido conjuntivo (cápsula de Glisson) por onde chegam ramos da **a. hepática** (nutriente) e da veia porta (que traz o sangue dos intestinos, carregado de nutrientes, e da área gástrica e esplênica, isto é, do baço).

O sangue é vertido para dentro de pequenos vasos chamados **sinusoides** que o transportam por entre muralhas de células hepáticas, para a veia central. As veias centrais de cada lóbulo confluem para formar veias coletoras, e estas se juntam em veias hepáticas que lançam seu sangue na veia cava inferior.

Este sistema em que uma veia já formada (veia porta) torna a se capilarizar em veias microscópicas (sinusoides) e a seguir se reúne na v. cava inferior é chamado de **rede admirável capilar venosa** ou **sistema porta**, pois normalmente só há rede capilar entre artéria e veia, e aqui o sistema é: **veia – capilares – veia**.

O sangue da veia porta, rico em nutrientes, concede-os aos **hepatócitos** e assim estes podem armazená-los ou modificá-los. O fígado faz reserva para o organismo de glicogênio, gorduras, vitaminas A, D, E e complexo B. Produz proteínas sanguíneas importantes, como a **albumina** e a **protrombina**, esta última imprescindível à coagulação do sangue, e a primeira, a mais importante em quantidade e a responsável mais direta pelas características hidrodinâmicas do plasma sanguíneo.

Por outro lado, o hepatócito produz bile, que por condutos biliares vai ao intestino onde emulsiona as gorduras permitindo sua digestão pelas lipases intestinais e do pâncreas.

Como se vê, o fígado é uma grande estação de metabolização interposta entre os órgãos digestivos e a circulação, desempenhando ainda a grande função de desintoxicação do organismo.

O **pâncreas** está junto ao duodeno. É uma glândula similar às salivares serosas e sua função é a de produzir grande quantidade de enzimas digestivas, principalmente **amilases**, **lipases** e **proteases**, que irão aos intestinos cumprir papel primordial na digestão.

Deve-se destacar a ação de duas proteases, a **quimiotripsina** e a **tripsina**, que continuam a digestão de proteínas não digeridas pela pepsina gástrica.

Afinal, por produtos enzimáticos do pâncreas e intestinos, as chamadas **carboxi** e **aminopeptidases**, as proteínas terminam resolvidas em seus elementos formadores primordiais, os **aminoácidos**, que são assim absorvidos pelas vilosidades intestinais, passando então a constituir o elemento nutriente plasmático mais importante de nosso organismo.

Pequenos agregados de células claras, chamadas **ilhotas de Langerhans**, produzem dois hormônios que são lançados diretamente ao sangue: a **insulina** e o **glucagônio**.

A insulina é produzida pelas **células beta** e determina a polimerização da glicose em glicogênio no fígado.

O glucagônio determina a despolimerização do glicogênio à glicose, e assim estes dois hormônios mantêm normal, no sangue, a concentração de glicose.

5.13. PATOLOGIA DO SISTEMA DIGESTÓRIO

O sistema digestório é sede de uma série muito grande de doenças: algumas infecciosas, isto é, causadas por agentes vivos (bactérias, amebas) como as **disenterias**; outras causadas por erros alimentares como certas **cirroses** do fígado e outras ainda ligadas principalmente a causas psicológicas, como as **úlceras** do estômago e do duodeno; por fim, algumas vinculadas a causas ainda não completamente esclarecidas, como os **cânceres**.

Certas crianças nascem com malformações congênitas do tubo digestivo. São mais comuns aquelas em que áreas do esôfago ou dos intestinos não têm luz, são **estenosadas**. É claro que assim sendo o tubo fica interrompido e o bolo alimentar não pode caminhar. Hoje várias destas malformações podem ser corrigidas cirurgicamente.

Passaremos a seguir a comentar algumas das enfermidades mais comuns dos órgãos do sistema digestório.

Quase todos os indivíduos adultos sofrem de **cáries dentárias** que são o resultado da destruição do esmalte dos dentes pela ação de bactérias. Estas se desenvolvem nos restos alimentares que se acumulam entre os dentes e nas gengivas. Uma vez destruído o esmalte, que é muito duro, as cáries progridem rapidamente nos tecidos mais moles dos dentes e estes poderão ser destruídos se a cárie não for tratada.

Nas amígdalas existe uma série de fendas mais ou menos profundas, onde facilmente se acumulam uma série de restos de alimentos. Assim sendo é fácil de compreender que nestas proliferem bactérias e outros germes. É por isso que, especialmente nas crianças e nos jovens, são tão comuns as inflamações das **tonsilas** (amígdalas), as **amigdalites**.

Nos adultos, e principalmente nos adultos que vivem nas cidades grandes e nos países mais civilizados, são comuns as **úlceras** do estômago e do duodeno; elas são o resultado da destruição, pelo suco gástrico, de um pedaço da mucosa gástrica ou duodenal.

Habitualmente o estômago secreta ácido clorídrico e enzimas digestivas apenas durante as fases da digestão; em pessoas nervosas ou em pessoas sob estado de tensão, sob a ação irritante de certas drogas ou ainda sob a ação de outras causas, o ácido clorídrico e as enzimas são constantemente produzidos ou não são propriamente neutralizados. O resultado é o aparecimento de lesões nos pontos mais delicados da mucosa ou nos pontos onde há mais atritos dos alimentos com a mucosa.

Formam-se, assim, as úlceras que não cicatrizam enquanto perdurarem as causas do excesso de secreção ou de falta de neutralização. Estas úlceras podem progredir a ponto de furar toda a parede do estômago com consequente saída do conteúdo gástrico para dentro da cavidade do peritônio, aí produzindo o aparecimento de uma inflamação grave do peritônio, a **peritonite**.

As **disenterias** são o resultado da agressão à mucosa do intestino grosso por bactérias, amebas ou mesmo certas substâncias tóxicas. Os agentes chegam ao intestino por meio da contaminação dos alimentos, especialmente da água, do leite, das carnes mal conservadas e das verduras frescas.

Como resultado da lesão do intestino grosso os movimentos peristálticos se aceleram, produzindo as **cólicas** e a evacuação de fezes líquidas (isto porque a água é reabsorvida das fezes no intestino grosso: se as fezes passam muito depressa a água não pode ser absorvida).

As crianças pequenas, os velhinhos e os doentes graves resistem muito pouco às perdas de líquidos; eles se **desidratam** com facilidade. A **desidratação** consequente das disenterias é especialmente grave no verão, porque devido ao calor já há perda excessiva do líquido por meio do suor.

Certas formas de infecções do intestino foram muito importantes no passado. Referimo-nos à **cólera** e à **febre tifoide**, ambos quase completamente controlados pela medicina moderna.

Uma das inflamações mais comuns do trato intestinal é aquela que acomete o apêndice vermiforme. As **apendicites**, como são chamadas, resultam da agressão da mucosa apendicular por bactérias. Muitas vezes uma apendicite não tratada com urgência pode determinar uma peritonite, em consequência da saída de pus para o interior da cavidade peritonial.

A grande maioria dos **cânceres** do sexo masculino ocorre no tubo digestivo. Entre eles o mais importante em nosso país é o **câncer do estômago**; seguem o **câncer do esôfago** e o **câncer do intestino grosso**.

É muito comum em nossa terra dizer que as pessoas "sofrem do fígado". Na verdade, o fígado é um órgão tão grande e com tamanha capacidade de adaptação que raramente fica doente.

A maioria das tão faladas "doenças do fígado" são do estômago, do intestino ou da vesícula biliar.

Algumas doenças do fígado causadas por vírus, como as hepatites, são graves e devem ser tratadas com acompanhamento médico. A mais comum é a hepatite A, que é também a menos grave; a hepatite B é muito grave, assim como a C. Para a hepatite B há vacina.

As **cirroses** são a consequência de um completo desarranjo da arquitetura do fígado. Ocorrem frequentemente nos alcoólatras ou após certas infecções do fígado, como a **hepatite epidêmica**. São doenças muito graves e geralmente mortais após poucos anos de evolução.

No Brasil, especialmente no nordeste, existe uma verminose, a **esquistossomose**, que produz lesões graves no fígado, semelhantes às cirroses. Na vesícula biliar é comum, especialmente nas mulheres, o aparecimento de **cálculos ou pedras**. Quando estas pedras são eliminadas podem entupir o ducto cístico ou ducto colédoco produzindo as cólicas da vesícula.

Os **cânceres** do fígado são relativamente raros no Brasil; são, porém, mais comuns no nordeste.

As doenças do pâncreas também são relativamente raras.

QUESTIONÁRIO E EXERCÍCIOS DE FIXAÇÃO

Após o estudo deste Capítulo, o aluno deverá estar apto a responder as questões a seguir.

1. Quais as funções básicas do sistema digestório?
2. Cite as divisões do sistema digestório.
3. Cite as glândulas anexas do sistema digestório.
4. Defina a boca e seus limites.
5. Descreva a constituição do palato.
6. Descreva a língua.
7. Cite as partes constituintes dos dentes.
8. Descreva as dentições decídua e permanente e as respectivas notações.
9. Cite a função de cada dente permanente.

10. Descreva a constituição da faringe e suas relações.
11. Descreva a localização das tonsilas (amígdalas) encontradas na naso e na orofaringe.
12. Cite os locais de abertura dos ductos das glândulas salivares maiores.
13. Defina o esôfago e localize suas constrições.
14. Descreva o estômago e suas relações.
15. O que se entende por "peritônio" e quais as principais dobras peritoniais?
16. Descreva o duodeno e as suas relações com o fígado e o pâncreas.
17. Descreva o jejunoíleo.
18. Localize o ducto cístico.
19. Descreva as partes do intestino grosso.
20. Qual a constituição e a função das tênias do colo (cólon)?
21. Cite as estruturas do pedículo hepático.
22. Defina o fígado.
23. Cite as principais funções hepáticas.
24. Descreva o pâncreas e suas funções.
25. O que se entende por vias biliares?
26. Explique a diferença entre o quimo e o quilo no processo da digestão.
27. Defina e localize a vesícula biliar.
28. Qual a formação e o papel da veia porta na função hepática?
29. Explique o "Sistema Porta".
30. Como se formam as cáries dentárias e as úlceras?

Capítulo 6

Sistema circulatório e sistema linfático

6.1. SISTEMA CIRCULATÓRIO

O **sistema circulatório** ou **vascular** agrupa os órgãos destinados à circulação do **sangue** e da **linfa**. É constituído por um conjunto fechado de tubos distribuídos por todo o organismo, que são os **vasos arteriais**, os **vasos venosos** que contêm o sangue e os **vasos linfáticos** que contêm a linfa, e por um órgão central a partir do qual o sangue é impulsionado, o **coração** (Figuras 63 a 65).

6.1.1. Coração

O **coração** é um órgão oco constituído de músculo estriado especial, situado no tórax entre os dois pulmões, ocupando juntamente com os vasos que dele partem e nele chegam, o **mediastino médio**. Pode-se defini-lo como sendo uma **bomba muscular aspirante-premente** cujo volume corresponde aproximadamente a uma mão fechada.

Pesa mais ou menos 250g no homem adulto e nos primeiros sete anos de vida cresce muito rapidamente. Está contido em um saco fibroseroso, o **pericárdio** (Figura 64). A forma do coração pode ser comparada a um cone oblíquo, com base voltada para trás e para a direita, e o ápice ou ponta dirigido para a frente e para a esquerda, tocando a parede do tórax na altura da 5ª costela, mais ou menos 9 cm à esquerda do plano mediano do corpo, onde normalmente é auscultado.

Externamente o coração é revestido pelo **epicárdio**, membrana delgada de natureza mesotelial. O coração acha-se dividido pelo **septo cardíaco** em duas metades, direita e esquerda. A metade direita é o coração direito ou venoso por onde circula o sangue sem oxigênio. A metade esquerda é o coração esquerdo ou arterial no qual circula sangue oxigenado.

Cada metade do coração subdivide-se em duas partes, uma superior e outra inferior e assim temos as quatro **cavidades cardíacas**: à direita o **átrio** e o **ventrículo direitos** e à esquerda, o **átrio** e o **ventrículo esquerdos**.

Identificam-se externamente as cavidades do coração pela presença de depressões ou sulcos existentes na sua superfície: o **sulco interatrial**, pouco marcado, vertical, separa o átrio direito do átrio esquerdo; o **sulco atrioventricular**, transversal, mais pronunciado, separa os átrios dos ventrículos. O **sulco interventricular**, também vertical, que separa os ventrículos direito e esquerdo, anterior e posteriormente (Figura 65). Internamente os átrios separam-se dos ventrículos devido à presença de duas **valvas** (válvulas) conhecidas como **valvas atrioventriculares direita** e **esquerda**, também chamadas: **valva tricúspide**, a que separa o átrio do ventrículo direito e **bicúspide** ou **mitral**, a que separa o átrio esquerdo do ventrículo esquerdo.

6.1.1.1. Cavidades do coração

Átrio direito: Esta cavidade ocupa a parte direita da base do coração, continuando-se, anteriormente, por um apêndice semelhante ao pavilhão da orelha, a *aurícula* (Figura 64). Ao átrio direito chegam as *vv. cavas inferior* e *superior* que trazem ao coração o sangue venoso dos membros inferiores, abdome (veia cava inferior) e dos membros superiores, pescoço, cabeça e tórax (veia cava superior). Também desemboca no átrio direito o *seio* *coronário* que conduz o sangue venoso da musculatura própria do coração. O átrio direito está separado do esquerdo por uma parede, que é uma parte do septo cardíaco, aqui chamado septo *interatrial*. Neste septo, identifica-se uma depressão ovalada, a *fossa oval*, que representa o local onde, no feto, se encontra o *forame oval* que comunica os dois átrios, permitindo a mistura do *sangue venoso* do átrio direito com o *sangue arterial* do átrio esquerdo (FIGURA 66).

A superfície interna do átrio direito apresenta-se lisa em uma parte, com aspecto rugoso em outra

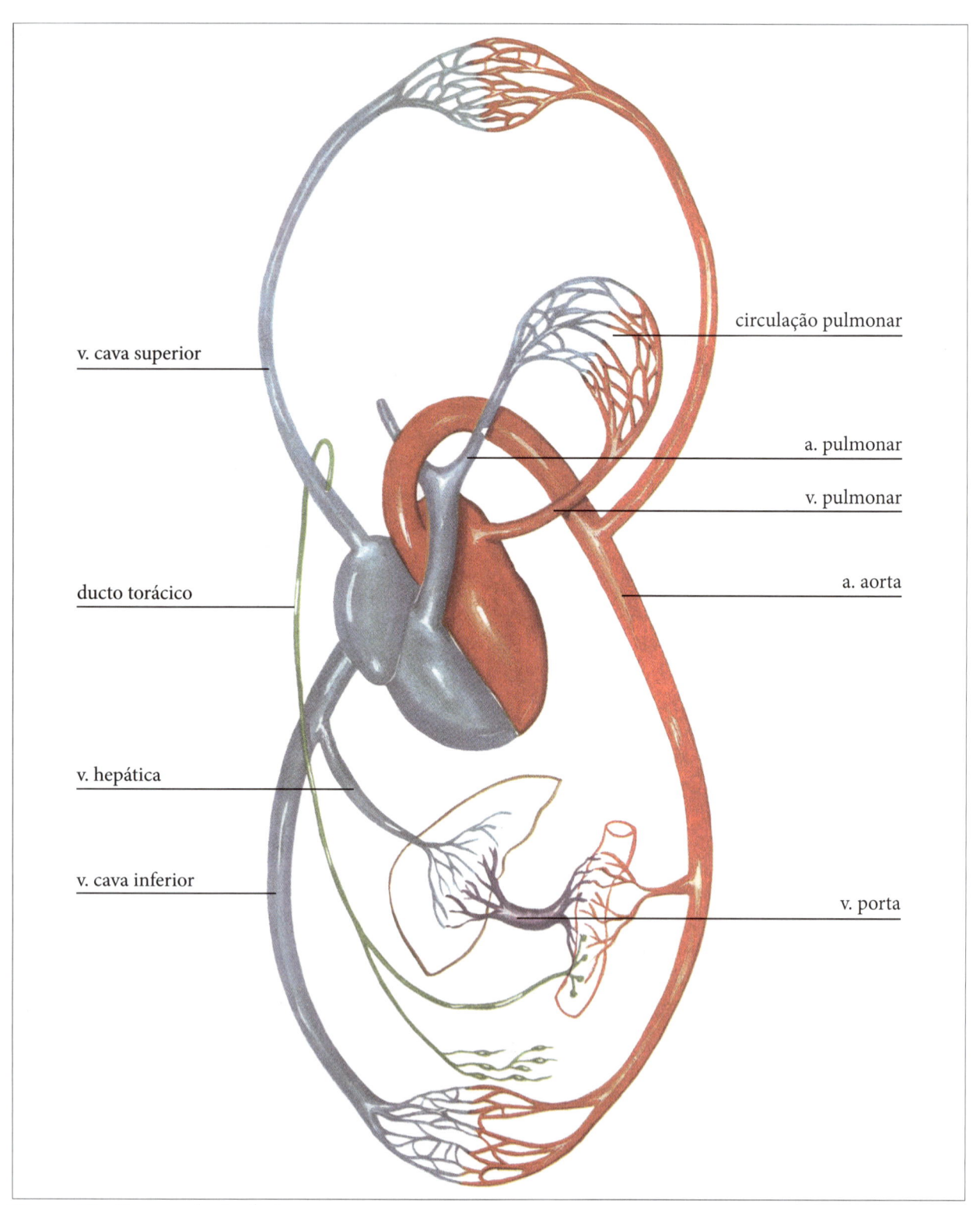

FIGURA 63 – Esquema da circulação

Sistema circulatório e sistema linfático

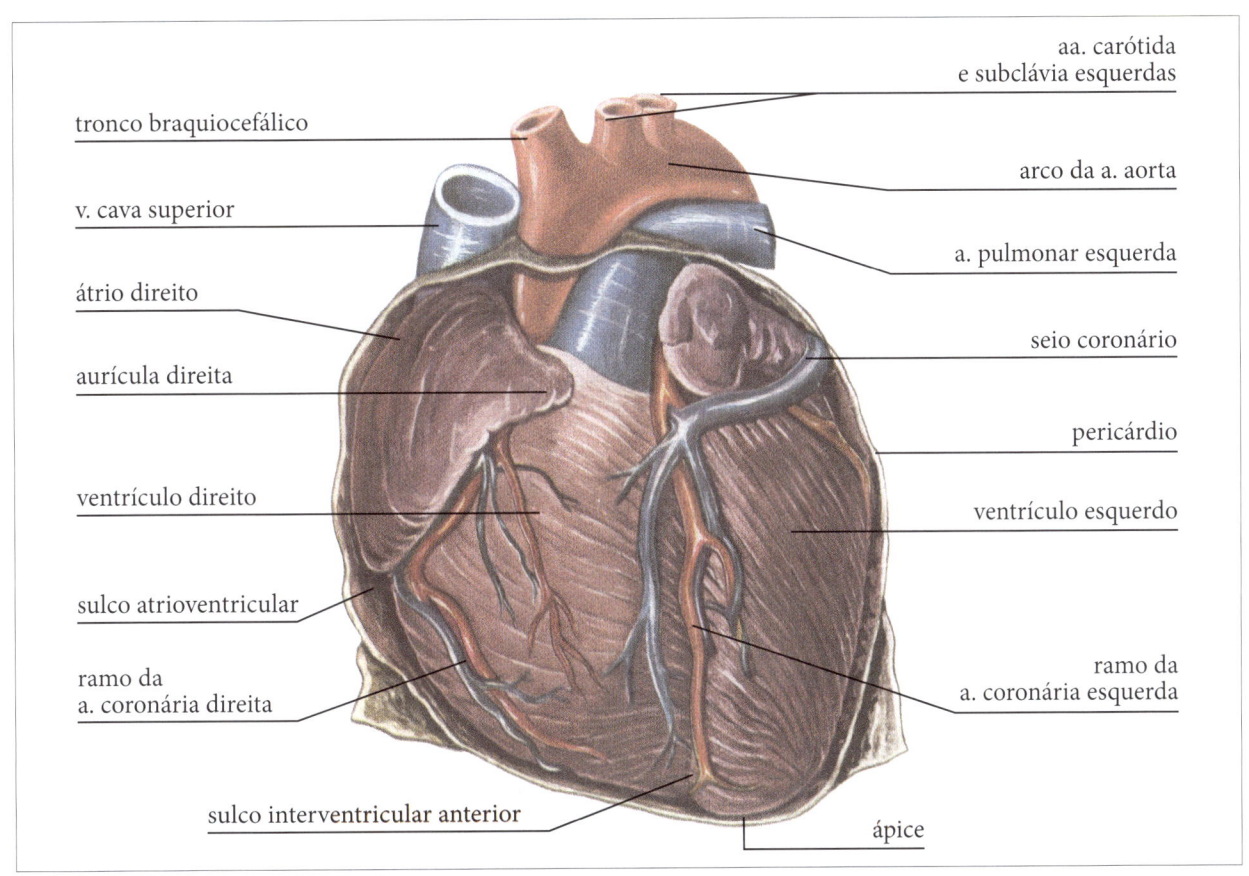

FIGURA 64 – Vista anterior do coração

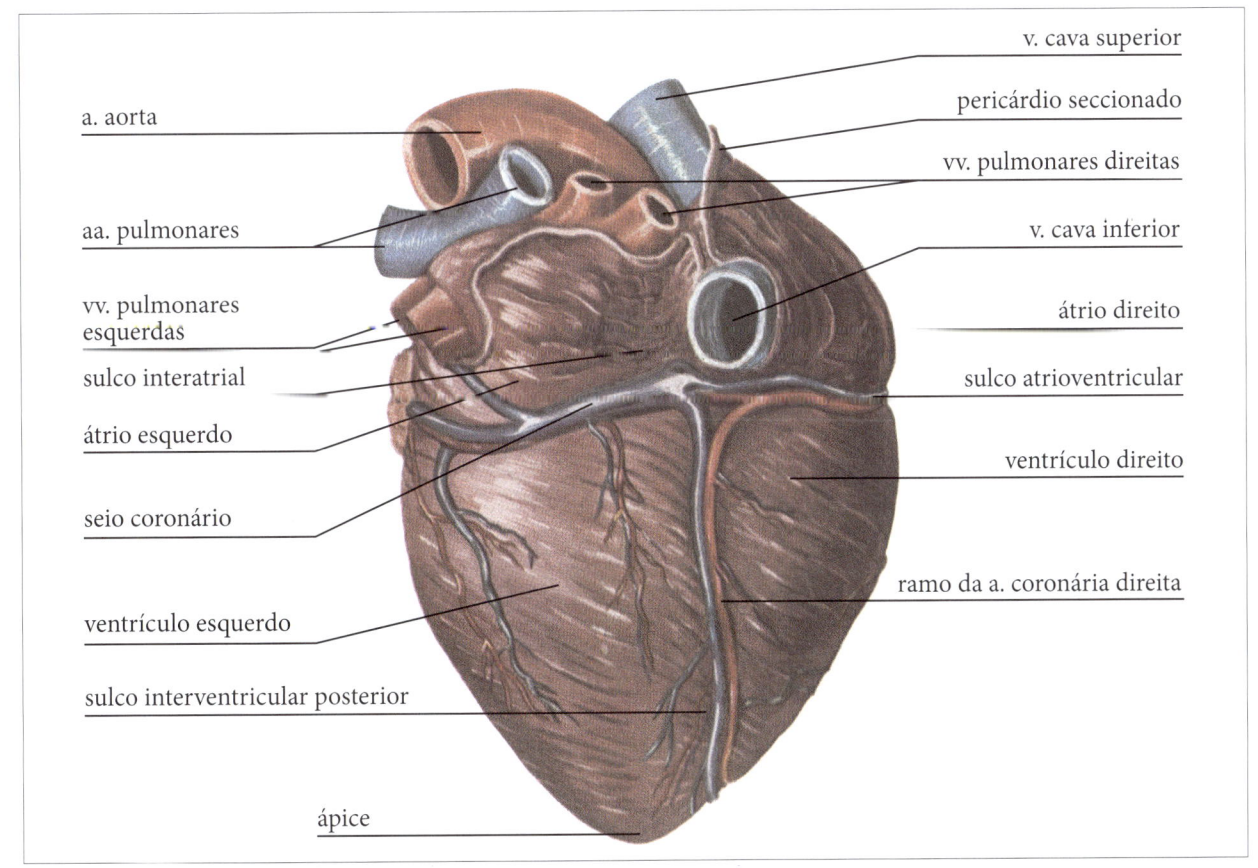

FIGURA 65 – Vista posterior do coração

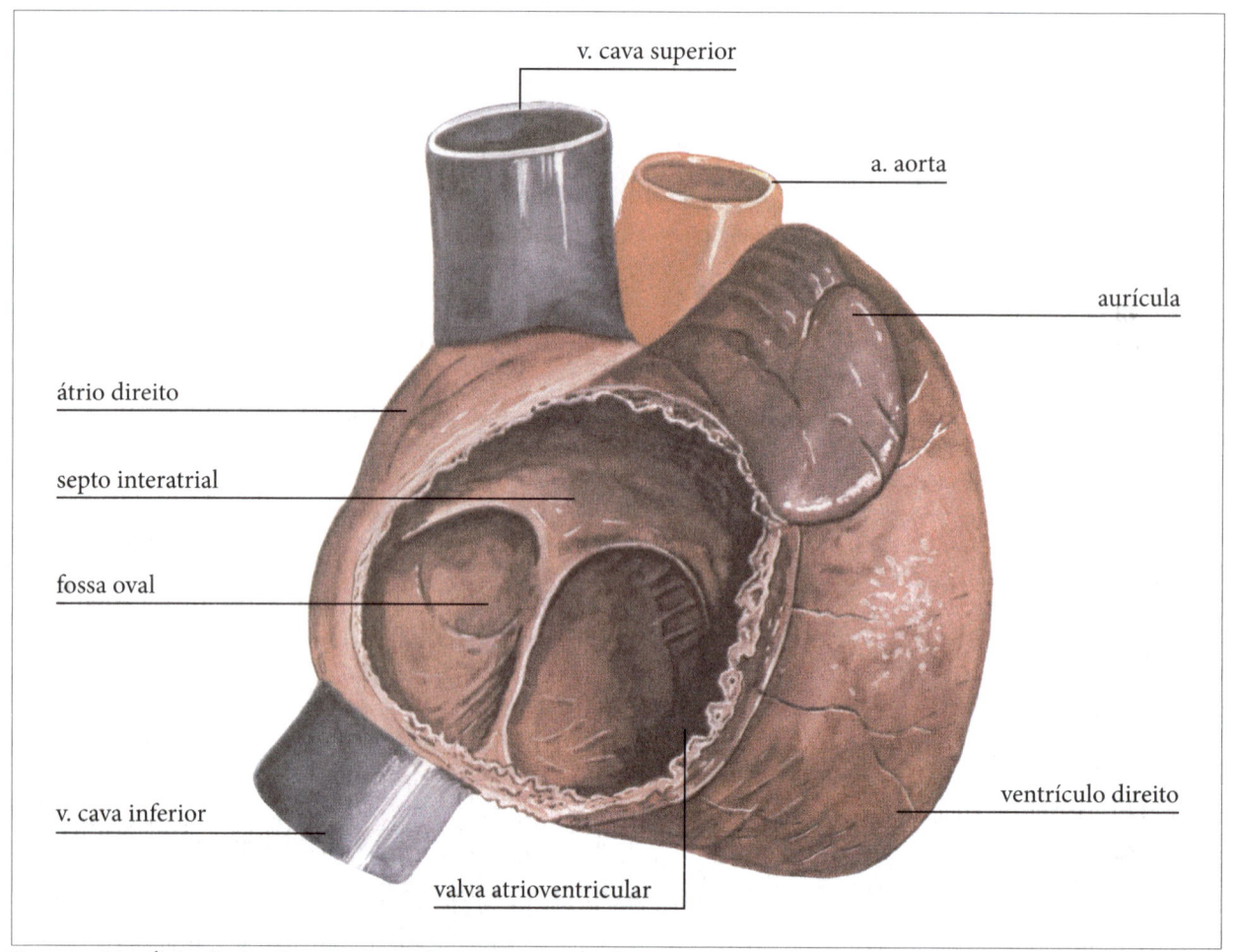

FIGURA 66 – Átrio direito aberto mostrando o septo interatrial

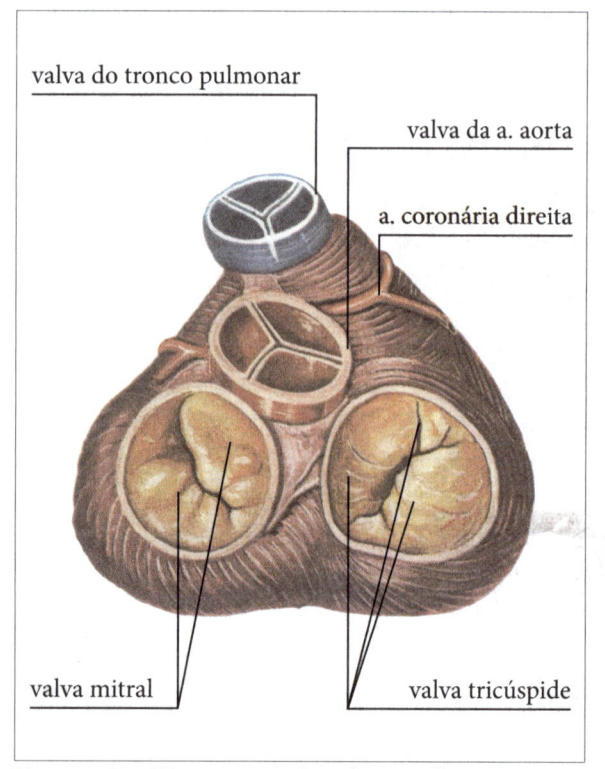

FIGURA 67 – Vista superior das valvas cardíacas

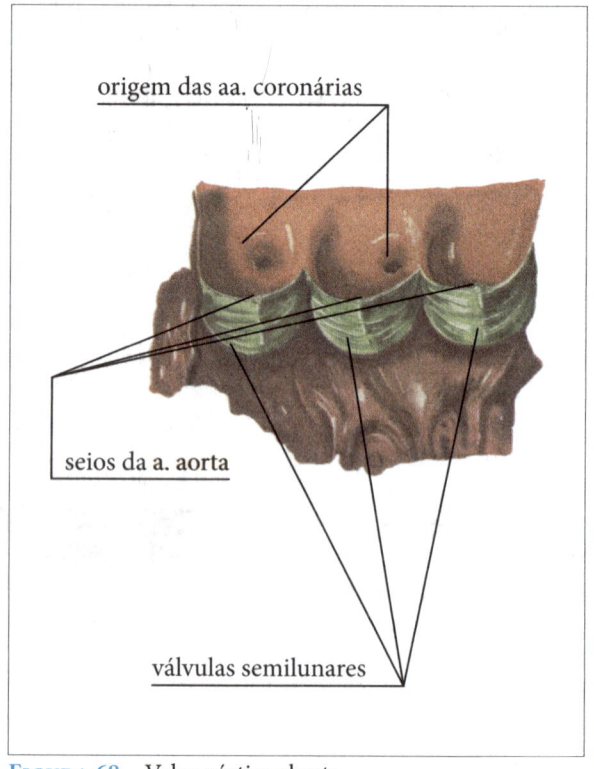

FIGURA 68 – Valva aórtica aberta

devido às elevações musculares de sua parede, os **mm. pectíneos**. O átrio direito comunica-se com o ventrículo direito por meio do **óstio atrioventricular**, limitado por um anel fibroso, que dá sustentação à **valva atrioventricular** ou **tricúspide**, cuja função consiste em permitir a passagem do sangue para o ventrículo e impedir seu refluxo para o átrio.

Ventrículo direito: Constitui a maior parte da face anterior do coração. Sua parede possui uma espessura que representa 1/3 da espessura do ventrículo esquerdo. Internamente sua superfície apresenta relevos musculares chamados *trabéculas cárneas* (carnosas).

Os **mm. papilares** representam um tipo de trabéculas cárneas de forma cônica, cuja base está implantada na parede do ventrículo, e seus ápices se continuam por **cordas tendíneas**, que se inserem nas cúspides da valva atrioventricular ou tricúspide. Esta valva é formada por três **cúspides**, anterior, posterior e septal, que se inserem no anel fibroso, que limita o **óstio atrioventricular** (Figuras 66 e 70).

O ventrículo direito está separado do seu homônimo pelo **septo interventricular** que, juntamente com o **septo interatrial**, constituem o **septo cardíaco** que separa o átrio e o ventrículo direitos (coração venoso) do átrio e o ventrículo esquerdos (coração arterial). O septo cardíaco é de natureza músculo-membranácea, sendo que a porção membranácea está restrita ao ponto de transição da parte interatrial à interventricular. Do ventrículo direito, parte o **tronco pulmonar** que, após curto trajeto, divide-se em **a. pulmonar direita** e **a. pulmonar esquerda**, por meio das quais o ventrículo impulsiona o sangue venoso aos pulmões onde se processam as trocas gasosas, isto é, o sangue elimina o CO_2 e recebe o O_2. No início do tronco pulmonar junto ao ventrículo direito, encontra-se um aparelho valvular orientado no sentido da circulação do sangue, de modo a deixar que o sangue passe para as **aa. pulmonares** na contração do ventrículo e impedir que o sangue volte ao ventrículo durante o seu relaxamento. Este aparelho valvular é constituído por três **válvulas** semilunares que no seu conjunto constituem a **valva pulmonar**.

Átrio esquerdo: este átrio forma quase toda a base do coração. Apresenta também, um apêndice ou divertículo, a *aurícula*, que se estende para a face anterior do coração. Suas paredes apresentam as mesmas características do átrio direito. O átrio

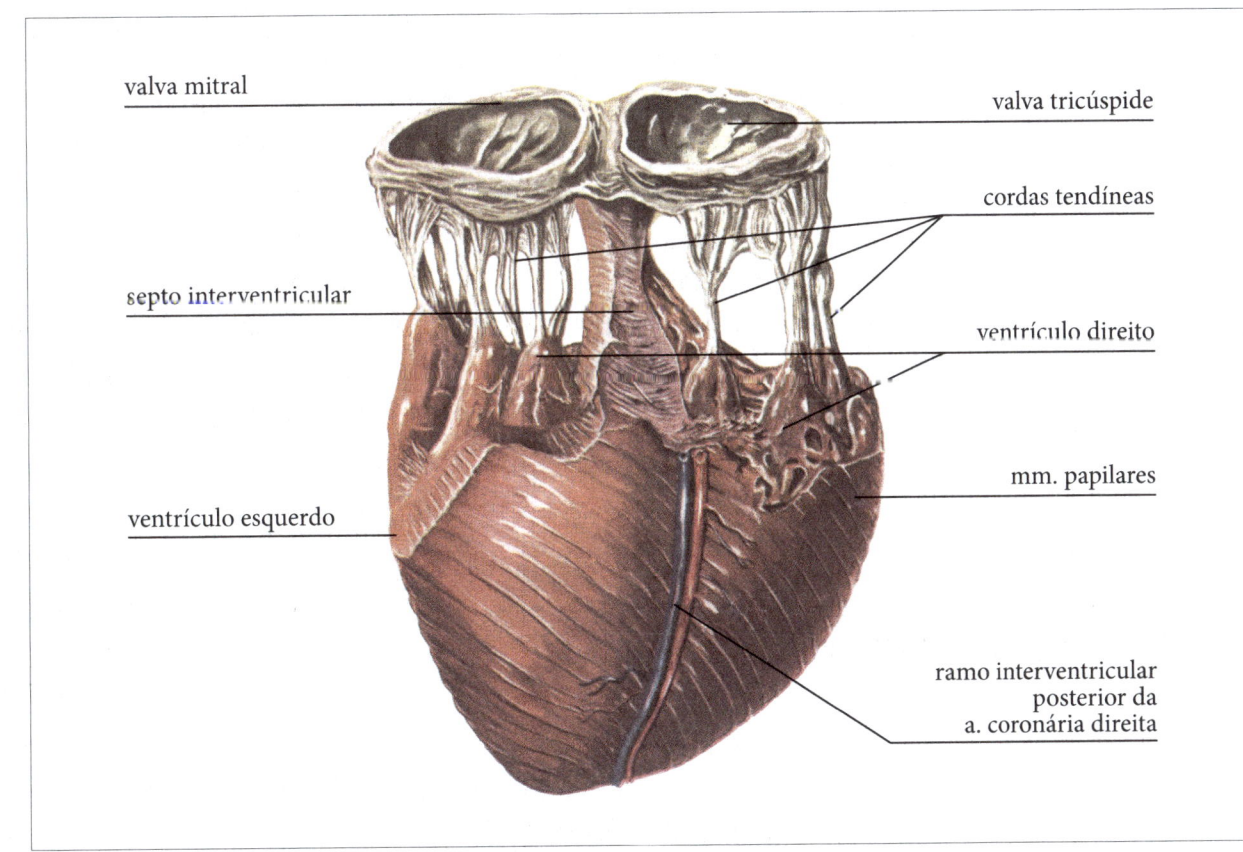

Figura 69 – Valvas atrioventriculares esquerda e direita

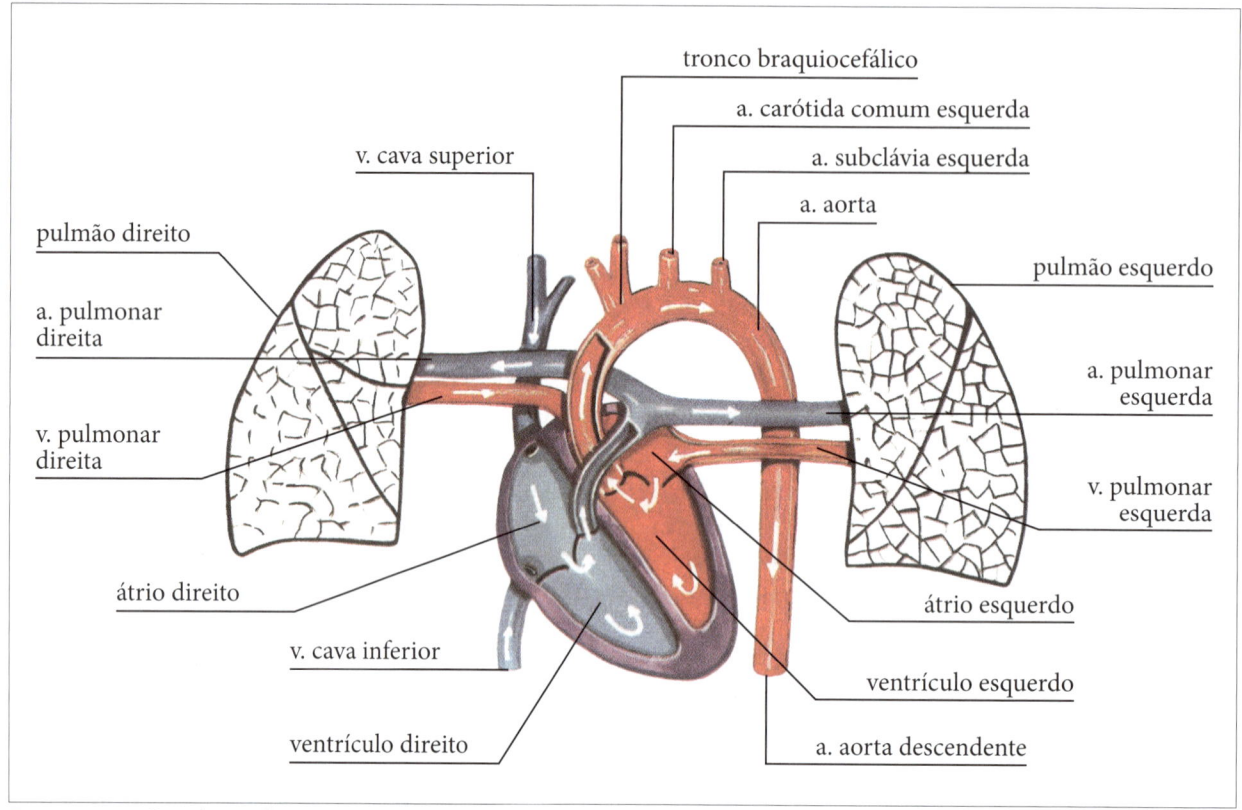

Figura 70 – Circulação do sangue no coração e pulmões

esquerdo recebe as quatro veias pulmonares, duas direitas e duas esquerdas que, ao contrário das demais veias do organismo, conduzem *sangue arterial* vindo dos pulmões após a hematose (**Figura 65**).

Esta cavidade comunica-se com o ventrículo esquerdo por intermédio do **óstio atrioventricular**, limitado pelo **anel fibroso** no qual se encontra a **valva atrioventricular esquerda**, também chamadas bicúspide ou mitral (**Figuras 67 e 69**).

Ventrículo esquerdo: corresponde à maior parte da face posterior e do ápice (ponta) do coração. Possui parede consideravelmente mais espessa do que o direito e é a partir dele que o sangue arterial é impulsionado para todo o organismo. No ventrículo esquerdo situam-se as cúspides anterior e posterior da *valva mitral*, que à semelhança da *valva tricúspide* se inserem nos músculos papilares através de cordas tendíneas, estruturas estas encontradas nos dois ventrículos (**Figura 69**).

Do ventrículo esquerdo nasce a mais importante e mais calibrosa artéria do organismo, a **aorta**. No local de emergência da artéria encontra-se a **valva aórtica**, semelhante à existente no tronco pulmonar, isto é, constituída por **três válvulas semilunares**, denominadas: posterior, direita e esquerda (**Figura 68**). O espaço compreendido entre a parede da aorta e as válvulas semilunares chama-se **seio aórtico** e é neste ponto que a aorta emite seus primeiros ramos, as **aa. coronárias** direita e esquerda que vão nutrir o músculo cardíaco, isto é, o próprio coração.

6.1.1.2. Sistema condutor do coração

Existe no coração um sistema especial de condução que leva os estímulos a todo o **miocárdio** (nome dado ao músculo cardíaco). É o sistema de condução ou excitocondutor, que atua da seguinte forma:

1. No átrio direito próximo à entrada da veia cava superior encontra-se o nó sinuatrial (marca-passo), onde se originam os impulsos automáticos que se propagam em toda a musculatura do átrio.

2. Na porção membranácea do septo cardíaco encontra-se o **nó atrioventricular**, que envia prolongamentos para os átrios e estende-se pelo septo interventricular, constituindo o **fascículo atrioventricular** ou **feixe de His**, que se distribui para cada ventrículo.

6.1.2. Artérias

As **artérias** são vasos que partem do coração, portanto de condução **centrífuga**. Transportam sangue arterial, isto é, rico em oxigênio e nutrientes. As artérias **por divisão** originam vasos cada vez menores que penetram nos órgãos e tecidos até atingir os menores vasos arteriais, os **capilares**, onde se processam as trocas de substâncias nutrientes trazidas pelo sangue com os resíduos celulares. A partir daí têm origem os **capilares venosos** que vão constituir as *veias*, vasos que chegam ao coração, portanto de condução **centrípeta**.

O sangue que parte e chega ao coração passa por dois circuitos distintos, a **pequena circulação** ou **circulação pulmonar** e a **grande circulação** ou **circulação sistêmica**.

Na circulação pulmonar o sangue vai aos pulmões pela artéria pulmonar (representada em azul nas figuras, por transportar sangue venoso) e volta ao coração pelas veias pulmonares (representadas em vermelho nas figuras, por transportarem sangue arterial).

A grande circulação é dada pela **a. aorta** que, por divisão e ramos colaterais origina todas as demais artérias do organismo que levam sangue oxigenado e substâncias nutritivas a todas as partes do corpo. Este sangue volta ao coração pelas **vv. cavas superior** e **inferior** que se formam pela reunião de todas as veias do organismo.

As artérias no vivente podem ser apalpadas em diferentes regiões, como no pescoço (**a. carótida**), no punho (**a. radial**), na virilha (**a. femoral**) Percebe-se a pulsação destas artérias devido à pressão do sangue nelas contido. A parede das artérias é mais espessa e mais elástica do que a parede das veias, exatamente para suportar a alta pressão a que são submetidas pelo sangue, enquanto que as veias possuem paredes muito delgadas, visto ser praticamente nula a pressão nestes vasos.

6.1.2.1. Pequena circulação ou circulação pulmonar

Esta circulação, também chamada funcional, começa no ventrículo direito do coração através do **tronco pulmonar** (Figura 65). Este tronco, poucos centímetros após deixar o ventrículo direito, bifurca-se em dois ramos, que são as **aa. pulmonares direita** e **esquerda**, que levam o sangue venoso para cada pulmão. Estas artérias vão se dividindo dentro dos pulmões seguindo a ramificação dos brônquios até atingir os menores vasos, que são os **capilares**. Estes estabelecem uma rede nos alvéolos pulmonares (Figura 49), onde o sangue venoso deixa o CO_2 e recebe o O_2 e aí segue pelos **capilares venosos**, que vão formar as veias pulmonares onde circula agora o sangue arterial. Os ramos das veias pulmonares acompanham os septos conjuntivos dos segmentos broncopulmonares e vão se reunir até formar **duas vv. pulmonares** para cada pulmão, que atingem o **átrio esquerdo** do coração, completando assim a circulação pulmonar.

6.1.2.2. Grande circulação ou circulação sistêmica (Figuras 66 a 71)

Inicia-se no ventrículo esquerdo do coração pela **a. aorta** (Figura 71). Esta, ainda antes de sair do ventrículo esquerdo, emite seus dois primeiros ramos, as **aa. coronárias direita e esquerda**, que vão nutrir o próprio coração. A aorta, ao sair do ventrículo, tem um curto trajeto **ascendente** após o qual volta-se bruscamente para a esquerda e para baixo seguindo um longo trajeto descendente, que se estende do tórax até a parte mais baixa do abdome, onde se bifurca. Entre o trajeto ascendente e o início do trajeto descendente a aorta forma um arco (**cajado aórtico**) do qual partem três grandes artérias: o **tronco braquiocefálico**, a **a. carótida comum esquerda** e a **a. subclávia esquerda**. Na face côncava do arco da aorta partem as duas **aa. bronquiais** que promovem a vascularização nutritiva do pulmão. Ainda são ramos da aorta torácica nove pares de **aa. intercostais** que levam sangue à parede do tórax. Ao atravessar o músculo diafragma pelo **hiato aórtico**, a **a. aorta** passa a chamar-se **aorta abdominal**, e seus primeiros ramos na cavidade abdominal são as **aa. frênicas inferiores** que suprem o diafragma. Importantes ramos da aorta abdominal são: o **tronco celíaco** que origina três grandes artérias: a **a. hepática comum** para o fígado, a **a. gástrica esquerda** para a pequena curvatura do estômago e a **a. lienal** para o baço. Logo abaixo do tronco celíaco emergem as **aa. suprarrenais** para as glândulas suprarrenais, as **aa. renais** para os rins, e entre elas a **a. mesentérica superior** que vasculariza quase todo o intesti-

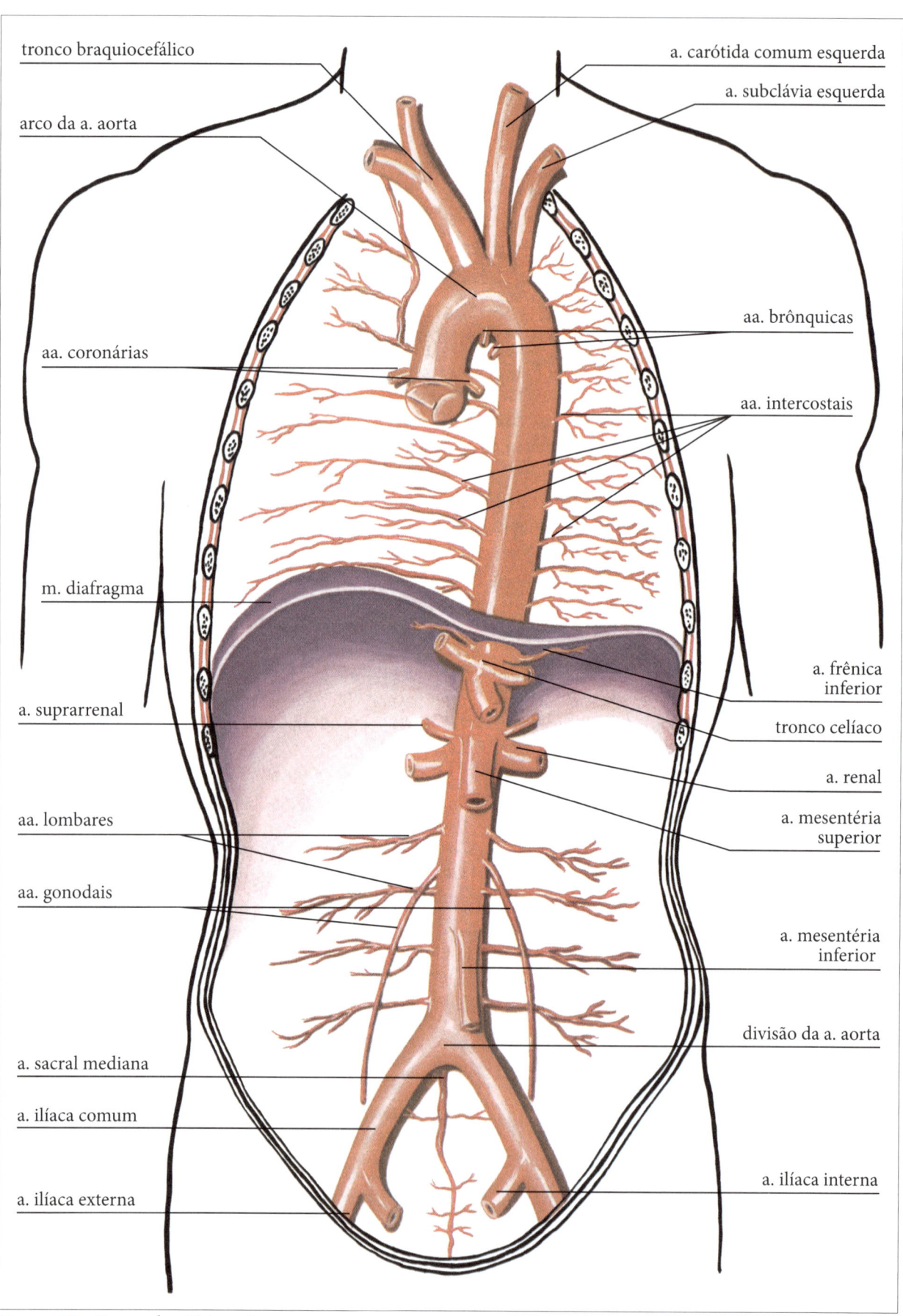

Figura 71 – Ramos da artéria aorta

no juntamente com a **a. mesentérica inferior**. Partem da **a. aorta**, ainda as **aa. testiculares** ou **ováricas** e quatro ou cinco ramos de **aa. lombares** que se distribuem na parede do abdome. Após originar estes ramos, a aorta bifurca-se em artérias **ilíacas comuns esquerda** e **direita**.

Próximo da bifurcação da aorta, parte a **a. sacral mediana** que se estende até o cóccix.

Cada **a. ilíaca comum**, agora na cavidade pélvica, bifurca-se em **a. ilíaca externa** e **a. ilíaca interna** (ou **hipogástrica**). Esta última dirige-se para dentro da pelve e através de seus ramos vai vascularizar os órgãos genitais internos, parte do reto e bexiga.

A **a. ilíaca interna** ramifica-se nas seguintes artérias: **umbilical, uterina, retal média, pudenda interna, glútea superior, obturatória** e **glútea inferior**.

A **aa. ilíaca externa** dirige-se para o membro inferior e ao atravessar a parede abdominal passa a chamar-se **a. femoral**, já na altura da coxa. Esta artéria promove a vascularização de todo o membro inferior por meio de seus ramos. Na coxa, a **a. femoral** origina a **a. femoral profunda** que irriga a coxa.

Na altura da articulação do joelho, na fossa poplítea, a **a. femoral** passa a chamar-se **a. poplítea** e dela partem as **aa. tibiais anterior** e **posterior** e a **fibular**, além de ramos colaterais para o joelho. A **a. tibial anterior** continua até o pé como **a. dorsal do pé**. A **a. tibial posterior**, após percorrer a parte posterior da perna, atinge a planta do pé, onde se originam as **aa. plantares medial** e **lateral**, que vão constituir o arco plantar a partir do qual se originam as **aa. metatársicas** e destes as **aa. digitais**, para a irrigação dos dedos.

O tronco braquiocefálico origina as **aa. carótida comum direita** e **subclávia direita**, enquanto que a **a. carótida comum esquerda** e a **a. subclávia esquerda** partem diretamente do arco da aorta.

As artérias carótidas comuns sobem no pescoço uma de cada lado e na altura do osso hioide cada uma bifurca-se em **a. carótida interna** e **a. carótida externa**.

A **a. carótida externa** envia ramos para a glândula tireoide, para a faringe, língua, face, couro cabeludo e dentes, por meio dos seguintes ramos: **a. tireoidea superior, a. faríngea ascendente, a. lingual, a. facial, a. occipital, a. auricular posterior, a. temporal superficial** e **a. maxilar**, que penetra profundamente na face fornecendo ramos para as arcadas dentárias superior, inferior e para a dura-máter (membrana que envolve o encéfalo) através da **a. meníngea média**.

A **a. carótida interna** dirige-se para a cavidade craniana onde vai irrigar grande parte do sistema nervoso central e também as estruturas da órbita, pela **a. oftálmica**.

As **aa. subclávias** destinam-se aos membros superiores. São ramos importantes de cada **a. subclávia**, antes de atingir o membro, as seguintes artérias: **vertebral**, que passa pelos forames dos processos transversos das vértebras cervicais (exceto a 7ª) até atingir a cavidade do crânio, onde as duas artérias vertebrais vão se unir para formar a **a. basilar** que completa a irrigação do encéfalo e parte da medula espinhal alta; a **torácica interna** ou **mamária interna**, que desce ao lado do osso esterno, junto à parede do tórax internamente e emite ramos para a pleura, pericárdio e para a mama; **a. tireoidea inferior**, para a glândula tireoide; ramos, para as partes profundas do pescoço e região da escápula.

A **a. subclávia** ao atingir a axila passa a chamar-se **a. axilar**, que continua no braço como **a. braquial**. Da **a. axilar** partem ramos para a região ântero-lateral do tórax, para o ombro e a axila.

A **a. braquial** no cotovelo bifurca-se em **a. ulnar** e **a. radial** que se prolongam até a mão onde vão formar os **arcos arteriais palmares superficial** e **profundo**, de onde partem as **aa. digitais** para os dedos.

6.1.2.3. Artérias do cérebro (encéfalo)

A circulação cerebral é dada por quatro artérias, duas **carótidas internas** e as duas **vertebrais**, que formam a **a. basilar** (FIGURA 72).

Das carótidas partem as **aa. cerebrais anteriores** unidas entre si pelo ramo comunicante anterior. As **aa. cerebrais médias** representam a continuação das carótidas. A **a. basilar** bifurca-se no encéfalo em **aa. cerebrais posteriores**, fornecendo também ramos para o cerebelo por meio das **aa. cerebelares**. As artérias cerebrais posteriores unem-se às carótidas por meio de ramos comunicantes posteriores que, na base do encéfalo, vão formar um **círculo arterial cerebral** (Polígono de Wyllis), do qual partem os ramos arteriais destinados à vascularização do encéfalo.

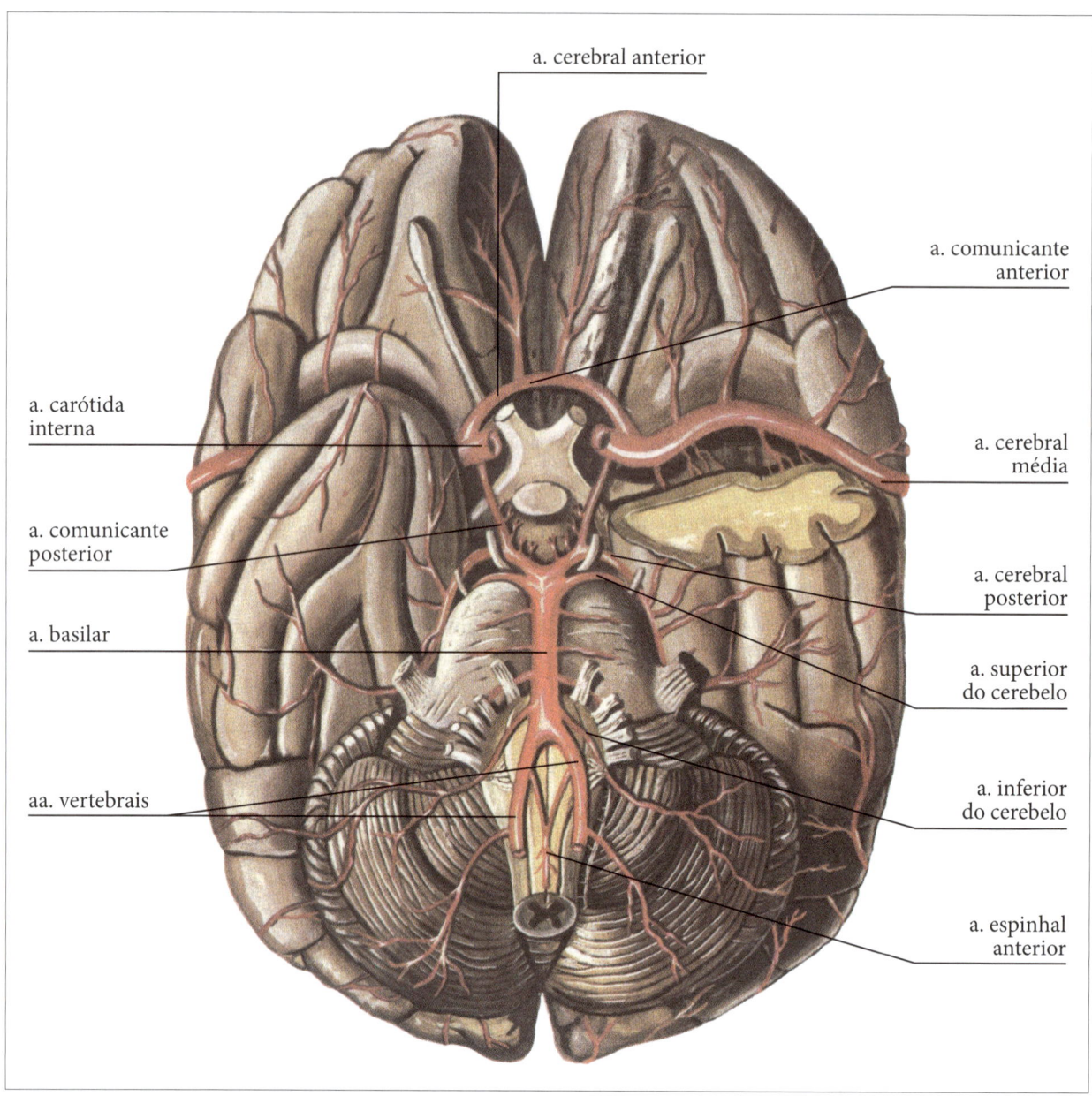

FIGURA 72 – Artérias do encéfalo

6.1.3. Veias

As veias podem ser classificadas em **superficiais** e **profundas** (FIGURA 73).

As veias superficiais se distribuem por todo o corpo e são facilmente notadas em certas regiões, como nos membros superior e inferior e no pescoço.

As veias superficiais são mais numerosas do que as profundas e são largamente utilizadas em medicina, para a retirada e transfusões de sangue e para aplicação de injeções intravenosas, principalmente as veias superficiais do antebraço (FIGURA 76).

Também são sede de algumas alterações, como a formação de **varizes** nas veias superficiais dos membros inferiores. As veias são dotadas de válvulas, no seu interior, que impedem o refluxo do sangue. Algumas veias profundas de grande calibre, assim como as veias do pescoço e da cabeça, não possuem válvulas.

De modo geral as veias profundas do corpo acompanham as artérias, sendo duas para cada artéria, e recebem o mesmo nome desta.

Todas as veias do corpo confluem para formar três grandes troncos que desembocam no átrio direito do coração: **v. cava superior**, **v. cava inferior** e **seio coronário**.

Sistema circulatório e sistema linfático

v. jugular

a. carótida

artérias e veias do pescoço e cabeça

v. subclávia

a. subclávia

pulmão

coração

v. cava inferior

a. aorta

baço

fígado

rim

divisão da a. aorta

formação da v. cava

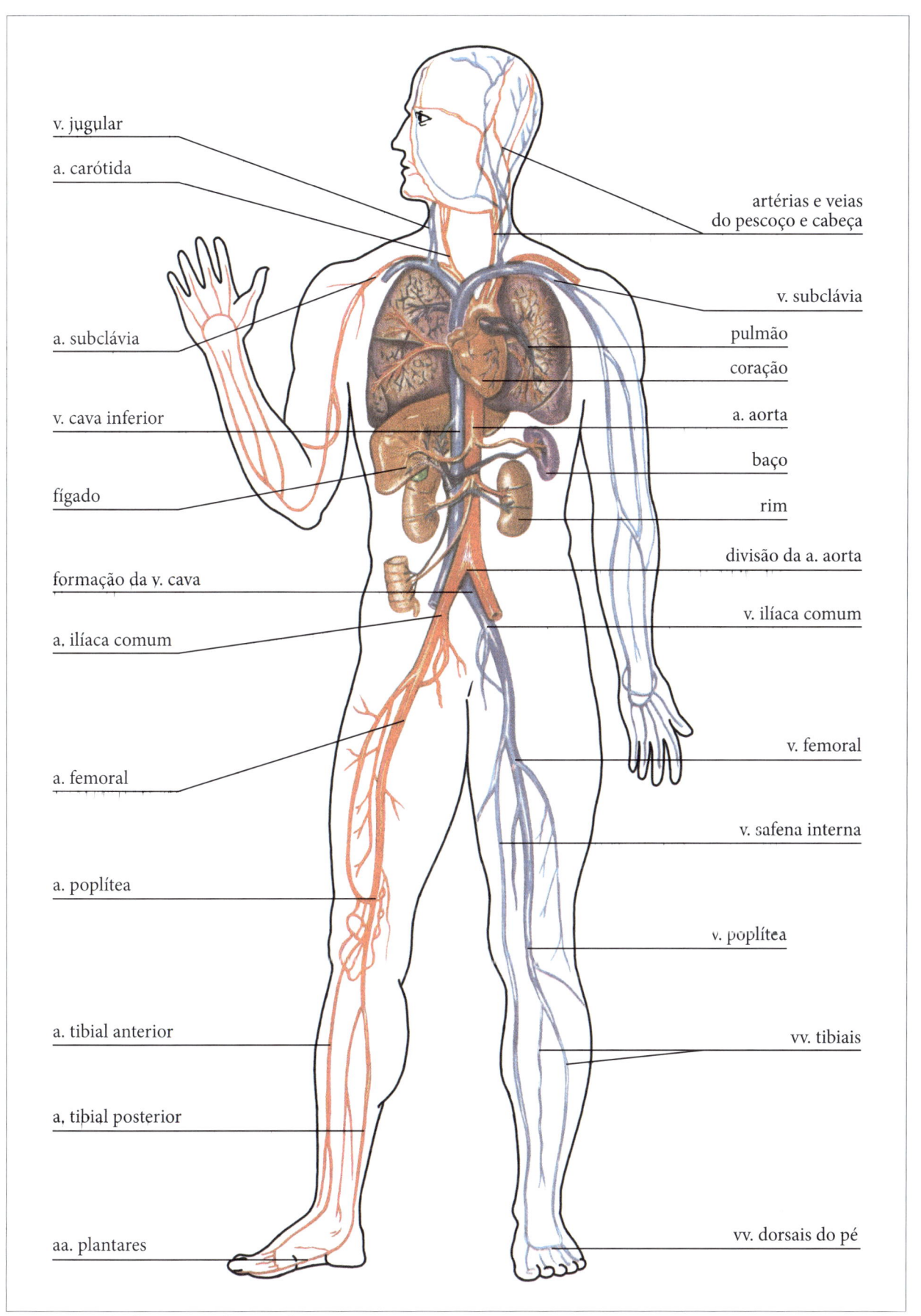

v. ilíaca comum

a. ilíaca comum

v. femoral

a. femoral

v. safena interna

a. poplítea

v. poplítea

a. tibial anterior

vv. tibiais

a. tibial posterior

aa. plantares

vv. dorsais do pé

Figura 73 – Artérias e veias do corpo humano

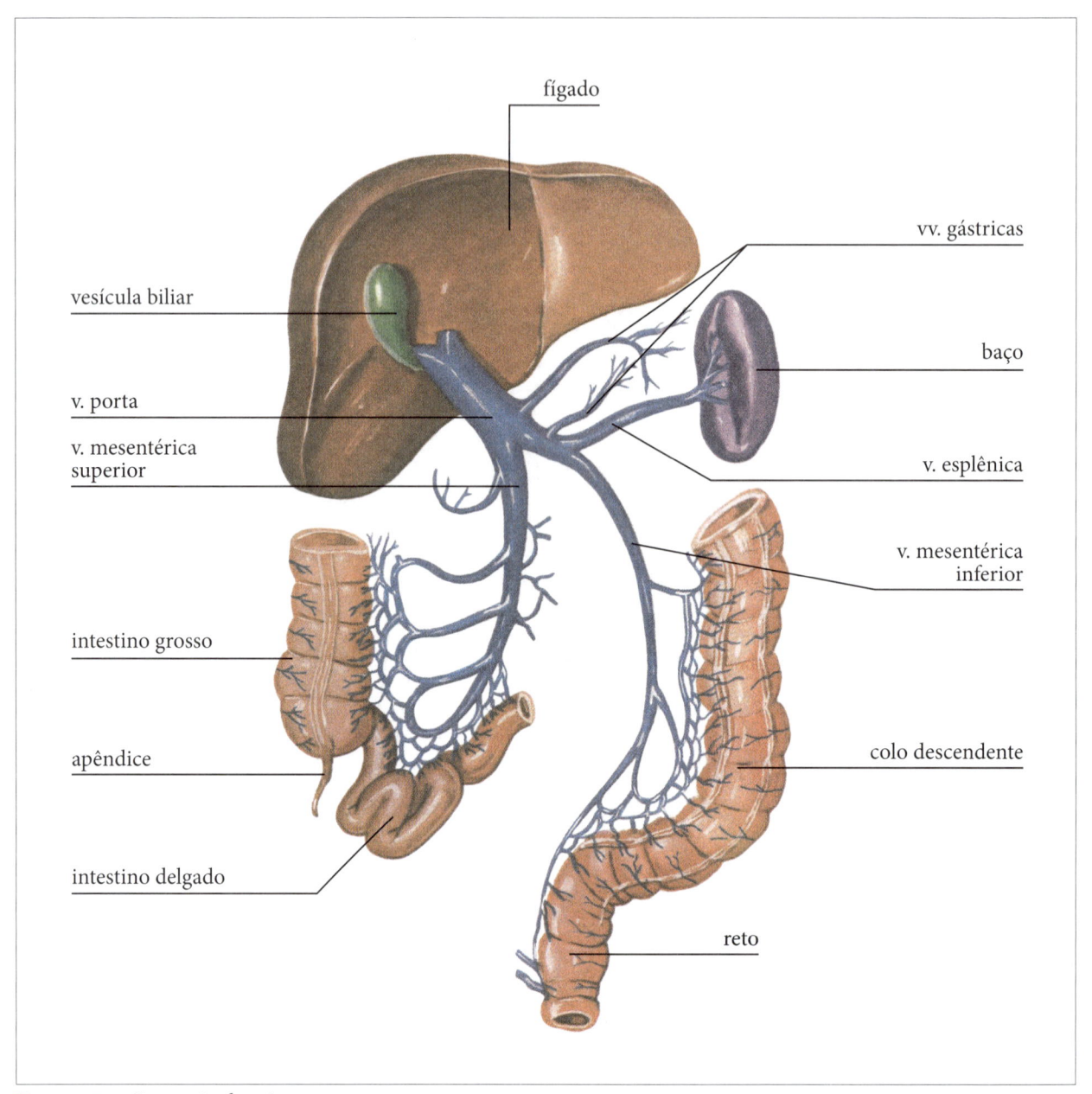

FIGURA 74 – Formação da veia porta

6.1.3.1. Veia cava superior

Recolhe o sangue venoso da parte supradiafragmática do corpo. É formada pela reunião das **vv. braquiocefálicas direita** e **esquerda** (FIGURAS 73 e 75).

Estas por sua vez são formadas pela reunião das **vv. jugular interna** e **subclávia**, de cada lado.

A **v. jugular interna** recolhe o sangue venoso da cavidade craniana, da órbita e também da face. A origem desta veia é nos seios da **dura-máter**, isto é, o sangue que foi levado ao encéfalo pelas artérias carótidas internas e vertebrais é recolhido por um tipo especial de veias formadas por desdobramento da dura-máter, chamadas **seios venosos**. A confluência dos seios da dura-máter dá origem à **v. jugular interna**, que sai da cavidade cranial e desce para o pescoço onde recebe a **v. facial**, **vv. linguais** e **v. tireoidea superior**, após o que se reúne à **v. subclávia** para formar a **v. braquiocefálica**. As veias superficiais do pescoço reúnem-se para formar a **v. jugular externa**, que desemboca na **v. subclávia**.

A **v. subclávia** é formada pela reunião de todas as veias superficiais e profundas do membro superior, além de receber as **vv. intercostais superiores**, **diafragmáticas superiores**, **mediastínicas**,

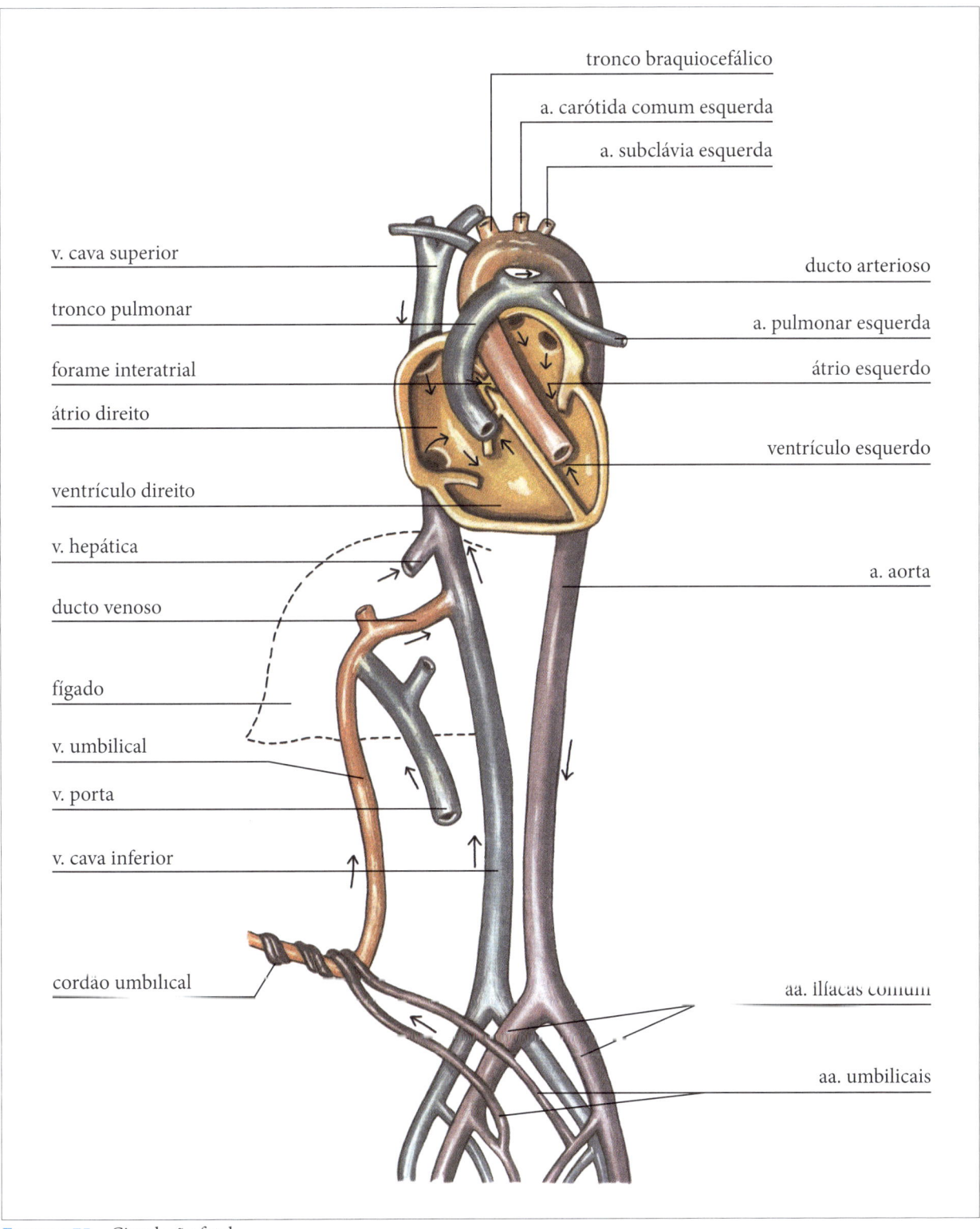

FIGURA 75 – Circulação fetal

pericardíacas e tímicas. A reunião das **vv. digitais**, **palmares**, **radial**, **ulnar** vai formar a **v. braquial** que, na axila, passa a chamar-se **v. axilar**. As veias superficiais da mão e do antebraço reúnem-se para formar as **vv. cefálica** e **basílica** na face anterior do cotovelo; estas veias vão desembocar na **v. axilar** (**v. cefálica**) e na veia braquial (**v. basílica**) (FIGURA 76).

A **v. cava superior**, além de recolher todo o sangue venoso da cabeça, pescoço e membros, recebe também o sangue da parede do tórax por meio da **v. ázigos**, formada pela reunião das **vv. intercostais**.

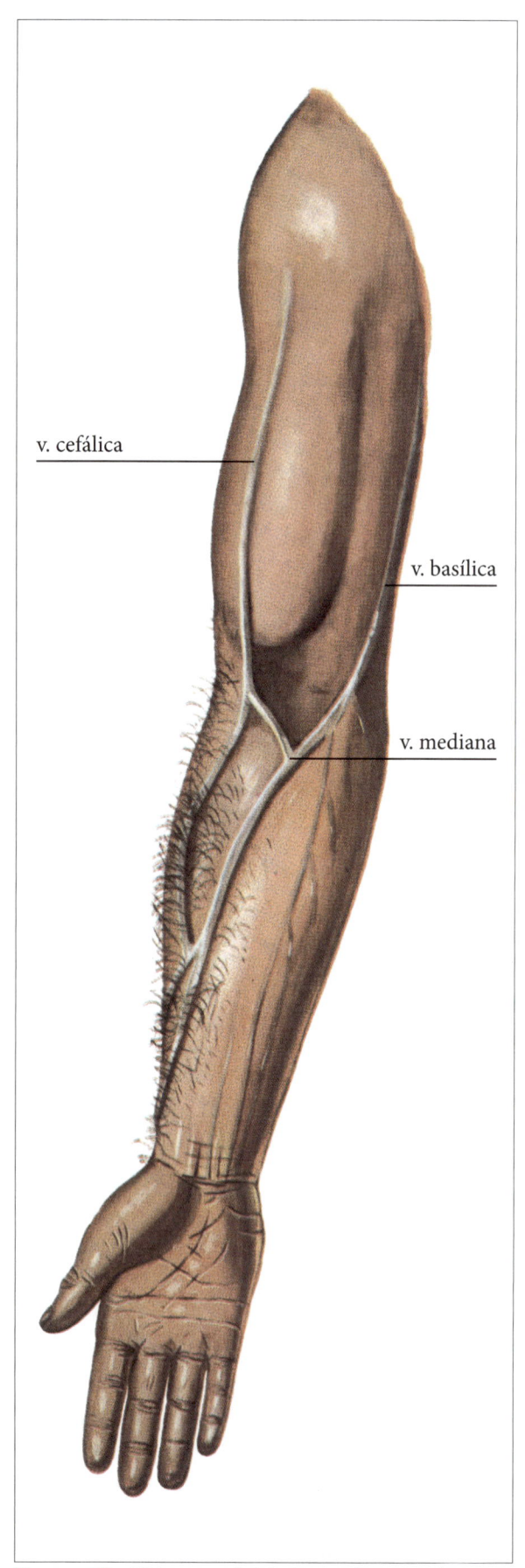

FIGURA 76 – Veias superficiais do membro superior

6.1.3.2. Veia cava inferior

Recolhe o sangue venoso da parte infradiafragmática do corpo (FIGURA 73).

Esta veia origina-se na altura da 5ª vértebra lombar pela reunião das **vv. ilíacas comuns** procedentes da pelve e de cada membro inferior. As **vv. ilíacas** recolhem o sangue do pé, da perna e da coxa, e, assim como as demais veias profundas do corpo, as veias do membro inferior acompanham as artérias e recebem os mesmos nomes; assim temos as **vv. digitais, metatársicas, plantares, tibiais, fibulares, poplítea, femoral profunda** e **femoral**.

As veias superficiais do membro inferior constituem um sistema muito importante chamado **sistema da v. safena**, no qual todas as veias superficiais do membro inferior concorrem para a formação das **vv. safenas interna** e **externa**. A primeira desemboca na **v. femoral**, na face anterior e superior da coxa e a segunda, via de regra, desemboca na **v. poplítea**, isto é, atrás do joelho.

A **v. femoral** penetra na cavidade pélvica com o nome de **v. ilíaca externa** e aí recebe a **v. ilíaca interna** (ou **hipogástrica**); a reunião destas vai resultar na **v. ilíaca comum** que juntamente com sua homônima constituem a **v. cava inferior**. Esta sobe em direção ao coração e recebe as **vv. lombares, renais, suprarrenais** e **gonadais**. Passa junto ao fígado, recebe as veias hepáticas, atravessa o diafragma para desembocar no átrio direito do coração.

6.1.3.3. Seio coronário

Recolhe o sangue venoso do próprio coração, isto é, o sangue destinado ao coração é levado pelas artérias coronárias direita e esquerda e volta ao átrio direito pelo seio coronário onde vão desembocar as **vv. cardíacas**.

6.1.3.4. Veia porta

Considera-se ainda, no corpo, o **sistema da v. porta** (FIGURA 73), isto é, certas veias não desembocam diretamente na **v. cava**, mas se reúnem para formar a **v. porta** que vai ao fígado e daí, pelas veias hepáticas, o sangue desemboca na **v. cava inferior**.

A **v. porta** é formada pela reunião da **v. mesentérica superior** com o tronco formado pela reunião da **v. lienal** com a **v. mesentérica inferior**. A **v. porta** recebe também as **vv. gástricas**, **duodenais** e **pancreáticas**.

6.1.4. Circulação no feto

O feto, no interior do útero, está intimamente ligado à mãe por meio da circulação (FIGURA 75).

O cordão umbilical que vai da placenta ao feto, apresenta uma **v. umbilical** que leva sangue arterial, isto é, rico em nutrientes e oxigênio.

A **v. umbilical** abre-se no fígado, sendo que uma parte do sangue que ela transporta vai diretamente à **v. cava inferior** através do **ducto venoso**.

O sangue da **v. umbilical** mistura-se com o sangue venoso da **v. cava inferior**, que vai ao **átrio direito do coração**, que também recebe sangue venoso da cabeça e membros superiores, pela **v. cava superior**.

No átrio direito do coração do feto encontra-se sangue venoso do próprio feto e sangue arterial vindo pela **v. umbilical**; parte deste sangue vai ao ventrículo direito do coração e parte vai diretamente ao átrio esquerdo do coração pois, no feto, o septo interatrial apresenta uma abertura, o **forame oval**. O sangue que vai para o átrio esquerdo passa para o ventrículo esquerdo e daí para a **a. aorta**.

O sangue que foi para o ventrículo direito é impulsionado para o **tronco pulmonar**, porém, os pulmões do feto não se encontram em funcionamento e o sangue desvia-se para a aorta através do **ducto arterioso** que liga este vaso com o tronco pulmonar.

A aorta leva o sangue misturado para o restante do organismo e através das **aa. umbilicais**, ramos das **ilíacas internas**, parte do sangue volta à **placenta** onde é novamente oxigenado.

Após o nascimento, a **v. umbilical** deixa de funcionar e paulatinamente transforma-se em **ligamento redondo do fígado**; o forame oval desaparece e aí fica a **fossa oval**; o ducto arterioso fecha-se e permanece como **ligamento arterioso**, o mesmo acontecendo com o ducto venoso que no adulto é o ligamento venoso. O mesmo ocorre com as artérias umbilicais que se transformam em **ligamentos da parede abdominal** do adulto.

6.1.5. Baço

É um **órgão linfoide**, contudo, interposto no trajeto da circulação sanguínea (FIGURAS 50, 73 e 74). As células aí se arranjam numa arquitetura especial, dependente da disposição da rede vascular. Consta de um **estroma** e um **parênquima**.

O estroma está representado pela cápsula de tecido conjuntivo denso que envolve o órgão e pelos septos que partem desta cápsula, penetrando e se anastomosando no seu interior. Além do tecido conjuntivo, há neste estroma fibras musculares lisas entremeadas com fibras colágenas.

O parênquima (hemácias, linfócitos, linfoblastos, monócitos, monoblastos, esplenócitos ou macrófagos, plasmócitos etc.) ocupa o espaço entre a cápsula e os septos e está distribuído em **nódulos** ou **cordões**. Os nódulos são massas esferoidais de células, dispostas em torno de **arteríolas (aa. foliculares)**. A porção central dessas massas é o centro de produção de células linfocitárias e é chamada de **nódulo secundário** (centro germinativo de Flemming); a porção mais externa do nódulo (o córtex) é denominada nódulo primário. O conjunto dessas porções constitui a **polpa branca** (Corpúsculo de Malpighi). Os **cordões** são massas de células que, ao invés de se organizarem da forma descrita acima, dispõem-se ao longo e em torno de vasos calibrosos, fenestrados, revestidos por células retículo-endoteliais e de paredes muito finas, os **sinusoides**, que no baço são chamados de **seios venosos**, nos quais circula o sangue. Cordões (de Billroh) e **seios venosos** constituem a **polpa vermelha** do baço.

6.1.5.1. Artéria folicular

A circulação do sangue no baço é feita através das artérias que do hilo penetram órgão adentro pelos septos. Ao abandonar os septos e penetrar na polpa vermelha, as artérias veem-se rodeadas de uma capa de linfócitos que ao aumentar muito formam o nódulo. No nódulo ou folículo, a artéria ramifica-se enquanto alguns ramos se capilarizam. O ramo principal penetra na polpa vermelha novamente. Surgem de dois a seis ramos retilíneos (artérias peniciliformes), e cada um desses se bifurca onde a musculatura é substituída por um envoltório de células retículo-endoteliais e fibras reticulares, abrindo-se estes ou nos seios venosos ou diretamente nas veias. Assim, o baço pode cumprir suas funções, que são as de produzir células (**linfócitos**, **monócitos**, **plasmócitos** etc.), remover hemácias velhas, aproveitando a hemoglobina destas células na produção de **bilirrubina** e **ferro** para serem aproveitados pela medula óssea.

6.1.6. Anatomia microscópica do sistema circulatório

O sangue deve atingir todas as partes do organismo a fim de cumprir seu papel na renovação do líquido intersticial, de forma a mantê-lo com uma constituição mais ou menos constante. Isto exige uma circulação contínua, o que é feito através do sistema circulatório: coração, artérias, capilares e veias.

6.1.6.1. Coração

O **coração** compõe-se basicamente por três estratos ou camadas de tecidos:

1. por fora, um fino **epicárdio** composto por células pavimentosas simples que repousam em conjuntivo frouxo com gordura;
2. por dentro, forrando as cavidades, um fino **endocárdio** que repousa em conjuntivo elástico;
3. entre o epicárdio e o endocárdio está a massa mais volumosa que é o **miocárdio**. Este é um músculo estriado especial no sentido de que suas contrações são rítmicas, automáticas e involuntárias.

No miocárdio, ao contrário do que ocorre na restante musculatura estriada do corpo, os núcleos das fibras são localizados no centro e não na periferia de cada fibra.

As **aa.** recebem e distribuem o sangue do coração na rede capilar; daí é recolhido nas veias e retorna ao coração.

Os vasos sanguíneos são formados por três capas, chamadas túnicas: **túnica íntima**, a mais interna; **túnica média**, a segunda; e por fim a mais externa, a **túnica adventícia**. Estas capas sofrem variações estruturais conforme o tipo de vasos e alteram-se em diferentes porções do mesmo vaso.

6.1.6.2. Artérias

Há três tipos: **elásticas**, **distribuidoras** e **arteríolas**. Estudemos as variações das túnicas nesses três tipos:

1. **Túnica íntima:** está forrada internamente pelo endotélio, estrutura comum a todo o sistema circulatório; trata-se de uma única camada de células planas. Subendotelialmente há uma delicada faixa de tecido conjuntivo. Limitando esta túnica há uma condensação de fibras elásticas, a lâmina limitante interna.

2. **Túnica média:** é a mais larga túnica das grandes artérias. É constituída quase que exclusivamente de fibras elásticas nas artérias próximas do coração, daí o seu nome de artérias elásticas; resistem à enorme pressão do sangue e mantêm a pressão na intermitência do coração. Nas artérias distribuidoras esta túnica é muscular. Nas menores arteríolas a média está representada por uma ou duas células musculares lisas.

No limite entre esta túnica e a adventícia há nova condensação de fibras, a lâmina elástica externa; esta e a interna não estão presentes nas menores arteríolas. Quando uma artéria tem um diâmetro de 100 micrômetros é considerada arteríola.

3. **Túnica adventícia:** é o tecido conjuntivo que rodeia a média. É rica em fibras elásticas, colágenas e reticulares, continua-se com o estroma conjuntivo dos órgãos. Nesta estão os vasos dos vasos (*vasa vasorum*) encarregados de sua nutrição.

6.1.6.3. Veias

As veias podem ser divididas, levando-se em conta o diâmetro de suas luzes e a estrutura de suas paredes, em **grandes veias**, **médias** e **vênulas**.

Nas veias, a túnica íntima é relativamente delgada em relação à das artérias. A túnica média é uma delgada capa muscular lisa. Nas veias dos membros inferiores, esta túnica é bem desenvolvida e apresenta uma capa de musculatura lisa longitudinal e uma circular. A adventícia é a mais espessa de todas as três túnicas e, nas veias mais calibrosas, a adventícia apresenta feixes de fibras musculares, dispostas longitudinalmente. Aí se encontram vasos (*vasa vasorum*), nervos e linfáticos.

Estruturas importantes das veias são as válvulas, expansões da túnica íntima que impedem o refluxo do sangue.

As vênulas têm paredes semelhantes a capilares, que serão descritos a seguir.

6.1.6.4. Capilares

São tubos delgados, seus diâmetros são pouco maiores que os dos elementos figurantes do sangue (14-20 micrômetros). Não mostram as túnicas já descritas para os outros vasos.

Um capilar está formado apenas pelo endotélio e por uma condensação de fibras reticulares em sua volta.

Há aqueles que não apresentam poros na sua parede e aqueles que são porosos, como os capilares do corpúsculo renal (**glomérulo**).

Em alguns pontos as artérias resolvem-se diretamente em veias, criando caminhos preferenciais para a circulação sem passar pelos capilares. São as **pontes arteriovenosas** (sistema A.V.).

6.1.7. O sangue

O sangue é um tecido conjuntivo em que a substância intercelular é líquida. Esta porção líquida do sangue constitui o **plasma sanguíneo** e cumpre função importantíssima na manutenção da composição dos líquidos extracelulares. O volume do sangue circulante corresponde a 8% do peso corporal.

No plasma estão suspensas células que se enquadram em dois grupos: os **glóbulos vermelhos** (eritrócitos ou hemácias) e os **glóbulos brancos** ou leucócitos (FIGURA 77).

Glóbulo vermelho, hemácia, eritrócito ou rubrícito, é um disco bicôncavo de 7 micrômetros de diâmetro; é uma célula de tal forma especializada que perdeu seu núcleo para ceder espaço maior a um pigmento ferroso, a **hemoglobina**, proteína conjugada que transporta ou o oxigênio ou o bióxido de carbono no sangue. Normalmente há em cada mm^3 de sangue de 4.500.000 a 5.000.000 hemácias.

Os glóbulos brancos são células em número de 4.000 a 5.000 por mm^3. Segundo a forma e função

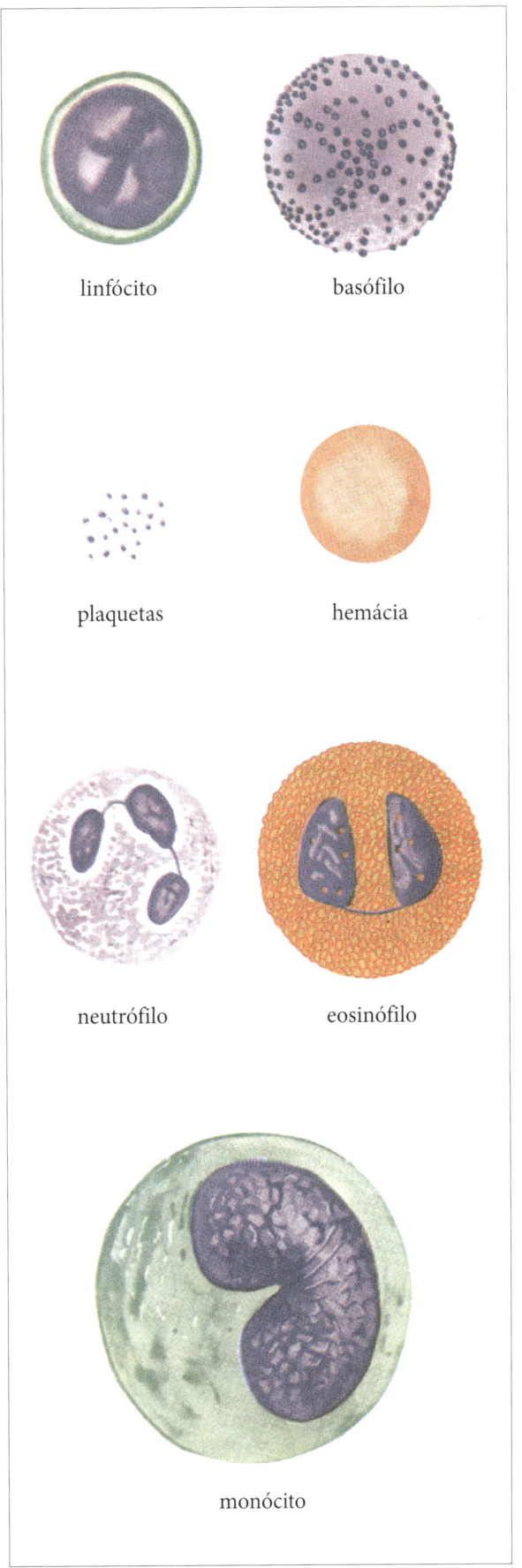

FIGURA 77 – Células sanguíneas

recebem nomes diversos. Descrevamos sucintamente cada um dos tipos:

Neutrófilo (60 a 70% dos glóbulos brancos), célula de 10 a 12 micrômetros de diâmetro, mostra um núcleo multilobulado com flóculos grosseiros de cromatina. Seu citoplasma apresenta fina granulação. Tem função de fagocitar e destruir os germes que invadem o organismo, daí também o nome de **micrófagos**.

Eosinófilo (de 1 a 3% dos glóbulos brancos), células de 10 a 15 micrômetros de diâmetro, núcleo bilobulado, citoplasma totalmente tomado por grandes grânulos acidófilos. Sua função não é bem conhecida, contudo está relacionada com a fagocitose de alguns complexos antígeno-anticorpo; produzir arilsulfatase B e histaminase, que destroem os mediadores químicos da alergia; contém profibrinolisina, que talvez desempenhe alguma função na manutenção da fluidez do sangue quando alterada.

Basófilo (0,5% dos glóbulos brancos), célula de 10 a 12 micrômetros de diâmetro, núcleo mascarado pela presença de grandes grânulos escuros do citoplasma. O basófilo é raro e parece estar relacionado com o fenômeno de *stress*, possuindo grande taxa de **histamina**.

Estes três tipos de células constituem os **granulócitos**. Os dois que se seguem são ditos **agranulócitos** por não apresentarem granulações no citoplasma.

Linfócito (de 20 a 30% dos leucócitos), seu tamanho varia entre 7 a 12 micrômetros. O núcleo ocupa quase toda a célula. O citoplasma é basófilo e apresenta-se como delgada capa em torno de um núcleo que, muitas vezes, apresenta um **identação**. Suas funções estão relacionadas com a defesa inespecífica do organismo.

Monócito (de 3 a 7% dos leucócitos) é a maior célula do sangue, entre 10 a 20 micrômetros. O núcleo é excêntrico ou central, a cromatina é fina e delicada. O núcleo de um monócito adulto apresenta a forma de uma **ferradura**. Sua função provável é a sua transformação em macrófago no tecido conjuntivo comum.

As **plaquetas** são estruturas de 2 a 4 micrômetros de diâmetro. São ovoides e estão quase sempre agrupadas em massas irregulares. A porção central de uma plaqueta cora-se em azul-escuro e a periferia em azul-claro; nas colorações para sangue, estas duas porções da plaqueta tomam respectivamente os nomes de cromatômero e hialurômero.

A função dessas plaquetas é a de aderir aos locais lesados dos vasos para dar início à **coagulação**, para a qual concorrem com o primeiro de uma série de fatores enzimáticos, a **tromboplastinogenase**.

6.1.8. Fisiologia do sistema circulatório

6.1.8.1. Coração

O funcionamento do coração é dado por uma série de fenômenos que se sucedem com muita rapidez. O coração humano contrai-se aproximadamente 70 vezes por minuto e cada contração cardíaca representa um ciclo cardíaco, que tem a duração de 0,85 segundos mais ou menos. Os átrios e os ventrículos contraem-se em tempos diferentes. Consideremos, portanto, o ponto em que os ventrículos se encontram contraídos (sístole ventricular) quando as valvas atrioventriculares (tricúspide e mitral) estão fechadas e as valvas das artérias aorta e pulmonar, abertas. A partir deste momento, os ventrículos começam a relaxar-se (diástole ventricular), as valvas atrioventriculares se abrem, as valvas aórtica e pulmonar fecham-se e o sangue passa rapidamente dos átrios para os ventrículos devido à contração dos átrios (sístole atrial). Após o enchimento dos ventrículos vem a sua contração e fecham-se as valvas atrioventriculares, abrem-se as valvas aórtica e pulmonar e o sangue é impulsionado para os pulmões através das artérias pulmonares e para o organismo através da **a. aorta** (sístole ventricular). Ao mesmo tempo em que ocorre a sístole ventricular, ocorre a diástole atrial, isto é, o sangue das veias cavas e das veias pulmonares flui para os átrios direito e esquerdo e assim, sucessivamente, se repete o **ciclo cardíaco** (Figura 70).

A diástole atrial ocorre junto com a sístole ventricular e a sístole atrial ocorre junto com a diástole ventricular.

A atividade cardíaca produz dois sons característicos chamados **ruídos cardíacos** ou **bulhas cardíacas**; o primeiro é produzido pelo fechamento das valvas atrioventriculares e o segundo, pelo fechamento das valvas aórtica e pulmonar.

6.1.8.2. Vasos

As artérias são tubos elásticos e musculares que têm a função de enviar sangue ao organismo. Nas artérias o sangue circula sob pressão, pois durante a sístole ventricular o sangue é impulsionado com grande força para o interior destes vasos. A **pressão arterial** é a pressão que o sangue exerce sobre a parede do vaso, mas, como as artérias possuem paredes elásticas, uma força contrária exercida por elas atua sobre o sangue, é a **tensão arterial**.

Esta tensão arterial é a pressão que faz com que o sangue jorre quando se corta uma artéria, e a elasticidade de sua parede faz com que o jato intermitente de sangue que sai do coração seja um ato contínuo nas artérias. Esta tensão arterial, ou também chamada **pressão sanguínea**, é tanto maior quanto mais próxima do coração for considerada. As artérias próximas do coração possuem um predomínio do elemento elástico sobre o muscular; nas pequenas artérias (arteríolas) o músculo predomina sobre o tecido elástico.

Durante a contração do coração (sístole) a tensão arterial tem seu valor máximo e durante a diástole, seu valor mínimo. A pressão que se mede com o esfigmomanômetro colocado no braço do paciente acusa a pressão da **a. braquial** que, em condições normais, é de 110 mm/Hg na sístole (pressão máxima) e de 70 mm/Hg na diástole (pressão mínima). A **a. braquial** suporta um aumento de pressão de 40 mm/Hg a cada contração do coração.

À medida que a artéria se afasta do coração, a pressão vai diminuindo até que nas veias se torna muito pequena e praticamente nula nas veias que desembocam no coração.

A velocidade do sangue é dependente do calibre do vaso, isto é, a velocidade do sangue é inversamente proporcional à amplitude do leito vascular. O sangue perde velocidade à medida que se afasta do coração, pois a soma das ramificações oferece uma amplitude maior do que a aorta. Assim, quando uma artéria se divide em duas, a soma do calibre destas duas é maior do que o calibre do vaso de origem. Deste modo a velocidade do sangue é maior próxima do coração e diminui longe dele, pois a amplitude do leito vascular vai aumentando.

6.1.9. Patologia do sistema circulatório

6.1.9.1. Coração

Numerosas doenças acometem o coração. Já durante a sua formação, quando da sua vida embrionária, podem ocorrer **malformações**, tais como comunicações anômalas entre as cavidades, disposição irregular das valvas ou das artérias e veias. Algumas dessas malformações tornam impossível a vida, outras permitem que a criança viva em condições mais ou menos precárias; a cirurgia moderna já pode corrigir muitas dessas patologias.

Na adolescência e na juventude, o coração pode ser lesado por uma doença chamada **febre reumática**, que ataca o **pericárdio**, o **miocárdio** e principalmente as **valvas**. Esta doença raramente é mortal nas fases iniciais, podendo, no entanto, produzir alterações que progridem com os anos, levando à insuficiência do coração, com a deformação e o estreitamento das valvas (**estenose**). Atualmente tais lesões podem ser corrigidas cirurgicamente, chegando-se até mesmo à substituição de valvas lesadas por próteses de plástico ou de outros materiais orgânicos.

Por volta dos 40 anos a doença mais comum do coração é dependente do estreitamento das artérias coronárias pela **aterosclerose**. Esta doença leva a uma insuficiente irrigação sanguínea para o músculo cardíaco, que sem nutrição morre. Esta destruição de parte do miocárdio chama-se **enfarte**, e é uma das mais importantes causas de insuficiência cardíaca e de morte dos indivíduos mais idosos.

No Brasil existe uma doença bastante comum, causada por um protozoário, a **moléstia de Chagas**, que produz lesões graves no coração. O parasita habita as células musculares e as destrói, levando também à insuficiência cardíaca. Esta doença é comum no interior entre os lavradores e é transmitida por um inseto denominado vulgarmente de "barbeiro".

A **insuficiência cardíaca** é um estado no qual o coração está incapaz de bombear sangue suficiente para as necessidades metabólicas dos tecidos.

Um coração pode estar insuficiente apenas na sua porção direita, isto é, aquela que recebe o sangue venoso do organismo e o envia para os pulmões, disso resultando uma **estase** de sangue venoso nos tecidos (insuficiência cardíaca direita); pode também estar insuficiente na sua porção esquerda, isto é, aquela que recebe o sangue já arterializado e o envia para os diferentes tecidos (insuficiência cardíaca esquerda), e ainda ser insuficiente globalmente.

O transplante de coração, nos casos de insuficiência cardíaca que não respondem a nenhum outro tratamento, é uma operação de sucesso nos dias atuais, principalmente devido ao desenvolvimento de novos medicamentos que combatem a rejeição, como a **ciclosporina**. No Brasil já se realizaram transplantes cardíacos em São Paulo, no Paraná e no Rio Grande do Sul, com resultados plenamente satisfatórios. A par dos transplantes, também se desenvolve, na França e nos Estados Unidos, o coração artificial e alguns pacientes já se submeteram ao implante de um coração mecânico fabricado nos Estados Unidos, conhecido como Jarvik-7. Contudo este coração artificial ainda está em fase experimental e apenas alguns dos pacientes sobrevivem ao implante. É certo que as pesquisas neste campo da ciência deverão aperfeiçoar o coração artificial em curto espaço de tempo, o que poderá ser a solução para muitos pacientes acometidos de cardiopatias ainda sem solução clínica.

6.1.9.2. Vasos

Inúmeros processos patológicos podem acometer os vasos do organismo.

A **aterosclerose**, ou **arteriosclerose**, resulta geralmente do envelhecimento das artérias por deposição nas suas paredes de placas de **ateroma** (provavelmente de origem lipídica) e se traduz por uma diminuição da luz dos vasos e endurecimento das suas paredes, podendo, em consequência, levar a uma deficiência circulatória no território por eles irrigado. Acomete principalmente as artérias de grande e médio calibre, sendo mais frequente nos homens. Embora seja patologia mais comum em pessoas idosas já foi encontrada em crianças. É causa importante de **hipertensão arterial, enfartes do miocárdio** e **acidentes vasculares cerebrais**.

A **trombose** é a obstrução de um vaso consequente à formação de um coágulo no seu interior. O **porquê** da coagulação do sangue na veia não é conhecido, por não se conhecer ao certo o mecanismo de coagulação; no entanto, alguns fatores predispõem à formação de coágulo:

1. Fluxo sanguíneo diminuído por:
   a) insuficiência cardíaca;
   b) fatores mecânicos tais como: imobilidade prolongada no leito, compressão venosa por tumores, por útero grávido etc.
2. Hipercoagulação do sangue no interior dos vasos.
3. Lesões endoteliais: neste caso, o trauma libera substâncias coagulantes, enquanto que a lesão endotelial provoca adesão e aglutinação de plaquetas.

Nas artérias, o vaso já está previamente doente por placas de ateroma (aterosclerose), processos inflamatórios, traumatismo etc., o que facilita a coagulação intravascular local, obstrução e, portanto, **trombose**. Como consequência temos que a região irrigada pela artéria que se obstruiu fica sem circulação e morre.

A **embolia** é a patologia resultante da obstrução de um vaso por um corpo denominado **êmbolo**, que a ele chega levado pela corrente sanguínea. Este êmbolo pode ser um trombo (coágulo) que se desprendeu, um corpo estranho, células tumorais etc. O vaso onde o êmbolo vai se instalar é geralmente normal. A principal fonte dos êmbolos é o coração com algum processo mórbido. Um êmbolo provindo do coração pode, por exemplo, dirigir-se a vasos do cérebro obstruindo-os, isquemiando (isquemia = falta de sangue) o território por eles irrigado. Um êmbolo originado nos membros inferiores, frequentemente seguindo o trajeto da **v. cava inferior** pode obstruir vasos pulmonares (**embolia pulmonar**).

As **varizes** nada mais são que dilatações das veias. São bastante comuns nos sistemas superficiais de veias dos membros inferiores e no plexo hemorroidário, ocasionando aqui o que chamamos de **hemorróidas**. São devidas na sua grande maioria a uma hipertensão venosa ou lesão na parede das veias. As **varizes** são mais comuns nas mulheres, sendo a **gravidez** um fator desencadeante. Aparece também em pessoas que são obrigadas a ficar em pé durante longos períodos.

Os **aneurismas** são dilatações excessivas e patológicas em determinados segmentos arteriais. Encontramos aneurismas com maior frequência na aorta torácica e também nas artérias que irrigam o cérebro. Na primeira o fator etiológico principal é a **sífilis**, e na segunda, malformação congênita e aterosclerose.

6.2. SISTEMA LINFÁTICO

6.2.1. Linfa – vasos – linfonodos

O sistema linfático (**Figura 78**) é um sistema de drenagem auxiliar do sistema venoso, formado por **vasos** e **linfonodos**, distribuídos por todo o corpo, no interior dos quais circula a **linfa**, líquido incolor recolhido nos interstícios celulares.

Os tecidos necessitam estar banhados em um líquido intersticial constantemente renovado. Esta renovação impõe-se por duas razões:

1. deve haver um fluxo contínuo de substâncias nutritivas;
2. deve haver uma constante remoção dos produtos catabólitos originários do metabolismo celular.

Assim há um mecanismo de formação de líquido intersticial e um de reabsorção deste mesmo líquido. Grande parte da reabsorção do líquido intersticial é feita através do **sistema linfático**. Este sistema consta de **vasos capilares em fundo de saco** originados no tecido conjuntivo e que vão se ramificando e confluindo para vasos maiores, formando uma complicada rede por quase todo o corpo, desembocando por fim nos dois maiores coletores linfáticos do corpo, o **ducto torácico** e o **ducto torácico direito**. Estes dois grandes vasos linfáticos lançam seu conteúdo (a linfa) nas grandes veias, próximo do coração. Não se encontram vasos linfáticos no sistema nervoso central, nos músculos e na medula óssea; todavia são abundantes nas mucosas das vísceras ocas e na pele.

Os vasos linfáticos, assim como as veias, possuem válvulas de duas cúspides que impedem o refluxo da linfa. Os **capilares linfáticos** têm paredes muito finas, apenas um **endotélio** e um delicado envoltório de fibras reticulares. Os espaços intercelulares deste endotélio e a própria luz do vaso são muito maiores do que o dos capilares sanguíneos.

Os capilares do sistema linfático confluem para vasos maiores, nos quais, além do endotélio, há uma membrana **própria** com delicadas fibras elásticas; a **média** tem fibras musculares lisas, dispostas tanto circular como obliquamente; e a **íntima** é bem espessa, com muitas fibras colágenas.

O maior coletor linfático do organismo é o **ducto torácico** que se forma na cavidade abdominal a partir da **cisterna do quilo,** que é uma dilatação ampuliforme que recebe os vasos linfáticos do intestino e da parte subdiafragmática do corpo. Os vasos linfáticos do intestino transitam pelo mesentério (dobra do peritônio que une o intestino delgado à parede do abdome) e são chamados **vasos quilíferos**. A linfa dos quilíferos é chamada **quilo** e tem uma cor esbranquiçada devido à presença de gorduras absorvidas no intestino.

O ducto torácico sobe pelo tórax, junto à **a. aorta** e ao esôfago, atinge o pescoço e desemboca geralmente na confluência das veias **subciávia** e **jugular interna esquerdas**. O ducto torácico canaliza a linfa da cabeça, pescoço, membro superior esquerdo, hemitórax esquerdo, abdome e membros inferiores.

A linfa do membro superior direito parte da cabeça, pescoço e do hemitórax direito, circula para o **ducto linfático direito**, que comumente desemboca na confluência das veias subclávia e jugular interna direitas.

Os **linfonodos** (gânglios linfáticos) são órgãos de tamanho variável, espalhados por todo o organismo. Medem desde milímetros até dimensões comparáveis à de um grão de feijão, assemelhando-se a este na forma ovoide, com uma face côncava e outra convexa (reniforme). Estão interpostos no percurso dos vasos linfáticos e atuam como uma barreira à progressão das infecções. Os linfonodos encontram-se geralmente ao longo do trajeto das veias, agrupados em número variável. Podem ser apalpados na região inguinal e no pescoço. Quando intumescidos, devido à inflamação, formam as **ínguas** e podem ser percebidos e apalpados mesmo em outras regiões do corpo.

Num corte sagital o linfonodo mostra duas porções: uma **cortical**, a mais externa, e outra mais central, a **medular**. O aspecto microscópico é de um parênquima, onde as células se organizam ou em massas globoides (os nódulos, folículos linfoides) ou em massas cordonais irregulares, anastomosadas entre si (cordões medulares). As primeiras estruturas dispõem-se na *cortical* e as segundas, na **medular**.

Envolvendo o órgão há uma cápsula de tecido conjuntivo, da qual saem septos que penetram nos

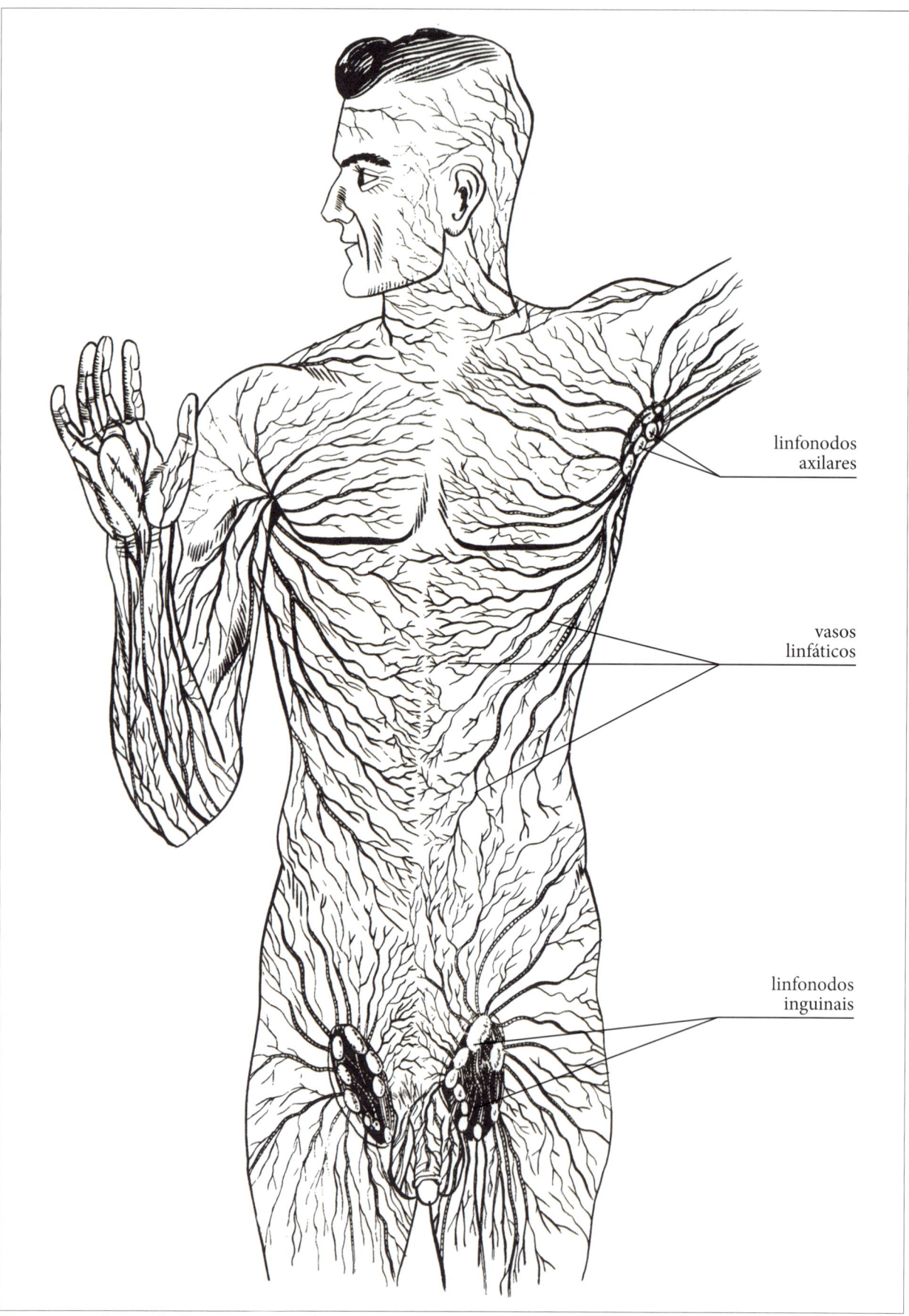

Figura 78 – Sistema linfático

linfonodos e formam o **estroma conjuntivo de sustentação**. Uma rede de finas fibras reticulares de malhas bem apertadas constitui o esqueleto dos nódulos linfáticos e dos cordões medulares. Tanto os nódulos como os cordões são centros de produção de células (linfócitos e plasmócitos), daí receberem o nome de **tecido citógeno**.

Entre o estroma e o tecido citógeno (nódulos e cordões) há espaços cavernosos em que não há propriamente uma luz regular; resultam da presença de uma rede de fibras reticulares de malhas bem frouxas, com células **retículo-endoteliais** presas nessas malhas, por meio das quais flui e é filtrada a linfa. Estes espaços são chamados **seios** e neles desembocam os vasos aferentes da porção côncava; a linfa circula pelos **seios supracapsulares**, depois pelos **perinodulares**; e finalmente nos **seios medulares** drenam para vasos eferentes na face convexa, precisamente no **hilo**, que é o ponto de afluência e emergência dos vasos do órgão.

6.2.2. Patologia do sistema linfático

Vasos linfáticos: a doença mais comumente encontrada é o *linfedema*, que geralmente é devido a uma drenagem linfática inadequada. O seu aparecimento é precedido por infecções, traumatismos ou tumores, que levam à destruição do vaso linfático ou bloqueio dos linfonodos.

Este tipo de lesão é observado muito bem nas extremidades; verifica-se um **edema** (inchaço) do membro, que se instala lentamente, mas de forma progressiva. É isto que se vê nos casos de **elefantíase**, doença muito comum no nordeste do Brasil, que é causada por um parasita. O tratamento nestes casos é a elevação da extremidade afetada, compressão e massagem, por vários anos, numa tentativa de melhorar a drenagem linfática no local. Pode-se também em alguns casos utilizar o método cirúrgico, que consiste na retirada da pele, tecido subcutâneo e fáscia da extremidade.

Os vasos linfáticos podem ser a sede de um processo inflamatório, e a ele se dá o nome de **linfangite** que será aguda ou crônica, dependendo do tempo de evolução da doença.

Tumores dos vasos linfáticos são relativamente comuns na forma benigna; o principal tipo recebe o nome de **linfangioma**. São raros na forma maligna.

Linfonodos: a lesão popularmente conhecida como *íngua* corresponde a uma inflamação aguda do linfonodo; é secundária a uma infecção que se instala frequentemente em uma área que sofreu traumatismo prévio. O nome científico da íngua é *linfadenite aguda* e ela aparece em linfonodos que recebem a drenagem linfática da região lesada. Ex.: um corte na planta do pé que se infecta leva a uma *íngua* na região inguinal. Nestes casos o tratamento é feito com antibióticos.

Os linfonodos são também sede de inflamações crônicas como **tuberculose** e **blastomicose**, **histoplasmose** e **linfopatia venérea** (doença venérea que acomete os linfonodos na região inguinal). O tratamento é feito com drogas específicas para cada uma destas doenças.

Os linfonodos são, com certa frequência, sede de **tumores** quase sempre malignos e que levam à morte. Há tratamento que apenas retarda este evento, mas não cura.

QUESTIONÁRIO E EXERCÍCIOS DE FIXAÇÃO

Após o estudo deste Capítulo, o aluno deverá estar apto a responder as questões a seguir.

1. Conceitue o sistema circulatório.
2. Defina e localize o coração.
3. Descreva a constituição e localização do pericárdio e do epicárdio.
4. Cite as cavidades cardíacas.
5. Quais estruturas se encontram nos sulcos interventriculares anterior e posterior do coração?
6. Cite as diferenças do septo cardíaco nos átrios e nos ventrículos.
7. Descreva a morfologia interna do átrio direito.
8. Cite a localização e nomenclatura das valvas cardíacas.

9. Defina cordas tendíneas e trabéculas cárneas.
10. Como se denominam as veias que chegam ao coração e a respectiva cavidade cardíaca onde desembocam?
11. Descreva o sistema de condução do coração.
12. O que se entende por "seio coronário"?
13. Faça um esquema da circulação geral e pulmonar e indique com setas a direção da circulação do sangue e pinte em vermelho e azul onde circula sangue arterial e venoso, respectivamente.
14. Conceitue e classifique as artérias segundo sua função e constituição.
15. Quais as regiões do corpo onde mais facilmente as pulsações arteriais podem ser apalpadas?
16. Descreva a circulação pulmonar.
17. Quais os primeiros ramos da a. aorta e qual seu território de distribuição?
18. Como são determinados os limites externos dos átrios entre si, dos ventrículos entre si e entre átrios e ventrículos?
19. Descreva as características gerais das veias.
20. Cite as regiões do corpo humano onde são mais facilmente notadas as veias superficiais.
21. Cite as veias que desembocam no átrio direito e os respectivos territórios do corpo onde cada uma recolhe o sangue.
22. Como são chamadas as veias superficiais do membro inferior?
23. Quais as veias mais utilizadas para colheita de sangue e aplicação de injeções intravenosas?
24. Quais as estruturas vasculares da circulação fetal que se transformam em resquícios fetais após o nascimento?
25. Descreva a constituição, localização e função do baço.
26. Qual nome se dá ao músculo cardíaco?
27. Estabeleça a diferença entre arteríolas, vênulas e capilares.
28. Descreva a constituição das artérias e das veias.
29. Conceitue sangue.
30. Quais as artérias que nascem no arco aórtico?
31. Quais as aa. que formam a artéria basilar do encéfalo?
32. Quais as artérias que formam o círculo arterial cerebral (Polígono de Wyllis)?
33. Descreva a função das válvulas das veias.
34. Descreva o glóbulo vermelho do sangue.
35. Cite o número e tipos de glóbulos brancos do sangue.
36. Defina o linfócito.
37. Descreva as plaquetas.
38. Descreva o ciclo cardíaco.
39. Como são produzidas as bulhas cardíacas?
40. Explique a pressão sanguínea.
41. Qual a diferença entre sangue arterial e sangue venoso?
42. O que se entende por "enfarte"?
43. Qual a causa da moléstia de Chagas?
44. Defina o sistema linfático.
45. Onde são encontrados os vasos quilíferos?
46. Qual a região do corpo onde se pode apalpar mais facilmente os linfonodos?
47. O que se entende por "íngua"?
48. Explique a formação do "edema".
49. Conceitue a "linfa".
50. Onde os vasos linfáticos são mais abundantes e onde não ocorrem?

CAPÍTULO 7

SISTEMA URINÁRIO

O **sistema urinário** compreende o conjunto de órgãos responsáveis pela importante função urinária. É constituído pelos seguintes órgãos: rins, ureteres, bexiga e uretra (**FIGURA 79**).

7.1. RINS

Os **rins** são os principais órgãos deste importante sistema, onde se forma a urina. Estão situados junto à parede posterior do abdome atrás do peritônio parietal. Têm uma forma de feijão, de cor avermelhada e pesam em média 140 g cada um, medindo 12 cm de comprimento aproximadamente. Cada um é revestido por uma cápsula fibrosa, a **cápsula renal**, facilmente removível. A margem lateral do rim é convexa e sobre seu pólo superior encontra-se a **glândula suprarrenal**, importante glândula de secreção endócrina.

A margem medial do rim é côncava, e nela localiza-se o **hilo renal**, isto é, o local por onde penetram e saem as estruturas do pedículo renal. O hilo renal conduz ao **seio renal**, onde se encontram os vasos renais e a **pelve renal**, uma dilatação que marca a extremidade inicial do **ureter**, o conduto muscular que vai à **bexiga**. A pelve renal tem continuidade para o interior do rim por dois ou três curtos condutos chamados **cálices maiores** (**FIGURA 81**). Cada um destes cálices subdivide-se em um número variável de condutos menores (sete a catorze), os **cálices renais menores**. Estes cálices por sua vez recebem os túbulos coletores procedentes dos **glomérulos renais**.

7.2. URETERES

São condutos musculares que se estendem dos rins até a bexiga (**FIGURA 79**). Apresentam 25 a 30 cm de comprimento e seu diâmetro varia de 10 a 15 mm. Os ureteres seguem junto à parede abdominal posterior, atrás do peritônio e apresentam quatro partes no seu percurso: lombar, ilíaca, pelvina e vesical. Na mulher, os ureteres guardam uma importante relação com a **a. uterina** na sua porção pélvica. Ao atingir a bexiga, atravessam-na desembocando na cavidade vesical por meio dos orifícios (óstios) ureterais.

7.3. BEXIGA

A **bexiga** é um reservatório musculomembranáceo no qual se acumula a urina conduzida pelos ureteres (**FIGURA 79**).

Está situada na pelve, posteriormente à sinfise púbica. A bexiga vazia apresenta três faces; quando cheia adquire forma variável, segundo a quantidade de urina. Acha-se coberta pelo peritônio nas faces posterior e superior. A camada média da bexiga é formada por músculos distribuídos em forma espiralada pelo entrelaçamento das fibras muscu-

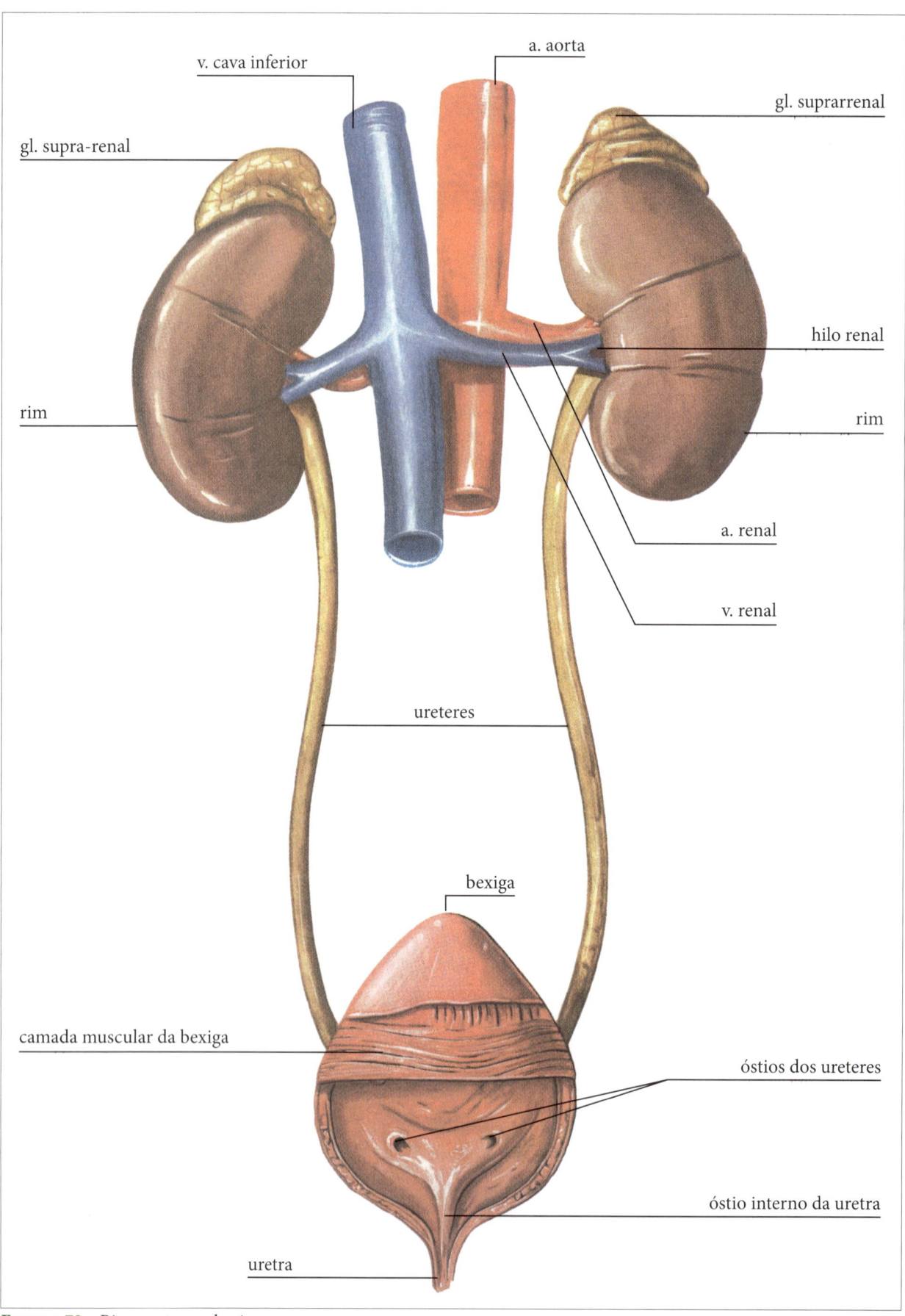

Figura 79 – Rins, ureteres e bexiga

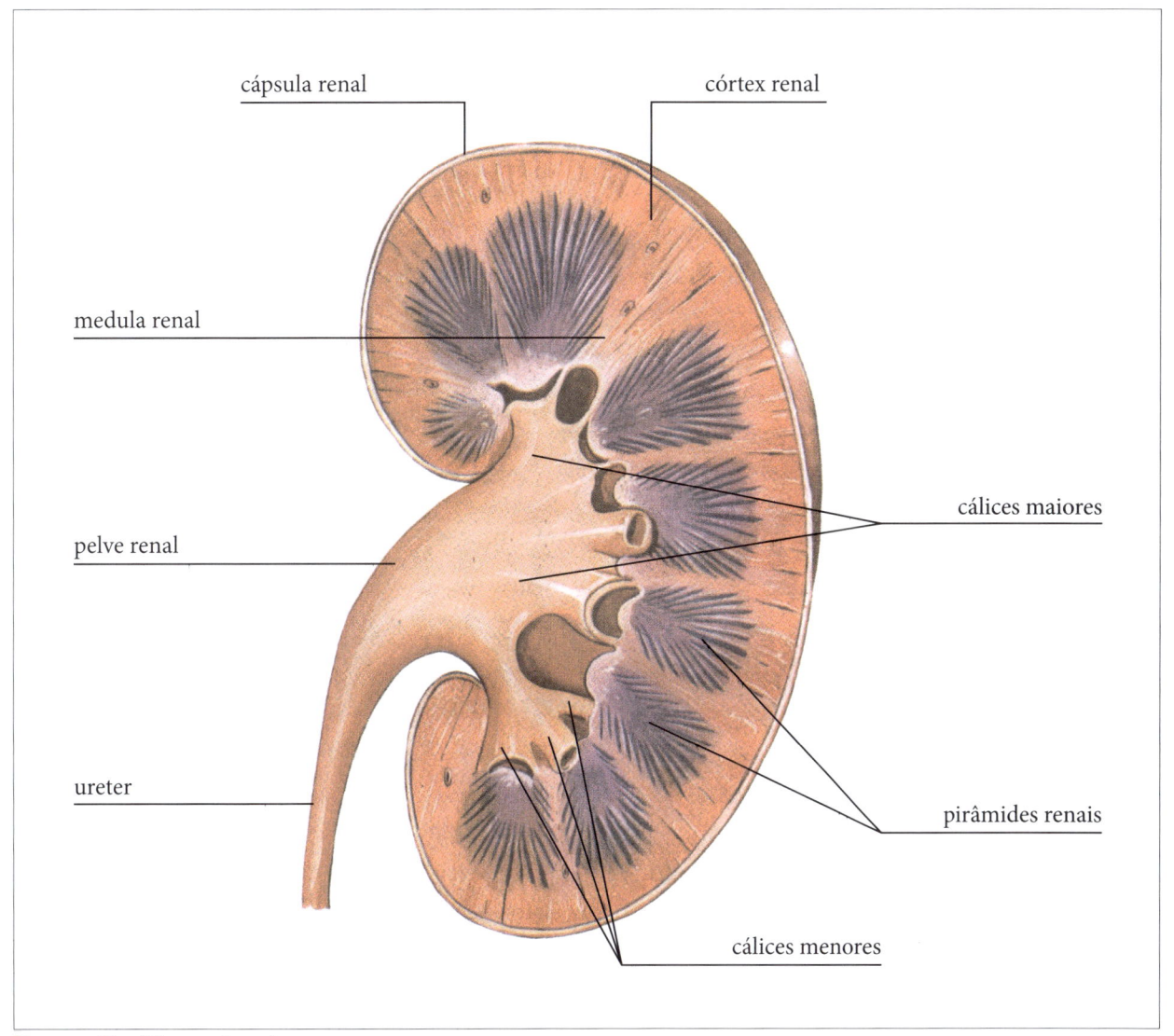

FIGURA 80 – Rim seccionado

lares. Internamente, a bexiga é forrada por uma mucosa onde se observam pregas na bexiga vazia.

Nela se abrem os óstios dos dois ureteres, e entre eles, o **óstio interno da uretra** que, juntos, formam o **trígono vesical**.

As relações da bexiga com os outros órgãos são diferentes nos dois sexos; enquanto que no homem ela está relacionada com a **próstata** e as **vesículas seminais**, na mulher tem relação com o **colo do útero** e a **vagina**.

7.4. URETRA

É o conduto excretor da bexiga, estendendo-se deste órgão até o exterior, e apresenta no homem função urogenital, isto é, eliminação de urina e do líquido espermático (**FIGURAS 82 e 83**).

No homem a uretra está dividida em três porções: a primeira logo após a bexiga, é a **uretra prostática**, pois o canal uretral atravessa a próstata ali localizada. Na uretra prostática se encontra o **colículo seminal**, pequena elevação onde se abrem os **ductos ejaculatórios** que conduzem o esperma desde as vesículas seminais até a uretra.

Ainda neste segmento da uretra se encontram o **utrículo prostático**, que representa um resquício de útero, e os orifícios dos **canais prostáticos**, que levam para a uretra os líquidos prostáticos que vão juntar-se ao esperma. A segunda porção

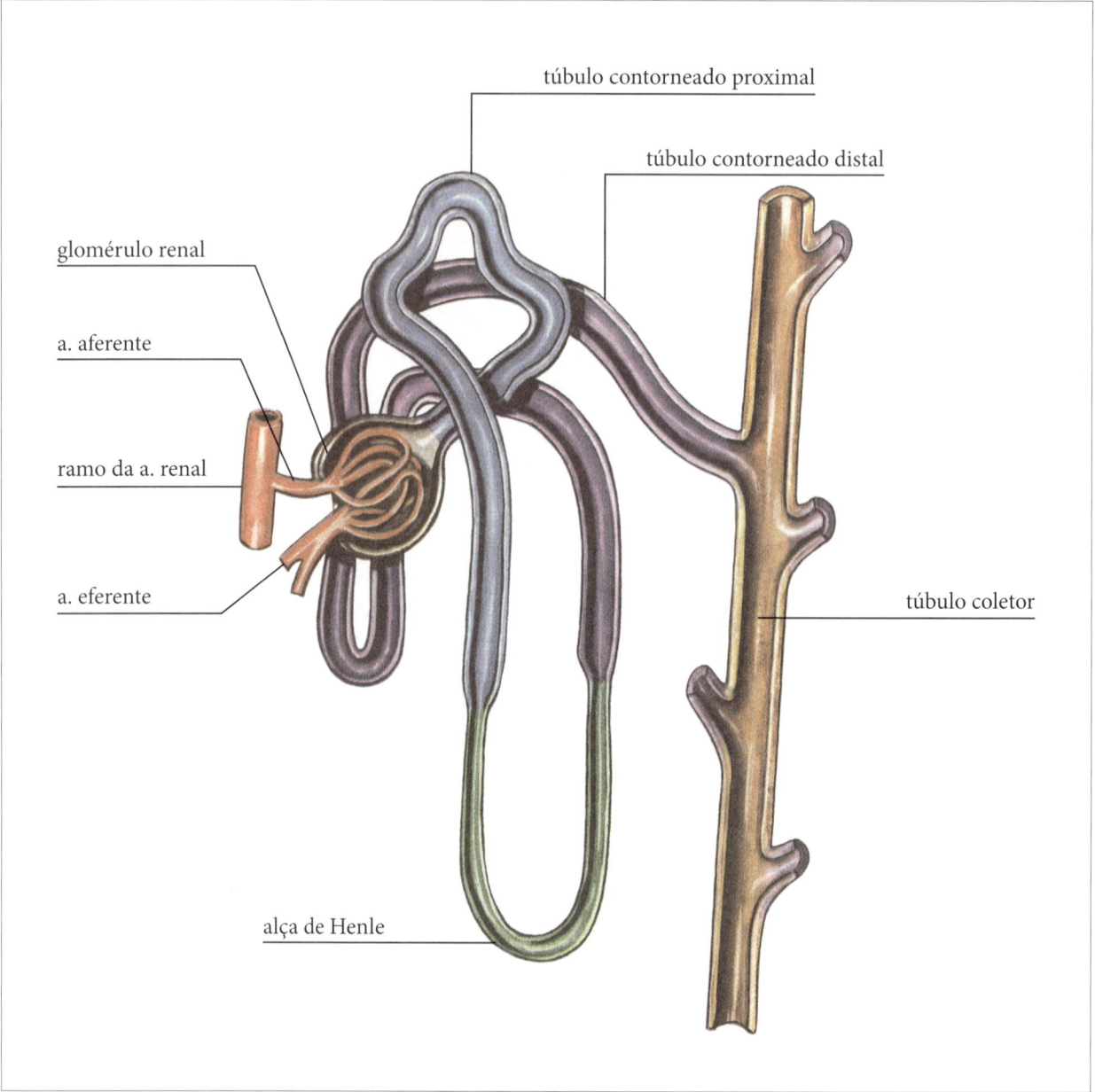

FIGURA 81 – Néfron

da uretra masculina é a **uretra membranosa**, que está situada no diafragma urogenital, o qual atravessa. A terceira porção da uretra é a **uretra esponjosa** ou **peniana** que se estende desde o bulbo da uretra até o **óstio externo da uretra**, na **glande do pênis**. É envolvida pelo **corpo esponjoso do pênis** desde seu início, onde se encontra um par de glândulas chamadas bulbo-uretrais cujos ductos abrem-se no bulbo da uretra (**FIGURAS 82 e 83**). A uretra feminina é consideravelmente mais curta do que a masculina, estende-se por 4 cm, aproximadamente, desde a bexiga até a **vulva** (**FIGURA 84**). A uretra feminina não possui relação alguma com a via genital, como acontece com a uretra masculina; destina-se exclusivamente à eliminação de urina.

Tanto a uretra masculina como a feminina apresentam no seu percurso dois esfíncteres que regulam o seu fechamento e abertura, permitindo o escoamento da urina no ato da micção.

O primeiro esfíncter está situado na bexiga, no início da uretra, formado de musculatura lisa: é o **esfíncter liso da bexiga**; o segundo, imediatamente abaixo, está localizado na uretra membranosa e é formado de musculatura estriada: é o **esfíncter estriado da uretra** que pode ser controlado pela ação da vontade, permitindo e impedindo o escoamento da urina.

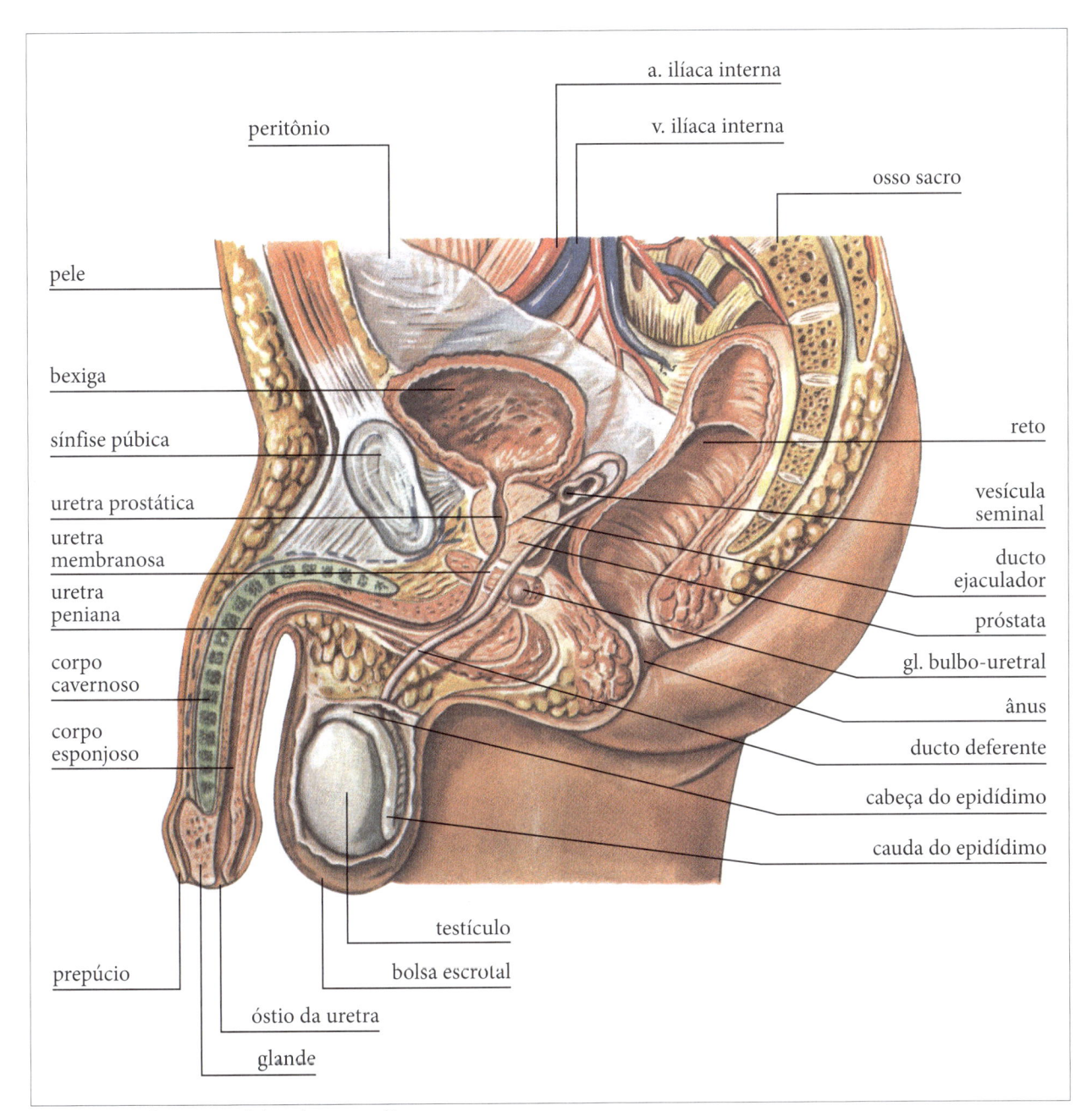

FIGURA 82 – Corte sagital da pelve masculina

7.5. ANATOMIA MICROSCÓPICA E FISIOLOGIA DO SISTEMA URINÁRIO

Os **rins**, **ureteres** e **bexiga** são iguais no homem e na mulher. Dois componentes são muito importantes na constituição renal: a **rede vascular** e o **complexo tubular**.

A **a. renal** logo ao penetrar o rim se divide, penetrando cada ramo em um espaço entre as **pirâmides renais** adjacentes, encaminhando-se para a zona mais externa e mais escura (**cortical**) (**FIGURA 80**). Ao chegar a esta zona, encurva-se e dá ramos que marcham para a periferia. Entretanto ramifica-se de maneira a formar os **glomérulos renais**.

Os glomérulos constam de uma **a. aferente** que se ramifica em ramos capilares que se enovelam e voltam a reunir-se em uma artéria denominada **eferente**. A **a. eferente** em parte se ramifica para nutrir a zona cortical, e em parte dá artérias que voltam na direção do hilo para irrigar a zona medular: são as chamadas arteríolas retas.

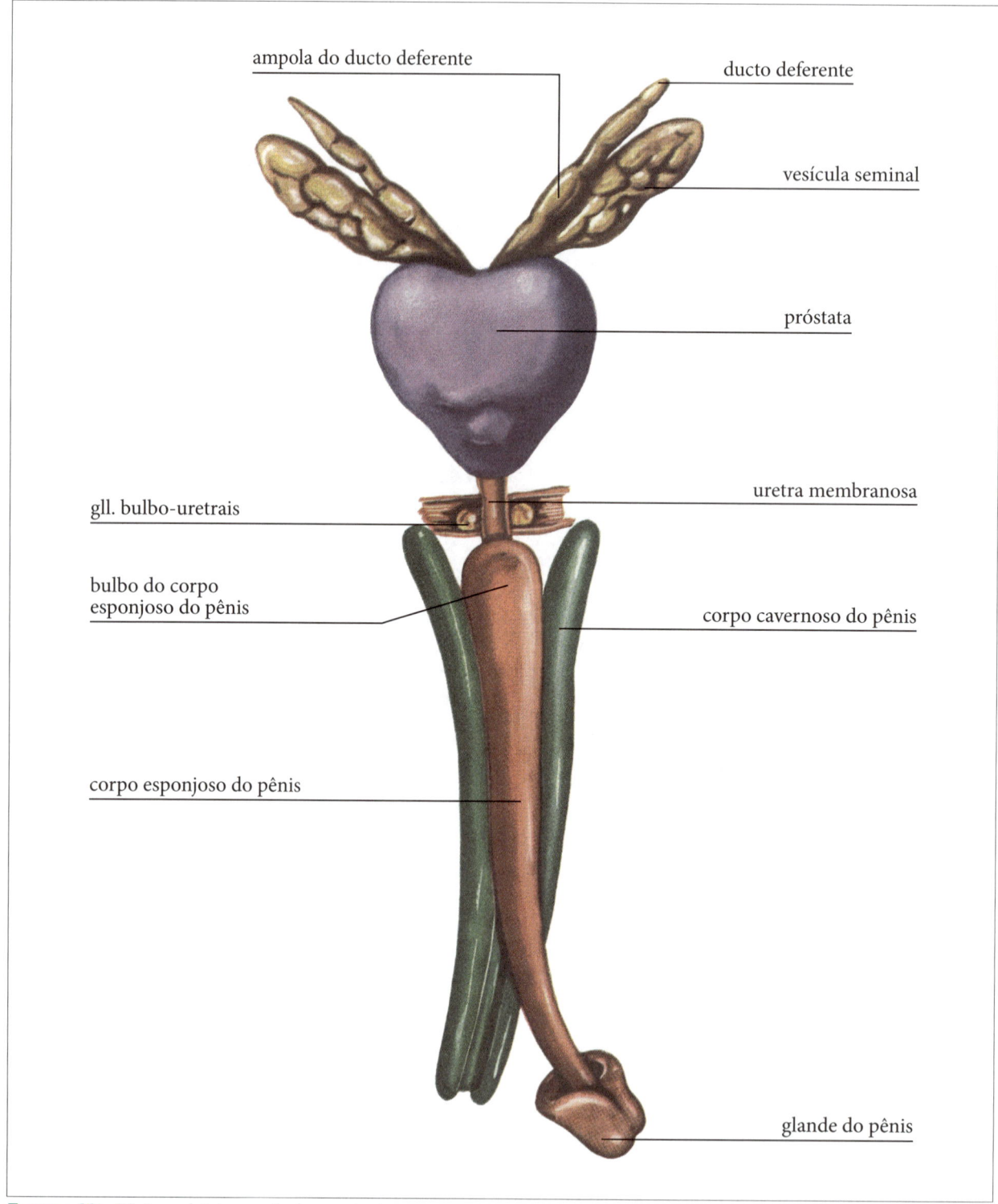

FIGURA 83 – Pênis, próstata e vesículas seminais

Devido ao arranjo do glomérulo, os capilares recebem uma pressão sanguínea relativamente alta da **a. aferente**, e suas finas paredes endoteliais, como poros, fazem então o papel de um filtro, deixando passar uma parte do plasma sanguíneo, sem proteínas, que recebe o nome de **urina capsular**, por cair na **cápsula de Bowman**.

A cápsula de Bowman é uma fina membrana que envolve os glomérulos e continua pelo **complexo tubular** formado por: 1. **túbulo contorneado proximal**; 2. **alça de Henle**; 3. **túbulo contorneado distal**; 4. **túbulo coletor (de Bellini)**; e 5. **túbulo excretor** (**FIGURA 81**). Cada glomérulo filtra a urina para um conjunto composto pelos três primeiros túbulos, recebendo este conjunto e o glomérulo o nome de **néfron**; entretanto cada coletor recebe vários néfrons, e vários coletores confluem até que poucos excretores alcançam as papilas renais vertendo urina para os cálices e estes, afinal, confluem juntando a urina numa cavidade única: a **pelve renal**.

Os túbulos renais são delgados condutos revestidos internamente por uma única fileira de células epiteliais do tipo cúbico, exceto uma porção delgada da **alça de Henle** cujas células são pavimentosas.

A urina capsular, que é similar ao plasma sanguíneo, é modificada pela absorção de substâncias e elementos como glicose, sódio, cloro e outros eletrólitos até que ao chegar aos cálices já se apresenta como urina propriamente dita.

Os **cálices** e a **pelve** são cavidades internamente revestidas por epitélio cúbico bisseriado e sua parede é fibrosa. Cada pelve continua por um delgado conduto, que é o **ureter**, e os dois **ureteres** encaminham-se para a **bexiga**.

Os ureteres e a bexiga são revestidos por epitélio plástico, em várias camadas de células de forma especial, sendo as mais superficiais em forma de raqueta e de guarda-chuva. Por fora do epitélio a parede é constituída por musculatura lisa e tecido conjuntivo.

Seguindo-se a bexiga, tanto no homem quanto na mulher, vem a uretra.

Na mulher ela é um simples tubo membranoso com revestimento epitelial que se transforma de plástico a pavimentoso ao desembocar na vulva. Na vulva está a entrada da **vagina**. Esta é também um tubo musculomembranáceo, revestido por epitélio, que sofre modificações durante o ciclo menstrual e que é a parte final do sistema genital abrindo-se ao exterior pela vulva. No homem a "uretra-vera", isto é, por onde transita somente urina, como na mulher, é membranosa, revestida por epitélio plástico e extremamente curta, terminando na próstata, que fica 1 a 2 cm do colo da bexiga.

A partir da próstata a uretra é trajeto gênito-urinário; internamente está revestida por epitélio cilíndrico estratificado ou pseudoestratificado. Na fossa navicular ocorre o epitélio plano estratificado. Externamente a uretra é envolta por um corpo esponjoso, isto é, espaços sanguíneos limitados por tecido conjuntivo denso. Ao redor da uretra há outros corpos cavernosos mais desenvolvidos, os **corpos cavernosos penianos** que juntamente com os músculos, nervos e vasos, formam o pênis, revestido externamente pela pele.

Os rins são os órgãos que estabelecem o equilíbrio iônico do sangue. O sangue que chega aos rins é filtrado nos glomérulos e daí o líquido filtrado passa aos túbulos. Nos túbulos proximais, boa parte do líquido é reabsorvido, e o que não o é constitui a urina. Os rins, a cada 24 horas, filtram 200 litros de líquido do sangue que passa por eles. A urina eliminada representa uma pequena fração do líquido filtrado, pois 99% dele é reabsorvido nos túbulos. A reabsorção do líquido é controlada pela ação de hormônios produzidos no córtex da glândula suprarrenal e na hipófise (neuro-hipófise). A urina eliminada diariamente corresponde aproximadamente a 1 litro e meio do líquido filtrado. Ao atingir os ureteres, a urina desce em direção à bexiga pela ação das contrações da musculatura lisa da parede dos ureteres. A urina deposita-se na bexiga até que se estabeleça sensação de plenitude e o desejo de urinar.

A quantidade de urina na bexiga no ato em que aparece a necessidade de urinar é aproximadamente 200 ml, embora a capacidade anatômica da bexiga possa atingir até 300 ml. A micção, isto é, a eliminação normal da urina se faz por um complexo mecanismo no qual entram em ação os músculos da parede do abdome, o diafragma, os músculos da pelve e a musculatura da própria parede da bexiga.

7.6. PATOLOGIA DO SISTEMA URINÁRIO

Numerosos defeitos congênitos podem ser encontrados nas várias partes do sistema urinário, por exemplo: ausência de um ou de ambos os rins (neste último caso o fenômeno é incompatível com a vida); duplicação ou dilatação de ureteres; falta total ou parcial de desenvolvimento da uretra etc.

As **inflamações** são relativamente comuns neste sistema e podem ser agudas ou crônicas. Quando o processo se localiza no rim, dá-se o nome genérico de **nefrite**. O tratamento deve ser bem conduzido pois, se assim não for, haverá uma destruição progressiva de todo o rim, o que tornará cada vez mais difícil a função renal de filtrar o plasma sanguíneo.

Os processos inflamatórios dos ureteres são chamados de **ureterites**; da bexiga, de **cistites**; e da uretra, de **uretrites**.

Numerosas bactérias ou outros agentes podem provocar estas inflamações. Na uretra o agente mais comum é aquele que produz a **gonorreia**. O tratamento é baseado em antibióticos aos quais os agentes bacterianos são sensíveis.

A **tuberculose** é uma doença que pode se localizar em qualquer porção do trato urinário, mas aparece principalmente nos rins. É relativamente comum em nosso meio.

Cálculos, também conhecidos como "pedras", são formações calcárias que podem se iniciar na pelve renal ou na bexiga. Podem ser formações grandes ou pequenas. No primeiro caso o tratamento é geralmente cirúrgico. Quando os cálculos são pequenos, eles são eliminados facilmente, mas sempre acompanhados de cólica intensa (a chamada **cólica renal**).

Como os outros sistemas, também este pode ser a sede de **tumores benignos** ou **malignos**. Os mais comuns aparecem na bexiga. Os tumores malignos, quando aparecem, fazem-no geralmente em pessoas com mais de 50 anos de idade. O tratamento dos tumores é sempre por meio de sua retirada cirúrgica.

Quase todas as doenças, mas principalmente as inflamações dos rins, levam à destruição de quase todo ou de todo o órgão. Isto prejudica em muito a função renal. Quando se chega a esta situação usa-se, atualmente, o transplante do órgão. Isto equivale à retirada do rim doente e substituição por um rim normal de outra pessoa, que geralmente é um parente bastante próximo. Com as novas técnicas operatórias têm-se obtido resultados muito bons em todo o mundo.

QUESTIONÁRIO E EXERCÍCIOS DE FIXAÇÃO

Após o estudo deste Capítulo, o aluno deverá estar apto a responder as questões a seguir.

1. Cite as partes do sistema urinário.
2. Descreva a morfologia do rim.
3. Descreva a constituição, dimensão e partes do ureter.
4. Defina a bexiga.
5. Descreva a uretra masculina.
6. Onde se localizam e para que servem os esfíncteres da bexiga?
7. Faça um desenho esquemático do néfron.
8. Descreva a formação da urina.
9. Descreva a pelve renal.
10. O que são cálculos renais?
11. O que se entende por "cápsula renal"?
12. Para que servem os glomérulos renais?
13. Qual o papel da "cápsula de Bowman"?
14. Qual o volume de sangue que passa pelos rins a cada 24 horas?
15. Qual o volume médio de urina eliminado diariamente?
16. Qual a capacidade volumétrica da bexiga?
17. Como são chamadas as inflamações da uretra e da bexiga?
18. Qual a causa das "cólicas renais"?

Capítulo 8

Sistema genital ou reprodutor

O **sistema genital** ou **reprodutor**, destinado à reprodução da espécie, agrupa os órgãos responsáveis pela produção dos gametas masculino e feminino, que são os **testículos** e os **ovários**, além de outros órgãos relacionados com a condução desses gametas e órgãos diretamente relacionados com a formação e desenvolvimento do novo ser.

8.1. ÓRGÃOS GENITAIS MASCULINOS

A parte masculina está constituída por: **testículos, próstata** e **pênis**.

8.1.1. Testículos

São duas glândulas de secreção externa (esperma) e interna (hormônios) de forma ovoide situadas no **escroto**, uma de cada lado, cuja função é produzir o **espermatozoide**, elemento fundamental do esperma masculino (Figura 82).

Junto ao testítulo se verifica a presença do **epidídimo**, primeiro segmento da via espermática, que recebe os condutos do testículo. No epidídimo se identifica uma **cabeça anterior**, um **corpo** e a **cauda**, que continua pelo **ducto deferente**. A cabeça do epidídimo recebe os **ductos eferentes** procedentes da rede testicular formada pela convergência dos **túbulos seminíferos**.

O espermatozoide, seguindo esses condutos, atinge o ducto deferente que penetra na cavidade abdominal e vai situar-se atrás da próstata na **vesícula seminal** (Figura 83).

O testítulo e o epidídimo são envolvidos por uma série de camadas que constituem o escroto; de fora para dentro encontram-se: a) a pele que envolve os dois testículos; b) a **túnica dartos** formada por **musculatura lisa**; c) a **túnica cremastérica** contendo o **m. cremaster** formado por fibras musculares procedentes do músculo oblíquo interno do abdome; d) a **túnica vaginal parietal** e **visceral**, membrana serosa (peritônio) que acompanha a descida do testítulo da cavidade abdominal para o escroto. Entre os dois folhetos, parietal e visceral, existe uma cavidade virtual.

O epidídimo continua pelo ducto deferente, conduto de mais ou menos 40 cm de comprimento que se estende desde o testículo até a próstata, penetrando na cavidade abdominal como parte integrante do **funículo espermático**.

O ducto deferente localiza-se atrás e abaixo da bexiga e acaba junto à próstata por uma dilatação, a **ampola do ducto deferente**, que apresenta um divertículo, a **vesícula seminal**.

Das ampolas dos ductos deferentes e das vesículas seminais, partem os ductos ejaculatórios que atravessam a próstata e se abrem na **uretra prostática** de cada lado do **colículo seminal**.

8.1.2. Próstata

A **próstata** é uma glândula situada abaixo da bexiga que envolve a primeira porção da uretra e dos ductos ejaculatórios. Destina-se à secreção de **líquido prostático**, que integra o esperma. Pequenos ductos chamados prostáticos conduzem a secreção da glândula para a uretra prostática (Figuras 82 e 83).

8.1.3. Pênis

O **pênis** é formado pelos dois **corpos cavernosos** que nascem nos ramos isquiopúbicos, um de cada lado, e pelo **corpo esponjoso**, no interior do qual está o canal da uretra (FIGURAS 82 e 83).

Os corpos cavernosos são formações de tecido erétil, situados dorsalmente em relação ao corpo esponjoso.

A extremidade anterior do pênis, chamada **glande**, é coberta por uma prega de pele, chamada **prepúcio**.

O corpo do pênis também é revestido de pele até próximo à **raiz do órgão**, na região do períneo.

Os corpos cavernosos e esponjosos do pênis tornam-se rijos pelo afluxo de sangue quando em ereção.

8.2. ÓRGÃOS GENITAIS FEMININOS

A parte feminina deste sistema é formada por: **ovários**, **tubas uterinas**, **útero**, **vagina** e **vulva**.

8.2.1. Ovários

São duas glândulas situadas na cavidade pélvica junto às tubas uterinas e unidas ao útero pelo **ligamento útero-ovárico** ou **ligamento próprio do ovário** (FIGURA 84). Os ovários são responsáveis pela produção de óvulos e secreções endócrinas. Medem em média 5 cm de comprimento e apresentam uma forma ovoide. Estão intimamente relacionados com a **tuba uterina**, conduto ligado ao útero, por meio do qual o óvulo progride em direção ao útero (FIGURA 85).

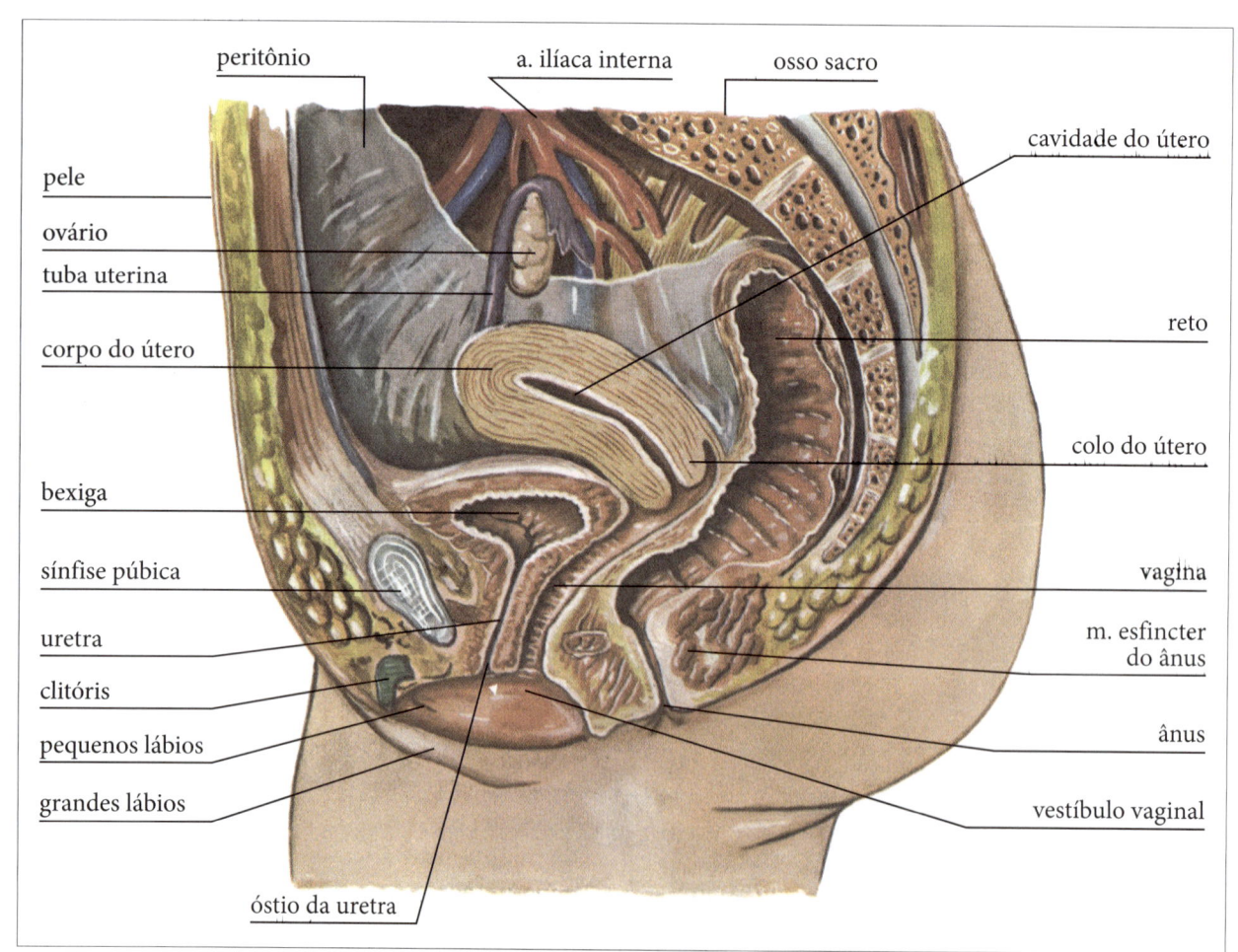

FIGURA 84 – Corte sagital da pelve feminina

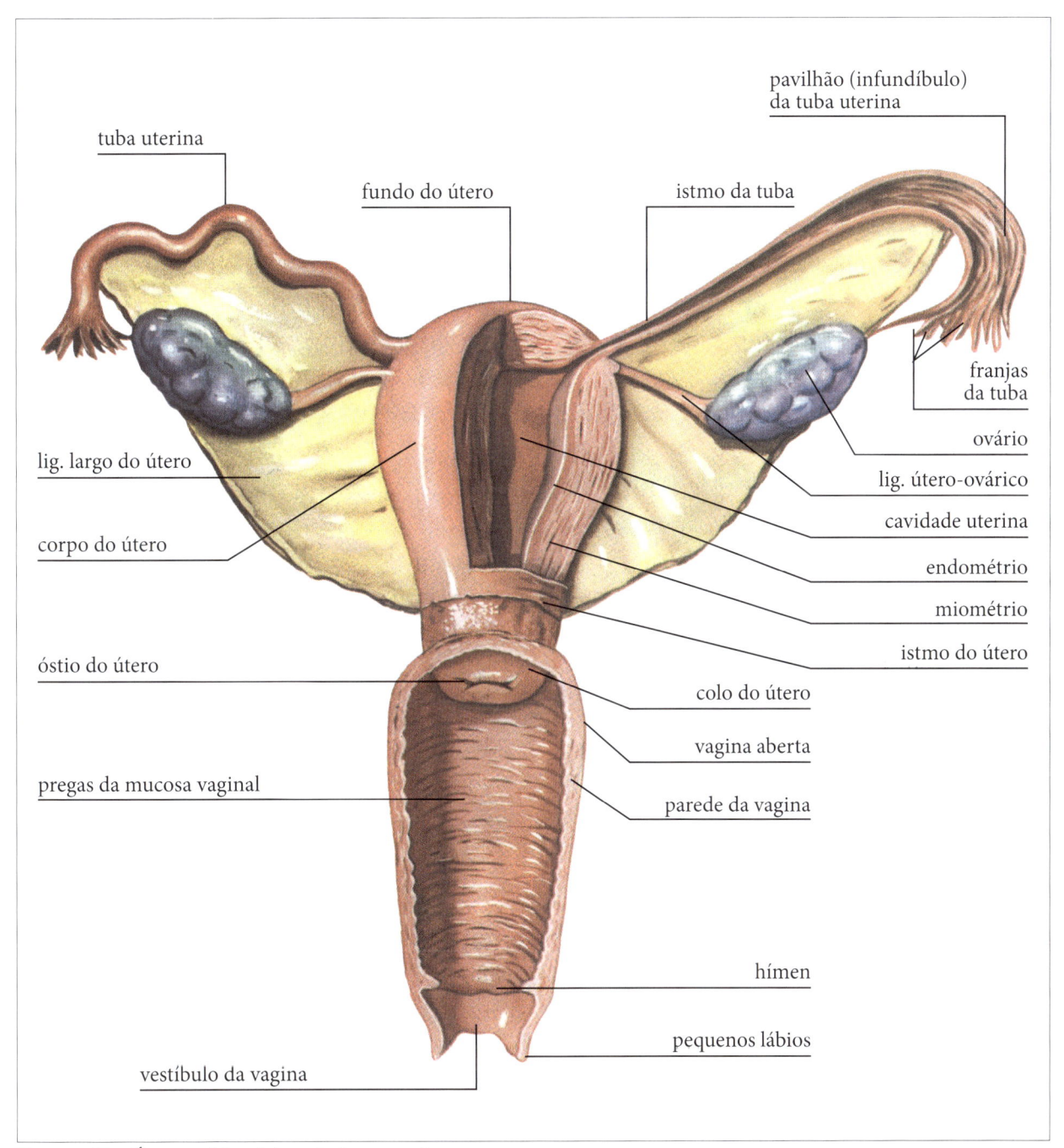

FIGURA 85 – Útero, ovários, tubas uterinas e vagina

8.2.2. Tubas uterinas

As **tubas uterinas** situadas uma de cada lado do útero se estendem por 12 cm de comprimento apresentando na extremidade livre uma dilatação, o **pavilhão** ou **infundíbulo** da tuba, onde se encontram franjas que alcançam a superfície do ovário. A porção da tuba mais próxima do útero é mais estreitada e chama-se **istmo da tuba** (FIGURA 85).

A tuba apresenta um orifício no infundíbulo – **óstio abdominal da tuba** – que recebe o óvulo, e um orifício no útero – **óstio uterino da tuba** – pelo qual o óvulo atinge a cavidade uterina.

As tubas uterinas, como os ovários, estão também relacionadas com o útero pelo **ligamento largo do útero** (prega do peritônio).

No interior das tubas uterinas, normalmente ocorre a fecundação, isto é, o espermatozoide une-se ao óvulo para constituir a **célula-ovo**, que por multiplicações progressivas formará o embrião do novo ser.

8.3.3. Útero

O **útero** é um órgão essencialmente formado de tecido muscular, situado na cavidade pélvica em posição mediana, logo atrás da bexiga e adiante do segmento terminal do trato digestivo (o reto). Está em comunicação com as tubas uterinas lateralmente, e com o fundo da vagina inferiormente (**Figuras 84 e 85**).

Distinguem-se no útero: um **corpo mais largo**, um **istmo** situado logo abaixo do corpo que é a porção mais estreita do útero, e um **colo**, no qual se encontra o **óstio do útero** que o comunica com a vagina.

O útero é constituído por três camadas que são: uma membrana serosa (**peritônio**) que o reveste externamente, uma camada muscular média (**miométrio**) e uma mucosa (**endométrio**).

O útero é o órgão da gestação e do parto, isto é, o ovo procedente da tuba fixa-se nele e aí permanece até o momento do parto, quando a musculatura uterina, por contrações sucessivas, expulsa o feto.

8.3.4. Vagina – Vulva

A **vagina** é o órgão feminino da cópula. É um conduto musculomembranáceo que vai desde o colo do útero até a **vulva**, numa extensão de 8 a 10 cm (**Figuras 84 e 85**).

Tem comunicação com o útero por meio do óstio uterino e com o exterior por meio do **óstio da vagina**. A superfície interna da vagina é revestida de mucosa, onde se notam pregas ou rugosidades nas quais existem glândulas que mantêm o órgão umedecido. Tem relação com a uretra situada anteriormente e com o canal anal, posteriormente.

A vagina abre-se na **vulva** (conjunto dos genitais externos femininos e formados pelos grandes e pequenos **lábios**, pelo **clitóris** e pelo **vestíbulo da vagina**) pelo óstio vaginal onde se encontra uma membrana (**hímen**) obliterando a entrada da vagina nas virgens.

As paredes da vagina são extensíveis a ponto de permitir a passagem do feto durante o parto.

A **vulva** é o conjunto dos genitais externos que são os **grandes lábios** formados por pregas cutâneas de cada lado das aberturas da vagina e da uretra; os pequenos lábios colocados entre os grandes, limitam o **vestíbulo da vagina** e estendem-se sobre a glande do **clitóris** formando o **prepúcio** deste. O **clitóris** é o órgão semelhante ao pênis do homem, também formado por tecido erétil; está situado anteriormente aos lábios menores e superiormente ao **óstio da uretra feminina** (**Figura 84**).

8.3. ANATOMIA MICROSCÓPICA E FISIOLOGIA DO SISTEMA GENITAL

8.3.1. Masculino

Compõe-se dos **testículos**, **epidídimo**, **ductos deferentes**, **vesículas seminais**, **próstata**, **glândulas bulbo-uretrais** e **uretra**.

O testículo é formado por grande quantidade de túbulos seminíferos formados de células arredondadas chamadas **espermatogônias**, que se dividem e modulam para formar os espermatozoides. Estes uma vez formados e maduros vão sendo empurrados pela luz dos túbulos até atingirem o **deferente**. Entre as espermatogônias, há células claras e grandes que servem de sustentação e nutrem os espermatozoides: são as **células de Sertoli**. Entre os vários túbulos seminíferos, há tecido conjuntivo que lhes traz os vasos sanguíneos para nutrição, e, ainda, células especiais chamadas **células intersticiais** (ou de Leidig), que secretam hormônio masculino sob o influxo do **hormônio folículo-estimulante** que no homem é exatamente igual ao da mulher, mas recebe o nome de hormônio estimulante das células intersticiais (ICSH). As **células de Leidig** respondem aos estímulos formando **testosterona**.

Os testículos são revestidos por uma membrana densa e forte de tecido conjuntivo, a **albugínea**, e ainda por um folheto derivado do peritônio, a **túnica vaginal**.

Os **túbulos seminíferos** vão-se reunindo formando **túbulos retos** que saem com o nome de **túbulos eferentes**, os quais por sua vez se lançam em um tubo muito tortuoso e enovelado que constitui um órgão anexo ao testículo, o **epidídimo**, que tem na superfície livre cílios imóveis ou em pincel.

O **epidídimo** continua por um tubo de luz pouco preguada (**deferente**), revestido por um epitélio cilíndrico simples e parede muscular. Por trás da bexiga há uma glândula mucosa, de luz muito tortuosa, que é a **vesícula seminal**, cuja secreção é mucosa. A seguir, o **deferente** encaminha-se para a **próstata** que é atravessada pelos ductos ejaculadores que se abrem na **uretra**.

A **próstata** é uma glândula tubulosa, com túbulos tortuosos revestidos por epitélio cilíndrico cuja secreção é mucosa. Abre-se por vários condutos excretores na uretra. As **glândulas bulbo-uretrais** têm também secreção mucosa, porém, mais densa, de modo que seu muco se coagula, aparecendo os túbulos com bastante material em seu interior.

8.3.2. Feminino

Consta dos **ovários**, **tuba uterina** e **útero**, cujo colo vai se abrir na **vagina**.

O **ovário** é recoberto por epitélio pavimentoso simples, que recobre um estroma fortemente conjuntivo onde se localizam células claras, chamadas **ovócitos primários** ou **ovogônias**. Na mulher púbere, sob influxos hormonais, a estrutura histológica se modifica ciclicamente devido à maturação dos óvulos. Inicialmente ao redor do ovócito aparece um círculo ou folículo de células com aspectos de epitélio cilíndrico, em uma só camada: é o epitélio germinativo. Por ação do **hormônio folículo-estimulante** da hipófise (FSH), o interior do folículo vai aumentando de volume e enchendo-se de líquido (folículo primário), enquanto as células do interior se multiplicam mantendo o óvulo em acúmulo de células (*cumulus-ooforus*), ao mesmo tempo que um hormônio chamado **foliculina** ou **estroma** vai sendo formado em seu interior.

Quando a concentração do líquido folicular e foliculina está alta, a hipófise passa a produzir outro hormônio, o **luteinizante** (LH). Neste momento o **folículo de Graaf** maduro se rompe e o óvulo é expulso sendo captado pela tuba, que o conduzirá ao útero. O LH alicia então as células germinativas e estas proliferam formando um nódulo chamado **corpo amarelo** ou **corpo lúteo**. A hipófise produz ainda outro hormônio, o estimulante da **luteinização** (LSH) que fará com que as células do corpo lúteo produzam **luteína**, ou **progesterona** que é também hormônio.

A **tuba uterina** é um conduto muito delgado, de luz muito irregular, estrelada, revestida por epitélio cilíndrico simples e que se abre no útero. Serve para que o óvulo vá ao útero e é geralmente nela que o óvulo é fecundado por um espermatozoide, transformando-se em ovo.

O útero é revestido internamente por epitélio cilíndrico simples sob o qual há um conjuntivo frouxo, bastante vascularizado, e depois uma espessa musculatura lisa que é revestida externamente pelo peritônio, isto é, por epitélio pavimentoso simples. Ciclicamente a morfologia uterina varia acompanhando as variações ovarianas; assim, durante a maturação dos óvulos, a mucosa, isto é, o epitélio e o conjuntivo aumentam de espessura por aumentar a irrigação sanguínea, e o epitélio se invagina formando glândulas mucosas muito tortuosas. Se o **óvulo** é fecundado, vem nidar no útero. Assim preparado, começa, então, a formação da placenta, enquanto que no ovário o **corpo lúteo** se mantém ativo. Se o óvulo não é fecundado não há nidação, o **corpo lúteo** começa a regredir e a vascularização da mucosa uterina se atrofia ocasionando a menstruação. Neste caso o corpo lúteo vai se transformando em pequena cicatriz branca, o **corpo albicans**, e o ciclo recomeça.

8.4. PATOLOGIA DO SISTEMA GENITAL

8.4.1. Masculino

O testículo pode ser a sede de várias alterações; uma das mais comuns está relacionada com defeito de desenvolvimento e é a falha na descida do testículo da cavidade abdominal para a bolsa escrotal, na infância. A isto se dá o nome de **criptorquidismo**. A correção cirúrgica neste caso é muito importante porque o testículo criptorquídico (se mantido como tal) frequentemente é a sede de um tumor malígno. **Hipospadia** é a alteração congênita devida a uma parada de desenvolvimento da uretra peniana; o meato uretral fica localizado na face inferior do pênis em qualquer porção do órgão, desde a ponta até sua porção próxima à região perineal. **Fimose** é a lesão que pode ser congênita ou adquirida em consequência de inflamação ou traumatismo. Neste caso o orifício prepucial é tão pequeno que não permite a retração do prepúcio além da glande.

As inflamações podem ocorrer nas várias estruturas do sistema genital masculino. Elas podem ser agudas ou crônicas e são chamadas de acordo com o órgão, de **prostatite** (próstata), **orquite** (testículo), **funiculite** (cordão espermático), **epididimite** (epidídimo). Estas podem ser causadas por vários agentes (bactérias) como gonococo, estreptococo e estafilococo. As inflamações mais conhecidas e de maior importância em saúde pública são aquelas rotuladas como **doenças venéreas** e que afetam principalmente o pênis. A mais conhecida é a **sífilis**, que tratada com penicilina, sob orientação médica, facilmente se cura. Ela é transmitida pelo coito e é altamente infectante. **Tuberculose** e **blastomicose** ocorrem com alguma frequência no testículo. Estas várias inflamações são geralmente tratadas com antibióticos ou medicamentos aos quais o microorganismo é sensível. **Elefantíase** é um aumento acentuado do escroto devido a uma inflamação dos vasos linfáticos e que, frequentemente, acompanha a **filariose**, doença frequente no nordeste do Brasil. Esta lesão não tem cura.

A **parotidite**, vulgarmente conhecida como **caxumba**, pode se complicar, produzindo lesões no testículo, principalmente se o paciente é adulto.

Hidrocele é um acúmulo de líquido no saco escrotal (entre os folhetos parietal e visceral da túnica vaginal) e pode ser consequência de uma inflamação ou traumatismo.

Varicocele é uma alteração das veias do plexo pampiniforme, representada por dilatações, alongamentos e tortuosidades dos vasos que o compõe no funículo espermático.

Tumores benignos e malignos são frequentes: benignos são frequentemente encontrados na próstata (são as hiperplasias benignas) e no pênis, o **condiloma acuminado e verruga**. Os tumores malignos são mais raros e as sedes mais frequentes são próstata, pênis e testículo. Estes tumores aparecem geralmente após os 30 anos de idade, em homens que não fazem a higiene adequada do órgão.

8.4.2. Feminino

As alterações congênitas são muito raras e entre elas temos a **duplicação do corpo uterino**, **atresia** ou **ausência da vagina** e a imperfuração do hímen. O tratamento, quando possível, é cirúrgico.

A **hipoplasia do útero**, chamada popularmente de **útero infantil**, é geralmente devida a uma função hormonal inadequada. Neste caso o tratamento deve ser à base de hormônios específicos.

As **inflamações** são frequentes nas várias partes do sistema genital, mas principalmente no útero e na vagina. No útero as inflamações são chamadas **endometrites** (lesão do endométrio) e podem ser agudas ou crônicas. A forma mais grave é a aguda, que ocorre principalmente logo após o parto, chamada **febre puerperal** e que, frequentemente, leva à morte. O microorganismo responsável por esta forma grave é quase sempre o *Clostridium Welchii*. A **gonorreia** e a **tuberculose** lesam principalmente as tubas uterinas, originando o que se chama de **salpingite gonocócica** ou **tuberculose**. As inflamações do colo uterino (**cervicite**) e da vagina (**vaginite**) são bastante comuns e podem ser devidas a diferentes tipos de microorganismos. A **sífilis** é frequente, principalmente nas camadas sociais mais pobres onde as condições higiênicas são precárias. A lesão primária chamada "cancro" pode ocorrer na vagina ou na vulva. Ela é altamente infectante e a doença é geralmente transmitida por meio do coito. O tratamento destas inflamações é feito com antibióticos aos quais o microorganismo é sensível.

A **gravidez ectópica** é aquela que se estabelece fora do útero; o ovo fertilizado cai na cavidade abdominal ou pode parar em qualquer nível da tuba uterina. Isto geralmente é devido a uma cicatrização da parede tubária após uma inflamação, o que leva a uma diminuição da luz da tuba; consequentemente a progressão do ovo em direção à luz uterina se torna muito difícil ou mesmo impossível. O tratamento é cirúrgico.

Hiperplasia do endométrio é uma condição relativamente frequente e está relacionada com o aumento de hormônios femininos, principalmente estrógenos. Nota-se nesta lesão aumento do número e do tamanho das glândulas endometriais.

Tumores benignos e malignos (os **cânceres**) são frequentes principalmente no útero e ovários. O tratamento nestes casos é sempre cirúrgico.

Quase todas as alterações acima mencionadas, que afetam o útero e ovários, podem levar a alterações do ciclo menstrual com aumento de sangue eliminado nas menstruações ou perdas sanguíneas pela vagina em qualquer fase do ciclo. Torna-se necessário que, sempre que estas alterações ocorram, a paciente procure um médico para que o mesmo possa fazer o diagnóstico preciso da doença, considerando que ela pode ser desde uma simples inflamação até um tumor bastante maligno. Hoje, com os meios eficazes para a detecção precoce do câncer ginecológico, a incidência e a mortalidade deverão baixar.

8.5. AIDS

A **AIDS** ou **Síndrome da Imunodeficiência Adquirida** é uma doença gravíssima. Trata-se de uma infecção causada pelo **Vírus da Imunodeficiência Humana**, conhecido como HIV, que enfraquece o sistema de defesa do organismo. O doente debilitado pela AIDS é facilmente atacado por outras moléstias devido à deficiência do seu sistema natural de defesa. Esta doença não tem cura e pode se transformar na pior epidemia da história da humanidade, se não houver a participação consciente e efetiva de todas as populações na sua prevenção.

O vírus da AIDS encontra-se no sangue e nas secreções sexuais das pessoas contaminadas. No homem contaminado, o vírus está presente no líquido espermático (esperma); e na mulher contaminada, o vírus encontra-se na secreção vaginal, no sangue menstrual e no leite materno.

A contaminação pelo vírus da AIDS se faz por contato direto, isto é, pela entrada de sangue ou das secreções sexuais de um indivíduo infectado em contato com outro. As formas de contaminação são por meio de:

1. contato sexual, praticando sexo vaginal, anal ou oral;
2. transfusão de sangue;
3. utilização de agulhas de seringas usadas na injeção de drogas e compartilhadas entre os usuários; também a utilização de agulhas de acupuntura, de tatuagens e de outros instrumentos cortantes e perfurantes, como navalha, aparelho de barbear, alicate de unha e outros;
4. gravidez, isto é, da mãe para o filho e também durante o parto e a amamentação.

Para saber se um indivíduo está contaminado, deve-se fazer testes específicos para o vírus HIV em laboratórios de análises.

Não obstante as inúmeras pesquisas sobre AIDS que se desenvolvem em quase todos os países do mundo, não há medicação que, comprovadamente, cure a AIDS, assim como não há vacina para prevenir esta doença. Há, todavia, outras formas de prevenção, e a prevenção é o método mais eficaz e único para evitar a AIDS.

A prevenção é feita de três formas:

1. nas relações sexuais usar sempre preservativo, isto é, camisinha (certificar-se de que a camisinha é de qualidade comprovada pelos órgãos governamentais);
2. nas transfusões de sangue e derivados, certificar-se que o sangue foi submetido a exames laboratoriais para doenças transmissíveis por via sanguínea, particularmente a AIDS;
3. nunca utilizar objetos cortantes (seringas, navalhas etc.) de terceiros.

QUESTIONÁRIO E EXERCÍCIOS DE FIXAÇÃO

Após o estudo deste Capítulo, o aluno deverá estar apto a responder as questões a seguir.

1. Defina o sistema genital.
2. Descreva o testículo.
3. Cite as camadas do escroto.
4. Descreva o ducto deferente.
5. Defina a próstata.
6. Descreva a construção do pênis.
7. Defina o ovário.

8. Descreva a tuba uterina.
9. Defina e situe o útero.
10. Defina a vagina e o clitóris.
11. Cite as estruturas da vulva.
12. Descreva a diferença entre uretra masculina e feminina.
13. O que se entende por "criptorquidismo"?
14. O que se entende por "gravidez ectópica"?
15. O que se entende por "endometrite"?
16. Qual o significado das siglas AIDS e HIV?
17. Onde se localiza o vírus HIV no homem e na mulher?
18. Quais as formas conhecidas de contaminação pelo vírus da AIDS?
19. Como evitar a AIDS?

Capítulo 9
Sistema endócrino (Glândulas endócrinas)

Muitas funções do organismo são integradas a coordenadas por substâncias circulantes no sangue chamadas **hormônios**. Os hormônios são elaborados em determinados sítios do corpo chamados **glândulas** e têm a propriedade de atuar como reguladores químicos, de forma a **desencadear**, **inibir**, **ativar** ou **manter** uma ou mais funções. As glândulas são estruturas, na maioria das vezes, muito simples, apenas um parênquima celular arranjado ou em folículos ou em cordões em íntimo contato com capilares. As glândulas endócrinas (**Figura 86**) receberam este nome por não lançarem suas secreções ao exterior, através de condutos, mas excretarem diretamente no sangue. As glândulas endócrinas constituem **um sistema**, porque a função de uma influi sobre a função de outra, havendo um equilíbrio de atividade.

São glândulas deste tipo a **hipófise**, o **tireoide**, as **paratireoides**, as **adrenais**, as **ilhotas pancreáticas** (de Langerhans), as **gônadas masculina** e **feminina** e a **epífise**. Alguns autores incluem entre elas o **timo** e os **paragânglios**. O fígado, apesar de não produzir hormônio, lança substâncias diretamente no sangue, o que lhe vale também o nome de **glândula endócrina**.

9.1. HIPÓFISE

É uma formação de 1,5 cm no plano transversal, 1 cm no sagital e 0,75 cm de espessura; está alojada na sela túrcica, uma escavação no corpo do osso esfenoide, logo atrás do quiasma óptico. Está envolta pela dura-máter; liga-se ao cérebro por meio de um pedículo, o talo infundibular. Uma parte da hipófise origina-se do ectoderma de revestimento do teto da boca, (bolsa de Rathke), e é chamada **adeno-hipófise**; outra porção desenvolve-se da invaginação do assoalho do cérebro, a **neuro-hipófise**.

A adeno-hipófise produz: o **hormônio do crescimento** (STH, **somatotrófico** ou **somatotropina**); o **hormônio lactogênio** (LTH, **prolactina**, **hormônio luteotrófico**, **luteína**) que estimula a secreção do leite, crescimento das mamas e ativa o corpo lúteo; o **hormônio melanotrófico** (MSH, **intermedina** ou **melanotrofina**) que está relacionado com a distribuição da melanina, pigmento da pele; a **tireotrofina** (TSH, **tiroestimulante**) que atua sobre a tireoide; a **adrenocorticotrofina** (ACTH) que atua sobre o córtex da suprarenal; e ainda o **hormônio folículo-estimulante** (FSH) e o **hormônio luteinizante** (LH).

A neuro-hipófise não produz, ao que parece, hormônio, mas é um local de armazenamento de hormônios produzidos no **hipotálamo**: um atua sobre a musculatura lisa do útero e intestino (**oxitocina**), o outro, sobre o musculatura dos vasos (**vasopressina**), possuindo ainda ação diurética.

9.2. TIREOIDE

É uma massa de tecido glandular de cor vermelho-escura, dividida em dois lobos, um direito e outro esquerdo, ligados por um istmo. A glândula ocupa a porção mais alta da traqueia, logo abaixo

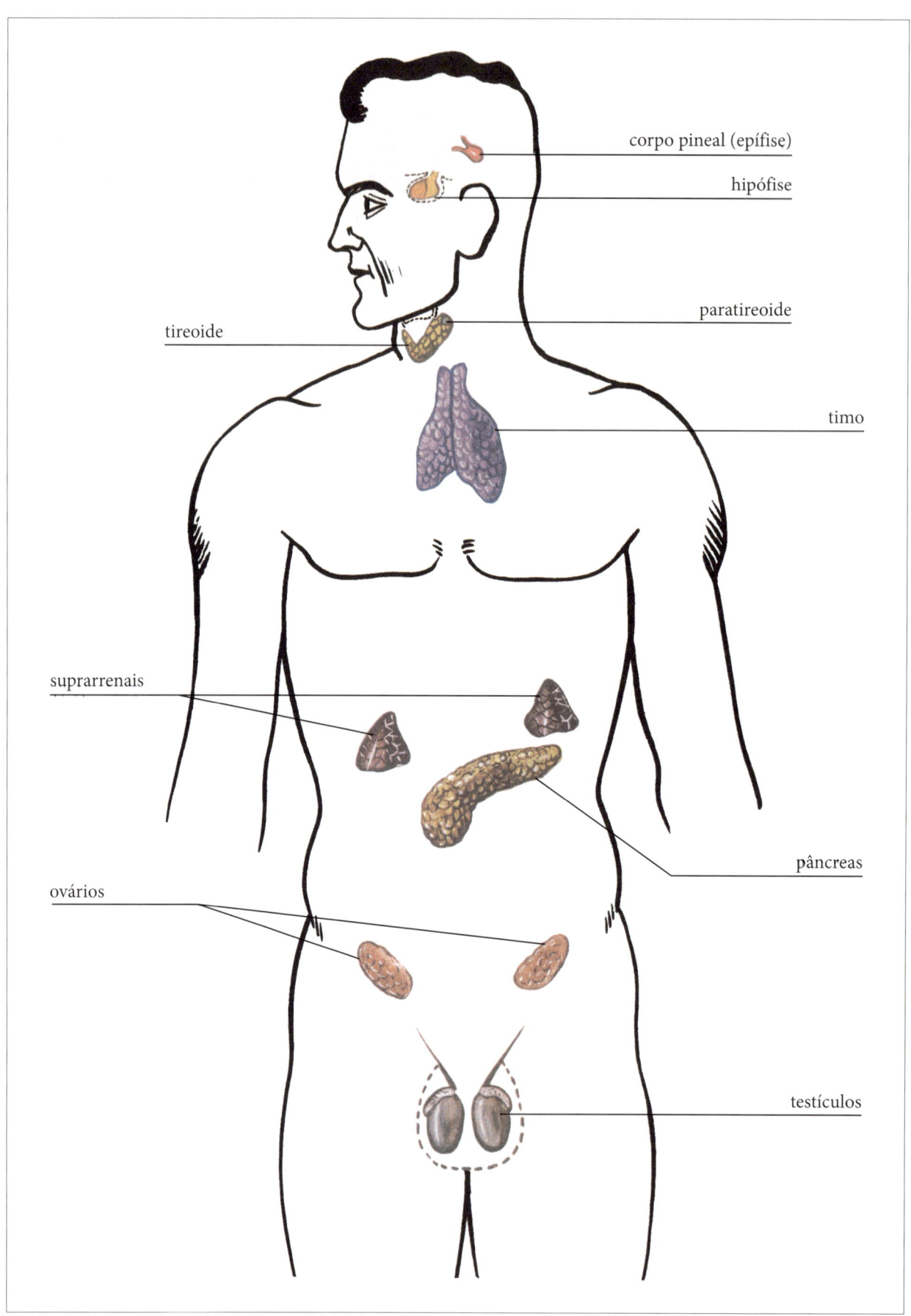

Figura 86 – Glândulas endócrinas

da laringe, seus lóbulos avançam para cima e para os lados, em torno das cartilagens laríngeas. Às vezes, apresenta ainda uma projeção de istmo, irregular e de tamanho variável, o **lóbulo piramidal** (pirâmide de Lalouette). O aspecto microanatômico é de folículos cheios de coloides, que produzem **tiroína** e um outro hormônio, a **triiodotironina**. Controlam o crescimento e o metabolismo das células do organismo.

9.3. PARATIREOIDES

As paratireoides são quatro formações amarelo-pardas, de meio centímetro de diâmetro, localizadas sobre a glândula tireoide, dispostas duas em cada lado desta glândula. Produzem **paratormônio**. A remoção total das quatro glândulas produz graves distúrbios musculares, incompatíveis com a vida. Regulam a metabolismo do cálcio e do fósforo. Parece que produzem ainda um outro hormônio, a **calciotonina**; este atuaria quando houvesse excesso de cálcio no sangue.

9.4. SUPRARRENAIS (ADRENAIS)

As suprarrenais são duas glândulas de cor amarelada, uma colocada entre o polo superior do rim direito e a v. cava inferior, e a outra estendendo-se do polo superior do rim esquerdo até o seu hilo. Têm cinco cm de comprimento e três ou quatro cm de largura. Assemelham-se a pirâmides. Microanatomicamente mostram uma camada externa, **cortical**, e outra mais interna, a **medular**. O córtex da suprarrenal produz os esteroides. Os esteroides enquadram-se em três grupos: **mineralocorticoides** que controlam o sódio e o potássio no organismo; **glicocorticoides**, relacionados com o metabolismo de carboidratos e proteínas; **hormônios sexuais** (androgênios, progesterona e estrogênios).

A medula produz a **adrenalina** (epinefrina) e a **noradrenalina**, que são mediadores químicos intimamente relacionados com o sistema nervoso autônomo.

9.5. ILHOTAS PANCREÁTICAS

As **ilhotas pancreáticas** (de Langerhans) são cordões ou aglomerados de células e capilares, imersos no parênquima glandular do pâncreas. Produzem a **insulina**, hormônio que reduz o nível do açúcar sanguíneo, e o **glucagônio**, hormônio que aumenta o nível de açúcar no sangue.

9.6. PARAGÂNGLIOS

Os **paragânglios** são cordões ou aglomerados de células muito vascularizados localizados em diferentes locais do corpo. Parecem originar-se de células ganglionares simpáticas; apresentam reação **cromafim** e produzem **noradrenalina**.

9.7. PINEAL (CORPO PINEAL)

O **corpo pineal** (epífise) é uma pequena glândula situada no epitálamo, cujas funções não são totalmente conhecidas. Supõe-se haver relação desta glândula com o desenvolvimento sexual do homem.

9.8. OVÁRIOS

Os **ovários** ou gônada feminina, já descritos, produzem **estrogênio**, hormônio responsável pelos caracteres secundários femininos; produzem ainda por meio do corpo lúteo a **progesterona**, relacionada com a preparação do endométrio para a nidação. No caso de gravidez, com a involução do corpo lúteo a partir do terceiro mês de gestação, a maior parte da produção de progesterona cabe à placenta.

9.9. TESTÍCULOS

Os **testículos** ou **gônada** masculina, também já descritos morfologicamente, são a fonte produtora do androgênio, hormônio responsável pelo aparecimento dos caracteres sexuais secundários masculinos e pela manutenção do impulso sexual nos machos normais.

9.10. TIMO

O timo é uma glândula situada no tórax, entre os pulmões, que atinge seu máximo desenvolvimento na puberdade, posteriormente atrofia-se e desaparece quase completamente no indivíduo adulto. Parece ter relação com o crescimento e com o funcionamento de outras glândulas endócrinas.

9.11. PATOLOGIA DO SISTEMA ENDÓCRINO

Hipófise: as lesões desta glândula são raras. Podem ser devido a uma inflamação que chega, às vezes, a destruir toda a hipófise. Quando isso acontece há uma queda dos hormônios. Também tumores raramente podem ser encontrados e geralmente são benignos. Estes tumores podem produzir um dos hormônios que se forma normalmente na hipófise, mas nestes casos, em grande quantidade, levando a alterações complexas em todo o organismo. Uma das mais características formas de alterações é na doença de Cushing em que o indivíduo fica com a face muito redonda (em lua cheia), obesidade acentuada do tronco, estrias arroxeadas no abdome e pressão arterial elevada. Quando há uma diminuição de função, de toda a hipófise, há consequentemente queda da quantidade dos vários hormônios que ela produz e que atuam sobre as outras glândulas endócrinas; estas últimas, devido à falta de estímulo hormonal, ficarão com sua capacidade de secretar hormônios bastante diminuída (tireoide, ovários, suprarrenais).

Tireoide: a tireoide também pode ser a sede de processos inflamatórios ou de tumores, tanto benignos quanto malignos.

Em determinadas áreas de nosso país, como nos Estados de Minas Gerais e São Paulo, notam-se com grande frequência, alterações acentuadas da tireoide, a qual chega às vezes a aumentar muito, produzindo o **bócio coloide**, conhecido popularmente como **papo**, que aparece devido a uma deficiência de iodo na água e que leva a uma diminuição na formação do hormônio tireoidiano. Uma queda na formação deste hormônio, pode ser, mais raramente, devido à destruição da tireoide, provocada por uma inflamação crônica. Às vezes um indivíduo tem, por razões ainda não conhecidas, uma secreção de hormônios bastante elevada que leva ao chamado **hipertiroidismo**. Nestes casos o doente é bastante irritável, nervoso, apresenta tremores, tem um pulso rápido e, às vezes, apresenta uma protrusão do olho (olho saltado), chamada **exoftalmia**. Quando a secreção de hormônios está diminuída, o tratamento consiste em dar por via oral o hormônio tireoidiano. Se há um aumento de secreção, como no hipertireoidismo, o tratamento é principalmente cirúrgico.

Paratireoides: as lesões destas glândulas são relativamente raras, e as principais são tumores benignos que produzem o *paratormônio* em grande quantidade. Às vezes, quando se opera a tireoide, acidentalmente se remove uma ou mesmo todas as *glândulas paratireoides*, que são muito pequenas e às vezes, de difícil visualização. Nestes casos o paciente apresenta *tetanias* (cãibras) intensas e precisa ser tratado com cálcio.

Corpo pineal: qualquer alteração desta glândula é de extrema raridade.

Suprarrenal: esta glândula é lesada com certa frequência pela *tuberculose* e também pela *blastomicose*, duas doenças comuns no nosso país. Nestes casos é frequente a destruição de toda a glândula, com consequente deficiência de hormônios adrenais, que é uma condição clínica bastante grave. Entre outras alterações encontradas na suprarrenal, temos os tumores que também podem ser benignos ou malignos. Às vezes estes tumores produzem grande quantidade de um dos hormônios da suprarrenal (mineralocorticoides ou glicocorticoides ou hormônios sexuais) levando a formas complexas de doenças.

Ilhotas pancreáticas (ilhotas de Langerhans): quando existe uma alteração da função das ilhotas, ocorre uma modificação na quantidade de *insulina* produzida, o que leva a uma doença bastante comum, a *diabetes mellitus*, bastante conhecida como a doença do açúcar no sangue. Nestes casos há um aumento de glicose no sangue e na urina.

O tratamento é feito dando ao paciente a insulina por via oral ou parenteral (injetável).

Timo: são raras as lesões desta glândula, pois ela tende a diminuir ou quase desaparecer no indivíduo adulto. A lesão mais frequente é o tumor, cujo tratamento é sempre cirúrgico.

QUESTIONÁRIO E EXERCÍCIOS DE FIXAÇÃO

Após o estudo deste Capítulo, o aluno deverá estar apto a responder as questões a seguir.

1. Conceitue hormônio.
2. Defina glândula endócrina.
3. Cite as glândulas endócrinas.
4. Cite os hormônios produzidos na hipófise.
5. Descreva a tireoide.
6. Descreva as paratireoides.
7. Descreva as suprarrenais.
8. Descreva as ilhotas de Langerhans.
9. O que se entende por hipertiroidismo?
10. O que se entende por diabetes *mellitus*?
11. Faça um esquema do corpo humano e localize as glândulas endócrinas.
12. Qual a glândula endócrina relacionada com o desenvolvimento sexual do homem?
13. Qual hormônio é responsável pelos caracteres sexuais secundários femininos e masculinos?
14. Onde é produzida a insulina e qual sua função?
15. Qual a glândula endócrina que controla o crescimento?
16. Qual a glândula endócrina responsável pelo metabolismo do cálcio e do fósforo?
17. Onde é produzida a adrenalina?
18. Qual o papel funcional da progesterona?
19. Qual a glândula endócrina que desaparece quase completamente no indivíduo adulto?
20. Qual hormônio atua sobre a musculatura lisa do útero e onde é produzido?

Capítulo 10

Sistema Nervoso

O **sistema nervoso** é responsável pela coordenação e integração de todas as atividades orgânicas e pela adaptação do organismo às mudanças que ocorrem dentro dele e no meio ambiente. Ele se origina do mais externo dos três folhetos embrionários que é o **ectoderma**.

10.1. ANATOMIA MICROSCÓPICA DO SISTEMA NERVOSO

Este sistema é constituído por células altamente diferenciadas que são os chamados **neurônios** ou **células nervosas**, e por elementos de sustentação e de função trófica que, em conjunto, recebem o nome de **neuroglia**.

10.1.1. Neurônios

Os neurônios são células nas quais as propriedades protoplasmáticas de **irritabilidade** e **condutibilidade** atingem o mais alto grau de desenvolvimento nos seres vivos. A célula nervosa é a unidade estrutural e funcional do sistema nervoso (**Figura 87**).

Morfologicamente um neurônio consta de um **corpo celular**, também chamado de **pericário**, e de **prolongamentos citoplasmáticos**. O corpo celular apresenta forma e volume variados e, como as demais células, possui núcleo e citoplasma. Os prolongamentos citoplasmáticos são classificados em dois grupos: os **dendritos** que conduzem os impulsos nervosos em direção ao corpo celular, e o **axônio**, também denominado **cilindro-eixo**, que constitui o caminho pelo qual os impulsos se afastam do pericário (**Figura 87-C**).

No citoplasma do neurônio, chamado também de **neuroplasma**, encontram-se estruturas características das células nervosas que são as **neurofibrilas** (muito mais finas que as fibrilas musculares) presentes também nos prolongamentos citoplasmáticos dos neurônios, e os **corpúsculos de Nissl**, sendo que estes últimos parecem estar relacionados com a síntese protéica.

Os neurônios, do ponto de vista do número de seus prolongamentos, são denominados de:

1. **Pseudounipolares**: quando apresentam um único prolongamento chamado de *dendraxônio* que se divide em um ramo central e um ramo periférico (**Figura 87-A**);

2. **Bipolares**: quando possuem dois prolongamentos, em geral diametralmente opostos, sendo um central e outro periférico (**Figura 87-B**);

3. **Multipolares**: quando têm muitos prolongamentos, sendo um destes o axônio e os demais os dendritos (**Figura 87-C**).

Os corpos celulares dos neurônios agrupam-se para formar:

1. **no sistema nervoso central (S.N.C.)**, a substância cinzenta do encéfalo, representada pelos núcleos e camadas corticais cerebral e cerebelar, e a parte central da medula espinhal que apresenta uma forma aproximada de H;

2. **no sistema nervoso periférico (S.N.P.)**, os gânglios sensitivos (anexos aos nervos espinhais e cranianos), e os gânglios autônomos, os quais estão presentes:

   a) na formação da cadeia simpática;
   b) ou anexos aos ramos do nervo trigêmeo;
   c) ou ainda na própria intimidade do tecido visceral.

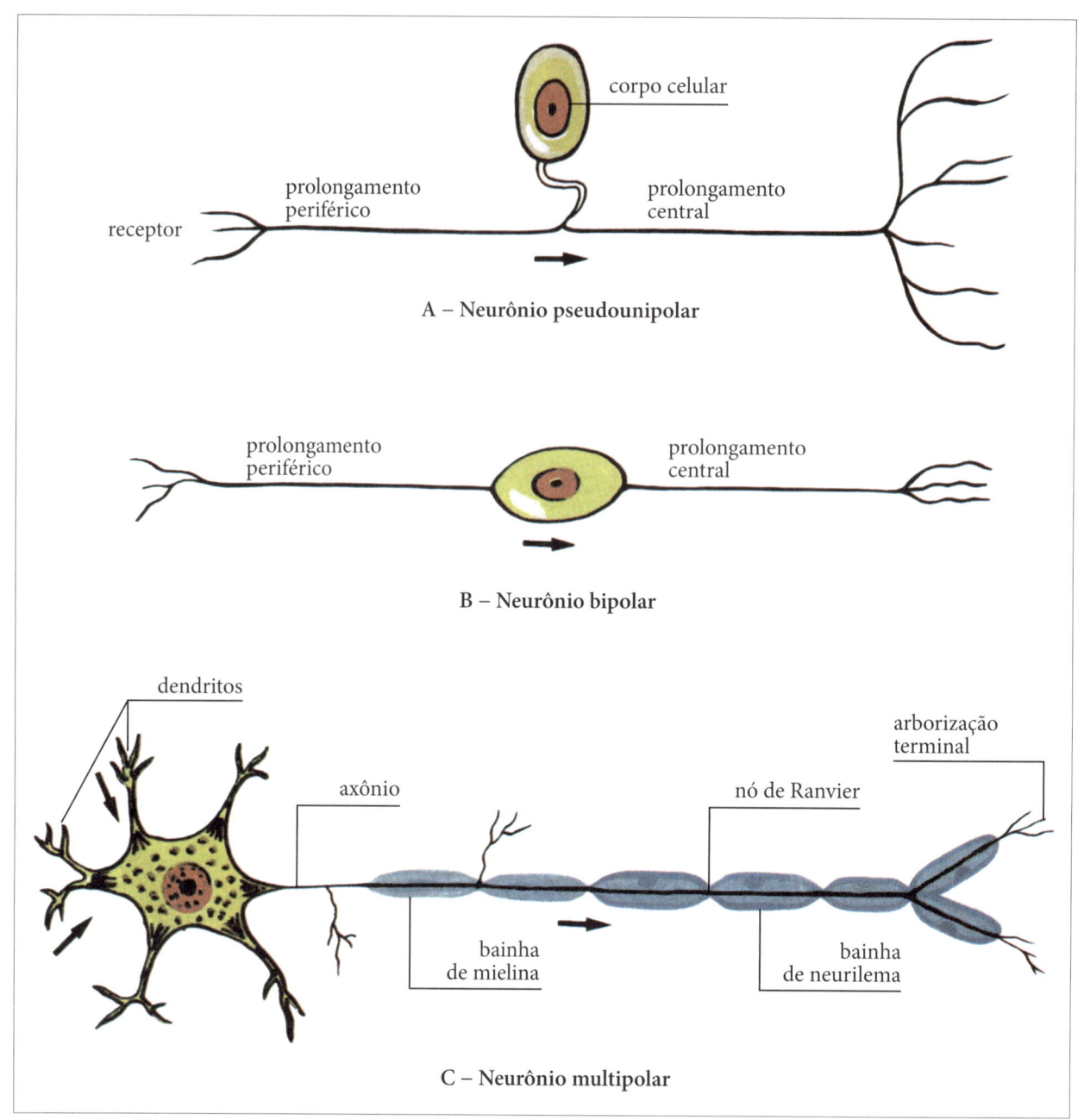

FIGURA 87 – Células nervosas (neurônios) – representação esquemática

Os prolongamentos dos neurônios, constituídos principalmente por um conjunto de neurofibrilas, formam as chamadas **fibras nervosas**, as quais estão geralmente envoltas por bainhas.

No interior da substância cinzenta do S.N.C., o axônio é envolto por uma membrana celular; na substância branca do S.N.C., este axônio possui agora um envoltório lipoproteico denominado **bainha de mielina**. Esse mesmo axônio ao atingir o S.N.P., além da bainha de mielina é envolto por uma capa celular, a **bainha de neurilema**, também denominada de **célula de Schwann**. A fibra nervosa que não apresenta bainha de mielina, ou a apresenta muito delgada, é chamada de amielínica. Cada célula de Schwann da bainha de neurilema envolve totalmente a fibra nervosa, e entre duas células há um espaço, ou estrangulamento, em que a fibra não é revestida por nenhum dos dois tipos de bainhas citadas. Este intervalo é conhecido como **nó de Ranvier**.

Os **nervos** são numerosas fibras nervosas enfaixadas por tecido conjuntivo. Assim, envolvendo a bainha de neurilema de cada fibra nervosa periférica, há uma delgada camada de tecido conjuntivo denominada **endoneuro**; um conjunto destas fibras nervosas, já envoltas por endoneuro, é embainhado também por tecido conjuntivo que recebe o nome de **perineuro**; finalmente, vários destes conjuntos ou fascículos são envolvidos por uma densa camada conjuntiva chamada **epineuro**. Portanto, os nervos são formados por um conjunto de fibras nervosas, revestidos por tecido conjuntivo (endoneuro, perineuro e epineuro) que emergem do S.N.C., e têm por função transmitir impulsos nervosos do interior do sistema nervoso para a periferia (por exemplo: pele, músculos, glândulas) e vice-versa. Desta maneira, os nervos são constituídos por fibras motoras (ou eferentes) e sensitivas (ou aferentes), cada uma delas incluída em suas respectivas bainhas de mielina e neurilema.

10.1.2. Neuróglia

A neuróglia é encontrada principalmente no sistema nervoso central. São células de sustentação, de função trófica e de reparação do tecido nervoso. Estas células têm morfologia variada e constituem a **macróglia**, a **micróglia** e o **epêndima**.

A macróglia está representada por células de três tipos:

1. **astróglia protoplasmática**: apresenta-se muito ramificada e em grande quantidade na substância cinzenta;

2. **astróglia fibrosa**: menos ramificada que a anterior e mais abundante na substância branca;

3. **oligodendróglia**: menor que as astróglias, dispõe-se em fileira ao longo das fibras mielínicas, ao lado dos vasos e em torno do pericário.

A micróglia é constituída por células muito pequenas e pouco ramificadas. Estas células distribuem-se principalmente ao longo dos feixes nervosos e dos vasos. Em processos inflamatórios e degenerativos estas células modificam-se e, devido a sua função fagocitária, eliminam os detritos produzidos pela lesão do tecido nervoso.

O epêndima é a membrana epitelial de revestimento das cavidades existentes no sistema nervoso central, ou seja, forra internamente o canal central da medula espinhal e os ventrículos encefálicos. Este epêndima, juntamente com a pia-máter (membrana mais interna das meninges), constituem os **plexos corioides** existentes nos ventrículos encefálicos, que têm por função a produção do **líquor**.

10.2. DIVISÃO DO SISTEMA NERVOSO

O sistema nervoso, apesar de ser um todo, pode ser dividido em partes com finalidade exclusivamente didática. Consideram-se, então, duas grandes partes:

— **Sistema nervoso central (S.N.C.)**;

— **Sistema nervoso periférico (S.N.P.)**

O sistema nervoso central é constituído pelo encéfalo e pela medula espinhal; o sistema nervoso periférico é formado pelos gânglios e pelos nervos.

10.2.1. Sistema nervoso central

10.2.1.1. Encéfalo (Cérebro)

O encéfalo (**FIGURAS 88 e 89**) é a parte do neuroeixo (S.N.C.) contida na cavidade craniana, compreendendo as seguintes porções:

1. **Telencéfalo**: é formado por duas metades chamadas de *hemisférios cerebrais*, separadas entre si pelo sulco inter-hemisférico. No telencéfalo aparecem externamente os *giros*, também denominados *circunvoluções*, separados através de *sulcos* mais ou menos profundos. A camada mais externa do telencéfalo é o *córtex cerebral*, constituído de substância cinzenta formada por estratos celulares altamente especializados, encarregados das recepções e integrações sensitivas e motoras. Em cada hemisfério cerebral identificam-se os *lobos frontal, parietal, temporal e occipital*, separados entre si por sulcos ou linhas imaginárias. Além destes quatro lobos existe ainda o *lobo da ínsula*, situado em um plano mais profundo, internamente ao sulco lateral ou *sulco de Sylvius*.

Os hemisférios estão unidos principalmente pelo **corpo caloso**, que é formado por fibras comissurais que seguem de um hemisfério ao outro (**FIGURA 89**).

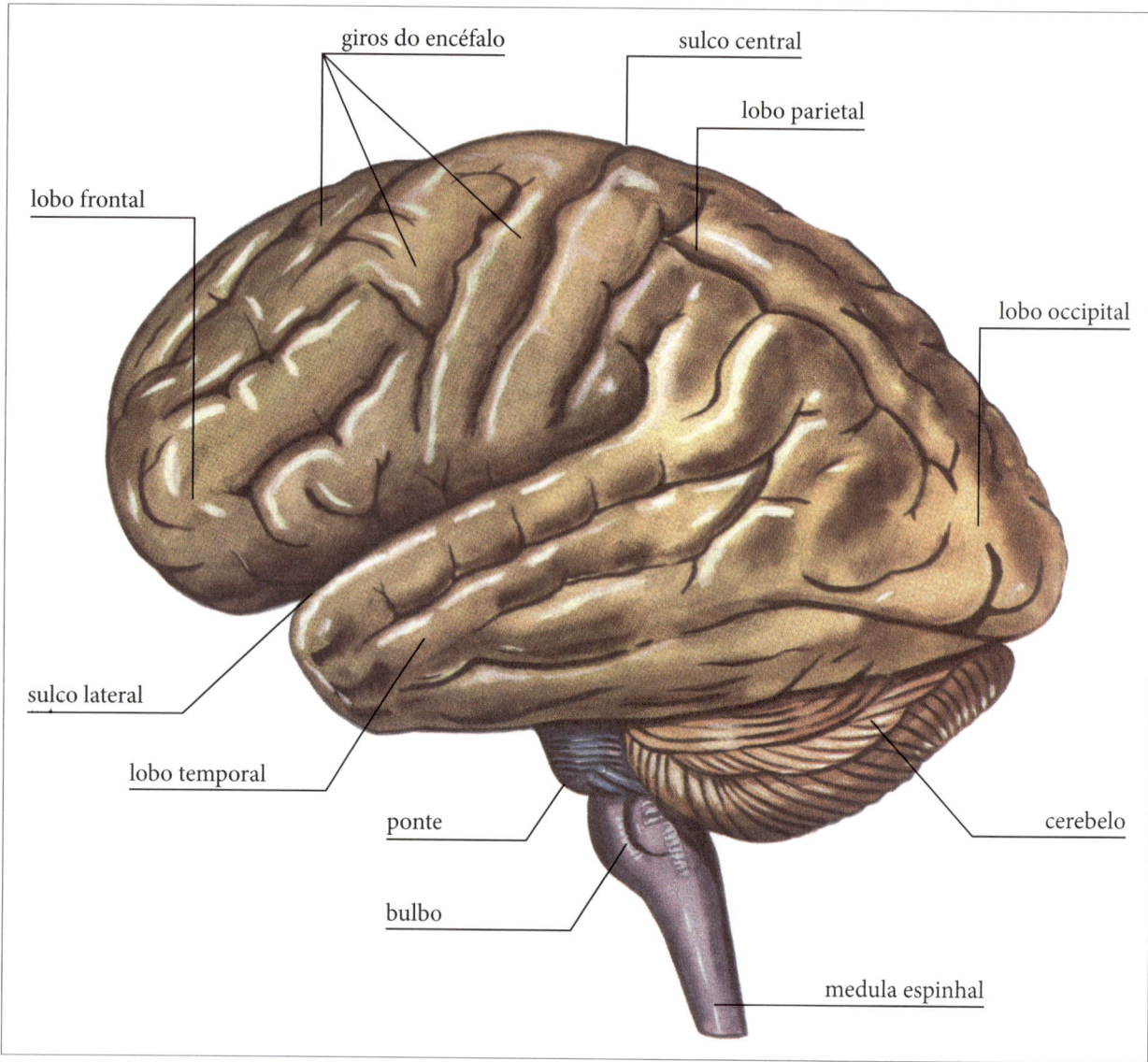

Figura 88 – Vista lateral do encéfalo

Profundamente em relação ao córtex cerebral, distingue-se o **centro branco medular**, que é a substância branca do telencéfalo, constituído de fibras mielínicas que interligam áreas corticais e centros nervosos, que levam impulsos do córtex para a periferia e vice-versa. No interior da substância branca do telencéfalo encontram-se volumosas massas de substância cinzenta, denominadas *núcleos da base*. São os seguintes os núcleos da base: **núcleo caudado**; **núcleo lentiforme**, que é formado pelo **putâmen** e pelo **globo pálido**; **claustrum**; e **corpo amigdaloide**.

O telencéfalo apresenta duas cavidades, chamadas de **ventrículos laterais** (**Figura 95**), que estão situadas uma em cada hemisfério cerebral. Nestas cavidades encontram-se os **plexos corioides**, responsáveis pela produção do **líquor** ou **líquido cérebro-espinhal** que, além de preencher todas as cavidades, banha também, externamente, todo o sistema nervoso central.

2. **Diencéfalo**: devido ao grande crescimento dos hemisférios cerebrais, o diencéfalo é quase que totalmente envolvido pelo telencéfalo. Agrupa as seguintes estruturas: *epitálamo, metatálamo, hipotálamo* e *tálamo*. Com exceção do metatálamo (alguns autores citam-no como parte do tálamo), as demais porções do diencéfalo participam nos limites de outra cavidade do neuroeixo denominada III ventrículo (**Figura 89**). Este ventrículo comunica-se com os ventrículos laterais do telencéfalo por duas aberturas, uma direita e outra esquerda, chamadas de *forames interventriculares* (ou *forames de Monro*). Neste III ventrículo encontra-se também o plexo corioide.

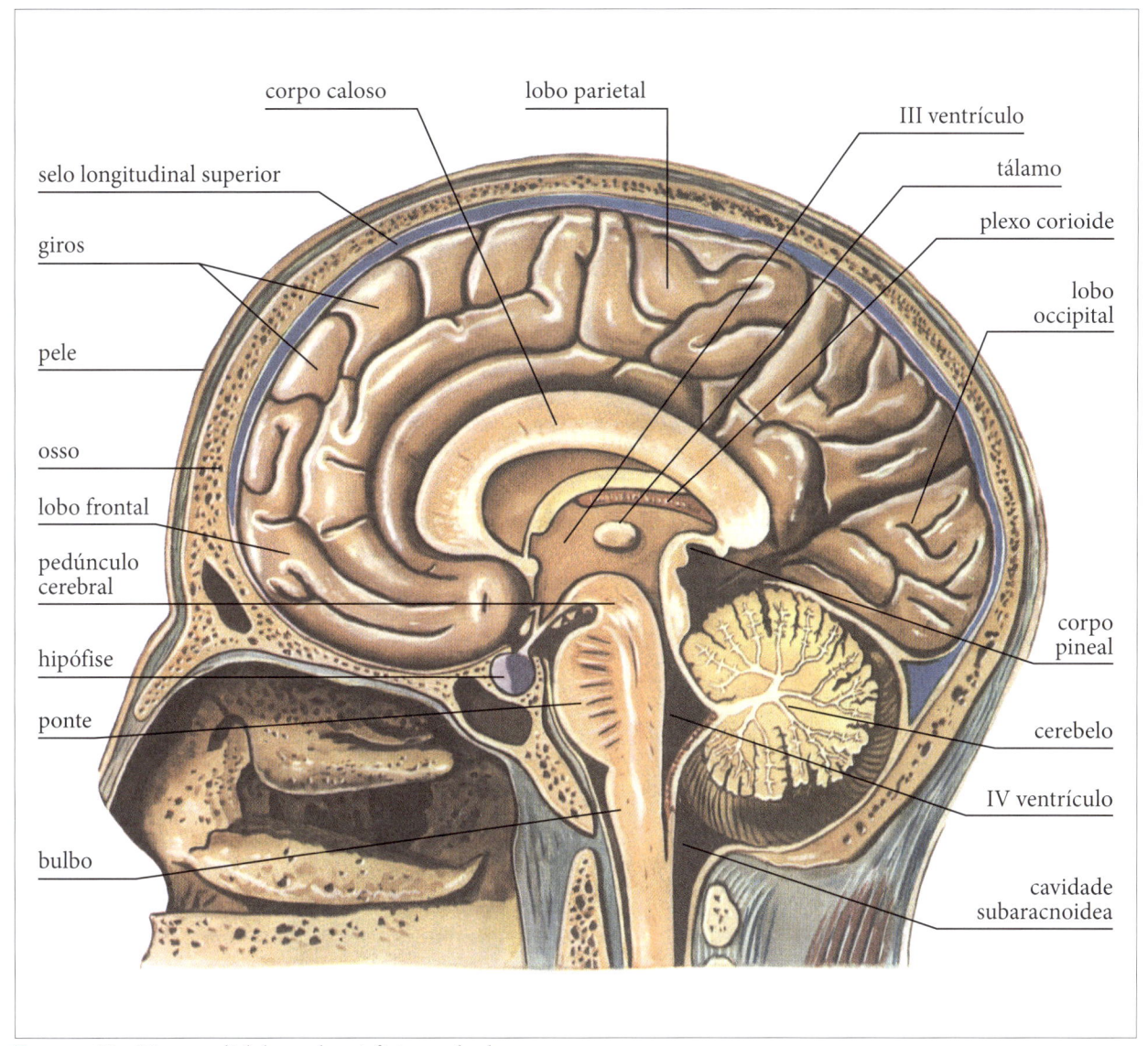

FIGURA 89 – Vista medial de um hemisfério cerebral

As estruturas do diencéfalo apresentam muitas funções importantes para o organismo. Assim, o **hipotálamo** está relacionado com: controle do sistema nervoso autônomo, controle das emoções, regulações da fome, da sede, da temperatura, do sono e da vigília etc.; e o tálamo, por meio de seus inúmeros núcleos, relaciona-se com a motricidade, com o comportamento emocional, e também com a sensibilidade, a qual, sem dúvida, é a função mais importante e conhecida do tálamo.

3. **Mesencéfalo**: situado logo abaixo do diencéfalo, o mesencéfalo é formado por uma parte ventral denominada *pedúnculos cerebrais*, uma parte dorsal chamada de *lâmina quadrigêmea* (constituída por quatro dilatações sendo duas superiores, os *colículos superiores*, e duas inferiores, os *colículos inferiores*), e, no interior do mesencéfalo, um conduto denominado *aqueduto cerebral* (ou *aqueduto de Sylvius*) que coloca em comunicação o III com o IV ventrículos. O mesencéfalo liga-se ao cerebelo pelos *pedúnculos cerebelares superiores*.

4. **Metencéfalo**: o metencéfalo é constituído pelo *cerebelo* e pela *ponte*.

O **cerebelo** (**FIGURAS 89 e 90**) é uma volumosa formação situada posteriormente à ponte e ao bulbo, formando parte do teto do **IV ventrículo**. É formado por grande quantidade de "folhas" de substância nervosa separadas entre si por sulcos. O cerebelo consta de uma parte mediana chamada **vermis** e de duas massas laterais denominadas **hemisférios cerebelares**. Ele está unido às demais partes do encéfalo por meio dos pedúnculos cerebelares (superior, médio e inferior), que são feixes de fibras nervosas ascendentes e descendentes que,

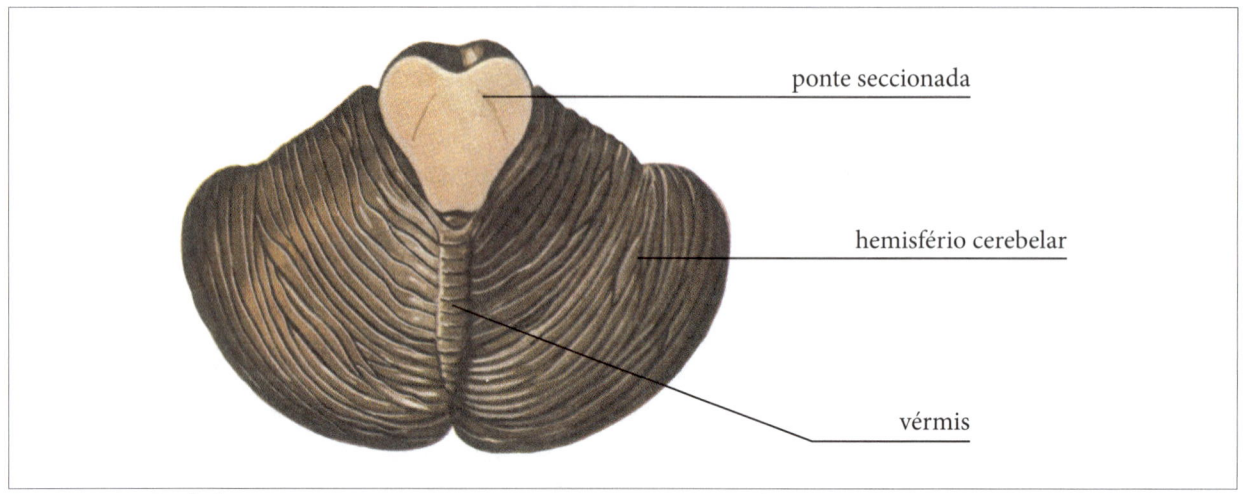

FIGURA 90 – Cerebelo

juntamente com o córtex cerebelar e os núcleos do cerebelo, estão relacionados com o equilíbrio, a manutenção do tônus muscular e a coordenação motora do indivíduo.

A **ponte** (**FIGURAS 88 e 89**), também chamada **protuberância**, continua superiormente com os pedúnculos cerebrais e está separada do bulbo pelo sulco bulbopontino. A face ventral da ponte está relacionada com a porção basilar do osso occipital e com a **a. basilar**. A face dorsal da ponte está oculta pelo cerebelo e contribui para formar a parte superior do assoalho do IV ventrículo, sendo que a parte inferior do assoalho desta cavidade pertence ao bulbo. As fibras transversais da ponte convergem, de cada lado, para formar os **pedúnculos cerebelares médios**, ligando-a aos hemisférios cerebelares.

5. **Mielencéfalo**: representado pelo *bulbo*, localiza-se entre a ponte e a medula espinhal.

O **bulbo** (**FIGURAS 88 e 89**), ou medula oblonga apresenta uma porção aberta (superior) e outra fechada (inferior). Esta última tem continuidade, em sua porção inferior, com a medula espinhal, e a porção aberta, por meio de sua face dorsal, participa na formação da parte inferior do assoalho do IV ventrículo.

Na face ventral do bulbo encontra-se, de cada lado uma dilatação longitudinal, a **pirâmide** (**FIGURA 96**), que contém fibras descendentes, relacionadas com a motricidade voluntária.

O **IV ventrículo** (**FIGURA 89**) é uma cavidade do encéfalo localizada entre a ponte e o bulbo anteriormente, e o cerebelo posteriormente. Comunica-se com o III ventrículo pelo aqueduto cerebral e, inferiormente, com o canal central da medula.

Ainda nesta cavidade encontram-se mais três aberturas: duas laterais (forames de *Luschka*) e uma mediana (forame de *Magendie*). Essas aberturas colocam em comunicação este ventrículo com a cavidade subaracnoidea. Neste ventrículo, como também ocorre nos demais ventrículos, existe um plexo corioide.

10.2.1.2. Medula espinhal

A **medula espinhal** (**FIGURAS 91 e 92**) é a parte do neuroeixo contida no canal vertebral. Estende-se desde o bulbo, no nível do forame magno do occipital, até a altura da 1ª ou 2ª vértebra lombar, medindo cerca de 40/45 cm de comprimento. A parte terminal apresenta forma cônica denominada **cone medular**, dele partindo o **filamento terminal** que se prolonga até o osso cóccix e constitui o ligamento inferior da medula espinhal.

A medula espinhal é dividida convencionalmente em 5 porções: cervical, torácica, lombar, sacral e coccígea – de onde partem os 33 pares de nervos que são: 8 cervicais, 12 torácicos, 5 lombares, 5 sacrais e 3 coccígeos. Muitos autores citam apenas um coccígeo devido aos últimos dois serem bastante delgados, ficando justapostos ao filamento terminal.

Os nervos espinhais saem do canal vertebral através dos forames intervertebrais (ou de conjugação). As raízes dos primeiros nervos espinhais (cervicais) saem da medula e alcançam os respectivos forames intervertebrais quase horizontalmente; as raízes dos últimos nervos espinhais, entretanto, estão muito afastadas dos forames intervertebrais

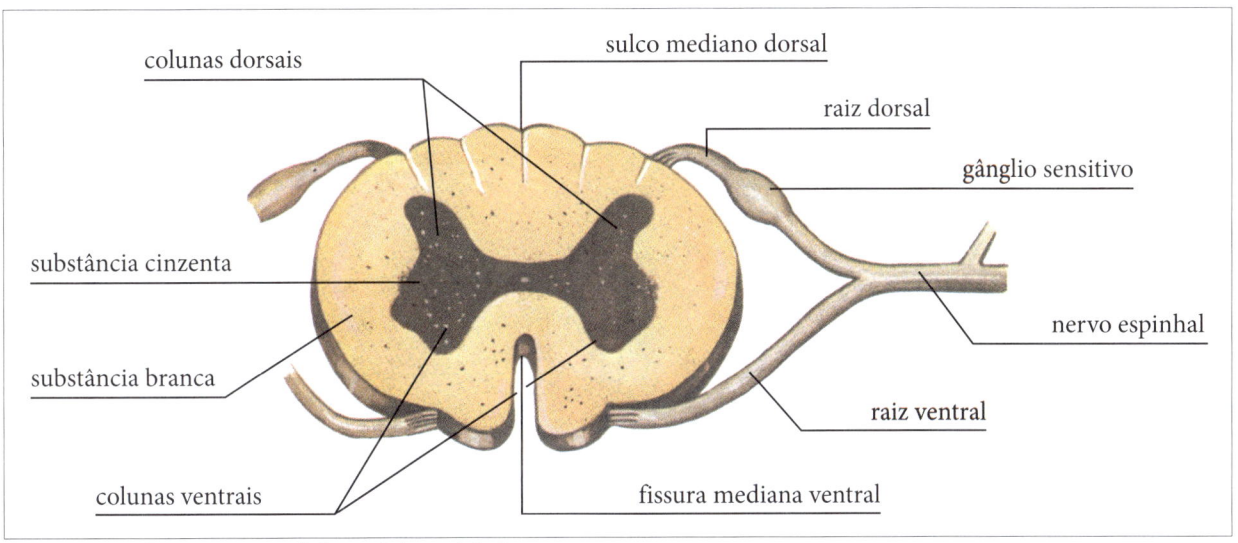

FIGURA 91 – Corte transversal da medula espinhal

correspondentes, devido à diferença de crescimento da coluna vertebral e da medula espinhal, por isso as raízes dos nervos lombares, sacrais e coccígeos preenchem a parte inferior do canal vertebral constituindo a **cauda equina**. Assim, o canal vertebral é ocupado pela medula espinhal até aproximadamente a segunda vértebra lombar e daí para baixo o canal contém as raízes dos últimos nervos, pois a coluna cresce mais do que a medula espinhal (**FIGURA 92**).

No corte transversal da medula, observa-se que ela é formada de uma camada de **substância branca**, que envolve uma camada de **substância cinzenta** situada mais internamente, a qual possui uma forma aproximada de H. A medula é marcada em toda sua extensão por uma fissura mediana ventral e por um sulco mediano dorsal, que a dividem em duas partes, as hemimedulas. Em cada hemimedula encontram-se uma coluna ventral e uma coluna dorsal formadas pela substância cinzenta (**FIGURA 91**).

A **coluna ventral**, também chamada **motora somática**, está relacionada com as **vias eferentes somáticas**, isto é, daí partem os axônios dos neurônios motores somáticos que participam na constituição da raiz ventral (ou motora) do nervo espinhal.

À **coluna dorsal** ou **sensitiva** chegam as fibras nervosas que conduzem a sensibilidade; são as **vias aferentes** tanto somáticas como viscerais, o que significa que as fibras nervosas dos neurônios que chegam à coluna formam a raiz dorsal ou sensitiva do nervo misto (espinhal).

Encontra-se ainda na substância cinzenta da medula, uma **coluna lateral**, desde o primeiro segmento torácico até o segundo segmento lombar, também chamada **motora visceral** e que está relacionada com as vias eferentes viscerais (simpáticas), isto é, daí partem os axônios dos neurônios motores viscerais que participam também na constituição da raiz ventral do nervo espinhal.

No centro da substância cinzenta está o **canal central da medula** que continua superiormente com o IV ventrículo do encéfalo.

10.2.1.3. Meninges

Além dos envoltórios ósseos (neurocrânio e canal vertebral) que estão protegendo o sistema nervoso central (encéfalo e medula espinhal) existem ainda, envolvendo o neuro-eixo, três membranas conhecidas como **meninges**. Estas membranas estão localizadas entre o sistema nervoso central e os envoltórios ósseos, e são, de fora para dentro, a **dura-máter**, a **aracnoide** e a **pia-máter** (**FIGURAS 93 e 94**).

Dura-máter: também conhecida como *paquimeninge*, é a mais externa das meninges e uma membrana resistente formada por tecido conjuntivo denso. Apesar de ser contínua ao redor de todo o neuro-eixo, apresenta algumas diferenças importantes entre aquela que reveste o encéfalo e aquela que reveste a medula. Desta maneira descreve-se esta membrana como apresentando duas porções: 1. *dura-máter espinhal* e 2. *dura-máter encefálica*.

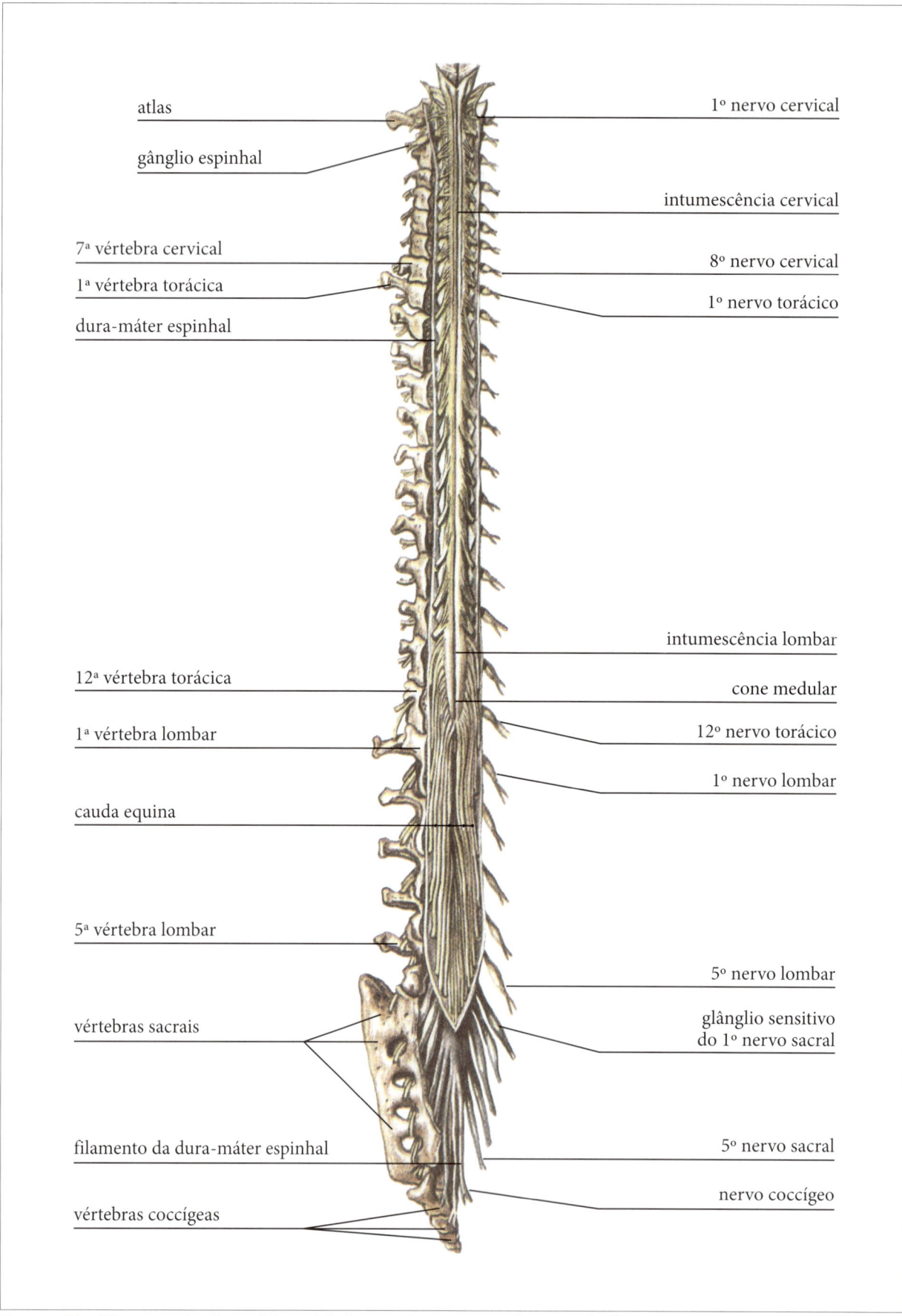

Figura 92 – Vista posterior da medula espinhal e sua relação com a coluna vertebral

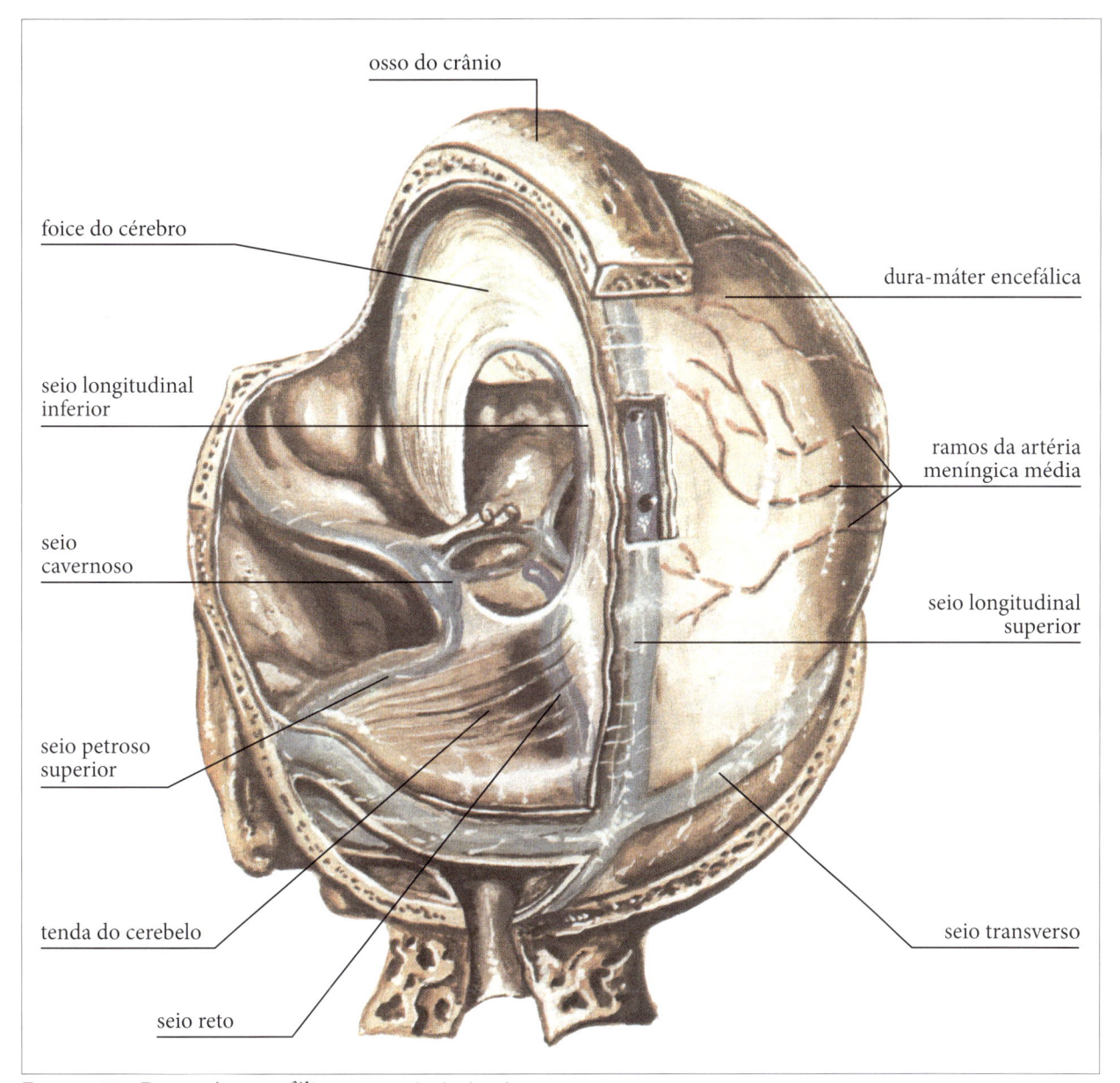

FIGURA 93 – Dura-máter encefálica e seus principais seios venosos

1. A dura-máter espinhal (**FIGURA 94**) é a meninge que reveste mais externamente a medula espinhal, estendendo-se desde o nível do forame magno do occipital até a altura da segunda vértebra sacral onde termina em forma de cone, de cujo ápice se desprende o filamento terminal da dura-máter espinhal que tem por função a fixação inferior da medula espinhal. Entre a dura-máter espinhal e o periósteo do canal vertebral existe um espaço denominado **cavidade epidural** que está preenchido por tecido adiposo e por um plexo de vasos sanguíneos. Nesta cavidade epidural, também conhecida como **peridural**, pode-se fazer a injeção de anestésico com a finalidade, por exemplo, de eliminar a dor no trabalho de parto.

Nas emergências dos nervos espinhais pelos seus respectivos forames intervertebrais, a dura-máter espinhal acompanha estes nervos envolvendo-os até sua emergência, depois continua-se como o envoltório mais externo dos nervos que é o epineuro.

2. A dura-máter encefálica (**FIGURA 93**) é a meninge que reveste mais externamente o encéfalo, sendo contínua com a dura-máter espinhal no nível do forame magno do occipital. Está intimamente ligada ao periósteo da cavidade craniana, diferindo, neste aspecto, da dura-máter espinhal. A dura-máter encefálica, além de envolver totalmente o encéfalo, envia prolongamentos para o seu

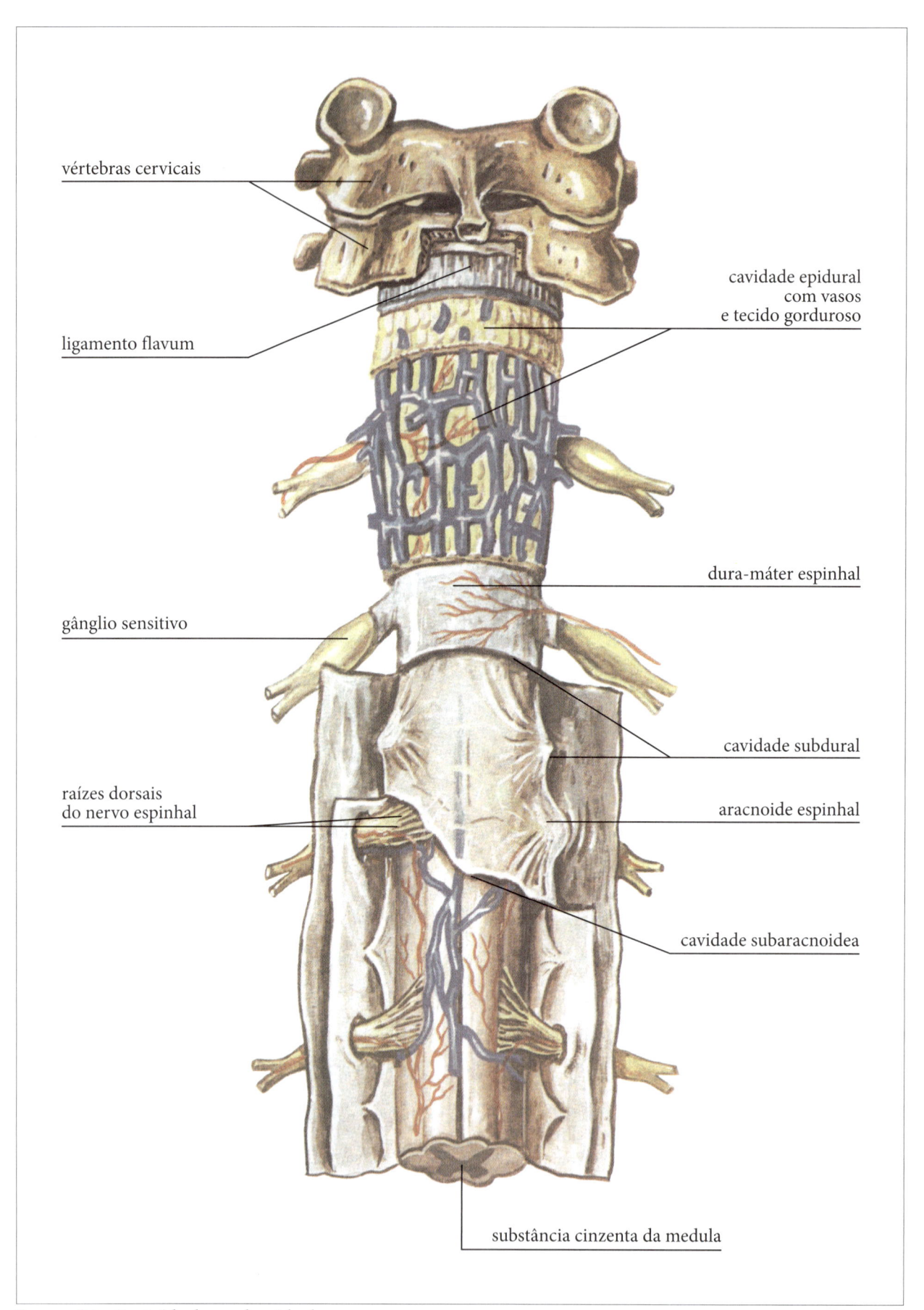

Figura 94 – Conteúdo do canal vertebral

interior dividindo-o em diversas partes. Assim, um septo sagital mediano desta membrana se coloca entre os dois hemisférios cerebrais constituindo a **foice do cérebro**. O cerebelo, que se localiza na fossa posterior do crânio, está separado do restante do encéfalo por um septo de dura-máter denominado **tenda do cerebelo**. A sela túrcica, que contém a hipófise, é quase que totalmente fechada por uma lâmina de dura-máter conhecida por **diafragma da sela**, permitindo apenas a passagem do infundíbulo (pedúnculo) da hipófise.

Em determinadas áreas da dura-máter encefálica situam-se os seios da dura-máter (FIGURA 93), um tipo especial de veias que se formam pelo desdobramento desta membrana e que têm por função recolher o sangue **venoso** e o **líquor** do encéfalo, transportando-os até a veia jugular interna. Os principais seios da dura-máter são: seio sagital (longitudinal) superior que termina juntamente com o seio reto, após este "receber" o seio sagital inferior, na confluência dos seios. Desta confluência partem dois seios transversais (laterais), um para cada lado, que continuam para fora do crânio como veia jugular interna. Outros seios estão presentes na dura-máter encefálica tais como: o seio esfenoparietal, os seios cavernosos, os seios intercavernosos, os seios petrosos superiores e inferiores, os quais terminam, direta ou indiretamente, nos seios transversos ou nas próprias veias jugulares internas.

Aracnoide (FIGURA 94): é uma delgada lâmina de meninge que, juntamente com a mais interna, a pia-máter, recebe o nome de *leptomeninge*. A aracnoide está, portanto, entre a dura-máter e a pia-máter. O espaço entre a aracnoide e a dura-máter, apesar de ser mínimo, denomina-se de *cavidade subdural*, onde se encontram as *trabéculas intradurais* ligando estas membranas. O espaço entre a aracnoide e a pia-máter é maior que o anterior e chama-se *cavidade subaracnoidea*. Nesta cavidade encontra-se o *líquido cérebro-espinhal* ou *líquor*.

A aracnoide espinhal acompanha totalmente a dura-máter espinhal, apresentando praticamente a mesma forma, calibre e comprimento do saco dural. Continua superiormente com a *aracnoide encefálica* onde apresenta pequenos tufos denominados *granulações aracnoideas* que atravessam a dura-máter encefálica para se localizar principalmente no seio sagital superior. Essas granulações constituem pequenos divertículos da cavidade subaracnoidea no interior deste seio e estão relacionadas com a função de reabsorção do líquor.

Pia-máter: esta fina membrana é a mais interna das meninges e está intimamente aderida ao neuro-eixo, contendo-o, e infiltrando-se em todos os sulcos e fissuras deste tecido nervoso. Comporta-se identicamente no encéfalo e medula e, no cone medular, termina constituindo um ligamento denominado *filamento terminal* que se estende desde o final da medula espinhal até o osso cóccix.

10.2.1.4. Líquor ou líquido cérebro-espinhal

O **líquor** é um fluido aquoso, incolor, de composição semelhante à do plasma sanguíneo, cujo volume gira em torno de 100 a 150 ml. Este líquido é produzido principalmente pelos **plexos corioides**, os quais são constituídos pelas penetrações de pia-máter e seus vasos sanguíneos no interior dos ventrículos encefálicos e por um revestimento ependimário. Encontram-se, portanto, os plexos corioides, no interior dos ventrículos encefálicos (FIGURA 95). O líquor dos ventrículos laterais está em comunicação com o III ventrículo através dos forames interventriculares ou **forames de Monro**, e do III ventrículo com o IV ventrículo pelo aqueduto cerebral ou **aqueduto de Sylvius**. O IV ventrículo apresenta uma continuidade inferior com o canal central da medula espinhal. Esse líquor que está preenchendo todas as cavidades do neuroeixo está também presente em toda a cavidade subaracnoidea e, portanto, envolvendo todo o encéfalo e a medula espinhal. O líquor atinge esta cavidade subaracnoidea através de três aberturas existentes no IV ventrículo, das quais uma é mediana e denominada **forame de Magendie** e duas são laterais, nomeadas **forames de Luschka**.

O líquor é principalmente um líquido de proteção mecânica do sistema nervoso central e é importante fator de diagnóstico de muitas moléstias e lesões relacionadas a este sistema.

A extração do líquor faz-se principalmente por punção na cavidade subaracnoidea na coluna lombar, geralmente entre a 3ª e a 4ª vértebras lombares. Esse mesmo local também é utilizado para a injeção de anestésicos como nos casos de intervenções obstétricas, cirurgias abdominais infraumbilicais, cirurgias dos membros inferiores etc.

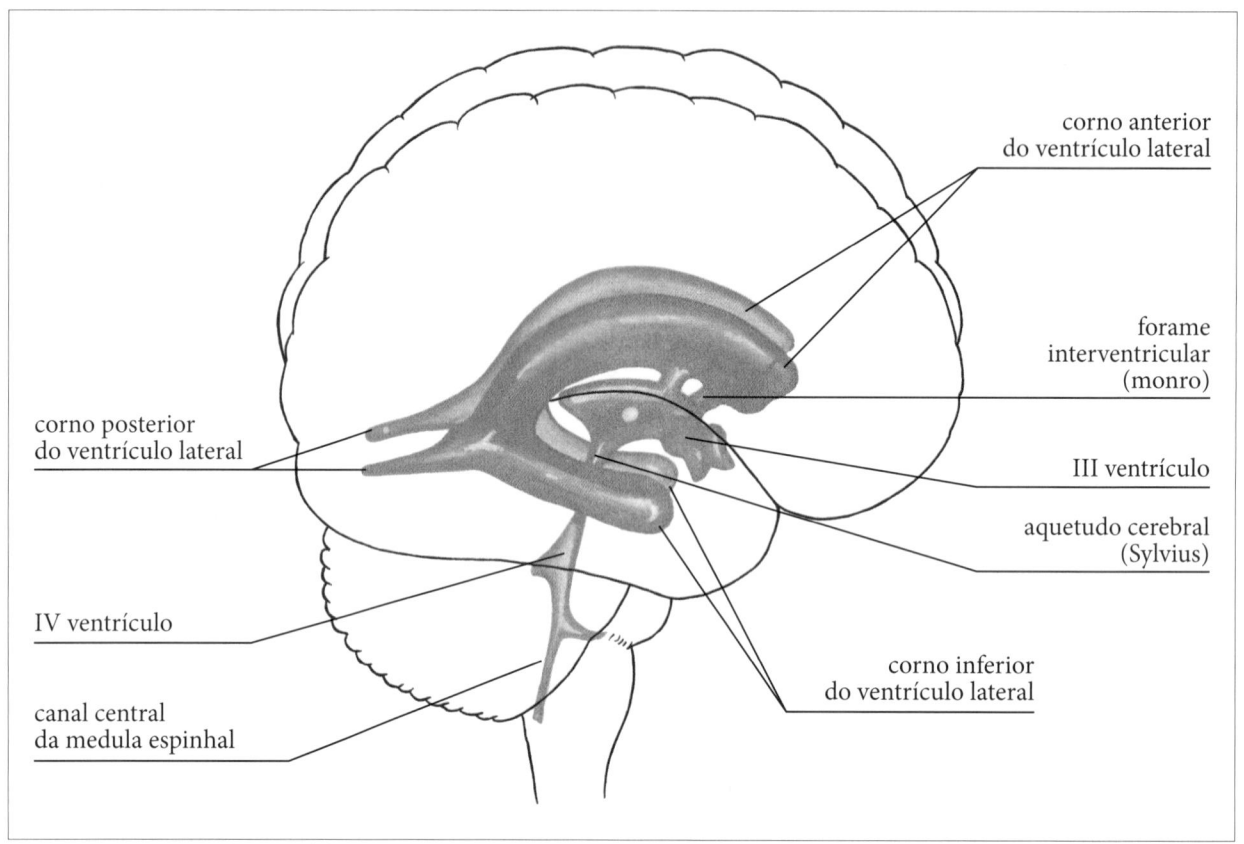

FIGURA 95 – Ventrículos encefálicos

10.2.2. Sistema nervoso periférico

10.2.2.1. Gânglios

No Sistema Nervoso Periférico encontram-se, em determinadas áreas, dilatações dos nervos que recebem o nome de **gânglios** (FIGURAS 94, 96 e 97). No interior destes gânglios existe um conjunto de corpos celulares de neurônios, em alguns casos do tipo **sensitivo** e em outros, do tipo **motor**.

Os gânglios sensitivos são encontrados em todas as raízes dorsais dos nervos espinhais (FIGURA 94) e também em alguns nervos cranianos (FIGURA 96). Os neurônios destes gânglios são geralmente do tipo pseudounipolares que, pelas próprias características, conduzem impulsos sensitivos dos receptores até os centros nervosos no neuroeixo sem contudo fazerem sinapses nestes gânglios.

No caso dos **gânglios motores**, mais especialmente **gânglios motores viscerais**, encontram-se corpos celulares de neurônios do tipo multipolares que conduzem impulsos dos centros nervosos do neuroeixo até os efetores. Esses impulsos, no interior desses gânglios, passam do axônio de um neurônio para os dendritos de outro, ocorrendo portanto uma **sinapse**, o que não ocorre nos gânglios sensitivos citados acima. Os gânglios motores são conhecidos também como **gânglios autônomos** (FIGURA 97).

10.2.2.2. Nervos

Os nervos são formados pelo conjunto de fibras nervosas encarregadas de estabelecer contatos entre os centros nervosos e os órgãos periféricos. No S.N.P. podemos distinguir duas classes de nervos, os **cranianos** e os **espinhais** (também denominados raquidianos).

1. **Nervos cranianos** (FIGURA 96): estes nervos, em número de doze pares, estão em conexão com o encéfalo e veiculam fibras sensitivas, motoras ou mistas. Os nervos cranianos podem ser nomeados por número ou nome, como segue:

I – **Nervo olfatório**: é um nervo exclusivamente sensitivo, formado por ramos nervosos que se distribuem na mucosa olfatória do nariz, conduzindo impulsos olfatórios.

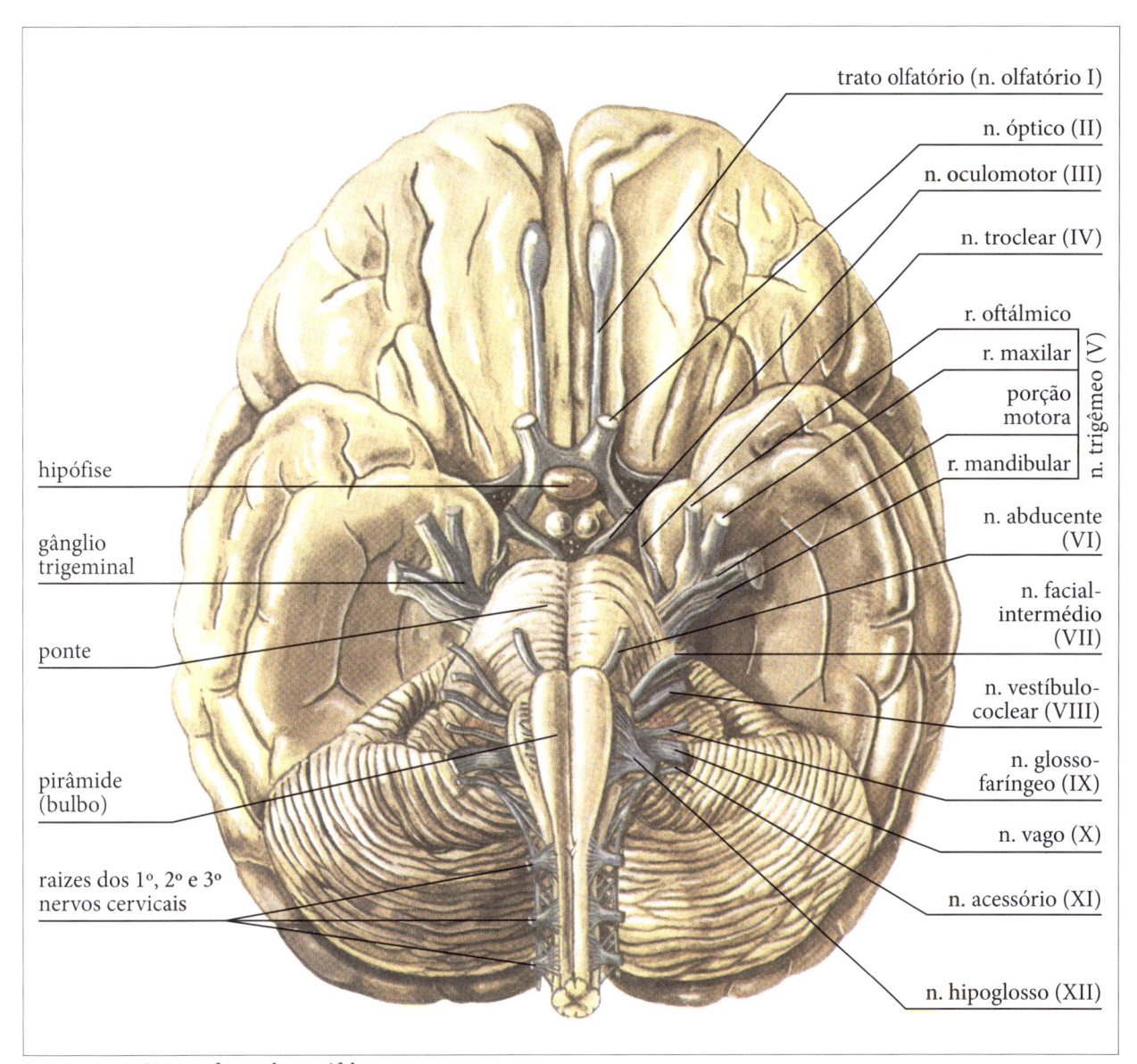

Figura 96 – Vista inferior do encéfalo

II – **Nervo óptico**: é também exclusivamente sensitivo. Forma a retina ou túnica interna do olho. Suas fibras nervosas vão até o quiasma óptico e daí, pelos tratos ópticos, até os centros nervosos conduzindo os impulsos visuais.

III – **Nervo oculomotor**: é um nervo motor de origem mesencefálica, cujos ramos vão para os seguintes músculos do bulbo ocular: músculo reto superior, músculo reto medial, músculo reto inferior e músculo oblíquo inferior. Também o músculo levantador da pálpebra superior recebe ramos do III par de nervos cranianos.

Este nervo oculomotor possui ainda um componente parassimpático (motor visceral) cujos ramos atingem o gânglio ciliar, ocorrendo aí uma sinapse. Depois da sinapse, as fibras vão inervar a íris (provocando a sua constrição) e o músculo ciliar (produzindo acomodação visual).

IV – **Nervo troclear**: também é um nervo motor. Origina-se no mesencéfalo e penetra na órbita onde seus ramos se destinam ao músculo oblíquo superior do olho.

V – **Nervo trigêmeo**: é um nervo misto, formado por uma grande raiz sensitiva e uma pequena raiz motora. O componente sensitivo apresenta, após sua emergência no encéfalo, um *gânglio semilunar* (também chamado de gânglio trigeminal ou *gânglio de Gasser*) e depois a formação de três ramos que são:

a) **Ramo oftálmico**: ramo essencialmente sensitivo que se distribui na região frontal, na pálpebra superior, nas fossas na-

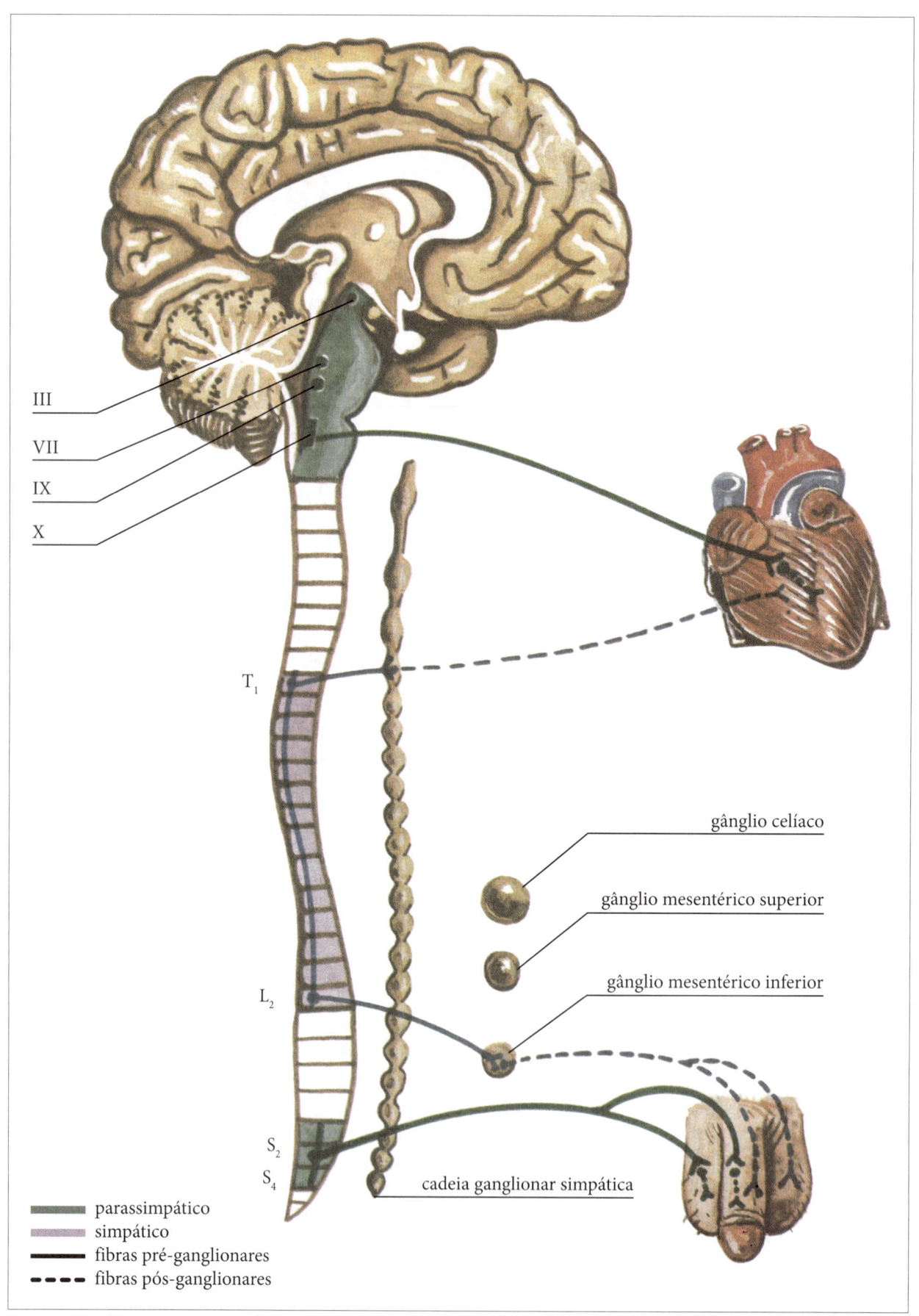

Figura 97 – Sistema nervoso autônomo – representação esquemática

sais e nos seios etmoidais, esfenoidais e frontais.

b) **Ramo maxilar**: ramo também essencialmente sensitivo que se distribui nas seguintes regiões: pálpebra inferior, asas do nariz, vestíbulo e septo nasal, bochechas, gengivas, lábios superiores, pele da região temporal e da região malar e dentes superiores.

c) **Ramo mandibular**: é formado pela raiz motora do trigêmeo, destinada aos músculos da mastigação, e por um componente sensitivo. A parte sensitiva do ramo mandibular se destina às seguintes estruturas: pele do ouvido externo, boca, língua, gengivas, dentes inferiores, lábios inferiores e pele do mento (queixo).

Anexos aos três ramos do nervo trigêmeo encontram-se: o *gânglio ciliar* (no nervo oftálmico), o *gânglio pterigopalatino* (no nervo maxilar), os *gânglios ótico e submandibular* (no nervo mandibular), relacionados com o sistema nervoso autônomo. Embora estes gânglios estejam no trajeto do nervo trigêmeo, não pertencem a ele mas sim aos nervos cranianos, que apresentam fibras de natureza neurovegetativa (motoras viscerais).

VI – **Nervo abducente**: é um nervo exclusivamente motor que se dirige à órbita onde se ramifica no músculo reto lateral do olho.

VII – **Nervo facial-intermédio**: o nervo facial é o da expressão facial, isto é, motor dos músculos da face. Atinge a face pelo forame estilomastoideo, penetra no interior da glândula parótida ramificando-se e distribuindo-se na musculatura da mímica.

O *nervo intermédio*, que transita inicialmente com o nervo facial, é, em parte, de natureza neurovegetavia (parassimpático) produzindo fibras: para o gânglio pterigopalatino (onde ocorre sinapse) e daí para a glândula lacrimal; para a gânglio submandibular (também ocorre sinapse) e daí para as glândulas salivares submandibular e sublingual. Essas fibras neurovegetativas têm a função principal de aumentar a secreção dessas glândulas. O nervo intermédio possui também um componente sensitivo para os dois terços anteriores da língua, relacionados com a gustação.

VIII – **Nervo vestíbulo-coclear**. Este nervo, também chamado *estato-acústico*, é um nervo sensitivo constituído por dois ramos: o *ramo vestibular*, cujas fibras procedem do utrículo, sáculo e ductos semicirculares e conduzem aos centros nervosos sensações relacionadas ao equilíbrio; o *ramo coclear* é o responsável pela condução dos estímulos sonoros percebidos nas células do órgão espiral ou *órgão de Corti* situado na membrana basilar da cóclea da orelha interna.

IX – **Nervo glossofaríngeo**. É um nervo misto cujo componente sensitivo se destina ao terço posterior da língua e à faringe, e cujo componente motor inerva os músculos da faringe. Esse nervo possui também um componente autônomo (parassimpático) que faz sinapse no gânglio ótico, e se destina à inervação da glândula parótida aumentando sua secreção.

X – **Nervo vago**: Também chamado *pneumogástrico*, é um nervo misto e sua distribuição compreende um extenso território que vai desde os ramos meníngeos, auriculares, faríngeos, laríngeos, cardíacos, pulmonares e esofágicos, até os ramos gástricos, hepáticos, renais e intestinais. O *vago*, portanto, dá ramos para a dura-máter, à pele do pavilhão da orelha, ao meato acústico externo, à faringe, esôfago, coração, pulmões, brônquios, estômago, fígado, pâncreas, intestinos delgado e grosso. Entre estas fibras do nervo vago, estão as de natureza neurovegetativa (parassimpático) que, entre outras funções, produzem a diminuição do ritmo cardíaco, constrição dos brônquios, aumento do peristaltismo no tubo digestivo etc.

XI – **Nervo acessório ou espinhal**: É um nervo exclusivamente motor, formado por fibras que emergem do bulbo e por fibras que procedem da medula espinhal. O *acessório* divide-se em um ramo interno que se distribui com o nervo vago, e um ramo externo que se ramifica nos músculos esternoclidomastoideo e trapézio.

XII – **Nervo hipoglosso**: É um nervo essencialmente motor cujos ramos se destinam à musculatura intrínseca da língua e músculos hipoglosso, estiloglosso e genioglosso.

2. **Nervos espinhais** (**FIGURAS 92 e 94**): Partem 33 pares de nervos mistos da medula espinhal que, independentes ou formando plexos, se distribuem por quase todo o corpo.

O nervo espinhal (também chamado de nervo raquidiano) está formado pela fusão da raiz ventral (que é motora) com a raiz dorsal (que é sensitiva) da medula espinhal. O nervo assim formado sai do canal vertebral pelo forame intervertebral correspondente e se divide em ramos ventral e dorsal, também mistos.

Os quatro primeiros ramos ventrais dos nervos espinhais cervicais (C1 – C4) reúnem-se para formar o **plexo cervical**, cujos ramos se distribuem no pescoço. Deste plexo localizado no pescoço nasce o **nervo frênico** que atravessa o tórax e vai se ramificar no músculo diafragma.

Os quatro últimos ramos ventrais dos nervos cervicais e o primeiro torácico (C5 – T1) reúnem-se para constituir o **plexo braquial**, cujos ramos terminais destinam-se à inervação motora e sensitiva dos membros superiores. São ramos do plexo braquial: o **nervo musculocutâneo**, que se destina ao músculo bíceps braquial, coracobraquial e braquial; o **nervo mediano**, que se distribui no antebraço para os músculos flexores do carpo e dos dedos e pronadores do antebraço; o **nervo ulnar (cubital)**, que se distribui também para os músculos flexores do antebraço e músculos da mão; o **nervo cutâneo medial do braço** é o responsável pela sensibilidade da face interna do braço; o **nervo cutâneo medial do antebraço** é o sensitivo da face interna do antebraço; o **nervo axilar (circunflexo)** é o que dá ramos, principalmente, para os músculos da cintura escapular como o deltoide, o redondo menor e o subescapular; o **nervo radial** é o responsável pela inervação do tríceps do braço, músculo supinador do antebraço e extensores da mão e dos dedos.

Os **nervos torácicos** formam doze pares de nervos intercostais, sendo o último denominado **subcostal**, que acompanham as respectivas artérias e veias e se distribuem nas paredes do tórax e abdome.

Os quatro primeiros ramos ventrais dos nervos lombares (L1 – L4), reúnem-se para formar o **plexo lombar**, cujos principais ramos são: **nervos ílio-hipogástrico, ílio-inguinal, genitofemoral** e **femorocutâneo**. Deste plexo também tem origem o **nervo obturador**, responsável pela inervação dos músculos adutores da coxa; o **nervo femoral** ou **crural** que envia seus ramos para a musculatura anterior da coxa, e o **ramo safeno**, para a pele da face interna da perna.

Os dois últimos ramos ventrais dos nervos lombares, juntamente com os dos três primeiros sacrais (L4 – S3) formam o chamado **plexo sacral** do qual se derivam os nervos **cutâneos posteriores da coxa**, responsáveis pela sensibilidade desta região; o **nervo isquiático** (ou ciático maior), que origina os **nervos tibial** e **fibular** que se estendem até o pé. Este nervo isquiático é o responsável pela inervação de quase todo o membro inferior. Além destes nervos, parte ainda do plexo sacral o **nervo pudendo**, que se distribui no períneo e órgãos genitais externos.

Os dois últimos nervos sacrais e os coccígeos formam o **plexo coccígeo** cujos ramos se destinam à região do cóccix.

10.3. SISTEMA NERVOSO AUTÔNOMO

O sistema nervoso autônomo (**Figura 97**), também chamado **sistema neurovegetativo** relaciona-se com a inervação motora de estruturas viscerais, ou seja, da musculatura lisa das vísceras, da musculatura do coração e das glândulas. Esse sistema é constituído de duas partes: **simpático** e **parassimpático**.

10.3.1. Sistema simpático

Este sistema tem origem na coluna lateral da medula espinhal que se estende desde o primeiro segmento torácico até o segundo segmento lombar dessa medula (T1 – L2), e por isso se diz que o sistema simpático é **toracolombar**. Suas fibras saem da medula pelos respectivos nervos espinhais e fazem sinapses nos **gânglios da cadeia simpática** que se localizam lateralmente ao longo dos corpos das vértebras, ou nos **gânglios pré-vertebrais** localizados ventralmente aos corpos das vértebras, por exemplo, gânglios celíaco, mesentéricos superior e inferior e aórtico-renais. Daí suas fibras terminam em estruturas víscerais promovendo: constrição dos vasos, dilatação da pupila, secreção das glândulas sudoríparas, ereção dos pelos, aceleração do ritmo cardíaco, dilatação dos brônquios, diminuição do peristaltismo e fechamento dos esfíncteres do tubo digestivo, aumento da secreção na glândula suprarrenal, aumento da contração da musculatura lisa dos genitais femininos e masculinos, sendo também o responsável pela ejaculação.

10.3.2. Sistema parassimpático

Este sistema tem duas origens, uma **cranial** e outra **sacral**.

A porção cranial utiliza o trajeto dos seguintes nervos cranianos: oculomotor (III), facial-intermédio (VII), glossofaríngeo (IX) e vago (X), para atingir seus territórios de distribuição. Assim as fibras parassimpáticas do oculomotor fazem sinapses no **gânglio ciliar** e atingem o bulbo ocular, onde provocam a constrição pupilar e a acomodação visual.

O contingente parassimpático do **nervo facial-intermédio** faz sinapse nos **gânglios pterigopalatino e submandibular**, de onde partem fibras estimuladoras da secreção das glândulas lacrimal, submandibular e sublingual. As fibras parassimpáticas do **glossofaríngeo** vão ao **gânglio ótico**, de onde saem os neurônios para estimular a secreção da glândula parótida. O nervo **vago**, por meio de seu componente parassimpático, é responsável pela constrição dos brônquios e das artérias coronárias, diminuição do ritmo cardíaco, e ativa os movimentos peristálticos e a abertura dos esfíncteres do tubo digestivo.

A porção sacral do parassimpático tem origem nos segmentos S2, S3 e S4 da medula sacral e, através dos nervos esplâncnicos pélvicos, estimula o peristaltismo do reto e a musculatura da bexiga; estimula a secreção das glândulas anexas dos genitais; inibe a musculatura das artérias dos corpos cavernosos resultando na ereção do pênis (ou clitóris).

A transmissão dos impulsos eferentes das fibras neurovegetativas se processa mediante a liberação de substâncias químicas, chamadas **mediadores**, no nível das sinapses. Assim, nas sinapses de fibras pré-ganglionares com fibras pós-ganglionares do simpático e do parassimpático, e no término das fibras pós-ganglionares do parassimpático há a liberação de **acetilcolina**; enquanto que no término das fibras pós-ganglionares do simpático há a liberação de **noradrenalina**.

10.4. TERMINAÇÕES NERVOSAS

Na extremidade periférica das fibras nervosas dos nervos cranianos e também espinhais existem formações mais ou menos complexas, as **terminações nervosas**, que são de dois tipos: **sensitivas aferentes** (denominadas receptores) e **motoras** ou **eferentes** (denominadas **efetores**).

10.4.1. Terminações nervosas sensitivas (receptores)

Essas terminações, quando estimuladas com adequada energia (pressão, calor etc.), dão origem a um impulso nervoso desde a sua localização até os centros nervosos onde é "interpretado". Encontram-se vários tipos de receptores: os **receptores especiais** relacionados com um neuroepitélio localizado nos chamados **órgãos especiais dos sentidos**, como no caso da visão, da audição, do equilíbrio, da gustação e da olfação; e os **receptores gerais** que ocorrem em todo o corpo e são os responsáveis pelo desencadeamento de vários tipos de impulsos. Os receptores localizados na superfície externa do corpo, conhecidos como **exteroceptores**, são ativados por agentes externos como: calor, frio, pressão, dor etc. Os impulsos sensitivos captados nos músculos, nos tendões e nas articulações são denominados **proprioceptivos**; e os receptores, proprioceptores. Há ainda receptores denominados **visceroceptores** nas vísceras e nos vasos que dão origem às diversas formas de sensações viscerais, como a fome, a sede, a dor visceral, a pressão arterial etc.

10.4.2. Terminações nervosas motoras

Essas terminações nervosas funcionalmente se assemelham às sinapses entre os neurônios, entretanto devem ser chamadas de **junções neuromusculares** ou **neuroglandulares**. As terminações nervosas motoras podem ser somáticas ou viscerais. As primeiras terminam nos músculos estriados esqueléticos; e as segundas, nos músculos lisos, cardíaco e nas glândulas.

As fibras motoras transmitem, portanto, impulsos dos centros nervosos até esse efetores, provocando a resposta de uma determinada sensação.

10.5. SINOPSE DOS NERVOS CRANIANOS

ENCÉFALO	NERVO	LIGAÇÃO NO ENCÉFALO	FUNÇÃO	DISTRIBUIÇÃO
Telencéfalo	I – Olfatório	Bulbo olfatório	Olfação	Mucosa olfatória do nariz
Diencéfalo	II – Óptico	Quiasma óptico	Visão	Retina do olho
Mesencéfalo	III – Oculomotor	Sulco medial do pedúnculo cerebral	Movimento dos olhos	Músculos: reto superior, reto inferior, reto medial e oblíquo inferior do olho
Mesencéfalo	IV – Troclear	Abaixo do colículo inferior do mesencéfalo	Movimento dos olhos	Músculo oblíquo superior do olho
Mesencéfalo	V – Trigêmeo	Face lateral da ponte	Sensibilidade da face e movimentos da mandíbula	Cabeça e músculos da mastigação
Mesencéfalo	VI – Abducente	Sulco bulbo-pontino	Movimento dos olhos	Músculo reto lateral do olho
Metencéfalo	VII – Facial intermédio	Sulco bulbo-pontino	Expressão facial, sensibilidade da língua, secreção salivar e gustação	Músculos da face (mímica), língua e glândulas salivares
Metencéfalo	VIII – Vestíbulo-coclear	Sulco bulbo-pontino	Equilíbrio e audição	Orelha interna
Metencéfalo	IX – Glosso faríngeo	Sulco látero-dorsal do bulbo	Sensibilidade da língua e da faringe; secreção salivar, gustação;	Faringe, língua, orelha externa, orelha média e glândula parótida
Mielencéfalo	X – Vago	Sulco látero-dorsal do bulbo	Movimento da laringe; movimento das vísceras torácicas e abdominais; reflexos viscerais; sensibilidade das vísceras torácicas e abdominais	Laringe, pulmão, coração, vísceras abdominais e ouvido esterno
Mielencéfalo	XI – Espinhal ou acessório	Bulbo e medula espinhal	Movimentos da cabeça, pescoço e faringe	Músculos trapézio e esternoclidomastoide e faringe
Mielencéfalo	XII – Hipoglosso	Bulbo entre a pirâmide e a oliva	Movimentos da língua	Músculos da língua

10.6. PATOLOGIA DO SISTEMA NERVOSO

As lesões que atingem o encéfalo podem aparecer em qualquer porção do mesmo. Uma inflamação que acomete todo o encéfalo é a chamada **encefalite**; bactérias ou vírus podem produzir esta inflamação. Ela também ocorre com alguma frequência logo após o decurso do sarampo. Estes casos são geralmente fatais.

Entre as doenças provocadas por vírus e que têm grande importância em saúde pública no Brasil estão a **raiva** e a **poliomielite**. A raiva é transmitida geralmente pela saliva de um cão doente. Se uma pessoa for mordida por um cão suspeito, deve procurar o mais depressa possível um médico para receber o soro antirrábico pois, se isto não for feito, haverá grande possibilidade de adquirir a doença, que, infelizmente até o momento, não tem cura e leva invariavelmente à morte. A poliomielite frequentemente é curável, mas deixa como consequência paralisias de membros, principalmente dos inferiores.

Meningite, que é inflamação de meninge, pode aparecer devido à fratura de ossos do crânio ou infecções de seios paranasais ou de regiões mais afastadas do corpo. Ultimamente têm sido frequentes as meningites provocadas por uma bactéria chamada *meningococus*. Esta doença está relacionada com o baixo nível socioeconômico das populações e a falta de saneamento básico (água encanada, esgoto etc.). Em nosso meio é relativamente frequente a **meningite tuberculosa**; o seu tratamento é aquele usado para a tuberculose que afeta qualquer outro órgão.

Indivíduos que têm pressão arterial aumentada, idade geralmente acima dos 45 anos, podem ter áreas do cérebro que morrem devido à falta de irrigação sanguínea. A isto se dá o nome de **enfarte cerebral** (popularmente conhecido como congestão). Geralmente o paciente se restabelece mas fica com paralisia de um membro, pois a área que morre nunca mais se regenera.

Tumores, tanto benignos como malignos, podem aparecer no cérebro e o seu tratamento é sempre cirúrgico.

Existem alterações encefálicas que acometem crianças e que levam a um aumento grande do crânio. Isto se chama **hidrocefalia**. As causas podem ser congênitas, devido à **toxoplasmose materna** durante a gravidez ou traumatismo de parto, ou mesmo sequela de uma meningite curada. O tratamento é apenas cirúrgico.

QUESTIONÁRIO E EXERCÍCIOS DE FIXAÇÃO

Após o estudo deste Capítulo, o aluno deverá estar apto a responder as questões a seguir.

1. Conceitue sistema nervoso.
2. Defina neurônio.
3. Descreva os tipos de neurônio.
4. Defina S.N.C. e S.N.P.
5. Descreva a constituição do nervo.
6. Quais as funções e tipos de neuroglia?
7. Defina córtex cerebral.
8. Cite os núcleos da base.
9. Cite as partes do diencéfalo.
10. Quais as funções do hipotálamo?
11. Defina cerebelo.
12. Defina os ventrículos cerebrais.
13. O que são "plexos corioides"?
14. Descreva as meninges.
15. Explique a formação do líquor.
16. Defina gânglio nervoso.
17. Cite os nervos cranianos.
18. Cite os nervos cranianos destinados às estruturas do olho.
19. Quais os nervos cranianos responsáveis pela sensibilidade e motricidade da face, respectivamente?
20. Como se formam os nervos espinhais?
21. Defina sistema nervoso autônomo.
22. Quais os nervos cranianos que veiculam fibras do sistema nervoso autônomo?
23. Defina "terminação nervosa".
24. O que se entende por "enfarte cerebral"?
25. O que se entende por "meningite"?

Capítulo 11
A orelha (Ouvido – Órgão da audição)

A **orelha** é um importante órgão dos sentidos, também conhecido como **órgão da audição**, **órgão vestíbulo-coclear** ou **órgão estato-acústico**. É responsável pela sensibilidade aos sons e às alterações gravitacionais e do movimento (equilíbrio). Está localizado no interior do osso temporal e consiste em três partes, a **orelha externa** (ouvido externo), **orelha média** (ouvido médio) e **orelha interna** (ouvido interno).

11.1. ORELHA EXTERNA (OUVIDO EXTERNO)

A **orelha externa** é formada pelo **pavilhão** da orelha, de natureza cartilagínea, que capta o som e que, através do **meato acústico externo**, é orientado para a **membrana do tímpano** (Figura 98).

Este meato mede cerca de 2,5 cm e está formado por uma parte externa fibrocartilagínea e outra interna, óssea.

O meato é revestido de pele e nele se encontram glândulas que produzem a "cera do ouvido".

A **membrana do tímpano** separa o ouvido externo do médio. Tem uma forma quase circular e **se insere nas bordas do osso timpânico** do temporal. É bastante vascularizada e recebe inervação dos nervos vago, glossofaríngeo, facial e auriculotemporal.

11.2. ORELHA MÉDIA (OUVIDO MÉDIO)

A **orelha média** ou **cavidade do tímpano** é uma cavidade no interior do osso temporal onde se encontra uma cadeia ossicular articulada, os **ossículos do ouvido** (Figura 100). O primeiro ossículo da cadeia, o **martelo**, está fixo à membrana do tímpano pelo seu corpo, enquanto que a cabeça articula-se com o corpo do 2º ossículo, a **bigorna** (Figuras 98 e 100).

A bigorna possui um **ramo curto** e **um longo**, na extremidade do qual o **processo lenticular** articula a bigorna com a cabeça do **estribo**, terceiro ossículo da cadeia.

O estribo apresenta uma **cabeça**, dois **ramos** e uma **base** que fecha a janela do vestíbulo na parede labiríntica da cavidade do tímpano (Figuras 98 e 100).

Na cavidade timpânica distinguem-se seis paredes, sendo a mais importante a parede labiríntica que comunica esta cavidade com o ouvido interno (Figura 99).

A **parede labiríntica** apresenta uma elevação óssea central, o **promontório**, formado pelo primeiro giro da cóclea. Superiormente ao promontório está a fóssula da janela do vestíbulo e a **janela do vestíbulo** (oval) que comunica com o vestíbulo. Posteriormente ao promontório existe outra escavação, a **fóssula da janela da cóclea** com a **janela da cóclea** (redonda), fechada por uma membrana chamada membrana secundária do tímpano, além da qual inicia-se a rampa timpânica da cóclea.

Ainda na cavidade do tímpano encontram-se dois músculos, o **m. estapédio**, cujo tendão insere-

-se no colo do estribo e o **m. tensor do tímpano** fixo ao colo do martelo. O nervo facial tem trajeto intratimpânico, passando sobre a janela vestibular dentro do canal facial.

Na cavidade do tímpano está o óstio timpânico da **tuba auditiva**, conduto osteocartilagíneo que comunica o ouvido médio com a nasofaringe.

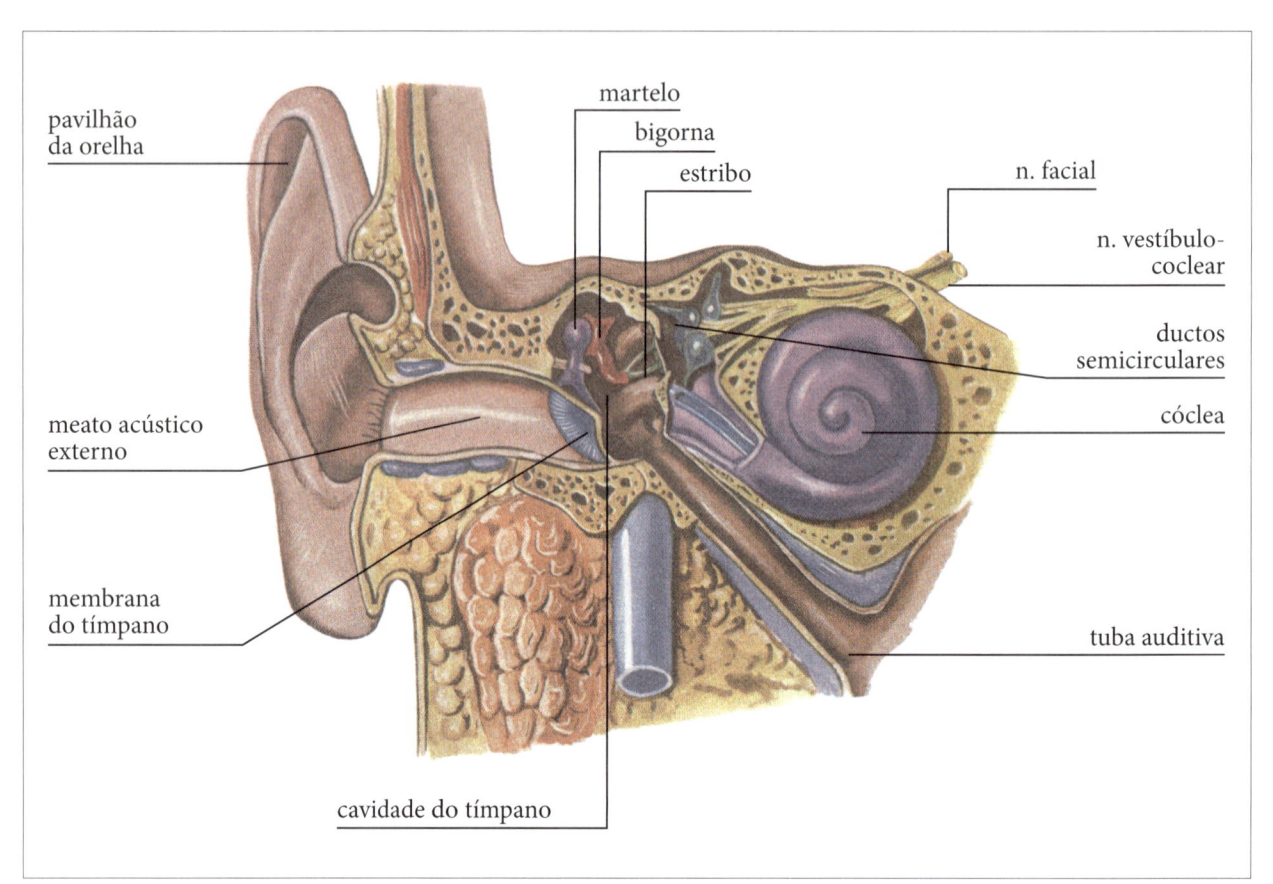

FIGURA 98 – A orelha

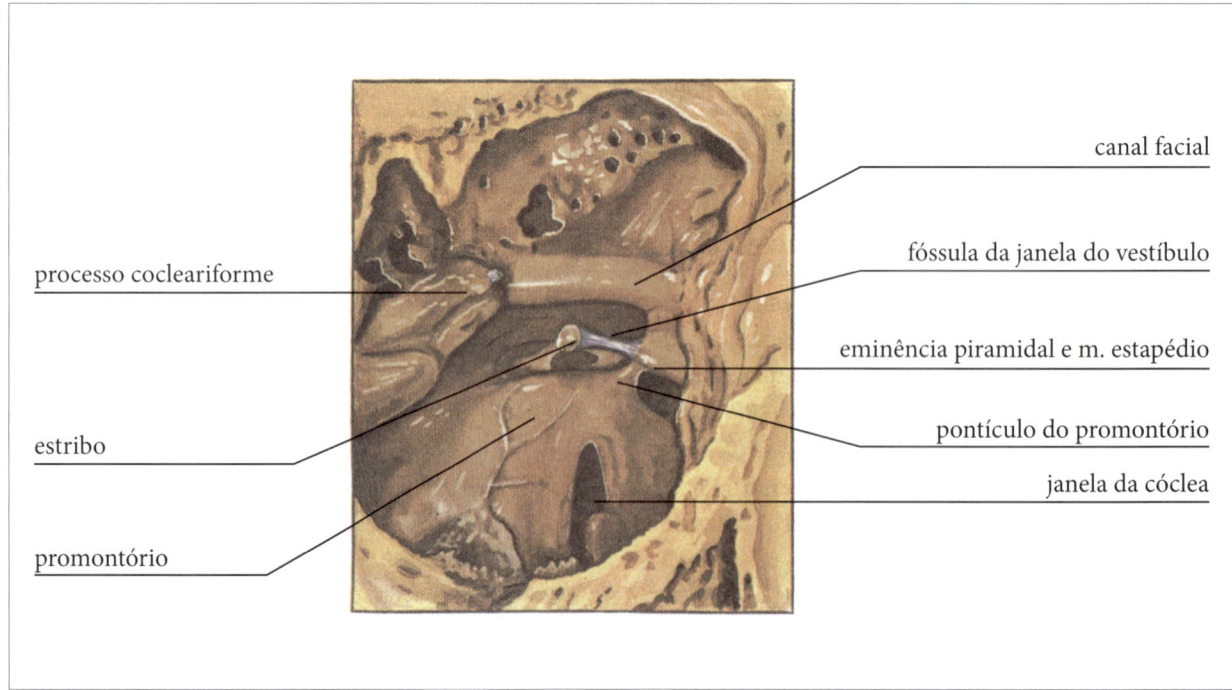

FIGURA 99 – Parede labiríntica

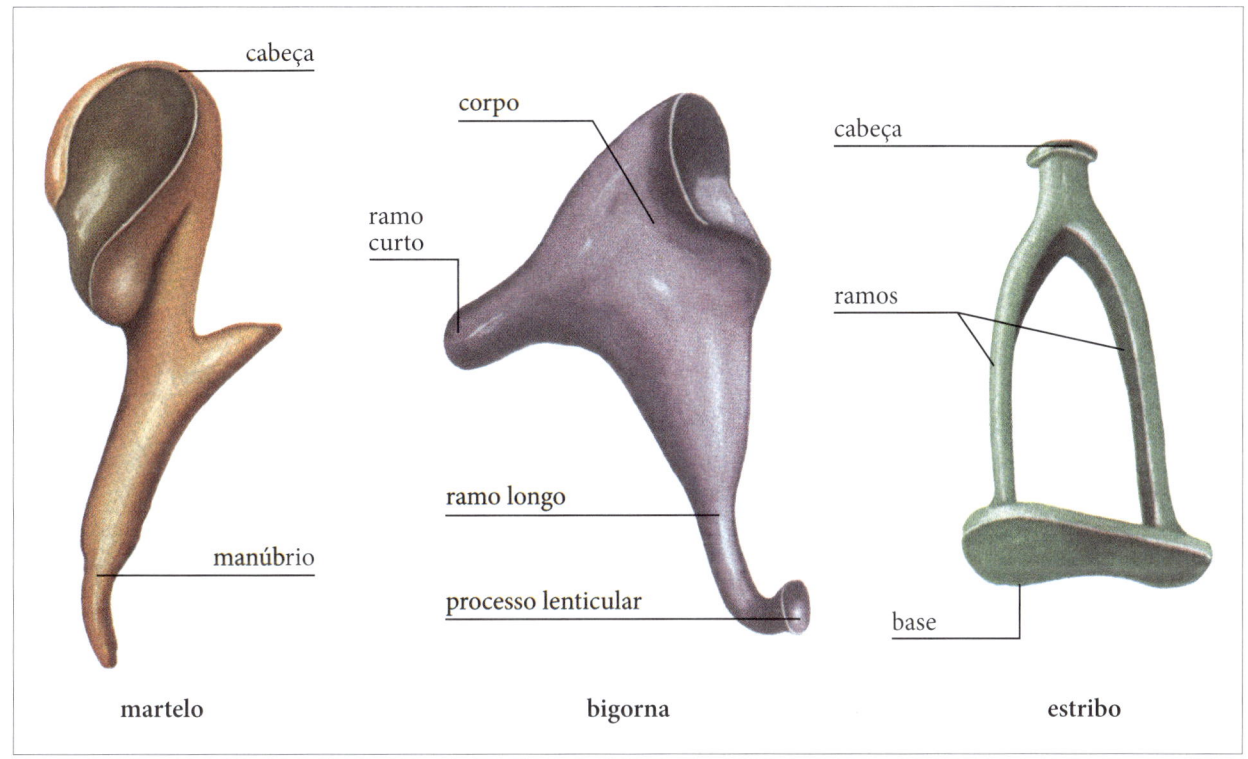

FIGURA 100 – Ossículos da audição

11.3. ORELHA INTERNA (OUVIDO INTERNO)

O **ouvido interno** (labirinto) compõe-se de duas partes: o **labirinto ósseo** formado por uma série de condutos situados na porção petrosa do osso temporal, onde circula um líquido chamado **perilinfa**, e o **labirinto membranáceo** (situado dentro do labirinto ósseo), onde circula outro líquido, a **endolinfa**.

O labirinto ósseo compreende: uma pequena cavidade de 4 mm de diâmetro, denominada **vestíbulo**; três condutos ósseos, denominados **canais semicirculares**, e um caracol ósseo denominado **cóclea**. O labirinto membranáceo está dentro do ósseo e é formado por duas vesículas membranosas denominadas **utrículo** e **sáculo**, situadas dentro do vestíbulo; três **ductos semicirculares** situados dentro dos canais semicirculares ósseos e um **ducto coclear** situado dentro da cóclea óssea (**FIGURA 101**). O utrículo e o sáculo são duas pequenas vesículas membranosas que contêm receptores especializados para o equilíbrio em pontos chamados **máculas**.

Nas máculas existem células ciliadas cobertas por uma membrana que contém cristais de carbonato de cálcio (otolitos).

Estas células estão intimamente ligadas às terminações dos neurônios aferentes do ramo vestibular do VIII par (**FIGURA 98**).

O utrículo recebe os três **ductos semicirculares**, também membranáceos dispostos nos três planos espaciais. Cada ducto semicircular apresenta uma dilatação chamada **ampola**, na qual se encontra a **crista ampular** formada por células ciliadas também ligadas a terminações nervosas, que acompanham o ramo vestibular do nervo vestíbulo-coclear. O utrículo está unido ao sáculo pelo ducto utrículo-sacular, e o sáculo continua-se com o ducto coclear da cóclea.

A **cóclea** é uma formação espiralada de 2 ½ espirais, dividida em três compartimentos, dois dos quais chamados **rampas**, pelas membranas **basilar** e **vestibular** (**FIGURAS 101 e 102**).

A **rampa vestibular** e a **rampa timpânica** estão cheias de perilinfa e se comunicam entre si através da helicotrema, pequena abertura situada no vértice da cóclea.

A rampa timpânica tem início na janela coclear (redonda) fechada pela **membrana secundária do**

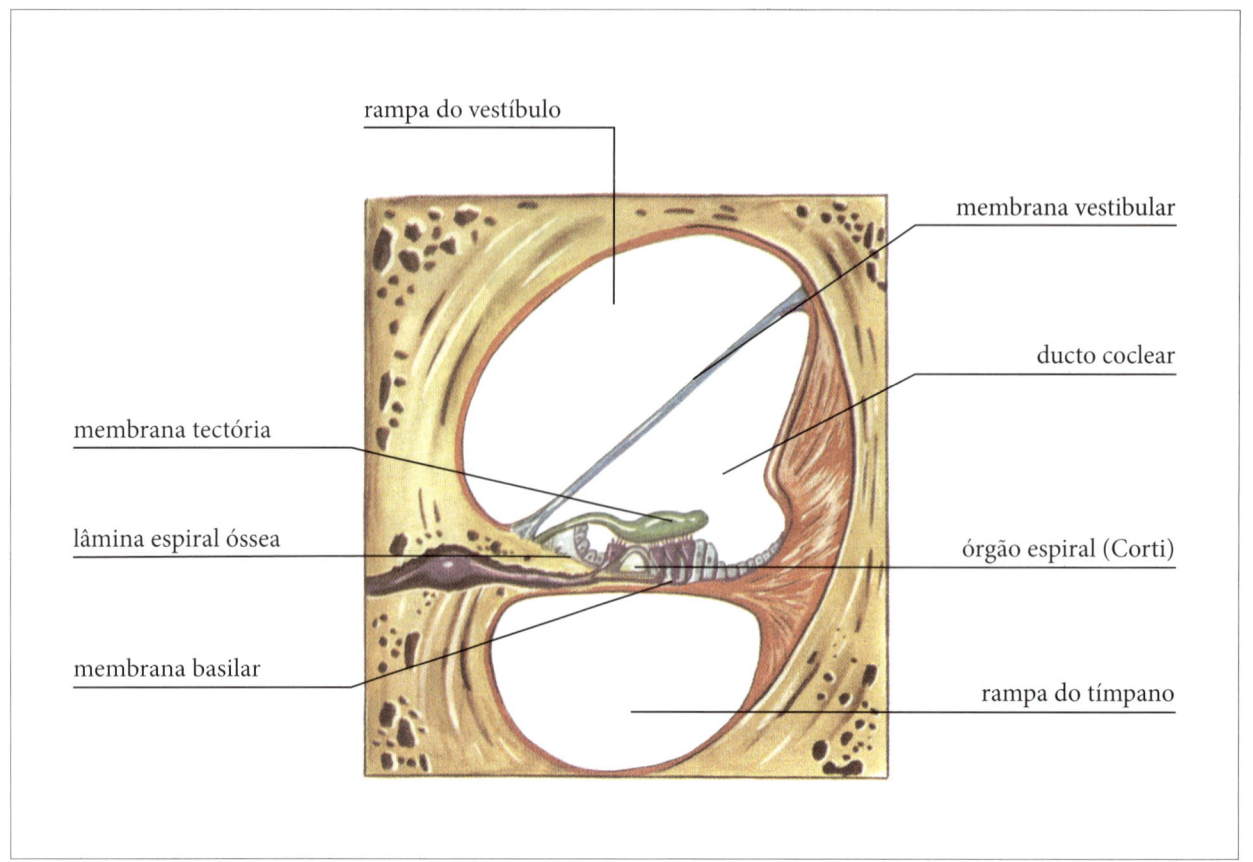

FIGURA 101 – Corte da cóclea

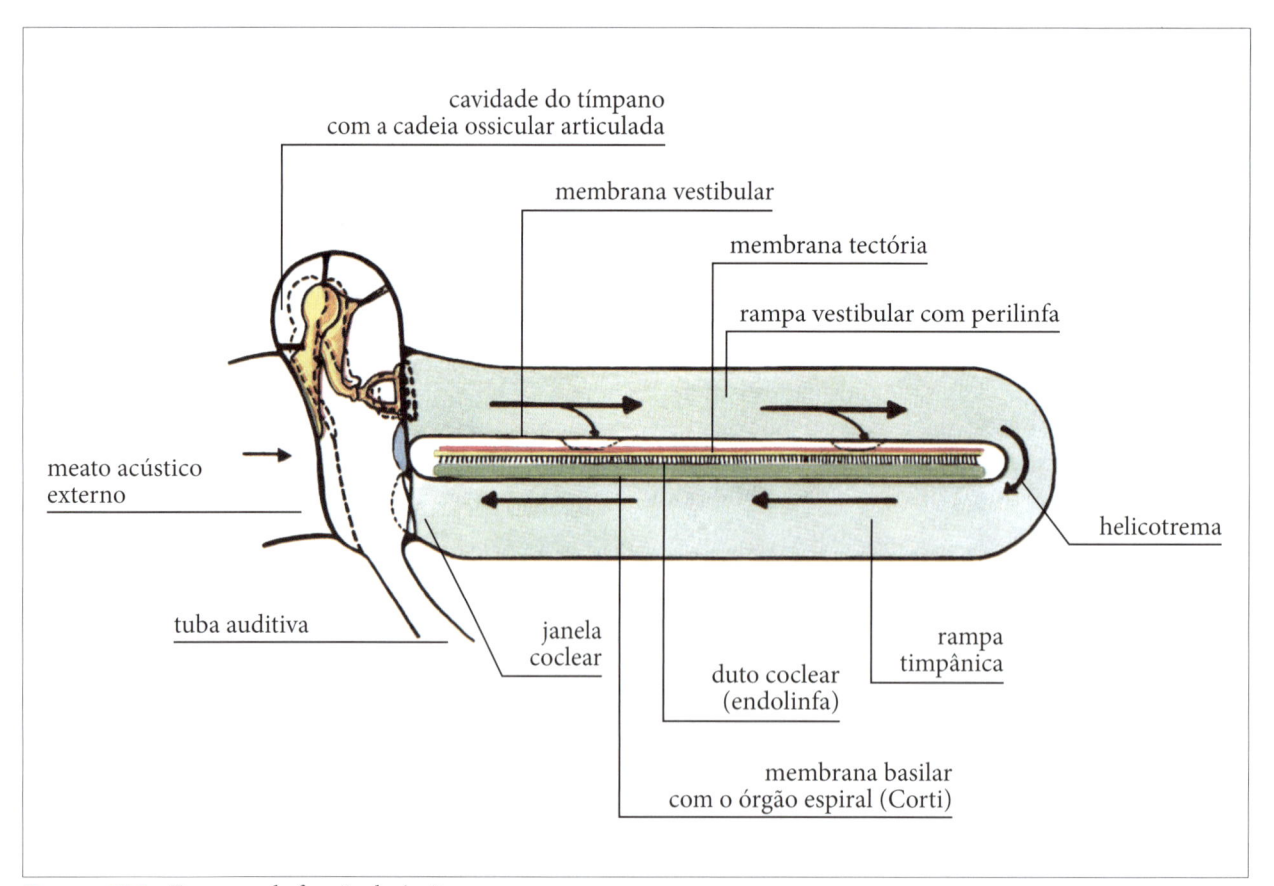

FIGURA 102 – Esquema da função do órgão

tímpano, situada na parede labiríntica do ouvido médio. A **rampa vestibular** inicia no vestíbulo, próximo à janela do vestíbulo (oval) que é fechada pela base do estribo.

Entre as duas rampas, porém, sem nenhuma comunicação com elas está o **ducto coclear**, que tem continuação com o labirinto membranoso, portanto, cheio de endolinfa.

Neste ducto, sobre a membrana basilar, está o **órgão espiral** ou **de Corti**, formado por células ciliadas que recebem os estímulos sonoros pela ação da **membrana tectória**, situada sobre o órgão espiral (**Figura 101**).

As células ciliadas deste órgão estão ligadas às terminações dos neurônios aferentes, que constituem o ramo coclear do nervo vestíbulo-coclear.

11.4. FISIOLOGIA DA ORELHA (AUDIÇÃO)

Os estímulos sonoros atingem o pavilhão da orelha, que os orienta no sentido do meato acústico externo até a membrana do tímpano. Esta membrana vibra e transmite aos ossículos da caixa do tímpano as vibrações que vão fazer movimentos de alavancas, passando esta energia mecânica para o último ossículo, o **estribo**, que funciona como um pistão transmitindo as vibrações para os líquidos do ouvido interno (**Figura 102**).

A perilinfa é movimentada pela ação da base do estribo, e assim a pressão é exercida sobre a endolinfa e desta para a membrana tectória que entra em contato com os cílios das células do órgão de Corti, ligadas às terminações nervosas do ramo coclear do VIII par, que conduz estes estímulos sonoros para o córtex auditivo no sistema nervoso central. Assim, antes que esta energia sonora atinja os centros nervosos de integração auditiva, é transformada em energia mecânica na passagem pela cadeia ossicular da cavidade do tímpano e nos líquidos perilinfático e endolinfático e ainda, esta energia mecânica é transformada em energia nervosa no cóclea para ir ao encéfalo. Não são perfeitamente conhecidos ainda os mecanismos que possibilitam a percepção acústica.

As vibrações que chegam à endolinfa não só estimulam as células do órgão espiral de Corti como também põem em movimento os otolitos das máculas utricular, sacular e também as cristas ampulares dos ductos semicirculares. As células ciliadas das máculas e das cristas ampulares são estimuladas, e as terminações nervosas do ramo vestibular do VIII nervo conduzem estes impulsos para os centros nervosos relacionados ao equilíbrio.

11.5. PATOLOGIA DA ORELHA (AUDIÇÃO)

As moléstias mais comuns que acometem o ouvido externo são as **otites** que podem ser difusas, ou seja, provocadas por **dermatites** do meato acústico externo e **eczematosas**, isto é, relacionadas a problemas alérgicos. Os furúnculos do meato acústico externo também são comuns. O acúmulo de "cera" no meato pode provocar surdez.

No ouvido médio localizam-se processos patológicos que podem resultar em surdez e vertigens. A tuba auditiva, que tem função de arejamento do ouvido médio, pode sofrer obstrução, o que acarreta distúrbios auditivos. Assim, perturbação na nasofaringe ou na própria tuba poderão ocasionar obstrução tubária que pode ser **simples**, como nos resfriados (portanto passageira), ou **definitiva**, isto é, não sendo tratada, altera a anatomia do ouvido médio fazendo a membrana do tímpano colar-se às estruturas mais internas, e este é um fenômeno irreversível.

As otites médias representam um sério tipo de alteração do órgão da audição pois, conforme a gravidade, podem destruir parcial ou totalmente a membrana do tímpano, e, às vezes, também os ossículos do ouvido. Hoje em dia já é possível a reconstituição do tímpano perfurado e a substituição de ossículos por próteses especiais, graças às modernas técnicas cirúrgicas.

Uma das otites mais sérias é a **otite colesteatomatosa**, que se caracteriza pela formação de um cisto a partir de pele que penetrou no ouvido médio. Este cisto produz substâncias que destroem as estruturas da cavidade do tímpano. O tratamento destes casos é cirúrgico.

As moléstias que atacam o ouvido podem provocar surdez e esta pode ser de dois tipos: **surdez de transmissão** e **surdez de recepção**.

A surdez de transmissão ou de condução é devida a alterações do ouvido externo ou médio, isto é, alterações na cadeia ossicular, sendo a **otosclerose** a mais frequente causa deste tipo de surdez, além das patologias já descritas. A **otosclerose** caracteriza-se por um desequilíbrio do metabolismo de cálcio do organismo. A deposição de cálcio no ligamento anular, que liga a base do estribo às margens da janela do vestíbulo (oval), fixa este ossículo à janela impedindo seu movimento e ocasionando a surdez. Felizmente pode-se recuperar cirurgicamente a surdez por otosclerose, reconstituindo-se a janela oval fechada pelo excesso de cálcio e substituindo o estribo por prótese.

A surdez de recepção ou percepção é devida a lesões do ouvido interno e do nervo coclear, isto é, lesões neurosensoriais. Até os nossos dias não há solução para os problemas de surdez de recepção, que além de serem devidos às moléstias que provocam destruição da cóclea ou do nervo coclear, podem também ser ocasionados por medicamentos comprovadamente ototóxicos tais como os salicilatos, o quinino e certos antibióticos como a kanamicina, a estreptomicina e a neomicina.

A surdez de recepção é até o momento incurável, enquanto que a surdez de transmissão é quase totalmente resolvida com as técnicas cirúrgicas modernas.

QUESTIONÁRIO E EXERCÍCIOS DE FIXAÇÃO

Após o estudo deste Capítulo, o aluno deverá estar apto a responder as questões a seguir.

1. Descreva a orelha externa.
2. Descreva a cavidade do tímpano.
3. Descreva os ossículos da audição.
4. Defina o labirinto.
5. Descreva a cóclea.
6. O que se entende por "otosclerose"?

Capítulo 12
O olho (Órgão da visão)

12.1. BULBO OCULAR

O **olho** ou **órgão da visão** é formado pelo **bulbo ocular** e está situado na cavidade orbitária juntamente com os elementos anexos.

O olho é formado por uma camada fibrosa externa, a **esclera**, na qual se inserem os músculos que o movimentam. No polo posterior do olho penetra o **nervo óptico**; e no polo anterior a esclera se modifica constituindo a **córnea transparente** (**Figuras 103 e 105**).

A seguinte camada do bulbo é a **corioide** (úvea), membrana altamente vascularizada, que na sua porção mais anterior apresenta o **corpo ciliar**, que continua mais anteriormente pela **íris**, conhecida como o **diafragma do olho**, que limita a pupila.

No corpo ciliar está o **m. ciliar** com os processos ciliares que estão unidos ao **cristalino** (lente), o qual é movimentado pela ação do músculo ciliar.

Entre a **íris** e a **córnea** está a **câmara anterior do olho**; entre a **íris** e o **cristalino** está a **câmara posterior do olho**; as duas câmaras cheias de líquido, **humor aquoso**, comunicam-se entre si pela abertura limitada pela íris, a **pupila**. A íris possui fibras musculares circulares e radiais que dilatam e reduzem a abertura pupilar conforme a intensidade luminosa.

A **retina** é a camada nervosa do olho.

Divide-se a retina em duas partes: uma sensível à luz, **parte óptica**, e outra insensível, **porção cega**.

A porção cega da retina é que reveste o corpo ciliar e a íris.

A porção óptica da retina está relacionada externamente com a corioide à qual adere, e internamente, com o **corpo vítreo**.

Nesta porção está a **papila óptica** (ponto cego, local onde penetra o nervo óptico) e a **mancha amarela** (mácula) com a fóvea central, local de maior acuidade visual. Separando a porção óptica da porção cega, está a **ora serrata** no início do corpo ciliar.

A retina é constituída por uma série de camadas celulares das quais destacam-se um **epitélio pigmentário**, os **cones**, os **bastonetes** e as **células nervosas ganglionares** que originam o nervo óptico.

O **cristalino** é uma lente biconvexa, transparente, situada atrás da pupila, unida ao corpo ciliar pelo **ligamento suspensor do cristalino**. Posteriormente ao cristalino encontra-se o **corpo vítreo**, substância gelatinosa transparente que preenche todo o espaço posterior do olho entre a retina e a lente.

12.2. ANEXOS DO OLHO

As **pálpebras** superior e inferior são duas pregas musculomembranáceas que recobrem o bulbo ocular. Nas pálpebras encontram-se as **glândulas tarsais** e os **cílios**, estes na extremidade que limita a **rima palpebral**. Internamente as pálpebras são revestidas pela **conjuntiva**, que também cobre o bulbo ocular, exceto a córnea.

O **aparelho lacrimal** é formado pela **glândula lacrimal**, situada na fossa lacrimal da cavidade orbitária. A glândula lacrimal lança as lágrimas para

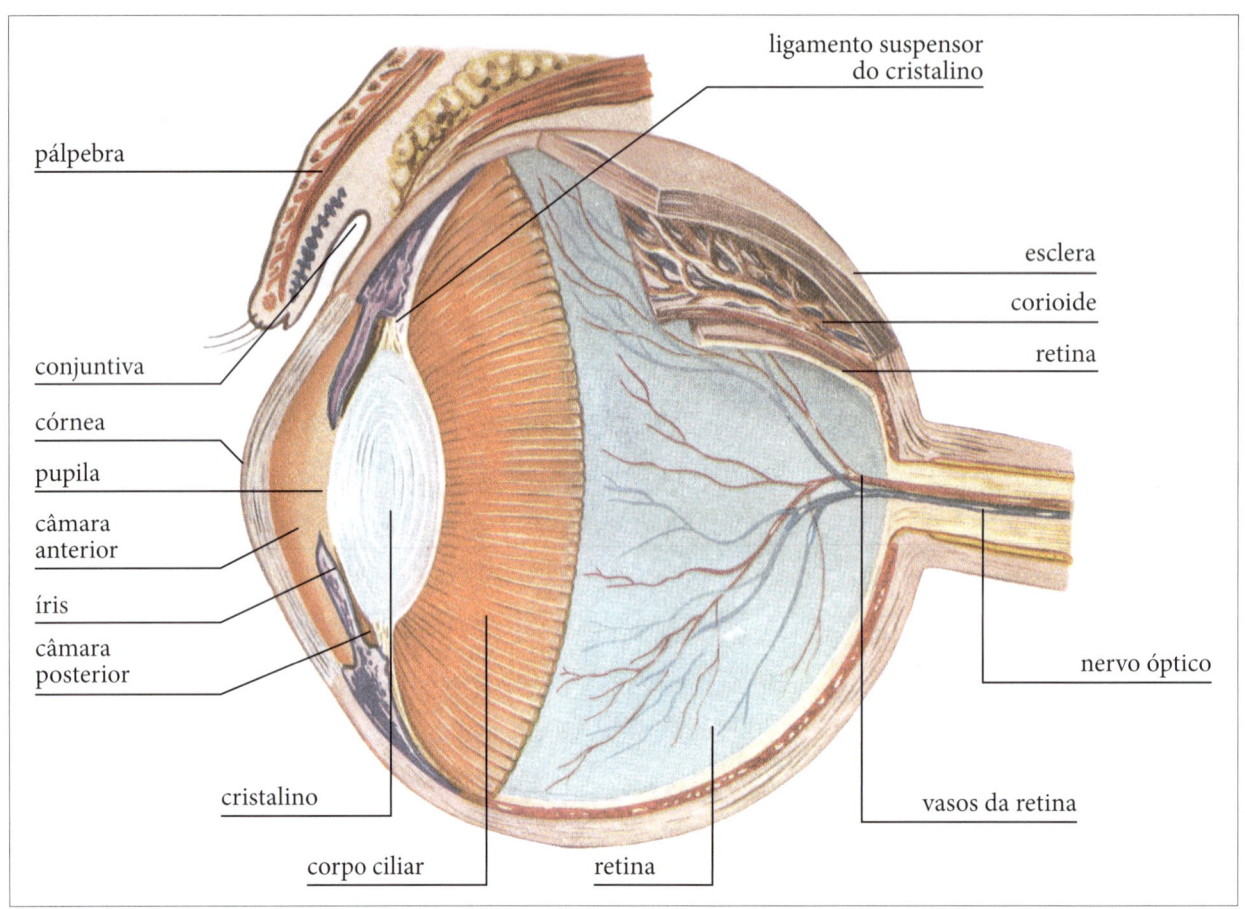

FIGURA 103 – Corte longitudinal do bulbo ocular

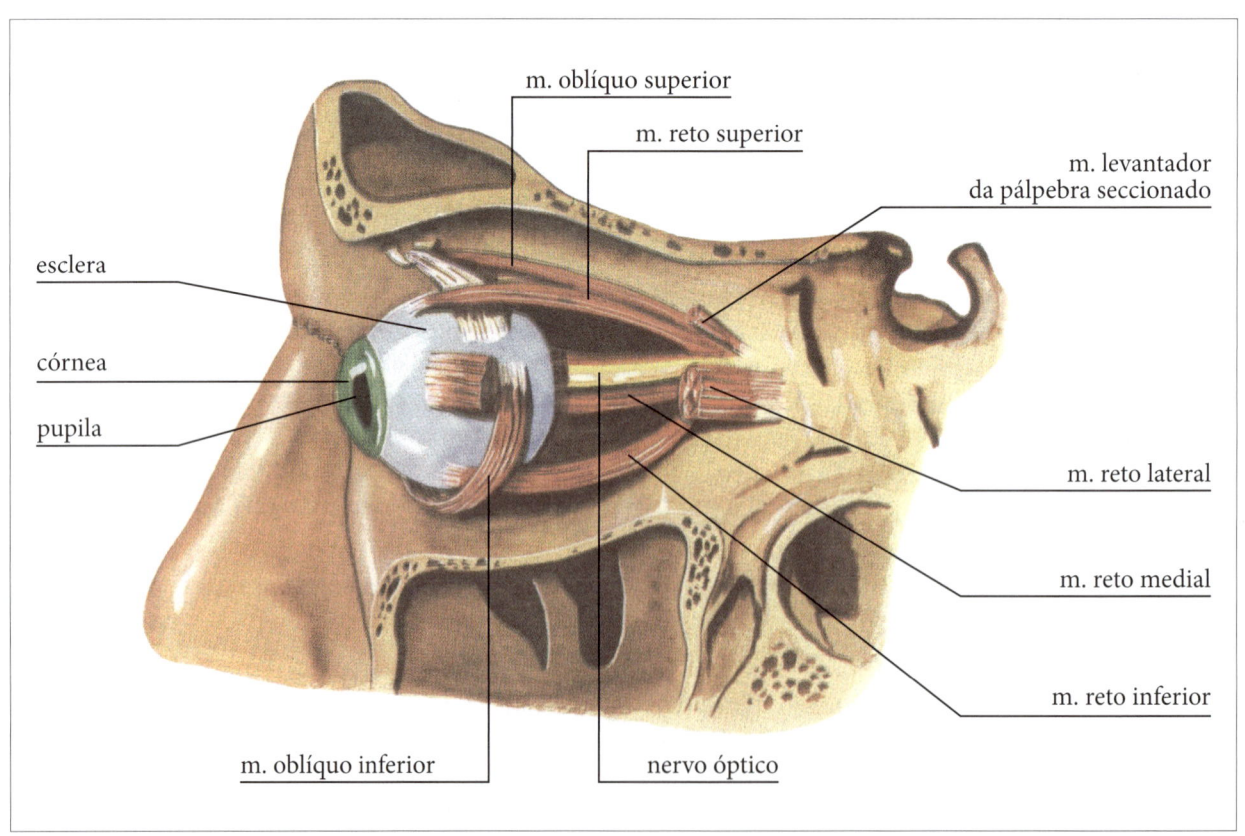

FIGURA 104 – Músculos do bulbo ocular

O olho (Órgão da visão)

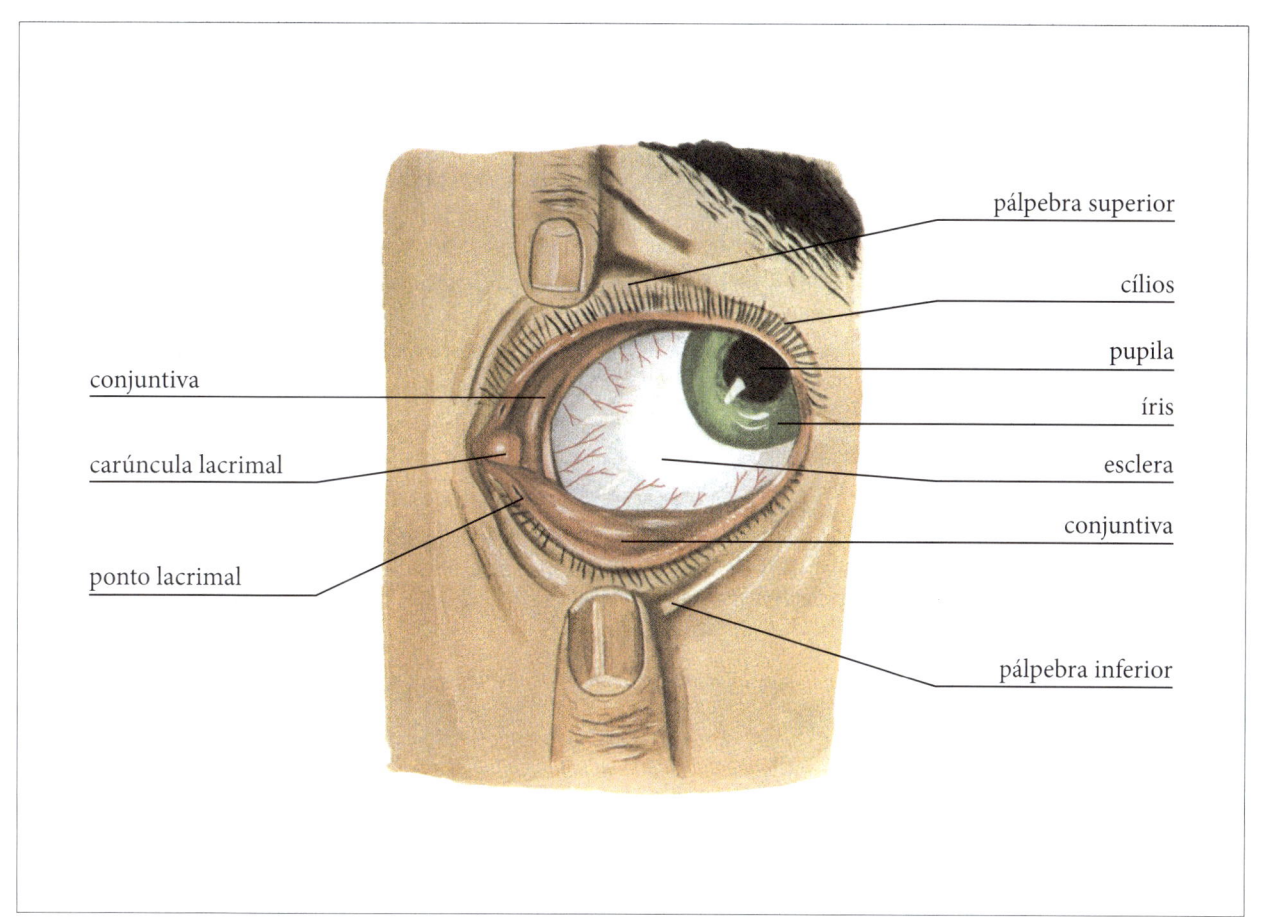

Figura 105 – Anexos do olho

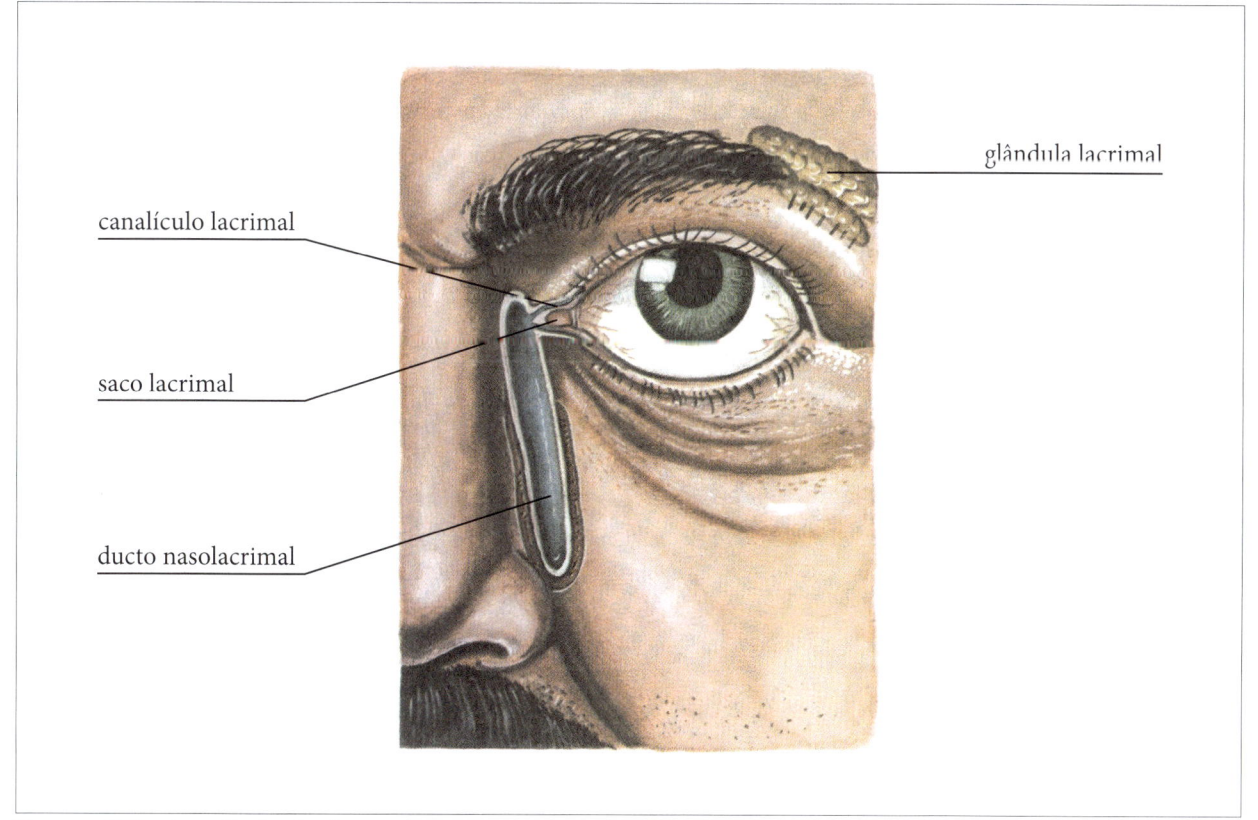

Figura 106 – Aparelho lacrimal

o espaço conjuntival do olho, conservando úmida a córnea e facilitando a abertura das pálpebras em contato com o bulbo ocular. A lágrima progride em direção às **papilas lacrimais** situadas na borda livre das pálpebras no ângulo medial (nasal) do olho. Na papila lacrimal, a lágrima penetra por um pequeno orifício, que se continua pelo **conduto lacrimal** e se prolonga por 7 mm. O conduto superior une-se ao inferior para formar o **saco lacrimal**, o qual se continua pelo **ducto nasolacrimal** que se abre no **meato nasal inferior** dentro da fossa nasal (**Figura 105**).

O olho é movimentado por seis músculos que têm inserção na cavidade orbitária e na esclera do bulbo ocular.

Os músculos do olho são inervados por nervos cranianos, que se dirigem à órbita pela fissura orbitária. Os músculos são quatro retos: superior, inferior, lateral e medial; e dois oblíquos: superior e inferior (**Figura 104**).

O **m. oblíquo superior** é inervado pelo **nervo troclear**, IV par craniano. O músculo reto lateral recebe inervação pelo **nervo abducente**, VI par craniano; os demais, isto é, o músculo reto superior, o músculo reto inferior, o músculo reto medial e o músculo oblíquo inferior são inervados pelo **nervo motor ocular comum**, III par craniano.

Outro músculo também é encontrado na órbita: o músculo elevador da pálpebra superior.

Encontra-se ainda na órbita a **a. oftálmica**, responsável pela vascularização das estruturas aí existentes e do olho. Também a **v. oftálmica** atravessa a órbita, estabelecendo importantes anastomoses entre as veias da face e os seios venosos da dura-máter.

12.3. FISIOLOGIA DO OLHO

Para formar as imagens, os raios luminosos devem atingir a retina; assim, é necessário que atravessem a córnea, o humor aquoso, o cristalino (lente) e o humor vítreo.

A pupila é a abertura por onde a luz deve passar sendo controlada pela íris (diafragma), cujo comando é devido ao sistema nervoso autônomo. Durante o dia, quando há muita luz, a íris diminui a pupila; e durante a noite, quando há pouca luz, a íris faz com que a pupila se dilate.

Os raios luminosos ao atravessar os meios transparentes do olho sofrem **refração** (desvio), de modo que se forma na retina, a imagem invertida. Para que a imagem se forme exatamente na retina, é necessário que a lente (cristalino) do olho regule a sua curvatura conforme a distância em que se encontra o objeto; o fenômeno que ocorre com a lente, de aumentar e diminuir sua curvatura, chama-se **acomodação**. A curvatura da lente aumenta quando o objeto que estamos olhando se aproxima; quando se afasta ocorre o inverso, isto é, a curvatura da lente diminui.

Quando o objeto está a cerca de 10 cm de distância, a lente atinge sua curvatura máxima, e esta é a distância mínima em que é possível a **acomodação** da lente. Este ponto chama-se **ponto máximo**.

Quando o objeto está se afastando, a lente vai diminuindo sua curvatura até uma distância de mais ou menos 8 m, a partir da qual não há mais necessidade de acomodação da lente. Este ponto é chamado **ponto remoto**. Podemos dizer então que o poder de acomodação da lente se efetua entre 10 cm e 8 m, sendo impossível a acomodação quando o objeto está colocado a distância inferior a 10 cm, e não há necessidade de acomodação da lente quando o objeto está colocado a distância superior a 8m.

Os raios luminosos, que vão formar a imagem retiniana, estimulam as camadas de **cones** e **bastonetes** da retina e daí, através do nervo óptico, estes estímulos alcançam os centros nervosos que integram estes estímulos transformando-os em sensações conscientes.

12.4. PATOLOGIA DO OLHO

Numerosas afecções podem acometer um ou ambos os olhos. Entre as mais comuns encontramos as **conjuntivites**, que são causadas por traumatismos, infecções ou por processos alérgicos. O tratamento depende da causa que leva à inflamação da conjuntiva.

Uma forma especial de doença e que acomete, em algumas áreas do Brasil, grande parte da população é o **tracoma**, geralmente bilateral e que quase sempre leva à cegueira.

A deficiência de vitamina A produz alterações de retina que provoca a chamada **cegueira noturna**. O tratamento é feito com **vitamina A**.

Algumas doenças que afetam todo o corpo podem, também, provocar alterações nos olhos como acontece com o **hipertireoidismo**. Esta doença é devida a uma função aumentada da glândula tireoide. Nestes casos há protrusão do bulbo ocular (olhos muito saltados). Às vezes a protrusão dos olhos é devida a outras causas, por exemplo, **tumores da órbita**.

À medida que um indivíduo vai envelhecendo, pode acontecer de haver opacificação do cristalino. A isto se dá o nome de **catarata**. O tratamento é apenas cirúrgico.

Quando existe um desenvolvimento anormal dos músculos extrínsecos do olho, ou traumatismo neuromuscular por ocasião do nascimento, ou paralisia muscular, há, consequentemente, o aparecimento de **estrabismo**, o qual se define como desvio do eixo de um olho com a manutenção do eixo visual de outro olho. O tratamento é geralmente cirúrgico.

Entre as alterações mais comuns de visão temos a **miopia**, a **hipermetropia** e o **astigmatismo**.

Quando há miopia, o paciente vê melhor as coisas que estão próximas.

Quem tem hipermetropia vê melhor os objetos que ficam mais distantes, e aqueles com astigmatismo veem os objetos sem muita nitidez. Estes defeitos estão relacionados com um alongamento maior do eixo anteroposterior do olho (**miopia**), diminuição deste eixo (**hipermetropia**) ou defeito da curvatura do globo ocular (**astigmatismo**). Em consequência destas alterações, a imagem de um objeto não se formará na retina; e para haver uma correção do defeito, torna-se necessário o uso de óculos.

Raramente são encontrados tumores no olho.

QUESTIONÁRIO E EXERCÍCIOS DE FIXAÇÃO

Após o estudo deste Capítulo, o aluno deverá estar apto a responder as questões a seguir.

1. Cite as camadas do olho.
2. Descreva a retina.
3. O que se entende por "corpo vítreo"?
4. Descreva a aparelho lacrimal.
5. Cite os músculos que movimentam o olho.
6. O que se entende por "acomodação"?
7. O que se entende por miopia, hipermetropia e astigmatismo?

Capítulo 13

Sistema tegumentar (Pele)

O revestimento externo do corpo constitui o chamado **tegumento comum**. Fazem parte deste sistema (**Figura 107**) a **pele**, seus **anexos** e a **tela subcutânea**.

A pele é um dos maiores órgãos, sendo responsável por aproximadamente 16% do peso corporal.

A pele varia de modo notável em diferentes áreas do corpo. Tem uma espessura de 0,5 mm nas pál-

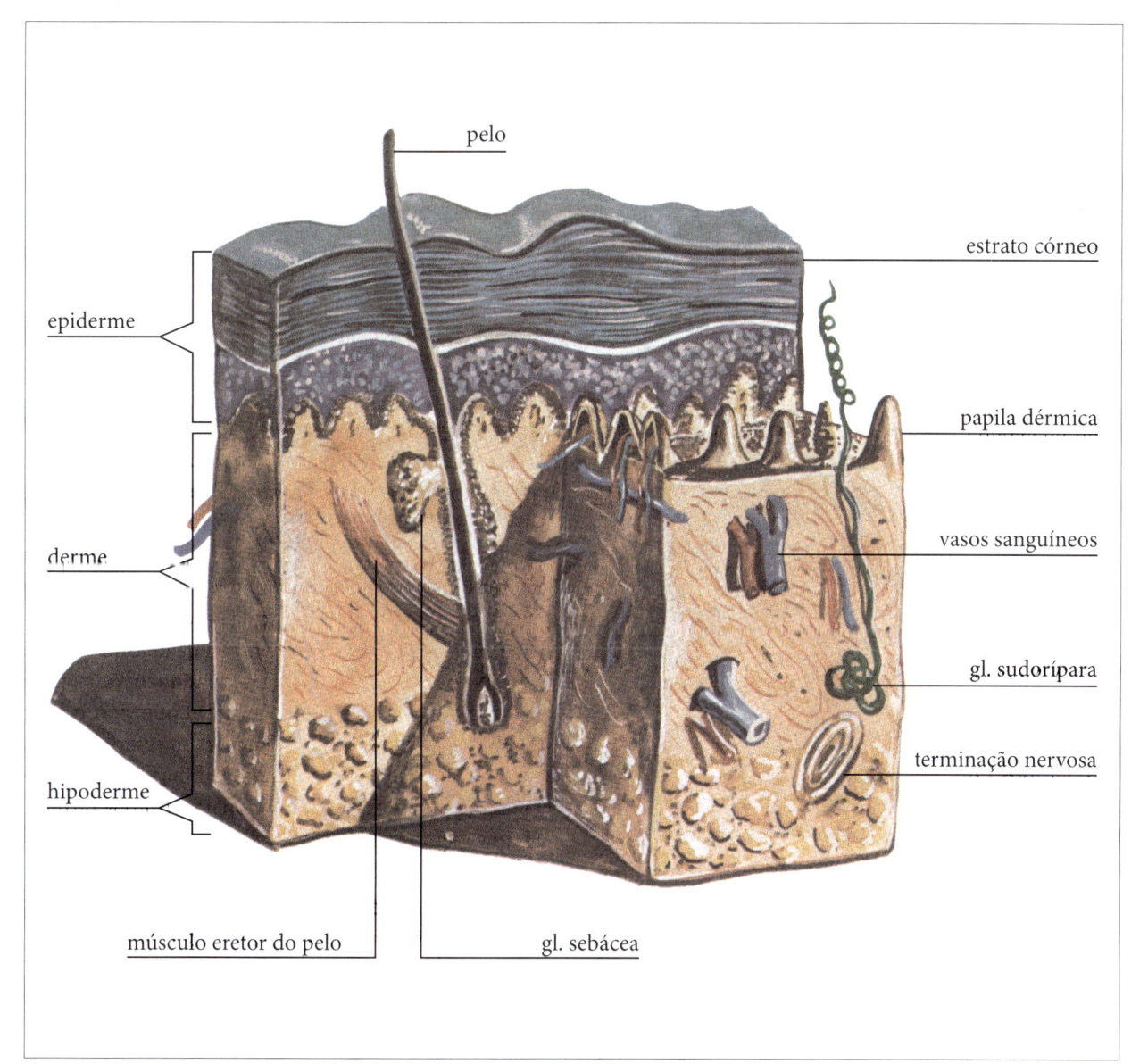

Figura 107 – Corte esquemático da pele

pebras e de 4 mm nas plantas e palmas; é úmida ou seca, áspera ou lisa, segundo a presença variável de glândulas sebáceas e sudoríparas; pode ser firme e elástica, como nos jovens, ou ser frouxa e enrugada, como nos velhos.

A pele é fixa nas palmas e plantas, nas pregas articulares, couro cabeludo e orelhas; porém é móvel no resto do corpo. Apresenta pelos finos, grossos ou pode ser glabra, assim como apresenta notáveis variações na cor, conforme a raça. Superficialmente a pele apresenta dois tipos principais de pregas:

1. pregas articulares, entre as quais se incluem as faciais;

2. o outro tipo é formado por diminutos sulcos e cristas que nas palmas e nas plantas, especialmente nas pontas dos dedos, fazem desenhos caprichosos que são específicos para cada indivíduo, o que possibilita reconhecer alguém apenas pelas suas **impressões digitais**.

A pele consta de duas camadas: uma de epitélio estratificado superficial, a **epiderme**, que deriva do ectoderma; e outra que é uma camada profunda de tecido conjuntivo vascularizado, a **derme** ou **cório**, que provém do mesoderma.

Os anexos da pele, isto é, as glândulas sebáceas, sudoríparas, ou folículos pilosos e o leito das unhas são formações epidérmicas.

13.1. EPIDERME

A epiderme está assentada na derme e de dentro para fora apresenta 5 estratos celulares, chamados respectivamente **germinativo** ou **basal**, **espinhoso**, **granuloso**, **lúcido** e **córneo**.

O estrato germinativo, como o nome indica, é formado por células que se multiplicam constantemente, para compensar a perda de células na superfície da epiderme. O estrato espinhoso é formado por células germinativas que parecem estar conectadas por prolongamentos protoplasmáticos muito finos. O estrato granuloso, como o nome indica, apresenta grânulos no interior das células. No estrato lúcido, as células parecem ter perdido seus núcleos e seus limites, formando uma camada translúcida. No estrato córneo, que constitui a maior parte da epiderme, em muitas áreas as células mortas se descamam continuamente (diariamente desprendem-se 9 g de escamas superficiais) e vão sendo substituídas por células procedentes do estrato germinativo. É o estrato córneo que garante a impermeabilidade da pele. **É a camada morta que garante a vida.**

Na realidade, a pele é um tecido incansável que apresenta atividade cíclica; a divisão de suas células é maior em determinados períodos; durante o dia para os animais de hábitos noturnos, e durante a noite para o homem.

A pigmentação da pele depende principalmente da **melanina**, pigmento que se encontra no estrato basal da epiderme. A pele branca possui pouca **melanina**, que é abundante na raça negra.

13.2. DERME

A derme é uma densa rede de tecido fibroso e elástico ricamente vascularizado, situado sob a epiderme. É formada por duas camadas, a **papilar** constituída de tecido conjuntivo frouxo, que invade a epiderme formando papilas abundantes que variam de 50 a 250 por mm^2, conforme a região; e a camada mais profunda da derme que é a **reticular**, mais laxa, e que se funde com a fáscia da tela subcutânea. As fibras da derme que proporcionam a elasticidade da pele estão dispostas em linhas, em cuja direção o cirurgião corta para impedir que se abram excessivamente as bordas de incisão.

Com o avançar da idade, a elasticidade deste tecido perde-se e aparecem as rugas. A pele do abdome é mais distensível, e a gravidez pode estirá-la e romper as fibras elásticas da derme deixando cicatrizes também chamadas **estrias gravídicas**.

13.3. HIPODERME

A pele assenta-se sobre uma membrana de tecido conjuntivo frouxo, onde se distingue uma colcha de gordura entre duas lâminas de tecido fibroso: essa é a **hipoderme** ou **tela subcutânea**.

A espessura desta capa é dependente da quantidade de gordura que ela abriga, que por sua vez depende do estado de nutrição do indivíduo. Há regiões onde nunca se acumula tecido orduroso, como é o caso da pálpebra e do pênis. Há outras, porém, em que a gordura é permanente, como nas palmas das mãos, nas plantas dos pés e na região glútea. A tela compõe-se de três estratos ou camadas. A primeira é **areolar**, e segue-se a **fáscia superficial**, que se assenta sobre a camada mais profunda, a **lamelar**.

13.4. ANEXOS

13.4.1. Pelos

O pelo é uma estrutura de origem epitelial, que consta de uma raiz imersa na hipoderme e de uma haste que atravessa a derme, a epiderme e aflora na pele sob a forma de um filamento córneo livre. As porções imersas do pelo estão inseridas numa bolsa epitelial chamada **folículo piloso**.

A estrutura de um pelo varia muito conforme a porção considerada, seja o folículo, a matriz pilosa ou a haste. Fundamentalmente consta de uma cutícula, um córtex e uma medula. No córtex e na medula existe **melanina**, pigmento que lhe dá cor. O cabelo é branco quando só a medula é pigmentada; a **melanina** desta região funciona como o fundo negro de um espelho, isto é, refletindo luz. No cabelo loiro a melanina, em vez de acastanhada, é uma variedade amarela. Transversalmente, um pelo liso apresenta secção circular, o ondulado é oval, e o crespo é elíptico.

O pelo dispõe-se obliquamente à pele, formando em relação à sua superfície, de um lado um ângulo obtuso e do outro, agudo. Inserido na bainha fibrosa que envolve o folículo e na face profunda da derme, cada pelo possui seu músculo eretor.

13.4.2. Glândulas sebáceas

São glândulas piriformes quanto à forma, holócrinas quanto à maneira de secretar e lipídicas quanto à natureza química. Distribuem-se por toda a pele, com exceção das palmas e plantas; são muito abundantes no couro cabeludo, na face e no queixo, onde existem de 400 a 900 por cm^2; em outras áreas do corpo são em torno de 100 por cm^2. Estas glândulas, quando associadas dos pelos, localizam-se dentro do triângulo que tem por lados a superfície da pele, o músculo eretor e o próprio pelo. O ducto excretor abre-se no terço superior do folículo piloso. A secreção das glândulas sebáceas lubrifica a pele, evitando o seu ressecamento. Além dessa função a secreção tem poder bactericida e dificulta a evaporação.

13.4.3. Glândulas sudoríparas

São glândulas tubulosas simples, enoveladas, de forma a aumentar seu comprimento. Estendem-se da superfície até a hipoderme e secretam o suor. Distinguem-se duas porções na glândula: uma secretora e outra condutora. A primeira é formada por uma só camada de células. Essas glândulas são numerosíssimas nas palmas das mãos, chegando a 3.000 por polegada, abrem-se nas cristas superficiais. Desempenham papel importante na termorregulação e são órgãos de excreção.

13.4.4. Unhas

No dorso da falange distal de cada dedo desenvolvem-se lâminas de natureza córnea, placas ungueais ou **unhas**.

A unha consta de um **corpo**, a porção visível e a *raiz*, aquela que fica coberta pela pele. Esta placa córnea assenta-se sobre um epitélio que é comum a toda pele e que nesta região toma o nome de **leito da unha**.

A pele que a rodeia forma uma depressão, o **sulco ungueal lateral**.

O corpo da unha, na sua extremidade mais proximal, apresenta uma área de cor esbranquiçada, a **lúnula**. Ainda nesta porção mais proximal, o estrato córneo avança sobre a placa ungueal constituindo o **eponíquio**.

A borda distal de uma unha projeta-se além da extremidade dos dedos, constituindo a **borda livre**. A lâmina córnea e a face dorsal da extremidade do dedo formam um sulco, que é o chamado **sulco subungueal**.

13.4.5. Glândulas mamárias

Localizam-se na face anterior do tórax em ambos os sexos (F**IGURA** 108). Desenvolvem-se na mulher, quando se torna sexualmente madura, apresentando-se como relevos hemisféricos, semiovais ou cônicos. O que lhes dá estas formas, quando em repouso, é o acúmulo de gordura no tecido conjuntivo que constitui o seu estroma. Na porção anterior apresenta uma área circular de cor diferente do restante da pele que cobre a mama, a **aréola**. No centro desta, há uma estrutura cilíndrica e cônica, o **mamilo**, constituído por tecido conjuntivo denso e fibras musculares lisas. No mamilo abrem-se os **ductos** das glândulas que secretam o leite. As glândulas são de natureza alveolar, da qual parte um ducto, o **ducto lactífero**. Os ductos lactíferos convergem para o mamilo e pouco antes de penetrá-lo expandem-se constituindo os **seios lactíferos** ou galactóforos. Cada mama apresenta de 13 a 20 glândulas que produzem o leite.

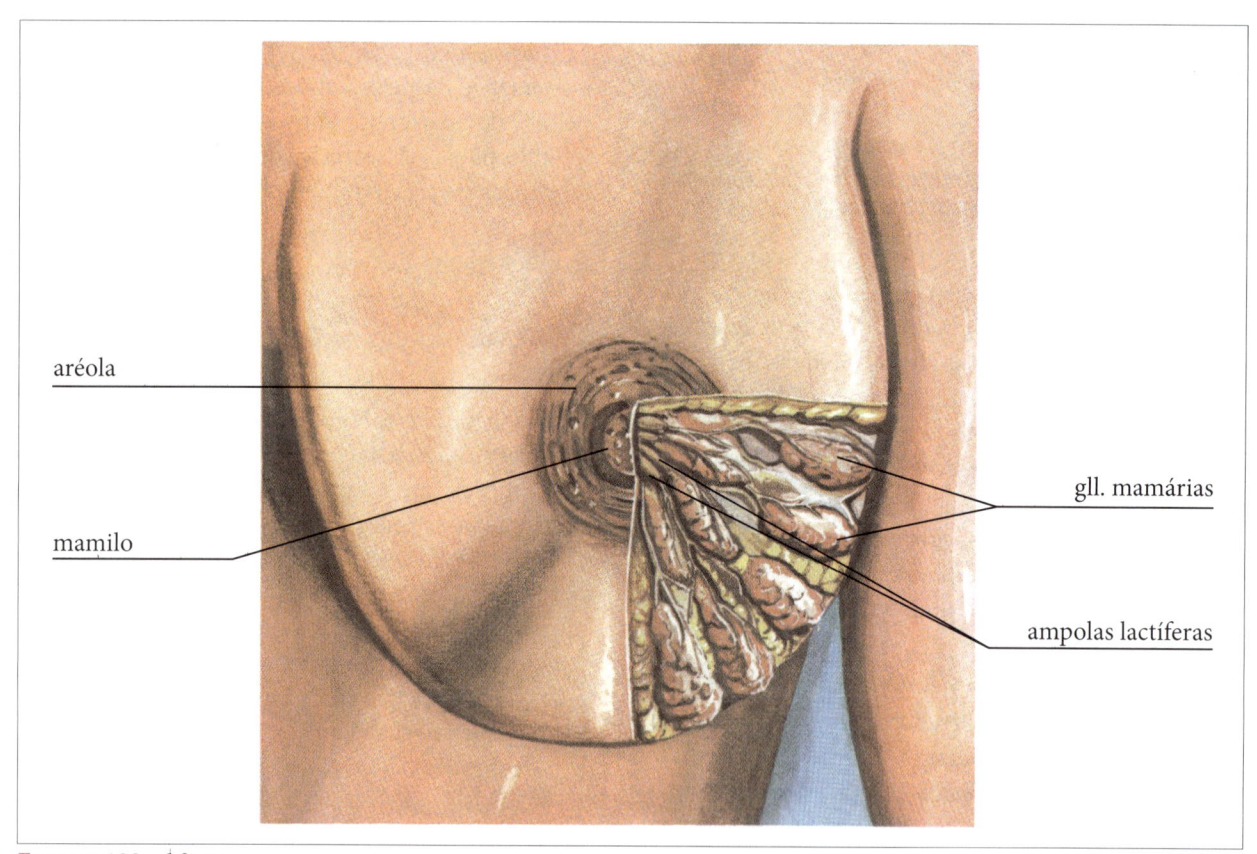

FIGURA 108 – Mama

13.5. FISIOLOGIA DA PELE

Pode-se afirmar que nenhuma túnica até hoje inventada pelo homem é capaz de comparar-se com a pele quanto às funções que ela executa, e que basicamente são as seguintes: ser impermeável à água; abrigar o corpo e protegê-lo do sol; servir de armadura e refrigerador; ser sensível ao tato de uma pluma, às mudanças de temperatura e à dor; sintetizar vitamina D; ser uma barreira aos germes patogênicos; suportar o desgaste durante mais de 70 anos e, finalmente, regenerar-se por si mesma quando necessário.

A pele é um órgão vital da economia corporal. Apresenta de 1,4 a 2 m² de superfície, espelhando a idade e o estado de saúde dos indivíduos, revelando certas enfermidades como a febre, a icterícia, a sífilis, as doenças nutricionais e intoxicações.

13.6. PATOLOGIA DA PELE

A pele é sede, como os demais órgãos, de processos patológicos fundamentais inflamatórios, degenerativos, circulatórios, metabólicos e tumorais.

Alergia: é a alteração específica da capacidade de reagir aos mais variados agentes (alérgenos) vivos ou inanimados. O estado alérgico pode manifestar-se por meio dos mais variados aspectos morfológicos. A *urticária* resulta de uma hipersensibilidade ao chocolate, toxinas bacterianas etc. Caracteriza-se por uma lesão elevada, que se pode perceber pela palpação, de forma circular ou irregular, sendo intensamente pruriginosa. Apresenta coloração avermelhada, é de duração fugaz e desaparece sem deixar sinais.

Dermatite de contato: manifesta-se pelo aparecimento de placas avermelhadas na pele, às vezes com bolhas pequenas, pruriginosas, caracterizando-se por:

1. aparecimento após contato com o agente causal;

2. localização, na maioria das vezes, apenas na região de contato;

3. desaparecimento após cessar o contato.

Piodermite: é a infecção da pele, produzida por germes piogênicos. Estes germes determinam processos inflamatórios nas diversas camadas do tegumento, resultando daí afecções dermatológicas com características próprias: *impetigo* – quando acometem apenas a superfície; *ectima* – quando infectam a epiderme e a derme superficial; *foliculite* – quando atingem os folículos; *furúnculo* – quando atacam folículos mais glândulas sebáceas; *antraz* – quando atingem vários folículos com respectivas glândulas sebáceas.

De acordo com o local, um mesmo agente pode produzir manifestações clínicas diferentes.

Acne (espinhas): afecção das mais comuns em jovens. É frequente na adolescência onde 60 a 80% dos indivíduos a apresenta em forma branda ou grave. Localiza-se principalmente na face e porção superior do tórax e se caracteriza por um polimorfismo, exemplo, *comedões* (cravos), *pápulas* (elevações sólidas da pele), *pústulas* (coleções superficiais de pus), *cicatrizes* e às vezes *cistos* e mesmo *abcessos*. Os abcessos são coleções purulentas mais ou menos proeminentes e circunscritas, de proporções variáveis, flutuantes, de localização dermo, hipodérmica ou subcutânea, acompanhando-se frequentemente de rubor, calor e dor.

Micoses: são afecções produzidas por microorganismos denominados fungos. Podem atingir as camadas superficiais da pele, pelos e unhas (micoses superficiais); ou então lesar o tecido celular subcutâneo, ossos, articulações e órgãos internos (micoses profundas). Entre as *micoses profundas*, ocupa lugar de destaque em nosso meio a *blastomicose sul-americana*. Estas afecções são bastante contagiosas. As lesões são devidas à ação direta do fungo ou à reação de sensibilidade a ele.

Moniliáse: é uma afecção causada por um organismo especial denominado *levedura*. Situa-se entre as micoses superficial e profunda. Atinge as mucosas, especialmente da boca, em particular nas crianças, causando o que comumente chamamos de "sapinho".

Lepra (hanseníase): moléstia infecciosa produzida pelo *Mycobacterium Leprae* (bacilo de Hansen) de longa evolução e que se manifesta por lesões cutâneas anestésicas e distúrbios dos nervos. De acordo com a resistência do organismo pode curar espontaneamente ou se agravar progressivamente, atingindo pele, mucosas, olhos e vísceras.

Sífilis: é uma moléstia infectocontagiosa causada pelo *Treponema Pallidum*, sendo congênita ou adquirida. É transmitida principalmente pelo contato sexual com indivíduos doentes. Era moléstia de grande importância, mas o advento da penicilina em muito diminuiu sua incidência. É facilmente diagnosticada por meio de provas sorológicas especiais efetuadas no sangue.

Processo tumorais: A pele, assim como outros órgãos, é sede de processo tumorais que podem ser benignos ou malignos. Como regra geral, os tumores benignos têm estrutura muitas vezes semelhantes ao tecido de origem. O crescimento é lento e progressivo, puramente expansivo, com a formação de cápsula podendo, no entanto, estacionar ou mesmo regredir.

Os **tumores malignos (cânceres)** possuem estrutura atípica, são infiltrativos e expansivos e não há encapsulação. Raramente cessa o crescimento que é, em regra, progressivo e leva à morte.

QUESTIONÁRIO E EXERCÍCIOS DE FIXAÇÃO

Após o estudo deste Capítulo, o aluno deverá estar apto a responder as questões a seguir.

1. Defina a pele.
2. Qual o pigmento principal da pele e sua localização?
3. Quais as camadas da pele?
4. Cite os anexos da pele.
5. Cite os estratos celulares da epiderme.
6. Qual a camada morta da pele que garante a vida?
7. Quais as camadas da derme?
8. Descreva a hipoderme.
9. Defina o pelo.
10. Onde não se encontram as glândulas sebáceas e onde elas são mais abundantes?
11. Qual a região do corpo onde se concentram mais glândulas sudoríparas e qual seu papel no organismo?
12. Cite as partes da unha.
13. Descreva a mama.
14. Descreva as funções da pele.
15. O que se entende por "micose"?

ÍNDICE REMISSIVO

abcessos, 185.
abdome, 14, 18, 47, 56-7 e 127.
   músculos da parede do, 57 (figura 34).
abdominal, cavidade, 18, 58, 91, 109 e 135.
abdução, 44, 49, 60 e 64.
abertura anal, 83.
absorção, 21, 23, 83 e 98.
ação muscular, 48.
acetilcolina, 165.
ácido clorídrico, 98 e 100.
ácinos, 79 e 97.
acne, 185.
ações musculares, 49.
acomodação, 178.
   visual, 161 e 165.
acuidade visual, 175.
acupuntura, 141.
adamantoblastos, 97.
adeno-hipófise, 143.
adenoide, 72 e 90.
adrenais (glândulas suprarenais), 145.
adrenais, 143, 145 e 147.
adrenocorticotrofina, 143.
adução, 44 e 49.
aferentes, 125, 151, 155 e 165.
   vias, 155.
agentes cancerígenos, 82.
agonistas, 68.
água no joelho, 45.
AIDS, 141.
alavancas musculares, 68 (figura 41).
alavancas, 25 e 68.
   ósseas, 67.
albumina, 99.
alça de Henle, 132.
alcoólatras, 81 e 101.

alergia, 120 e 185.
alimentar, bolo, 67, 98 e 100.
   canal, 83.
alongados, ossos, 26 e 35.
alveolares, arcos, 83.
   dúctulos, 71 e 76.
   sáculos, 71.
alvéolos, 71, 76 e 79.
   dentários, 42 e 45.
   pulmonares, 78 (figura 49).
   respiratórios, 79.
ameloblastos, 97.
amielínicas, 79 e 150.
amígdala, 72, 85, 90 e 100.
amigdalites, 100.
amilases, 100.
aminoácidos, 100.
aminopeptidases, 100.
ampola de Vater, 99.
anal, canal, 83, 95 e 138.
análises, laboratórios de, 141.
anatomia microscópica do(s),
   músculos, 67.
   ossos, 37.
   sistema circulatório, 118.
   sistema digestório, 97.
   sistema endócrino, 143.
   sistema esquelético, 25.
   sistema genital, 138.
   sistema linfático, 123.
   sistema nervoso, 149.
   sistema respiratório, 76.
   sistema urinário, 131.
andrógênios, 145.
anel linfático da garganta, 90.
anestésico, 157.
aneurismas, 122.
anexos do olho, 175 e 177 (figura 105).
anfiartroses, 42.

anisótropa, 67.
antagonistas, 68.
antebraço, 17, 28, 36, 60, 112 e 164.
   movimentos do, 49 (figura 26).
   músculos que movimentam a articulação do cotovelo atuando sobre o, 60.
antibióticos, 40 e 125.
antígeno-anticorpo, 120.
antraz, 185.
ânus, 95.
aorta, 22, 91 e 108-10.
   arco da, 109.
   artéria, 22 e 110.
aórtica, valva, 108.
aórtico,
   cajado, 91 e 109.
   hiato, 109.
   seio, 108.
aparelho lacrimal, 177 (figura 106).
apêndice vermiforme, 83, 94 e 100.
apendicites, 101.
apendicular, esqueleto, 27 e 36.
aponeuroses, 18, 47 e 56.
aponeurótica, gálea, 54.
aqueduto,
   cerebral, 153-4 e 159.
   de Sylvius, 153-4 e 159.
Aquiles, tendão de, 65.
aquoso, humor, 175 e 178.
aracnoide, 155 e 159.
arcadas dentárias, 86 e 111.
arco da aorta, 111.
arcos alveolares, 83.

ariepiglóticas, pregas, 79.
aritenoideas, 73-4.
artéria(s), 14, 106, 109, 113 e 117.
   aorta, 22 e 110.
   aorta, ramos da, 110.
   carótida, 109 e 111.
   coronárias, 109, 116, 121 e 165.
   do cérebro (encéfalo), 111.
   do corpo humano, 113.
   do encéfalo, 112 (figura 72).
   femoral, 109 e 111.
   folicular, 117.
   radial, 109 e 111.
   uterina, 127.
arterial,
   hipertensão, 122.
   pressão, 121, 146 e 167.
   tensão, 121.
arteríolas, 117-8 e 121.
arteriosclerose, 122.
arterioso,
   ducto, 117.
   ligamento, 117.
arteriovenosas, pontes, 119.
articulações, 41.
   aberta do joelho, 43 (figura 21).
   biaxial, 44.
   cartilagíneas, 42.
   coxo-femoral, 62.
   do joelho, corte longitudinal da, 43 (figura 20).
   fibrosas, 41.
   monoaxial, 44.
   sinoviais, 42.
articular,
   cápsula, 42 e 45.
   cartilagem, 26 e 45.

artrites,
  infecciosas, 45.
  traumáticas, 45.
artrologia, 23 e 41.
artrópodos, 25.
árvore bronquial, 71.
asma brônquica, 82.
aspectos da morfologia externa da mulher e do homem, 15 (figura 1).
aspectos gerais do corpo humano, 14.
aspirante-premente, bomba, 67.
astigmatismo, 179.
astróglia,
  fibrosa, 151.
  protoplasmática, 151.
ateroma, 122.
aterosclerose, 122.
Atlas, 29 e 32.
atresia, 140.
atrial, sístole, 120.
átrio direito aberto, 106 (figura 66).
átrio, 103, 107-8, 112, 116 e 120.
atrioventricular, nó, 108.
atrioventriculares, valvas, 103 e 120.
atrofia muscular, 69.
audição,
  órgão da, 39 e 173.
  sentido da, 39, 165 e 173.
auditiva, tuba, 72, 90, 170 e 173.
Auerbach, 98.
aurícula, 103.
autônomos, gânglios, 149 e 160.
auxiliares da mastigação, músculos da, 55.
áxis, 32.
axônio, 22, 48, 149 e 155.
ázigos, veia, 115.
bacilos de Hansen, 185.
bacilos de Koch, 81.
baço, 16, 18, 95 e 117-8.
bactérias, 40, 45, 69, 81 e 100.
bainha do reto, 56.
bainhas, 47 e 150.
barriga da perna, 65.
base, núcleos da, 152.

basófilo, 120.
bastonetes, 175 e 178.
Bellini, 132.
bexiga, 111 e 127-9.
biaxial, articulação, 44.
bíceps, 47-8 e 61.
bicúspide, 103 e 108.
bigorna, 27, 29, 169 e 171 (figura 100).
bile, 95 e 100.
biliar, vesícula, 92, 97 e 101.
bilirrubina, 118.
Billroh, 117.
biotipos, 15 (figura 2).
bióxido de carbono, 71, 76, 80 e 119.
bipenados, músculos, 47.
blastomicose, 125, 140, 147 e 185.
boca, 51, 71, 83, 97 e 163.
  céu da, 85.
  vestíbulo da, 83.
boca e dentes, 97.
bochecha, 51 e 83.
bócio coloide, 146.
bolo,
  alimentar, 67, 98 e 100.
  fecal, 98.
bolsas sinoviais, 48.
bomba aspirante-premente, 67.
Bowman, cápsula de, 78 e 132.
braço, 17, 28, 49, 60 e 164.
braço, movimentos do, 49 (figura 25).
branco medular, centro, 152.
brancos, glóbulos, 22, 26 e 119.
braquial, plexo, 164.
bronquial, árvore, 71.
brônquica, asma, 82.
brônquio principal, 75 e 91.
bronquíolos, 71, 76 e 79.
  respiratórios, 71 e 76.
brônquios, 67, 71, 75 (figura 47), 76 e 79.
bronquite crônica, 81.
Brünner, 98.
bucal, cavidade, 31, 51, 83 e 85 (figura 51).
bucofaringe, 72.

bulbo(s), 154.
  ocular, 161 e 175.
  ocular, músculos do, 176 (figura 104).
  uretrais, 130 e 138.
bulhas cardíacas, 120.
cabeça e do pescoço, corte sagital da, 72 (figura 42).
cabeça e do pescoço, músculos da, 51.
cabeludo, couro, 54, 111 e 182.
cadeia simpática, 149 e 164.
cãibras, 68 e 147.
caixa torácica, músculos que movimentam a, 58.
cajado aórtico, 109.
calcâneo, 28, 37 e 65.
calciotonina, 145.
cálculos, 101 e 134.
cálices maiores, 127 e 133.
cálices renais menores, 127.
caliciformes, células, 77 e 98-9.
caloso, corpo, 151.
calvária, 25.
câmara pulpar, 87.
camisinha, 141.
canal,
  alimentar, 83.
  anal, 83, 95 e 138.
  da uretra, 136.
  medular, 26 e 35.
  nasolacrimal, 32.
  radicular, 87.
  vertebral, 32, 39, 154, 158 e 163.
câncer, 100-1, 140 e 186.
  do pulmão, 82.
  dos ossos, 40.
  ginecológico, 141.
cancerígenos, agentes, 82.
cancro, 140.
caninos, 87.
capilar venosa, rede admirável, 99.
capilares, 99, 109, 119 e 123.
  linfáticos, 123.
  sanguíneos, 99 e 123.
capitato, 28.
cápsula,
  articular, 42 e 45.
  de Bowman, 132.
  de Glisson, 99.

carboemoglobina, 80.
carboxi, 100.
cárdia, 91 e 98-9.
cardíaca(s),
  bulhas, 120.
  insuficiência, 80 e 121.
cardíaco, 47, 67, 103, 107 e 120.
  ciclo, 120.
  músculo, 47, 108 e 121.
  ritmo, 163 e 165.
  septo, 103 e 107.
cardíacos, ruídos, 120.
cardiopatias, 122.
cáries dentárias, 100.
cárneas, trabéculas, 107 e 159.
carótida, artéria, 109 e 111.
carpo, 26, 28, 36, 61 e 164.
carpo, ossos do, 26, 36 e 41.
cartilagem(ns), 26, 28 e 72.
  articular, 26 e 45.
  costais, 35, 39 e 60.
  da laringe, 73.
  da laringe, vista anterior, 74 (figura 44).
  da laringe, vista posterior, 73 (figura 43).
  do nariz, 27.
  elástica, 27.
  hialina, 26-7, 42 e 74.
  ossos de, 25.
  tireoidea, 32.
cartilagínea, matriz, 27.
cartilagíneas, articulações, 42.
cartilagíneo, tecido, 22, 26 e 42.
carúncula sublingual, 86.
catapora, 81.
catarata, 179.
catarro, 81.
cauda equina, 155.
cava superior, veia, 103 e 112.
cavas, veias, 103, 109 e 120.
cavernas, 81.
cavernosos, corpos, 133, 136 e 165.
cavidade(s),
  abdominal, 18, 56, 91, 109 e 135.
  bucal, 31, 51, 83, 85 (figura 51) e 86.
  craniana, 18, 28, 39, 111 e 151.
  do coração, 103-4.

ÍNDICE REMISSIVO

do corpo, 18 (figura 5).
do tímpano, 72 e 169.
nasal, 32, 71, 76 e 90.
oral, 90.
pélvica, 18, 111, 116 e 136.
peritonial, 101.
pulpar, 87 e 97.
timpânica, 90 e 169.
torácica, 18, 39 e 76.
caxumba, 140.
cécum, 83, 94 e 95 (figura 60).
cefálico, esqueleto, 27-8.
cegueira, 179.
celíaco, tronco, 109.
célula de Schwann, 150.
célula nervosa, 20, 48 e 149.
célula(s), 19 (figura 6).
   caliciformes, 77 e 98-9.
   nervosas (neurônios): representação esquemática, 150 (figura 87).
   sanguíneas, 22, 26, 39 e 119 (figura 77).
célula-ovo, 137.
centro branco medular, 152.
centro,
   frênico, 58.
   tendíneo, 58.
cera do ouvido, 169.
cerebelo, 111, 153 e 154 (figura 90).
cerebral(is),
   aqueduto, 153-4 e 159.
   córtex, 151.
   enfarte, 167.
   hemisférios, 151 e 159.
   pedúnculos, 153.
   vista medial de um hemisfério, 153 (figura 89)
cérebro,
   artérias do, 111.
   artérias do (encéfalo), 111.
   espinhal, líquido, 152 e 159.
   foice do, 159.
cervicais, vértebras, 27, 32, 73 e 111.
cervical, plexo, 164.
cervicite, 140.
céu da boca, 85.
Chagas, moléstia de, 121.
chute, músculo do, 64.
ciático, 164.
cicatrizes, 182 e 185.

ciclo,
   cardíaco, 120.
   menstrual, 133 e 141.
ciclosporina, 122.
cifoses, 32.
cilindro-eixo, 149.
cílios, 79, 138 e 173.
cíngulo do membro superior, 36.
cintura,
   escapular, 36 e 164.
   ou cíngulo do membro, 28.
   pélvica, 36.
cinzenta, substância, 149, 151 e 155.
circulação,
   do sangue no coração e pulmões, 108 (figura 70).
   esquema da, 104 (figura 63).
   fetal, 115 (figura 75).
   grande, 109.
   no feto, 117.
   pequena, 109.
   pulmonar ou pequena circulação, 109.
   sistêmica, 76, 95 e 109.
   sistêmica ou grande circulação, 109.
circulatório, fisiologia do sistema, 120.
circulatório, sistema, 103.
circundução, 44 e 49.
cirroses, 100-1.
cístico, ducto, 95 e 101.
cistites, 134.
cistos, 185.
classificação dos ossos, 25.
clavícula e ossos da mão, 37 (figura 16).
clavícula, 25-6, 28, 35, 37 (figura 16), 39, 58 e 60.
clitóris, 138 e 165.
Clostridium Welchii, 140.
coagulação, 99, 120 e 122.
coanas, 71-2 e 90.
coccígeas, vértebras, 27 e 35.
coccígeo, plexo, 164.
cóccix, osso, 35, 64, 111, 154, 159 e 164.
cóclea, 163, 169 e 171-2.
   corte da, 172 (figura 101).
   esquema da função do órgão, 172 (figura 102).
   redonda, janela da, 169.

coclear, vestíbulo-, 163, 169 e 173.
coito, 140.
colágenas, 22, 27 e 123.
colágenas, fibras, 22, 27, 37, 117 e 123.
colédoco, 92 e 95.
colédoco, ductos, 92, 95 e 101.
colesteatomatosa, otite, 173.
cólica renal, 134.
cólicas, 101.
colículos, 153.
colo do útero, 129 e 138.
colo(s) (ou cólon(s)), 83 e 94.
   ascendente, 83, 94 e 99.
   descendente, 83 e 95.
   sigmoide, 83 e 95.
   tênias do, 94 e 99.
   transverso, 83 e 95.
coloide, bócio, 146.
coluna vertebral, 16, 22, 27, 32, 33 (figura 12), 56 e 156.
   extensão da, 56.
   flexão lateral da, 56.
   flexão ventral da, 56.
   movimentos da, 57 (figura 33).
   músculos que movimentam a, 56.
   ossos da, 27 e 32.
   rotação da, 56.
comedões, 185.
comissura labial, 51.
compacto, osso, 26 e 39.
compostas, 45.
comum, tegumento, 181.
conchas nasais, 27, 32, 71 e 77.
concordantes, junturas, 45.
condilar, 44.
condiloma, 140.
condrais, 25.
condutibilidade, 22 e 149.
cones, 175 e 178.
conjuntivites, 178.
constituição do corpo, 18.
construção corpórea,
   planos de, 16 (figura 3).
   princípios da, 16.
contratilidade, 67.
convulsão, 68.
cópula, 138.

coração e pulmões, circulação do sangue no, 108 (figura 70).
coração mecânico, 122.
coração, 103, 108, 118 e 120-1.
   cavidades do, 103.
   sistema condutor do, 108.
   vista anterior do, 105 (figura 64).
   vista posterior do, 105 (figura 65).
cordão umbilical, 117.
cordas,
   tendíneas, 107.
   vocais falsas, 73.
   vocais verdadeiras, 73 e 79.
   vocais, 73 e 79.
cório, 79, 97 e 182.
corioides, plexos, 151-2, 159 e 175.
córnea, 175 e 183.
córneo, estrato, 182 e 184.
corniculadas, 73.
coroa, 85-6 e 97.
coronárias, artérias, 108, 116, 121 e 165.
coronário, seio, 103-4, 112 e 116.
corpo(s),
   caloso, 151.
   cavernosos, 133, 136 e 165.
   cavidades do, 18 (figura 5).
   constituição, 18.
   divisão do, vista anterior, 17 (figura 4).
   divisão do, vista posterior, 17 (figura 4).
   do esterno, 27 e 35.
   esponjoso, 130, 133 e 136.
   esqueleto do, 25-6.
   humano, aspectos gerais do, 14.
   humano, músculos do, 51.
   lúteo, 139 e 146.
   pineal, 145 e 147.
   vítreo, 175.
corte(s),
   da cóclea, 172 (figura 101).
   da laringe, 74 (figura 46).
   esquemático da pele, 181 (figura 107).
   longitudinal da articulação do joelho, 43 (figura 20).

longitudinal do bulbo ocular, 176 (figura 103).
sagital da cabeça, 72 (figura 42).
sagital da pelve feminina, 136 (figura 84).
sagital da pelve masculina, 131 (figura 82).
sagital do pescoço, 72 (figura 42).
transversal da medula espinhal, 155 (figura 91).
transversal do intestino, 93 (figura 58).
córtex cerebral, 151.
Corti, órgão de, 163 e 173.
costais, cartilagens, 35, 39 e 60.
costelas, 16, 26-7, 35, 39 e 56.
costelas, falsas, 35.
costureiro, 64.
cotílica, 44.
cotovelo, 14, 17, 60 e 111.
couro cabeludo, 54, 111 e 182.
coxa(s), 28, 37, 50, 62, 63, 64, 111 e 164.
   movimentos da, 50 (figura 29).
   músculo posterior da, 63 (figura 39).
   músculos abdutores da, 64.
   músculos adutores da, 64.
   músculos da região anterior da, 63 (figura 38).
   músculos rotadores da, 65.
coxal, 36 e 64.
coxo-femoral, articulação, 64.
craniana, cavidade, 18, 28, 39, 111 e 151.
cranianos, nervos, 149, 160, 166 e 178.
crânio, 25, 27-32 e 54.
   músculos do, 54.
   ossos do, 26-8, 40 e 167.
   vista anterior do, 30 (figura 10).
   vista lateral do, 31 (figura 11).
cravos, 185.
cricoidea, 73 e 90.
criptorquidismo, 139.
cristalino, 175 e 178.
cromatina, 20 e 120.
cromatômero, 120.

crônica, bronquite, 81.
cúbito, 26, 28 e 36.
cuboide, 28, 37 e 65.
cuneiformes, 28 e 73.
Cushing, doença de, 146.
cutâneos, músculos, 47 e 164.
decídua, dentição, 87 e 89.
decíduos, dentes, 87.
decúbito dorsal, 56.
dedos, 28, 36, 50, 61 e 65-6.
   da mão, ossos da, 28 e 61.
   do pé, ossos do, 28, 36 e 65.
   movimentos dos, 50 (figura 27).
defecação, 18 e 58.
deferentes, ductos, 135 e 138.
delgado, intestino, 18, 83, 92 e 98-9.
deltoide, músculo, 59 (figura 35).
dendraxônio, 149.
dendritos, 22, 149 e 160.
dentária(o)(s),
   alvéolos, 42 e 45.
   arcadas, 86 e 111.
   cáries, 100.
   erupção, 89.
   fórmula, 87.
   notação, 87 e 89.
dente(s), 87 (figura 53) e 97.
   decíduos, 89.
   e boca, 97.
   permanentes, 89.
dentição,
   decídua, 87, 88 (figura 54) e 89.
   permanente, 87, 88 (figura 55) e 89.
   temporária (decídua), 88 (figura 54).
dentina, 87 e 97.
dependentes, 45.
depressão, 49, 95 e 184.
dermatite, 185.
derme, 22 e 182.
desidratação, 101.
desintoxicação, 100.
desmais, 25.
diabetes *mellitus*, 147.
diáfise, 26 e 64.
diafragma, 58 e 159.
   do olho, 175.
   músculo, 18, 109 e 164.
   urogenital, 129.

diartroses, 42.
diástole ventricular, 120.
diástole, 120.
diencéfalo, 152 e 166.
difiodonte, 86.
digestão, 23, 83, 86 e 98.
digestivas, enzimas, 100.
digestivo, trato, 84.
digestório, 83.
digestório, sistema, 83.
digitais, impressões, 182.
díploe, 26 e 39.
disco fibrocartilagíneo, 42.
disco, hérnia do, 45.
discordantes, junturas, 45.
discos intervertebrais, 27.
disenterias, 100-1.
distal, falange, 28 e 36.
distensão muscular, 68.
distrofia muscular, 69.
divisão do corpo, vista anterior, 17 (figura 4).
divisão do corpo, vista posterior, 17 (figura 4).
divisão do sistema nervoso, 151.
doença de Cushing, 146.
doença hereditária, 69.
doenças venéreas, 125 e 140.
dorsal, decúbito, 56.
dorsiflexão, 49 e 65.
ducto(s),
   arterioso, 117.
   cístico, 95 e 101.
   colédoco, 92.
   colédoco, 95 e 101.
   deferentes, 135 e 138.
   ejaculatórios, 129, 135 e 138.
   lactífero, 184.
   nasolacrimal, 178.
   pancreático, 97.
   parotídeo, 85-6.
   torácico, 123.
   venoso, 117.
dúctulos alveolares, 71 e 76.
duodenal, papila, 97 e 99.
duodeno, 83, 92 e 99.
dura-máter, 111, 114, 155, 157, 163 e 178.
   encefálica, 157 (figura 93).
   seios da, 114 e 159.
ectima, 185.

ectoderma, 20, 143, 149 e 182.
ectópica, gravidez, 140.
edema, 125.
eferentes, vias, 125, 135, 138, 151, 155 e 165.
ejaculação, 164.
ejaculatórios, ductos, 129, 135 e 138.
elástica, cartilagem, 27.
elásticas, fibras, 22, 27, 79, 118 e 123.
elástico, tecido, 22, 67, 74 e 121.
elefantíase, 125 e 140.
eletromiografia, 51 e 68.
elevação, 49.
embolia pulmonar, 122.
êmbolo, 122.
embrião, 16 e 137.
encaixe recíproco, 44.
encefálicos, ventrículos, 151, 159 e 160 (figura 95).
encefalite, 167.
encéfalo, 18, 39, 111, 151-5, 159, 161 e 166.
   artérias do, 112 (figura 72).
   vista inferior do, 161 (figura 96).
   vista lateral do, 152 (figura 88).
endocárdio, 118.
endócrinas, glândulas, 143 e 144.
endócrino, patologia do sistema, 146.
endócrino, sistema, 143.
endoesqueleto, 25.
endolinfa, 171 e 173.
endométrio, 138, 140 e 146.
endometrites, 140.
endomísio, 67.
endoneuro, 150.
endotélio, 118-9 e 123.
enfarte(s), 121 e 167.
   cerebral, 167.
   do miocárdio, 121.
enfisema pulmonar, 81.
entérico, suco, 98.
entorses, 45.
enzimas, 20, 97 e 100.
   digestivas, 100.
eosinófilo, 120.
epêndima, 151.
epicárdio, 103 e 118.

ÍNDICE REMISSIVO

epicrânico, músculo, 54.
epidemia, 141.
epidêmica, hepatite, 101.
epiderme, 182.
epididimite, 140.
epidídimo, 135 e 138.
epidural, 157.
epífises, 24, 26, 36-7, 39, 143 e 145.
epiglote, 72-3 e 90.
epilepsia, 68.
epimísio, 67.
epinefrina, 145.
epineuro, 151 e 157.
epitálamo, 145 e 152.
epitélio, 21 (figura 7), 77-9, 97-9, 133, 139, 165, 175 e 182.
    plano estratificado, 76, 79 e 133.
    respiratório, 77.
eponíquio, 184.
equilíbrio, 166 e 169.
ereção, 136 e 164-5.
erétil, tecido, 136 e 138.
eritrócitos, 119.
erupção dentária, 89.
escafoide, 28 e 36.
escamosa, sutura, 28 e 41.
escápula, 26, 28, 36, 58, 60 e 111.
escapular, cintura, 36 e 164.
escápulo-umeral (ombro), músculos que movimentam a articulação, 60.
esclera, 175 e 178.
escrotal, saco, 140.
esfenoidais, seios, 30.
esfenoide, 26-7, 29-30, 55 e 143.
esferoide, 44.
esfigmomanômetro, 121.
esfíncter, 51, 92, 130, 134 e 164.
    anal, 95.
esmalte, 86, 97 e 101.
esofágico, hiato, 91.
esôfago, 18, 72, 83, 90-1, 97, 100 e 163.
esofagogástrica, passagem, 98.
esperma, 129, 135 e 141.
espermático,
    funículo, 135 e 140.
    líquido, 129 e 141.

espermatogônias, 138.
espermatozoides, 135 e 139.
espinhais, nervos, 16, 149, 154, 160 e 163.
espinhal, medula, 18, 29, 39, 69, 111, 149, 154, 163 e 166.
espinhas, 37 e 185.
espinhoso, estrato, 182.
espiral, órgão, 163 e 171.
esplenócitos, 117.
esponjoso,
    corpo, 130, 133 e 136.
    osso, 26.
espúrias, 35.
esquelético e articulações, sistema, 25.
esqueléticos, músculos, 39, 47-8, 67 e 165.
esqueleto,
    apendicular, 27 e 36.
    axial, 27-8.
    cefálico, 27-8.
    do corpo, 25-6.
    ósseo, 27.
    quadro sinóptico, 27.
    vista anterior, 29 (figura 9).
esquema da circulação, 104 (figura 63).
esquistossomose, 101.
estafilococo, 140.
estapédio, músculo, 169.
estenose, 121.
esternal, manúbrio, 27 e 35.
esterno, 18, 26-7, 33, 35, 39, 56, 111 e 166.
esterno, corpo do, 27 e 35.
esternoclidomastoideo, músculo, 47, 55, 163 e 166.
esteroides, 145.
estômago, 18, 67, 83, 90-1, 99-100 e 163.
estrabismo, 179.
estrato,
    córneo, 182 e 184.
    espinhoso, 182.
    germinativo, 182.
    granuloso, 182.
estreptococo, 140.
estreptomicina, 174.
estriados esqueléticos, músculos, 67 e 165.
estrias gravídicas, 182.
estribo, 27, 29, 169-70, 171 (figura 100) e 173.

estrogênio(s), 145 e 149.
estroma, 117-8, 125, 139 e 184.
etmoidal, seio, 30.
etmoide, 26-7, 30-2 e 71.
eversão, 49 e 66.
exercícios de fixação, 24, 40, 46, 69, 82, 101, 125, 134, 141, 147, 167, 174, 179 e 186.
exoesqueleto, 25.
exoftalmia, 146.
expressão facial, 54 (figura 32), 68, 163 e 166.
extensão da coluna, 56.
extensão, 44, 49, 56 e 60.
exteroceptores, 165.
face,
    músculos da, 47, 51, 67 e 166.
    ossos da (ou viscerocrânio), 27-8, 31 e 71.
facial,
    expressão, 54 (figura 32), 68, 163 e 166.
    nervo, 163.
fadiga muscular, 68.
fagócitos, 80.
fagocitose, 120.
falange(s), 36-7 e 65.
    distal, 28 e 36.
    média, 28 e 61.
    proximal, 28.
falciforme, ligamento, 95.
falsas costelas, 35.
faringe, 71-2, 83, 90, 97, 163 e 166.
faringea, tonsila, 72 e 90.
faríngeo-deglutivo, reflexo, 97.
febre,
    puerperal, 140.
    reumática, 45 e 121.
    tifoide, 101.
fecal, bolo, 98.
fecundação, 137.
feixe de His, 108.
feminina(o),
    gônada, 143 e 146.
    sistema genital, 136.
    uretra, 130 e 138.
femoral, artéria, 109 e 111.
fêmur, 26, 28, 37 e 64.
ferro, 20 e 118.

fetal, circulação, 95 e 115 (figura 75).
feto, 27, 104, 117 e 138.
    circulação no, 117.
fezes, 99 e 101.
fibra(s),
    colágenas, 22, 27, 39, 117 e 123.
    elásticas, 22, 27, 79, 118 e 123.
    muscular, 67 e 69.
    reticulares, 22, 79, 117-8 e 125.
fibrilas, 20, 67 e 149.
fibrocartilagem, 27 e 42.
fibrocartilagíneo, disco, 42.
fibrosa, astróglia, 151.
fibrosas, articulações, 41.
fíbula, 26, 28, 37, 42 e 65.
fígado e pâncreas, 99.
fígado, 18, 22, 83, 95-6, 99 e 101.
    ligamento redondo do, 95 e 117.
filariose, 140.
filiformes, papilas, 86.
fimose, 140.
fisiologia,
    da pele, 184.
    do olho, 178.
    do órgão da audição (orelha), 173.
    do sistema circulatório, 120.
    do sistema respiratório, 80.
    dos músculos, 67.
    dos ossos, 39.
fissura,
    horizontal, 76.
    oblíqua, 76.
Flemming, 117.
flexão, 44 e 56.
    lateral da coluna, 56.
    plantar, 49 e 66.
    ventral da coluna, 56.
flutuantes, 35 e 185.
foice do cérebro, 159.
folhadas, papilas, 86.
foliculite, 185.
folículos pilosos, 182.
fonação, órgão da, 73.
forame,
    magno, 154.
    oval, 104 e 117.

formação da veia porta, 114 (figura 74).
fórmula dentária, 87.
fossa oval, 104 e 117.
fratura, 40 e 167.
freio da língua, 86.
frênico,
   centro, 58.
   nervo, 164.
frontais, seios, 28.
frontal, 26-7, 51, 71, 151 e 161.
frontal, processo, 31 e 51.
fumar, hábito de, 81.
função muscular, 51.
fúndicas, glândulas, 98.
fungiformes, papilas, 86.
fungos, 69 e 185.
funiculite, 140.
funículo espermático, 135 e 140.
furúnculos, 173 e 185.
gálea aponeurótica, 54.
gametas, 135.
gânglios, 123, 160 e 164.
   autônomos, 149 e 160.
   linfáticos, 123.
   sensitivos, 149 e 160.
garganta, istmo da, 85 e 90.
gás carbônico, 76 e 80.
Gasser, 161.
gástrica(o),
   mucosa, 100.
   pepsina, 100.
   suco, 92, 98 e 100.
gengivas, 83, 89, 100 e 163.
genitais, órgãos, 24, 111 e 164.
genital feminino, sistema/órgão, 136.
genital, sistema, 135.
germinativo, estrato, 182.
ginecológico, câncer do, 141.
gínglimo, 44 e 60.
glande, 130, 136 e 138.
glândula(s),
   endócrinas, 143-4.
   fúndicas, 98.
   lacrimal, 163 e 175.
   mamárias, 184.
   menores, 83.
   parótida, 83, 86, 163 e 166.
   salivares, 20, 83, 86, 97 e 166.
   sebáceas, 21, 76 e 182-3.
   serosas, 80.
   sublingual, 83 e 86.
   submandibular, 83 e 86.
   sudoríparas, 183.
   suprarrenais (adrenais), 145.
   tarsais, 175.
glicocorticoides, 145 e 147.
glicogênio, 99-100.
glicose, 67, 100, 133 e 145.
Glisson, cápsula de, 99.
glóbulos,
   brancos, 22, 26 e 119.
   vermelhos, 26, 39 e 119.
glomérulos, 119, 127, 131 e 133.
glucagônio, 97, 100 e 145.
glúteas, músculos das regiões, 63 (figura 39).
gônada,
   feminina, 143 e 146.
   masculina, 143 e 146.
gonfoses, 41.
gonocócica, salpingite, 140.
gonococo, 140.
gonorreia, 134 e 140.
gota, 45.
Graaf, 139.
grande circulação ou circulação sistêmica, 109.
grande dorsal, músculo, 59 (figura 36).
granulócitos, 39 e 120.
granuloso, estrato, 182.
gravidez, 122, 140-1, 146, 167 e 182.
   ectópica, 140.
gravídicas, estrias, 182.
gripe, 81.
grosso, intestino, 18, 83, 94, 99 e 101.
gustação, 163 e 165-6.
hábito de fumar, 81.
hálux, 37 e 65.
hamato, 28 e 36.
Hansen, bacilo de, 185.
hanseníase, 185.
harmônica, 41.
Havers, 39.
hemácias, 117.
hematose, 76 e 108.
hemisfério cerebral, 151, 153 (figura 89) e 155.
hemoglobina, 80 e 118-9.
hemopoiése, 39.
hemopoiético, tecido, 22, 26 e 39.
hemorroidário, plexo, 122.
hemossiderina, 80.
hepático, pedículo, 95.
hepatite epidêmica, 101.
hepatócito(s), 99-100.
hereditária, doença, 69.
hérnia do disco, 45.
heterodonte, 86.
hialina, cartilagem, 26-7, 42 e 74.
hialurômero, 120.
hiato,
   aórtico, 109.
   esofágico, 91.
hidrocefalia, 167.
hidrocele, 140.
hilo,
   pulmonar, 76.
   renal, 127.
hímen, 138 e 140.
hioide, osso, 27, 32 e 55.
hipermetropia, 179.
hiperplasias, 140.
hipertensão arterial, 122.
hipertireoidismo, 146 e 179.
hipertonia, 68.
hipertrofia muscular, 69.
hipocôndrio, 91.
hipoderme, 183.
hipófise, 24, 30, 133, 139, 143, 146 e 159.
hipoplasia, 140.
hipospadia, 139.
hipotálamo, 143 e 152.
hipotenar, região, 61.
His, feixe de, 108.
histamina, 120.
histoplasmose, 125.
horizontal, fissura, 76.
hormônio(s), 100, 133, 140, 143 e 146.
   masculino, 138.
humor,
   aquoso, 175 e 178.
   vítreo, 178.
icterícia, 185.
íleo, 83, 94 e 98.
ilhotas,
   de Langerhans, 100 e 147.
   pancreáticas, 143, 145 e 147.
ílio, 28, 37, 56, 64 e 164.
impetigo, 185.
impressões digitais, 182.
Imunodeficiência Adquirida, Síndrome da, 141.
incisivos, 86-7.
independentes, 45.
índios, 81.
infantil, útero, 140.
infecciosas, artrites, 45.
infra-hioideos, músculos, 55.
íngua, 123 e 125.
inserção muscular, 48.
insuficiência cardíaca, 80 e 121.
ínsula, lobo da, 151.
insulina, 97, 100, 145 e 147.
interatrial, septo, 104 e 117.
intercorpovertebral, sínfise, 42.
interfixa, 68.
intermedina, 143.
interóssea, membrana, 42.
interpotente, 68.
interresistente, 68.
interventricular, septo, 107-8.
intervertebrais, discos, 27.
intestino(s), 83 e 98.
   corte transversal do, 93 (figura 58).
   delgado, 18, 83, 92 e 98-9.
   grosso, 18, 83, 94, 99 e 101.
inversão, 49 e 65.
iodo, 146.
íris, 161, 175 e 178.
irritabilidade, 22 e 149.
ísquio, 28 e 37.
istmo da garganta, 85 e 90.
janela,
   da cóclea (redonda), 169.
   do vestíbulo (oval), 169 e 174.
jarrete, 64.
Jarvik-7, 122.
jejuno, 83, 92 e 98.
jejunoíleo, 94.
joelho, 17, 27, 42, 45 e 111.
   articulação aberta do, 43 (figura 21).
   corte longitudinal da articulação do, 43 (figura 20).
junções neuromusculares, 165.

junturas/articulações,
   concordantes, 45.
   discordantes, 45.
   sinoviais, 42 e 44.
kanamicina, 174.
Koch, bacilos de, 81.
labial, comissura, 51.
lábios, 51, 83, 138 e 163.
labirinto, 171.
laboratórios de análises, 141.
lacrimal(is), 27, 32, 163 e 175.
   aparelho, 177 (figura 106).
   glândula, 163 e 175.
   saco, 178.
lactífero, ducto, 184.
Lalouette, 145.
laminares, ossos, 32.
Langerhans, ilhotas de, 100, 143, 145 e 147.
laringe, 27, 71-3, 79, 90, 145 e 166.
   cartilagens da, vista anterior, 74 (figura 44).
   cartilagens da, vista posterior, 74 (figura 45).
   corte da, 74 (figura 46).
   ventrículo da, 73.
   vista posterior da, 73 (figura 43).
laringofaringe, 72 e 90.
laterais, ventrículos, 152 e 159.
lateral, rotação, 49 e 65.
Leidig, 138.
leite materno, 141.
lente, 175 e 178.
lepra, 185.
leptomeninge, 159.
leucócitos, 26 e 119.
Lieberkühn, 98.
ligamento(s), 14.
   arterioso, 117.
   da articulação do quadril, 43 (figura 22).
   falciforme, 95.
   redondo do fígado, 95 e 117.
   venoso, 117.
linfa, 103 e 123.
linfadenite, 125.
linfangioma, 125.
linfático(s),
   capilares, 123.
   gânglios, 123.

sistema, 123-4.
vasos, 24, 78, 93, 103 e 123.
linfedema, 125.
linfoblastos, 117.
linfócitos, 120.
linfonodos, 24, 123 e 125.
linfopatia venérea, 125.
língua, 83-4, 86 (figura 52), 90, 97, 163 e 166.
   freio da, 84.
linguais, papilas, 86.
lingual, tonsila, 90.
língula, 75.
linha alba, 56.
lipases, 100.
líquido(s),
   cérebro-espinhal, 152 e 159.
   corporais, transporte de gases nos, 80.
   espermático, 129 e 141.
   pleural, 76.
   sinovial, 42 e 45.
líquor, 151 e 159.
lisa, musculatura, 68, 74, 95, 118, 135 e 164.
lisos, músculos, 67, 93 e 165.
lobo pulmonar, 75.
lobos, 76, 95 e 151.
lombar, plexo, 164.
lombares, vértebras, 18, 27, 33, 56 e 159.
lordoses, 32.
Luschka, 154 e 159.
luteína, 139 e 143.
lúteo, corpo, 139 e 146.
luxações, 45.
macrófagos, 80, 117 e 120.
macróglia, 151.
magendie, 154 e 159.
magno, forame, 154.
malformações, 16, 100 e 121.
Malpighi, 117.
mama, 111 e 184.
mamária,
   glândulas, 184.
   interna, 111.
mamilo, 184.
mandíbula, 25, 27, 32, 51, 55, 86 e 166.
mandibular, ramo, 163.
manúbrio esternal, 27 e 35.

mão,
   dedos da, 28 e 61.
   movimentos da, 50 (figura 27).
   músculos da palma da, 62 (figura 37).
   ossos da, 37 (figura 16).
marca-passo, 108.
martelo, 27, 29, 169 e 171 (figura 100).
masculino(a),
   gônada, 143 e 146.
   hormônio, 138.
   sistema genital, 139.
mastigação, 23, 30, 55, 83 e 166.
   músculos da, 55.
mastoidea, 28.
materno, leite, 141.
matriz cartilagínea, 27.
maxilar, 26, 31, 51, 71, 111 e 163.
   ramo, 163.
   seio, 31.
maxilas, 27 e 31.
máxima, pressão, 121.
meato, 28, 32, 71, 139, 169, 173 e 178.
médio do nariz, 28.
média, falange, 28 e 61.
medial, rotação, 49 e 60.
mediastino, 76 e 103.
medula espinhal, 18, 29, 39, 69, 111, 149, 154, 163 e 166.
   corte transversal da, 155 (figura 91).
   vista posterior da, e sua relação com a coluna vertebral, 156.
medula oblonga, 154.
medula óssea, 26, 39 e 118.
medular, canal, 26 e 35.
Meissner, 98.
melanina, 143 e 182.
melanotrofina, 143.
mellitus, diabetes, 147.
membrana,
   do tímpano, 169 e 173.
   interóssea, 42.
   sinovial, 42 e 45.
   tireo-hioidea, 32.
membranáceos, ossos, 25.
membranosa, uretra, 130.

membro inferior,
   músculos que movimentam o, 62.
   ossos do, 28, 36 e 38.
membro superior,
   músculos do cíngulo do, 58.
   ossos do, 28 e 36.
   veias superficiais do, 116 (figura 76).
membro, cintura ou, 28.
meninges, 155.
meningite, 167.
meningococus, 167.
meniscos, 27 e 42.
menores, glândulas, 83.
menstruação, 139.
menstrual,
   ciclo, 133 e 141.
   sangue, 141.
mesencéfalo, 153, 161 e 166.
mesentério, 94, 98 e 123.
mesoderma, 20 e 182.
mesofragma, 67.
metacárpicos, 26, 28 e 36.
metacarpo, 28, 36 e 62.
   ossos do, 36.
metáfise, 26.
metatálamo, 152.
metatársicos, 26, 28 e 37.
metatarso, 28 e 37.
   ossos do, 37.
metencéfalo, 153 e 166.
micção, 18, 58 e 130.
micoses, 185.
micrófagos, 120.
micróglia, 151.
mielencéfalo, 154 e 166.
mielina, 150.
mímica, músculos da, 51, 68 e 163.
mineralocorticoides, 145 e 147.
mínima, pressão, 121.
miocárdio, 22, 47, 67, 108, 118 e 121.
   enfartes do, 122.
mioentérico, 98.
miologia, 23 e 47.
miométrio, 138.
miopia, 179.
miosite, 69.
mitral e tricúspide, 120.

mitral, valva, 103, 108 e 120.
molares, 87.
moléstia de Chagas, 121.
moniliíase, 185.
monoaxial, 44.
monoaxial, articulação, 44.
monoblastos, 117.
monócitos, 117-8 e 120.
Monro, 152 e 159.
morfologia externa da mulher e do homem, aspectos da, 15 (figura 1).
motor, neurônio, 48.
movimento(s), 22, 42, 49, 56, 97 e 166.
   da coluna vertebral, 57 (figura 33).
   da coxa, 50 (figura 29).
   da mão, 50 (figura 27).
   da perna, 50 (figura 28).
   do antebraço, 49 (figura 26).
   do braço, 49 (figura 25).
   do pé, 50 (figura 28).
   dos dedos, 50 (figura 27).
   peristálticos, 97, 101 e 165.
mucina, 98.
muco, 71, 80, 97 e 139.
mucosa(s), 80 e 97-8.
   gástrica, 100.
   olfatória, 71, 160 e 166.
   respiratória, 32 e 71.
muscular(es),
   ações, 49.
   alavancas, 68 (figura 41).
   atrofia, 69.
   distensão, 68.
   distrofia, 69.
   fibra, 67 e 69.
   função, 51.
   hipertrofia, 69.
   inserção, 47.
   liso, tecido, 67.
   sistema, 47.
   tensão, 68.
   tônus, 68 e 154.
   ventre, 47.
musculatura,
   da face dorsal do corpo, 53.
   da face ventral do corpo, 52.
   da face, 54 (figura 32).

   da mímica, 163.
   lisa, 68, 74, 95, 118, 135 e 164.
músculo(s),
   abdutores da coxa, 64.
   adutores da coxa, 64.
   anatomia microscópica dos, 67.
   auxiliares da mastigação, 55.
   bipenados, 47.
   cardíaco, 47, 108 e 121.
   cutâneos, 47 e 164.
   da cabeça e pescoço, 51.
   da cintura/cíngulo do membro superior, 58.
   da face, 47, 51, 65 e 166.
   da mão, 61.
   da mastigação, 55.
   da mímica ou da expressão facial, 51, 54 (figura 32), 68 e 163.
   da palma da mão, 62 (figura 37).
   da parede do abdome, 57 (figura 34).
   da planta do pé, 66 (figura 40).
   da região anterior da coxa, 63 (figura 38).
   das regiões glútea, 63 (figura 39).
   deltoide, 59 (figura 35).
   diafragma, 18, 109 e 164.
   digástrico, 55.
   do bulbo ocular, 176 (figura 104).
   do chute, 64.
   do corpo humano, 51.
   do crânio, 54.
   do pé, 66.
   do pescoço, 55.
   epicrânico, 54.
   esqueléticos, 39, 47-8, 67 e 165.
   estapédio, 169.
   esternoclidomastoideo, 47, 55, 163 e 166.
   esternoioideo, 55.
   esternotireoideo, 55.
   estiloioideo, 55.
   estriados esqueléticos, 67 e 165.

   extensores da coxa e flexores da perna, 64.
   fisiologia dos, 67.
   flexores da articulação coxo-femoral e extensores da perna, 64.
   genioioideo, 55.
   grande dorsal, 59 (figura 36).
   infra-hioideos, 55.
   lisos, 67, 93 e 165.
   miloioideo, 55.
   nomenclatura dos, 47 e 74.
   omoioideo, 55.
   papilares, 107.
   patologia dos, 68.
   pectíneos, 107.
   peitoral maior, 59 (figura 35).
   posterior da coxa, 63 (figura 39).
   posterior da perna, 63 (figura 39).
   quadríceps femoral, 26, 47 e 64.
   que movimentam a articulação do cotovelo atuando sobre o antebraço, 60.
   que movimentam a articulação escápulo-umeral (ombro), 60.
   que movimentam a caixa torácica, 58.
   que movimentam a coluna vertebral, 56.
   que movimentam o membro inferior, 62.
   que movimentam o pulso e os dedos, 61.
   que movimentam o tornozelo e o pé, 65.
   reto abdominal, 59 (figura 35).
   rotadores da coxa, 65.
   supra-hioideos, 55.
   tensor do tímpano, 170.
   tipos de, 48 (figura 24).
   tireoioideo, 55.
   trapézio, 59 (figura 36).
   voluntários, 22, 47 e 67.
Mycobacterium leprae, 185.
nádega, 64.
narinas, 71.

nariz, 30, 51, 71, 76, 85, 160 e 166.
   cartilagens do, 27.
   meato médio do, 28.
   septo do, 30.
   vestíbulo do, 80.
nasal(is), 28, 32, 71, 76 e 163.
   cavidade, 32, 71, 76 e 90.
   conchas, 28, 32, 71 e 76.
   ossos, 32 e 41.
   septo, 32, 71, 76 e 163.
nasofaringe, 72, 90 e 170.
nasolabial, sulco, 85.
nasolacrimal,
   canal, 32.
   ducto, 178.
navicular, 28, 37, 65 e 133.
nefrite, 133.
néfron, 130 (figura 81) e 133.
neomicina, 174.
nervo(s), 159.
   cranianos, 149, 159-60, 166 e 175.
   cranianos, sinopse dos, 166.
   espinhais, 16, 149, 154, 160 e 163.
   facial, 160 e 163.
   frênico, 164.
   olfatório, 71, 79, 160 e 166.
   óptico, 160, 166 e 175.
   raquidiano, 160 e 163.
   trigêmeo, 149, 161 e 166.
   vestíbulo-coclear, 163 e 171.
nervosa, célula, 20, 48 e 149.
nervoso autônomo, sistema, 67, 145 e 164.
nervoso central, sistema, 32, 149 e 151.
nervoso periférico, sistema, 149, 151 e 160.
nervoso, sistema, 149.
neurilema, 150.
neurocrânio, 28 e 155.
neuro-epitélio, 21, 71 e 165.
neurofibrilas, 149.
neuroglia, 149 e 151.
neuro-hipófise, 133 e 143.
neuromusculares, junções, 165.
neurônio motor, 48.
neurônios, 22, 149, 155, 160 e 171.

ÍNDICE REMISSIVO

representação esquemática, 150 (figura 87).
neuroplasma, 149.
neurovegetativo, sistema, 164.
neutrófilo, 120.
nó,
   atrioventricular, 108.
   de Ranvier, 150.
   sinuatrial, 108.
nomenclatura dos músculos, 47 e 74.
noradrenalina, 145 e 165.
nordeste, 101, 125 e 140.
notação dentária, 87 e 89.
núcleos da base, 152.
oblíqua, fissuram, 76.
oblonga, medula, 154.
obstrução tubária, 173.
occipital, 26-7, 29, 41, 54, 58, 111 e 151.
ocular, bulbo, 161 e 175.
odontoblastos, 97.
odontoide, processo, 32.
oftálmico, ramo, 161.
olfatória, mucosa, 71, 160 e 166.
olfatório, nervo, 71, 79, 160 e 166.
olho, 51, 146, 161, 166, 175 e 178.
   anexos do, 175 e 177 (figura 105).
   diafragma do, 175.
   fisiologia do, 178.
   patologia do, 178.
oligodendróglia, 151.
oponência, 61.
óptico, nervo, 161, 166 e 175.
oral, cavidade, 90.
orelha, 29, 163, 169 e 170 (figura 98).
   externa, 169.
   fisiologia da, 173.
   interna, 171.
   média, 169.
   pavilhão da, 27, 55, 86, 103, 163, 169 e 173.
órgão(s),
   da audição, 39 e 173.
   da fonação, 73.
   da visão, 175.
   de Corti, 163 e 173.

espiral, 163 e 173.
genitais, 24, 111 e 164.
vestíbulo-coclear, 169, 170 (figura 98) e 173.
orofaringe, 72 e 90.
orquite, 140.
ósseo(a),
   esqueleto, 27.
   medula, 26, 39 e 118.
   pelve, 39.
   tuberculose, 40.
ossículos do ouvido (da audição), 27, 169, 171 (figura 100) e 173.
osso(s),
   alongados, 26 e 35.
   anatomia microscópica dos, 37.
   câncer dos, 40.
   classificação dos, 25.
   cóccix, 35, 64, 111, 154, 159 e 164.
   compacto, 26 e 39.
   curtos, 26.
   da coluna vertebral, 27 e 32.
   da face (ou viscerocrânio), 27-8, 31 e 71.
   de cartilagens, 25.
   do carpo, 26, 36 e 41.
   do crânio, 26-7, 39 e 167.
   do membro inferior, 28, 36 e 38.
   do membro superior, 28 e 36.
   do metacarpo, 36.
   do metatarso, 37.
   do pescoço, 27 e 32.
   do quadril, 28, 35-6, 41 e 56.
   do tarso, 37.
   do tórax, 27, 33 e 35 (figura 14).
   dos dedos da mão, 27 e 61.
   dos dedos do pé, 37.
   esponjoso, 26.
   fisiologia dos, 39.
   hioide, 27, 32 e 55.
   irregulares, 25.
   laminares, 32.
   longos, 26.
   membranáceos, 25.
   nasais, 30 e 41.
   parietais, 28.

patologia dos, 40.
planos, 26.
pneumáticos, 26.
sesamoides, 26.
osteoblastos, 37.
osteócitos, 37.
osteoclastos, 37 e 39.
osteologia, 23 e 25.
osteomalácia, 40.
osteomielites, 40.
otite(s), 173.
   colesteatomatosa, 173.
otolitos, 171.
otosclerose, 174.
ouvido/orelha/audição,
   cera do, 169.
   externo, 163, 166, 169 e 173.
   interno, 163 e 169.
   médio/orelha média, 29, 72, 90, 166, 169 e 173.
   ossículos do, 27, 169 e 173.
oval,
   forame, 104 e 117.
   fossa, 104 e 117.
ovários, 18, 39, 135-6, 137 (figura 85), 139 e 146.
ovócitos, 139.
ovogônias, 139.
óvulos, 20, 136 e 139.
oxiemoglobina, 80.
oxigênio, 68, 71, 76, 80, 117 e 119.
oxitocina, 143.
palatina, 72, 83, 85 e 90.
palatinas, tonsilas, 72 e 90.
palatino, véu, 85.
palatinos, 27 e 31.
palato, 31, 72, 85 e 97.
   duro, 31 e 85.
   mole, 72 e 85.
pallidum, *Treponema*, 185.
palma da mão, músculos, 62 (figura 37).
pálpebras, 51, 161, 175 e 182.
pampiniforme, plexo, 140.
pâncreas e fígado, 99.
pâncreas, 18, 83, 92 (figura 57), 97, 99 e 145-6.
pancreáticas, ilhotas, 143, 145 e 147.

pancreático, 92, 97 e 99.
   ducto, 97.
   suco, 97-8.
panturrilha, 65.
papila(s),
   duodenal, 97 e 99.
   filiformes, 86.
   folhadas, 86.
   fungiformes, 86.
   linguais, 86.
   valadas, 86.
papo, 146.
pápulas, 185.
paquimeninge, 155.
paragânglios, 145.
paralisia infantil, 69.
paralisia, 69, 167 e 179.
paranasais, seios, 71 e 167.
parassimpático, sistema, 67, 161 e 164.
paratireoides, 24, 143 e 145-6.
paratormônio, 145 e 147.
parede labiríntica da orelha média, 170 (figura 99).
parênquima, 117, 123 e 143.
parietais, ossos, 26-8.
parótida, glândula, 83, 86, 163 e 166.
parotídeo, ducto, 85-6.
parotidite, 140.
parto, 58, 138, 140-1, 157 e 167.
passagem esofagogástrica, 98.
patela, 26, 28 e 64.
patologia,
   da orelha, 173.
   da pele, 185.
   das articulações, 45.
   do olho, 178.
   do sistema circulatório, 121.
   do sistema digestório, 100.
   do sistema endócrino, 146.
   do sistema genital feminino, 140.
   do sistema genital masculino, 139.
   do sistema linfático, 125.
   do sistema nervoso, 167.
   do sistema respiratório, 81.
   do sistema urinário, 133.
   dos músculos, 68.
   dos ossos, 40.

pavilhão da orelha, 27, 55, 86, 103, 163, 169 e 173.
pé,
dedos do, 28, 37 e 65.
movimentos do, 50 (figura 28).
músculos da planta do, 66 (figura 40).
músculos do, 66.
músculos que movimentam o, 65.
pectíneos, músculos, 107.
pedículo,
hepático, 95.
renal, 127.
pedúnculos cerebrais, 153.
peitoral maior, músculo, 59 (figura 35).
pele, 181.
corte esquemático da, 181 (figura 107).
fisiologia da, 184.
patologia da, 185.
pelos, 183.
pelve, 17-8, 26, 39, 62, 95, 111, 127 e 133.
feminina, corte sagital da, 136 (figura 84).
masculina, corte sagital da, 131 (figura 82).
óssea, 39.
renal, 127 e 133.
pélvica,
cavidade, 18, 111, 116 e 136.
cintura, 36.
penicilina, 40, 140 e 185.
pênis, 130, 132 (figura 83), 133, 135-6, 139, 165 e 183.
pepsina gástrica, 98 e 100.
pépticas, 98.
pequena circulação ou circulação pulmonar, 109.
pericárdio, 76, 103, 111 e 121.
pericôndrio, 77.
peridural, 157.
perilinfa, 171.
perimísio, 67.
períneo, 136 e 164.
perineuro, 151.
periósteo, 26, 39, 77 e 157.
peristáltica, 98.
peristálticos, movimentos, 97, 101 e 165.
peristaltismo, 98, 163 e 165.
peritonial, cavidade, 101.
peritônio, 91, 93, 98, 123, 127, 135 e 138.
peritonite, 101.
permanente, dentição, 87 e 89.
perna, 17, 28, 37, 64, 69, 116 e 164.
barriga da, 65.
movimentos da, 50 (figura 28).
músculo posterior da, 63 (figura 39).
músculos extensores da coxa e flexores da, 64.
perôneo, 28 e 37.
pescoço,
corte sagital do, 72 (figura 42).
músculos do, 55.
ossos do, 27 e 32.
pia-máter, 151, 155 e 159.
pilóricas, 98-9.
piloro, 92.
pilosos, folículos, 182-3.
pineal, corpo, 145 e 147.
piodermite, 185.
piramidal, 28, 36, 65 e 145.
pisiforme, 28 e 36.
pivô, 60.
placenta, 117, 139 e 146.
plana, sutura, 41 e 44.
planos de construção corpórea, 16 (figura 3).
plantar, flexão, 49 e 66.
plaquetas, 22, 26, 39 e 120.
plasma sanguíneo, 100, 119, 132 e 159.
plasma, 22, 80, 100, 119, 132 e 159.
plasmócitos, 117-8 e 125.
platisma, 55.
pleura, 76 e 111.
pleural, líquido, 76.
plexo(s),
braquial, 164.
cervical, 164.
coccígeo, 164.
corioides, 151-2 e 159.
hemorroidário, 122.
lombar, 164.
pampiniforme, 140.
sacral, 164.
pneumático, 26, 30 e 71.
pneumogástrico, 163.
pneumonia, 81.
polia, 44.
Polígono de Wyllis, 111.
poliomielite, 69 e 167.
polipeptídios, 98.
polissacarídeos, 20 e 37.
polpa dentária, 97.
polpa, 87, 97 e 117.
ponte, 153 e 166.
pontes arteriovenosas, 119.
ponto motor, 48.
porta, sistema, 99.
porta, veia, 95, 99 e 117.
pregas,
ariepiglóticas, 79.
sinoviais, 42.
vestibulares, 73.
vocais, 73 e 79.
pré-molares, 87.
prepúcio, 136 e 138.
preservativo, 141.
pressão,
arterial, 121, 146 e 167.
máxima, 121.
mínima, 121.
sanguínea, 121 e 132.
principal, brônquio, 75 e 91.
princípios da construção corpórea, 16.
processo,
frontal, 31 e 51.
odontoide, 32.
xifoide, 27, 35 e 56.
profibrinolisina, 120.
progesterona, 139 e 145-6.
prolactina, 143.
pronação, 49.
proprioceptores, 165.
próstata, 18, 129, 132 (figura 83), 135 e 138.
prostática, uretra, 129 e 135.
prostático, utrículo, 129.
prostatite, 140.
proteases, 100.
protoplasmática, astróglia, 151.
proximal, falange, 28.
ptialina, 97.
púbere, 139.
púbica, sínfise, 42 e 56.
púbis, 28, 37, 56 e 64.
puerperal, febre, 140.
pulmões, 18, 23, 76, 77 (figura 48), 79-81, 90, 103, 109, 117, 146, 163 e 166.
câncer dos, 82.
e coração, circulação do sangue nos, 108 (figura 70).
tecido espongiforme dos, 79.
pulmonar(es),
alvéolos, 78 (figura 49).
circulação, 109.
embolia, 122.
enfisema, 81.
hilo, 76.
lobo, 76.
ventilação, 80.
pulpar,
câmara, 87.
cavidade, 87 e 97.
pulso, músculos que movimentam o, 61.
pupila, 47, 164, 175 e 178.
pus, 81, 101 e 185.
pústulas, 185.
quadríceps femoral, músculo, 26, 47 e 64.
quadríceps, 26, 47 e 64.
quadril, ligamentos da articulação do, 43 (figura 22).
quadril, osso do, 28, 35-6, 41 e 56.
quilíferos, 94, 98 e 123.
quilíferos, vasos, 99 e 123.
quilo, 98 e 123.
quimiotripsina, 100.
quimo, 98.
quinino, 174.
radial, artéria, 109 e 111.
radicular, canal, 87.
rádio, 26, 28, 36, 44 e 60.
radioulnar, sindesmose, 42 (figura 19).
raiva, 167.
ramo(s),
da artéria aorta, 110.
mandibular, 163.
maxilar, 163.
oftálmico, 161.
Ranvier, nó de, 150.
raquidiano, nervo, 160 e 163.
raquitismo, 40.
Rathke, 143.

recepção, surdez de, 174.
rede admirável capilar venosa, 99.
redondo do fígado, ligamento, 95 e 117.
reflexo faríngeo-deglutivo, 97.
refração, 178.
região hipotenar, 61.
região tenar, 61.
renal,
   cólica, 134.
   corpúsculo, 119.
   hilo, 127.
   pedículo, 127.
   pelve, 127 e 133.
resfriado, 81 e 173.
respiração, 80.
respiratório(s),
   alvéolos, 79.
   bronquíolos, 71 e 76.
   epitélio, 79.
   mucosa, 32 e 71.
   sistema, 71.
   sistema, anatomia microscópica do, 76.
   sistema, fisiologia do, 80.
   sistema, patologia do, 81.
reticulares, fibras, 22, 79, 118 e 125.
retina, 166 e 175.
reto abdominal, músculo, 59 (figura 35).
reto, 56, 83, 95, 98, 111 e 138.
   bainha do, 56.
reumática, febre, 45 e 121.
reumatismo, 45.
rim(ns), 109, 127-8, 131 e 133.
   seccionado, 129 (figura 80).
rinofaringe, 72.
ritmo cardíaco, 163 e 165.
rochosa, 29.
rotação, 44, 49, 56, 60 e 65.
   da coluna, 56.
   lateral, 49 e 65.
   medial, 49 e 60.
rótula, 26, 28 e 64.
rugas, 14 e 182.
ruídos cardíacos, 120.
saco,
   escrotal, 140.
   lacrimal, 178.
sacrais, vértebras, 27 e 33.
sacral, plexo, 164.

sacro, 35, 56 e 64.
sáculos alveolares, 71 e 76.
safena, veia, 116.
salicilatos, 174.
saliva, 86, 97 e 167.
salivares, glândulas, 20, 83, 86, 97 e 166.
salpingite gonocócica, 140.
sangue, 22, 80, 99 e 103.
   menstrual, 141.
   no coração e pulmões, circulação do, 108 (figura 70).
   transfusão de, 141.
   trocas gasosas entre o ar e o, 80.
sanguínea, pressão, 121 e 132.
sanguíneas, células, 22, 26, 39 e 119 (figura 77).
sanguíneo(s),
   capilares, 99 e 123.
   plasma, 100, 119, 132 e 159.
   vasos, 22, 39, 87, 93, 118, 138 e 159.
sapinho, 185.
sarampo, 81 e 167.
sarcolema, 67.
sarcômero, 67.
sarcoplasma, 67.
Schwann, célula de, 150.
sebáceas, glândulas, 21, 76 e 182-3.
secreção vaginal, 141.
sede, 100, 112 e 165.
seio(s),
   aórtico, 108.
   coronário, 103-4, 112 e 116.
   da dura-máter, 114 e 159.
   esfenoidais, 30.
   etmoidal, 30.
   frontais, 28.
   maxilar, 31.
   paranasais, 71 e 167.
   venosos, 114, 117, 157 (figura 93) e 178.
sela túrcica, 30, 143 e 159.
selar, 44.
semianéis traqueais, 74.
semilunar, 28, 36, 107 e 161.
semilunares, válvulas, 107.
seminais, vesículas, 18, 129, 135 e 138.
sensitivos, gânglios, 149 e 160.

sentido da audição, 39, 165 e 173.
septo cardíaco, 103-4.
   interatrial, 104, 106 (figura 66) e 117.
   interventricular, 107-8.
septo nasal, 30, 71, 76 e 163.
serosa(s), 22, 76, 79, 93, 99 e 135.
   glândulas, 80.
   túnica, 93.
serrátil, sutura, 41.
Sertoli, 138.
sífilis, 122, 140 e 185.
simpático, sistema, 67 e 164-5.
sinartroses, 42.
sincondroses, 42.
sindesmose radioulnar, 42 (figura 19).
Síndrome da Imunodeficiência, 141.
sínfise(s), 42.
   intercorpovertebral, 42.
   púbica, 42 e 56.
sinopse dos nervos cranianos, 166.
sinostose, 42.
sinóvia, 42.
sinovial(is),
   bolsas, 48.
   junturas, 42 e 45.
   líquido, 42 e 45.
   membrana, 42 e 45.
   pregas, 42.
sinuatrial, nó, 108.
sinusoides, 99 e 117.
sistema(s), 23.
   aparelho digestivo, 83.
   articular – articulações, 41.
   circulatório, 103.
   circulatório, anatomia microscópica do, 118.
   circulatório, fisiologia do, 120.
   circulatório, patologia do, 121.
   condutor do coração, 108.
   digestório, 83.
   digestório, anatomia microscópica e fisiologia do, 97.
   digestório, patologia do, 100.
   endócrino, 143.

   endócrino, patologia do, 146.
   esquelético, 25.
   genital ou reprodutor, 135.
   genital ou reprodutor feminino, 136.
   genital ou reprodutor feminino, anatomia microscópica do, 138.
   genital ou reprodutor feminino, fisiologia do, 138.
   genital ou reprodutor feminino, patologia do, 140.
   genital ou reprodutor masculino, 135.
   genital ou reprodutor masculino, anatomia microscópica do, 138.
   genital ou reprodutor masculino, fisiologia do, 138.
   genital ou reprodutor masculino, patologia do, 139.
   linfático, 103 e 124.
   linfático, patologia do, 125.
   muscular, 47.
   nervoso, 149.
   nervoso, anatomia microscópica do, 149.
   nervoso, divisão do, 151.
   nervoso, patologia do, 167.
   nervoso autônomo, 67, 145 e 164.
   nervoso autônomo – representação esquemática, 162.
   nervoso central, 32, 149 e 151.
   nervoso periférico, 149, 151 e 160.
   neurovegetativo, 164.
   parassimpático, 164.
   porta, 99.
   respiratório, 71.
   respiratório, anatomia microscópica do, 76.
   respiratório, fisiologia do, 80.
   respiratório, patologia do, 81.
   simpático, 164.
   tegumentar, 181.
   urinário, 127.
   urinário, anatomia microscópica do, 131.

urinário, fisiologia do, 131.
urinário, patologia do, 133.
sistêmica, circulação, 76, 95 e 109.
sístole atrial, 120.
sístole ventricular, 120.
som, 73 e 169.
sono, 153.
stress, 120.
subcutânea, tela, 181-2.
sublingual(is), 83, 86, 97 e 163.
   carúncula, 86.
   glândula, 83 e 86.
subluxação, 45.
submandibular, glândula, 83 e 86.
submandibulares, 83, 86, 97, 163 e 165.
submucosa, 77, 93 e 98.
subserosa, 93.
substância cinzenta, 150, 152 e 155.
suco,
   entérico, 97.
   gástrico, 92, 98 e 100.
   pancreático, 97-8.
sudoríparas, 21, 164 e 182-3.
sudoríparas, glândulas, 183.
sulco nasolabial, 85.
superfícies dos ossos articulantes, 44 (figura 23).
supinação, 49 e 61.
supra-hioideos, 55.
suprarrenais (adrenais), 145.
suprarrenal, 127, 133, 146 e 164.
surdez, 174.
   de recepção, 174.
   de transmissão, 174.
sutura(s), 41.
   escamosa, 41.
   plana, 41.
   serrátil, 41.
   tipos de, 41 (figura 18).
Sylvius, aqueduto de, 151, 154 e 159.
tálamo, 152.
tálus, 28 e 37.
tarsais, glândulas, 175.
tarso, 26, 28 e 37.
   ossos do, 37.

tatuagens, 141.
tecido(s), 20.
   cartilagíneo, 22, 26 e 41.
   conjuntivos, 23 (figura 8).
   elástico, 22, 67, 74 e 121.
   erétil, 136 e 138.
   espongiforme do pulmão, 79.
   hemopoiético, 22, 26 e 39.
   muscular liso, 67.
tegumento comum, 181.
tela subcutânea, 181 e 183.
telencéfalo, 151 e 166.
temperatura, 153.
temporais, 26-8.
tenar, região, 61.
tendão de Aquiles, 65.
tendíneas, cordas, 107.
tendíneo, centro, 58.
tendões, 22, 28, 47-8, 61-2 e 165.
tênias do cólon, 95 e 99.
tensão,
   arterial, 121.
   muscular, 68.
tensor do tímpano, músculo, 170.
terminações nervosas motoras, 165.
terminações nervosas sensitivas (receptores), 165.
testículos, 135, 138 e 146.
testosterona, 138 e 146.
tetanias, 147.
tétano, 68.
tíbia, 26, 28, 37 e 64-5.
tifoide, febre, 101.
timo, 76, 143 e 146-7.
timpânica, cavidade, 29, 90 e 169.
tímpano,
   cavidade, 72 e 169.
   membrana do, 169.
   músculo tensor do, 171.
tipos de articulações sinoviais, 44 (figura 23).
tipos de músculos, 48 (figura 24).
tipos de suturas, 41 (figura 18).
tireo-hioidea, membrana, 32.
tireoide, 21, 24, 111, 143, 146 e 179.

tireoidea, cartilagem, 32, 73, 111 e 114.
tireotrofina, 143.
tonsila(s), 72, 85 e 90.
   faríngea, 72 e 90.
   lingual, 90.
   palatinas, 72 e 90.
   tubáricas, 72.
tônus muscular, 68 e 154.
torácica(o)(s),
   cavidade, 18, 39 e 76.
   ducto, 123.
   vértebras, 18, 27, 32-3, 58 e 64.
tórax, ossos do, 27 e 35.
torcicolo, 68.
tornozelo, músculos que movimentam o, 65.
tosse, 81.
toxoplasmose, 167.
trabéculas cárneas, 107.
tracoma, 179.
transfusão de sangue, 141.
transmissão, surdez de, 174.
transporte de gases nos líquidos corporais, 80.
trapézio, músculo, 28, 36, 44, 58, 59 (figura 36) e 163 e 166.
trapezoide, 28 e 36.
traqueais, semianéis, 74.
traqueia, 18, 21, 71, 75 (figura 47), 76 e 143.
trato digestivo, 84.
traumas, 40.
traumáticas, artrites, 45.
Treponema Pallidum, 185.
tríceps, 47, 61, 65 e 164.
tricúspide, 103, 107 e 120.
   e mitral, 120.
   valva, 103 e 107.
trigêmeo, nervo, 149, 161, 163 e 166.
triiodotironina, 145.
tripsina, 100.
trocas gasosas entre o ar e o sangue, 80.
tróclea, 36 e 44.
trocoide, 44 e 60.
trombo, 122.
tromboplastinogenase, 120.
trombose, 122.
tronco celíaco, 109.

tuba auditiva, 72, 90, 170 e 173.
tubária, obstrução, 173.
tubáricas, tonsilas, 72.
tubas uterinas, 18, 136, 137 (figura 85) e 139.
tuberculose óssea, 40.
tuberculose, 81, 125, 134, 140, 147 e 167.
tumores/tumorais, 122, 125, 134, 140, 146-7, 167 e 185.
túnica serosa, 93.
túrcica, sela, 30, 143 e 159.
úlceras, 100.
ulna, 27, 36, 42 e 60-1.
umbilical,
   cordão, 117.
   veia, 117.
úmero, 26-7, 36, 44 e 60.
uncinado, 28 e 36.
unhas, 183.
unidade motora, 48-9.
ureteres, 68, 127-8, 131 e 133.
ureterites, 134.
uretra, 127, 129-30, 136 e 138.
   canal da, 136.
   feminina, 130 e 138.
   membranosa, 129-30.
   prostática, 129 e 135.
   -vera, 133.
uretrites, 134.
urina, 24, 127, 130, 133 e 147.
urinário, sistema, 127.
urogenital, diafragma, 129-30.
urticária, 185.
uterina(s),
   artéria, 127.
   tubas, 18, 136 e 139.
útero, 18, 39, 67, 117, 122, 136, 137 (figura 85) e 138.
   colo do, 129 e 138.
   infantil, 140.
utrículo prostático, 129.
úvea, 175.
úvula, 72 e 85.
vacina, 69, 101 e 141.
vagina, 129, 133, 136, 137 (figura 85), 138 e 140.
vaginal, secreção, 141.
vaginite, 140.
valadas, papilas, 86.

valva(s), 103 e 120.
    aórtica aberta, 106 (figura 68) e 108.
    atrioventriculares esquerda e direita, 107 (figura 69).
    atrioventriculares, 103 e 120.
    cardíacas, 106 (figura 67).
    mitral, 108.
    tricúspide, 103 e 107.
válvulas, 103, 107-8 e 112.
    semilunares, 107-8.
varicocele, 140.
varizes, 112 e 122.
vasa vasorum, 118.
vasopressina, 143.
vasorum, vasa, 118.
vasos, 121-3.
    linfáticos, 24, 78-9, 93, 103 e 123.
    quilíferos, 98-9 e 123.
    sanguíneos, 22, 39, 87, 93, 118, 138 e 159.
veia(s), 112 e 118.
    ázigos, 115.
    cava inferior, 116.
    cava superior, 103 e 114.
    cavas, 103,
    do corpo humano, 113.
    porta, 95, 99 e 116.
    porta, formação da, 114 (figura 74).
    safena, 116.
    superficiais do membro superior, 116 (figura 76).
    umbilical, 117.
venérea(s),
    doenças, 125 e 140.
    linfopatia, 125.
venoso(s),
    ducto, 117.
    ligamento, 117.
    seios, 114, 117 e 178.
ventilação pulmonar, 80.
ventre muscular, 47.
ventricular,
    diástole, 120.
    sístole, 120.
ventrículo(s), 73, 103, 107-8, 120, 151-2 e 159.
    da laringe, 73.
    encefálicos, 151, 159 e 160 (figura 95).
    laterais, 152 e 159.

vênulas, 118.
vermelhos, glóbulos, 26, 39 e 119.
vermiforme, apêndice, 83, 94, 95 e 101.
verminose, 101.
vermis, 153.
vertebral,
    canal, 32, 39, 154 e 163-4.
    coluna, 33 (figura 12).
vértebras, 34.
    cervicais, 27, 32, 73 e 111.
    coccígeas, 27 e 33.
    lombares, 18, 27, 33, 56 e 159.
    sacrais, 27 e 33-4.
    torácicas, 18, 27, 32-3, 58 e 64.
vertigens, 173.
vesícula biliar, 92, 95, 97 e 101.
vesícula(s) seminal(is), 18, 129, 132 (figura 83), 135 e 138.
vestibulares, pregas, 73.
vestíbulo,
    da boca, 83.
    do nariz, 80.
    janela do, 169 e 174.
vestíbulo-coclear, nervo, 163 e 171.
véu palatino, 85.
vias,
    aferentes, 155.
    eferentes, 155.
vigília, 153.
vírus, 69, 81, 101, 141 e 167.
visão, órgão da, 175.
visceroceptores, 165.
viscerocrânio, 31.
vista,
    anterior do coração, 105 (figura 64).
    anterior do crânio, 30 (figura 10).
    inferior do encéfalo, 161 (figura 96).
    lateral do crânio, 31 (figura 11).
    lateral do encéfalo, 152 (figura 88).
    medial de um hemisfério cerebral, 153 (figura 89).
    posterior da laringe, 73 (figura 43).

    posterior da medula espinhal e sua relação com a coluna vertebral, 156.
    posterior do coração, 105 (figura 65).
visual,
    acomodação, 161 e 165.
    acuidade, 175.
vitamina,
    A, 179.
    D, 40 e 185.
vítreo,
    corpo, 175.
    humor, 178.
vocais,
    cordas falsas, 73.
    cordas verdadeiras, 73 e 79.
    pregas, 73 e 79.
voluntários, músculos, 22, 47 e 67.
vômer, 27 e 32.
vômito, 58.
vulva, 130, 136 e 138.
Wyllis, Polígono de, 111.
xifoide, processo, 27, 35 e 56.
zigomáticos, 27, 31, 51 e 55.